“十三五”江苏省高等学校重点教材(编号:2017－1－037)

光电子物理及应用

(第2版)

张　彤　王保平　主编
张晓兵　朱卓娅　张晓阳　参编

东南大学出版社
SOUTHEAST UNIVERSITY PRESS
·南京·

内容提要

光电子物理是高等学校工科电类专业的一门基础课程，它所涉及的内容是电类专业学生应具备的知识结构中的必要组成部分，同时又是一些交叉领域的学科生长点和新兴边缘学科发展的基础。本教材不仅兼顾了传统的光电探测技术，更突出了光电子技术的最新发展成果，如在集成光波导、近场光学技术、表面等离体激元等领域的成果介绍，有益于拓宽学生的视野和培养学生的创新意识。

本书共分 7 章。第 1 章是光的基础知识，这是学习与研究光电子物理必要的准备，旨在使不同基础的读者均能从波动和几何光学两方面认识光的本质；第 2 章阐述了激光原理及技术，重点在于研究激光的产生及相关性质，为后续激光应用奠定理论基础；第 3 章研究激光的传输，讨论了激光在大气、介质和光纤中的传输特性；第 4 章是光电探测技术，探讨了光电探测原理、性能参数等；第 5 章光波导，研究集成、无源及有源光波导器件的工作原理及相关应用；第 6 章结合了纳米光学的进展，介绍了纳米光学基础知识及器件基础；第 7 章举例介绍了光电子技术在成像、显示、存储、通信及能源等领域的应用。

本书可作高等学校工科电类专业本科生教学和研究生参考用书，或可作为光电子领域工程技术人员的技术参考书。

图书在版编目(CIP)数据

光电子物理及应用 / 张彤，王保平主编. —2 版.
南京：东南大学出版社，2019.6(2024.6 重印)
ISBN 978-7-5641-8221-2

Ⅰ.①光… Ⅱ.①张… ②王… Ⅲ.①光电子学—高等学校—教材 Ⅳ.①TN201

中国版本图书馆 CIP 数据核字(2018)第 295944 号

光电子物理及应用(第 2 版)
Guangdianzi Wuli Ji Yingyong(Di 2 Ban)

主　　编：张　彤　王保平
出版发行：东南大学出版社
出 版 人：江建中
责任编辑：张　煦
社　　址：江苏省南京市四牌楼 2 号(210096)
经　　销：全国新华书店经销
印　　刷：江苏凤凰数码印务有限公司
开　　本：787mm×1092mm　1/16
印　　张：15.5
字　　数：387 千字
版　　次：2019 年 6 月第 2 版
印　　次：2024 年 6 月第 2 次印刷
书　　号：ISBN 978-7-5641-8221-2
定　　价：49.80 元

序

光电子学是光学和电子学相结合的产物，是多学科相互渗透、相互交叉而形成的高新技术学科。光电子技术主要研究光的产生、传输、控制和探测等，已被广泛应用于激光、光通信、光信息处理以及微纳光子学等诸多领域。随着纳米科学与技术在光学领域的渗透与交叉，光信号在产生与接收的机制、传输与调控方式等方面发生了显著变化，同时新近发展的新型光电子材料和器件又表现出众多新效应、新功能和新应用，这些都从广度和深度上促进了现代光电子科学技术的发展。

本书作者在光电子学领域已有十多年的研究与教学经历，他们在教学过程中发现，光电子学科发展日新月异，新效应、新技术、新应用不断涌现；而目前国内的大部分相关教材知识体系更新缓慢，难以反映当前该学科发展的最新动态和趋势，出版一本全面介绍并包含该学科最新进展的教材极为紧迫。而且，本科生的培养目标重在通过先进的教学奠定其专业基础，这就要求教材内容广泛而又精炼，帮助学生快速全面地掌握基础知识和知识要点，在提高学生的学习兴趣的同时又能为其今后从事该领域工作奠定基础。鉴于以上原因，作者编写了这本适用于现代光电子物理学习的《光电子物理及应用》一书。

与通常《光电子技术基础》教材相比，本教材具有以下特色：

1. 本书在介绍光电子技术及其应用的同时也关注其中的“物理”，因而第一章侧重介绍光的基础知识，包括几何光学和波动光学的原理，特别重点介绍了麦克斯韦电磁场理论。经过这一章的学习，学生不仅能够了解光学的基本概念和定律，还能够通过对电磁场理论的学习，为后续章节中的光电子技术理论，尤其是光波导和纳米光学基础理论的理解奠定基础，使学生能够循序渐进地掌握相关理论知识。教材的每一章节都配有适当的习题，可以帮助学生巩固和加深学到的理论并掌握其应用方法。

2. 本书对传统光电子物理相关教材中的激光原理及技术、激光传播以及光电探测技术进行了全面的总结，并用简洁的语言阐述了相关基础知识，便于学生掌握。此外，本书作者在第5章集成光波导理论和集成光电子器件的编写过程中，除了基本原理的介绍外，还加入了作者所在课题组十多年来在光波导器件的制备工艺中的经验总结，将理论与实际应用相结合，使学生能够产生直观的印象,更加容易掌握和理解相关知识。这一章对于从事相关领域的研究生和科研人员也有一定的指导作用。

3. 表面等离子激元学等国际前沿的光电子学研究方向的介绍。在第6章纳米光学中,结合作者所在课题组的研究成果,介绍了一些新颖的纳米光学器件。此外,第6章中介绍的近场成像技术也是目前国际上纳米光学领域的一个研究热点。相信学生通过学习这些新颖的知识,可以进一步开阔视野,激发起学习兴趣,增强创新精神和独立思考能力。相关领域的研究人员查阅本书时也能了解到光电子领域发展的新动向。

本教材可作为普通院校、重点院校的电子科学与技术、物理电子学、信息与通信工程、光电子技术等相关专业本科学生的专业基础课程教材,也可作为光通信、纳米光学、仪器科学等相关领域技术人员的参考书。

2015年8月

目　录

第1章　光的基础知识

本章主要介绍几何光学与波动光学的基本概念。几何光学以光线为基础，研究光的传播和成像规律。光线传播遵循三条基本定律：直线传播定律、独立传播和光路可逆原理、反射和折射定律。波动光学则认为光具有波动性，具有干涉、衍射和偏振等基本属性，本章介绍了光的波动属性，并重点介绍了光所满足的宏观电磁规律——麦克斯韦定律。应该指出，几何光学是波动光学在一定条件下的近似，适用于研究对象的几何尺寸远大于所用光波波长的情况。

1.1　几何光学

1.1.1　光线与波面

在几何上，点是一个没有大小和体积的抽象概念。当光源的尺寸远小于其作用距离时，可以将光源看作是一个发光点或者称之为点光源。点光源向四周发出光的同时伴随着能量的辐射。在几何光学中，这些光常被视为直线即光线，它代表光的传播方向。

在均匀各向同性介质中，一个点光源发出的光向四周传播，其波阵面将构成与点电荷等势面类似的一个球面。电力线是指与等势面垂直的线族中的每一条线，同样光线也是与波阵面垂直的线族中的每一条线。虽然电力线事实上是不存在的，但可以用实验的方法显示出它的形像来，进而用它阐明和计算一些电学问题。同样，事实上并不存在的光线的行迹也能用实验方法近似地描绘出来，并用来分析和计算光线光学问题。

光波在介质中沿着一定方向传播时，相位在不断地改变，但在同一波面上各点的相位是相同的。在各向同性介质中，光的传播方向和波面的法线方向一致。在许多实际情况下，人们可以不去考虑相位而只需要关心光的传播方向，这时波面就只是垂直于光线的几何平面和曲面。此时，可以将光线和波面视为抽象的数学概念。

1.1.2　几何光学的基本实验定律

光传播时所遵循的三条基本定律为：

(1) 光在均匀介质中的直线传播定律

在各向同性的均匀介质中，光是沿直线传播的。物体的影子、针孔成像、日蚀、月蚀、日食、月食等现象都证明了光的直线传播。

(2) 光的独立传播定律和光路可逆原理

不同光源发出的光线在传播途中相遇时互不干扰，仍按各自的途径继续传播。

当光线逆着原来的反射光线（或折射光线）的方向射到媒质界面时，必会逆着原来的入射方向反射（或折射）出去，这种性质叫光路可逆性或光路可逆原理。

(3) 光通过两种介质分界面时的反射定律和折射定律

入射光线从折射率为 n_1 的介质入射到折射率为 n_2 的介质中，在两种介质的分界面将产生反射和折射，其示意图见图 1-1。图中的 x 轴和 z 轴分别平行于法线和分界面，把入射光线与通过入射点的界面法线所构成的平面称为入射面(图中即为 xOz 平面),入射光线、反射光线和折射光线与入射面法线的夹角分别称为入射角 θ_i、反射角 θ_r 和折射角 θ_t。

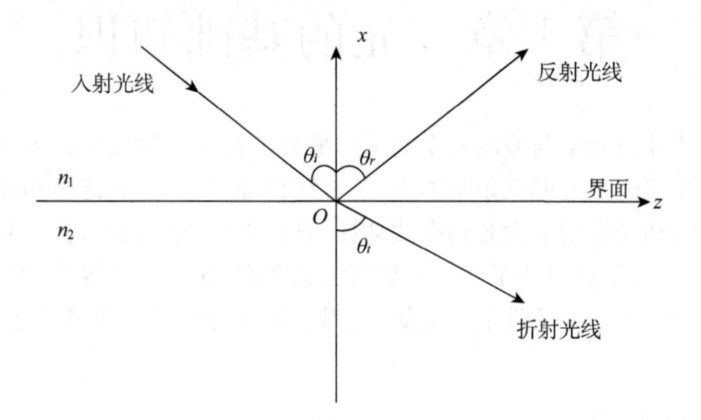

图 1-1　光线的反射和折射

在分界面上,光线所满足的反射定律可描述为:

① 反射光线与入射光线同在入射面内。

② 反射角等于入射角,即 $\theta_i=\theta_r$。

折射定律可描述为:

① 折射光线在入射面内。

② 入射角和折射角的正弦之比为一常数,即有

$$\frac{\sin\theta_i}{\sin\theta_t}=\frac{n_2}{n_1} \tag{1-1}$$

式中,n_i 为介质折射率。需要指出,上述反射定律只适用于各向同性介质的界面,且只解决光线的传播方向而并不涉及反射时的能量分配。

通常,将折射率高的介质称为光密介质,将折射率低的介质称为光疏介质。当光从光密介质射向光疏介质时,在一定条件下,光线可以从分界面全部反射回来,而不发生折射,这种现象被称为全反射(或称完全内反射)。此时对应的入射角被称为临界角 θ_c,其大小为

$$\sin\theta_c=\frac{n_2}{n_1}\quad (n_2<n_1) \tag{1-2}$$

当 $\theta_i>\theta_c$ 时,会产生全反射现象;当 $\theta_i<\theta_c$ 时,界面处仍存在光的反射。

1.1.3　费马原理

光在介质中传播时,光传播的几何路程与介质折射率之乘积称为光程。光在指定的两点间传播,实际的光程总是一个极值。也就是说,光总是沿光程值为极小、极大或恒定的路程传播。这是几何光学中的一个最普遍的基本原理,称为费马原理,光在折射率为 n 的介质中从 A 点到 B 点所历光程为:

$$\int_A^B n\,\mathrm{d}s=\text{极值(极小值、极大值或恒定值)} \tag{1-3}$$

费马原理是几何光学中的一个重要原理,由此原理可证明光在均匀介质中传播时遵从的

直线传播定律、反射和折射定律，以及傍轴条件下透镜的等光程性等。费马原理规定了不论是正向还是逆向，光线必沿同一路径传播，因此费马原理可以用来说明光路可逆原理的正确性。

1.2　波动光学

1.2.1　波速和折射率

在19世纪70年代，麦克斯韦发展了电磁理论，预言了电磁波的存在，并且最终被赫兹所实验证实。电磁波在不同介质的分界面上会发生反射和折射，在传播中出现干涉、衍射和偏振等现象，而光波也具有完全相似的干涉、衍射和偏振特性。那光和电磁波有什么联系呢？按照麦克斯韦理论，在真空中电磁波的传播速度只和真空介电系数 ε_0 和磁导率 μ_0 有关，即有 $c=\dfrac{1}{\sqrt{\varepsilon_0\mu_0}}$，约为 $2.9979\times10^8\mathrm{m/s}$，这与已实验测得的光速相等。麦克斯韦于是认为：光也是一种电磁波，光在真空中的传播速度为 c。

在介质中，电磁波的速度 v 和 c 满足如下关系：

$$v=\frac{c}{\sqrt{\varepsilon_r\mu_r}} \tag{1-4}$$

式中，ε_r 为介质的相对介电系数，μ_r 为相对磁导率。c 与 v 的比值是该介质的折射率，即

$$n=\frac{c}{v} \tag{1-5}$$

既然光是电磁波，将式(1-4)和(1-5)相比较便可得知：

$$n=\sqrt{\varepsilon_r\mu_r} \tag{1-6}$$

由式(1-6)可知，光学和电磁学的相关物理量具有关联性。在自然界中，除了铁磁物质外，大多数物质的磁性都很弱小，$\mu_r\approx1$，因此式(1-6)可写为

$$n=\sqrt{\varepsilon_r} \tag{1-7}$$

这个关系称为麦克斯韦关系。一般地，ε_r 或 n 都是频率的函数，具体关系式和物质的结构相关。

1.2.2　电磁波谱

19世纪当光被证实了是一种电磁波后，X射线（伦琴射线）、γ 射线等也相继被实验证明都是电磁波。因此，电磁波的频率（或波长）范围分布很宽。

将电磁波按频率（或波长）的次序排列成谱，就得到了如图1-2所示的电磁波谱。通常，光学区域（或光学频谱）包括紫外、可见和红外区域。由于光的频率极高，为$(10^{12}\sim10^{16})$Hz，为使用方便，通常采用波长表征光谱区域，其波长范围为1nm～1mm。可见光是人眼可以看到的各种颜色的光波，波长范围为(0.4～0.76)μm。相应的各色光的波长范围为：红色，(0.63～0.76)μm；橙色，(0.60～0.63)μm；黄色，(0.57～0.60)μm；绿色，(0.50～0.57)μm；青色，(0.45～0.50)μm；蓝色，(0.43～0.45)μm；紫色，(0.40～0.43)μm。紫外线和红外线不能引起视觉。红外线波段的波长范围为0.76μm～1mm（相应的频率范围是 (3×

$10^{11}\sim 4\times 10^{14}$)Hz)。在红外技术领域中,由于不同波长的红外线在地球大气层中的传播特性不同,通常将它分为以下几个波段:(0.76~3)μm 为近红外波段;(3~6)μm 为中红外波段;(6~15)μm 为远红外波段;(15~1 000)μm 为极远红外波段。有时根据红外辐射产生的机理不同,也可将红外波段划分为:近红外波段,(0.76~2.4)μm(相应于原子能级间跃迁);中红外波段,(2.5~25)μm(相应于分子振动一转动能级间的跃迁);远红外波段,25μm 以上(相应于分子转动能级间的跃迁)。需要特别指出的是,电磁波谱中的太赫兹波分布在微波和光波之间,其波长在(0.03~3)mm(对应频率在(0.1~10)THz),由于这是宏观电子学向微观光子学过渡的一个频段,常被认为是最后一个有待全面研究的频率窗口。

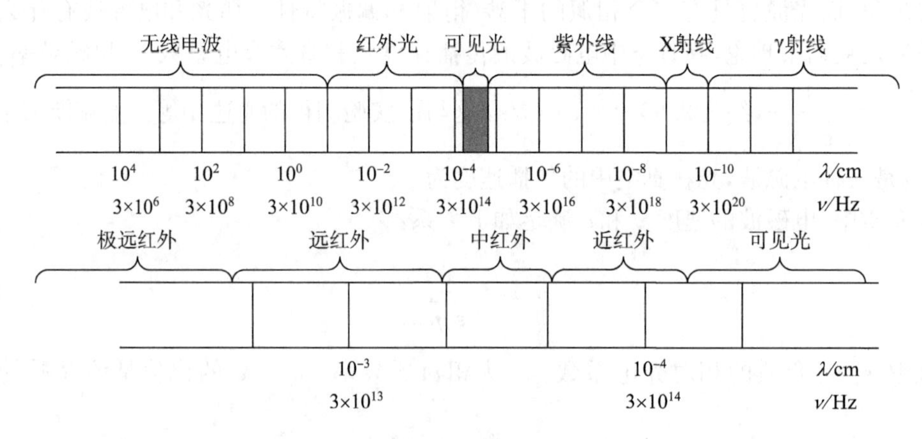

图 1-2 电磁波谱

在上述电磁波谱中的所有电磁波,虽然波长范围不同,产生方法及其与物质间的相互作用也各不相同,但都遵守同样的反射、折射、干涉、衍射和偏振规律,在真空中的传播速度都为 c。

1.2.3 光的衍射

1. 衍射实验

如图 1-3(a)所示的装置,S 是一个位于很远处的线光源,由 S 发出的光束照射到不透光的 G 板上开有细缝的地方,缝宽约 0.5mm。在 G 的后方,可在不同的距离处用一个观察屏 S_c 观察经过细缝的光束所产生的现象。

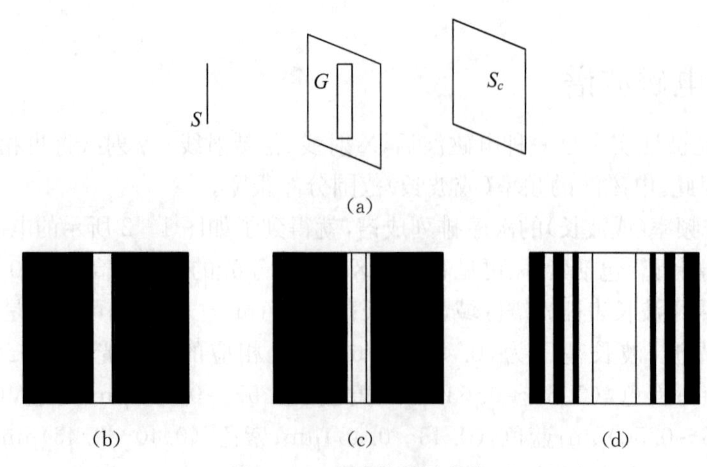

图 1-3 实验装置及现象

当 S_c 和 G 紧密接触时，如图 1-3(b)所示，屏上出现了细缝的像；当 S_c 逐渐向后移动时，缝的两长边的边界开始模糊；当 S_c 移动到几厘米远处时，可看到在原长边的边界附近，出现暗淡的条纹，此时，虽然 S_c 上显示的图像已经与细缝的几何像不完全一样了，但仍然还能看出缝的像的大致轮廓，可参见图 1-3(c)；如果继续移动 S_c 到几米远的地方，如图 1-3(d)所示，S_c 的中央会出现一条亮而粗的明线，它的两侧则对称地排列着光强度递减的、等间距的、较细的明线。需要指出的是，上述三个区域是逐渐过渡的，并没有明显的分界线。

图 1-3(b)中是细缝的几何像，可以用光的直线传播(简称为直进)特性来解释。图 1-3(c)和图 1-3(d)所示的现象，则是由于光束在前进的路上遇到细缝时，因受到限制而产生衍射现象所造成的。

作为同一个实验装置所观察到的结果，虽然图 1-3(b)、(c)和(d)在形式上差别很大，但它们必然有内在的联系。图 1-3(b)属于光线光学或称几何光学的范畴。图 1-3(c)和(d)显示出偏离几何光学的现象，称之为衍射，是属于波动光学的范畴。通常把图 1-3(c)所示的衍射现象，称为菲涅耳(Fresnel)衍射或近场衍射；图 1-3(d)称为费郎霍夫(Fraunhofer)衍射或远场衍射。

Fraunhofer 衍射是 Fresnel 衍射的特殊情况，而几何光学又是波动光学的极限情况，这就是上述三种现象的相互联系。

2. 惠更斯—菲涅耳原理

(1) 惠更斯原理

1678 年，为了解释光在晶体内发生的双折射现象，惠更斯(Huygens)冲破传统的微粒说而首次创立了光的波动理论，即惠更斯原理，即把波阵面上每一点都可以看作是次级子波的源，所有子波的包络面形成一个新的波阵面。

惠更斯原理可由图 1-4 加以说明。图中在 t_1 时刻，光的波阵面是 S_1，光的传播速度为 v，如果把 S_1 上的每一点都看作次级子波的源，各点均发出子波，经过 Δt 时间后，各子波的波面都是半径为 $r = v\,\Delta t$ 的球面，所有这些子波面的包络面 S_2 为 $t_2 = t_1 + \Delta t$ 时刻的新波阵面。

利用惠更斯原理可以对光的直进、光的反射和折射等一系列现象做出直观的解释。

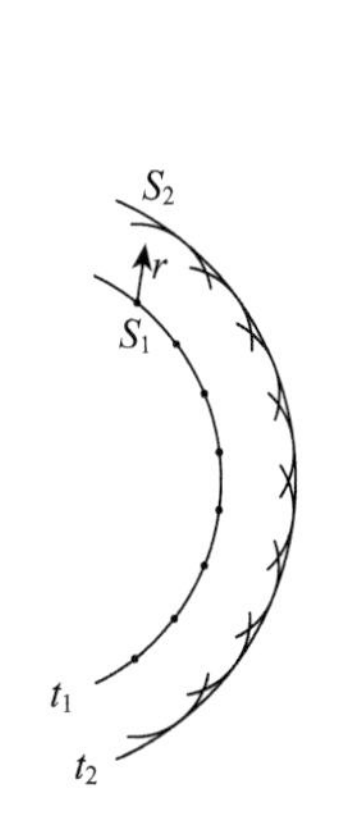

图 1-4 惠更斯原理示意图

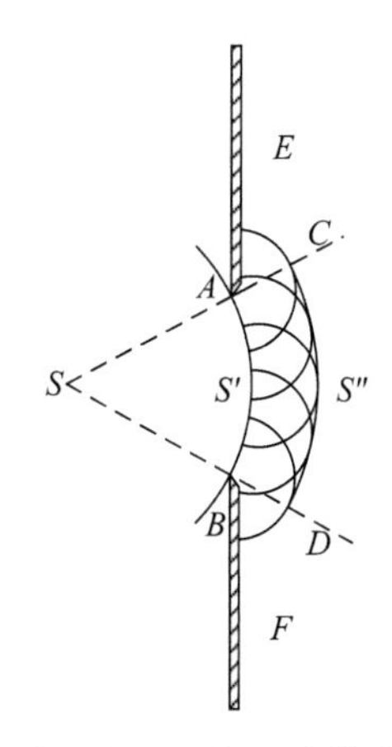

图 1-5 惠更斯原理解释光的直进示意图

图 1-5 所示，设有点光源 S 发出的光到达遮光屏 EF 上的宽缝 AB 上(图 1-5)，由惠更斯原理可知，波阵面 $AS'B$ 上每一点都将发出子波，经过一段时间后，所有这些子波的包

络面 $CS''D$ 就是新的波阵面。显然,包络面的端点 C、缝的端点 A 和光源 S 在同一直线上,D、B 和 S 也在同一直线上,包络面 $CS''D$ 之内有光通过,而包络面外无光通过,这说明了光的直线传播现象。

实质上,惠更斯原理是从波动观点出发阐述几何光学现象的原理。因此,惠更斯原理的不足之处在于,不能单独用它来解释(当然更不能定量说明)光的衍射现象,也不能用它来解释为什么子波不能向后传播(即倒退波不存在)。另外,在利用惠更斯原理作图时,如果媒质是均匀的,可取有限长度作为子波的半径;如果媒质不均匀,就得取微分线元作为子波的半径。

(2) 菲涅耳的修正

菲涅耳在惠更斯原理的基础上,考虑到所有子波射抵一点时的相位关系,认为空间任意一点 P 处的光强是到达该点的全部子波叠加的结果,并引进一个倾斜因数 $K(\theta)$的修正因子假设。他认为波阵面 S 上某一点 Q 处的子波对 P 点振幅的贡献与倾斜因数 $K(\theta)$成正比,θ 为 Q、P 的连线与过 Q 点波阵面的法线 N 之间的夹角,如图 1-6 所示。当 $\theta=0$ 时,$K(\theta)=1$;当 θ 逐渐增加时,$K(\theta)$ 逐渐减小;$\theta \geqslant \pi/2$ 时,$K(\theta)=0$,从而解决了倒退波不存在的问题。

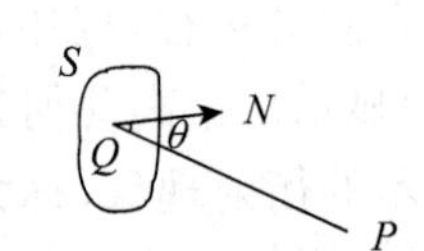

图 1-6 菲涅耳修正示意图

菲涅耳为了应用惠更斯的次级子波概念计算衍射实验的结果,对子波作出以下三个修正因子假设:

① 子波源的振幅与发射方向有关,取决于倾斜因数 $K(\theta)$,并且规定 $\theta \geqslant \pi/2$ 时,$K(\theta)=0$,用以说明倒退波不存在;

② 子波源的振幅为原波源的振幅的 $1/\lambda$ 倍;

③ 子波源的相位应比原波源相位超前 $\pi/2$。

1.2.4 光的干涉

1. 双缝干涉实验

图 1-7 为双缝衍射实验示意图,图中从双缝中心 O 到观察屏 S_C 的距离 OP_0 为 D,S_C 上任意一点 P 到 P_0 点的距离用 x 来表示,以 P 为中心,PS_1 为半径作圆弧与 PS_2 交于 N 点。

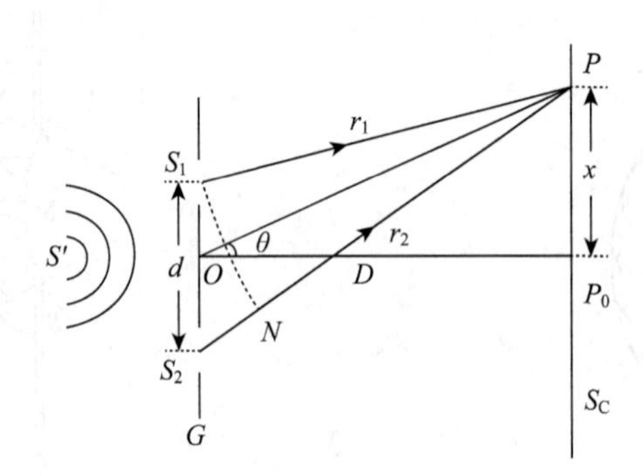

图 1-7 双缝干涉实验示意图

双缝衍射实验中,若每个缝的宽度渐变窄,则单缝衍射中央最大值的范围逐渐变大。当宽度窄到等于或小于波长 λ 时,单缝衍射中央最大值将扩展到整个视场,于是视场中仅仅出现两列干涉波叠加所产生的干涉现象。此时光强公式 $I(\theta)=I_0\dfrac{\sin^2\alpha}{\alpha^2}\cos^2\beta$ 化为

$$I=I_0\cos^2\beta \tag{1-8}$$

式中，I_0 为中央条纹光强；β 为干涉条纹的相位差，$\beta=\pi d\sin\theta/\lambda$。

如果去掉双缝衍射装置中的会聚透镜 L，并将 G 换上一个双缝，就是杨氏双缝干涉实验装置。对于杨氏实验，式(1－8)仍然是适用的。

以杨氏实验为代表的双光干涉光强的一般表示式可用复振幅合成法求得。设 U_1 和 U_2 分别是二缝在重叠区 P 点产生的复振幅，则 P 点的合成光强为

$$\begin{aligned}I&=|U|^2\\&=|U_1|^2+|U_2|^2+2\sqrt{|U_1|^2}\sqrt{|U_2|^2}\cos2\beta\\&=I_1+I_2+2\sqrt{I_1}\sqrt{I_2}\cos2\beta\end{aligned} \tag{1-9}$$

式中，2β 是 P 点二复振幅的相位差，最后一项是由两光波的干涉所引起的，通常称之为干涉项。在分析干涉现象时，这是非常重要的一项。若 $I_1=I_2$，则式(1－9)简化为式(1－8)。

因为余弦值是－1～＋1 间的任意数，又因为光波的频率很高，在随机的迅速变化的情况下，对于任一比光波周期长得多的观察时间来说，$\cos2\beta$ 的平均值应是零。因此，这种两光束的叠加称为非相干叠加。只有 2β 能维持恒定值(如杨氏实验)，才能使式(1－9)中的干涉项随着 2β 不同而有不同的恒定值。这样的两束光的叠加称为相干叠加。

式(1－8)表明干涉条纹的光强具有周期性的变化规律，因此可以用相位差 2β 来描述。根据光程差和相位差之间的关系可写出

$$2\beta=\frac{2\pi}{\lambda}\Delta \tag{1-10}$$

由$\Delta=d\sin\theta$，故 $2\beta=(2\pi/\lambda)d\sin\theta$，可见，干涉条纹的光强决定于以 S_1 和 S_2 发出的两个衍射波到达屏上一点时相位差的半值 $\beta=(\pi d/\lambda)\sin\theta$($\theta$ 为 OP 和 OP_0 之间的夹角)。

当
$$\beta=\frac{\pi\Delta}{\lambda}=\pm p\pi$$

或
$$\Delta=\pm p\lambda=\pm\text{偶数}\times\frac{\lambda}{2},p=0,1,2,\cdots \tag{1-11}$$

时，$I=I_0$，是最大值，可得明线。式中 p 是各级明线的级数，叫作干涉级数。当 $p=0$ 时，即得零级明线，或称中央明线。

当
$$\beta=\frac{\pi\Delta}{\lambda}=\pm\left(p+\frac{1}{2}\right)\pi$$

或
$$\Delta=\pm\left(p+\frac{1}{2}\right)\lambda=\pm\text{奇数}\times\frac{\lambda}{2},p=0,1,2,\cdots \tag{1-12}$$

时，$I=0$，是最小值，得暗线。

将式(1－10)代入式(1－11)和(1－12)得出 S_C 上明线和暗线的位置分别为

$$x_M = \pm \frac{D}{d} p\lambda, p = 0, 1, 2, \cdots \tag{1-13}$$

$$x_m = \pm \frac{D}{d}\left(p + \frac{1}{2}\right)\lambda, p = 0, 1, 2, \cdots \tag{1-14}$$

由式(1-13)可得第 p 级和第 $p+1$ 级明线与零级明线的的间隔为

$$\Delta x = \frac{D}{d}\lambda \tag{1-15}$$

同理,由式(1-14)得出相邻两暗线的间隔也等于 $D\lambda/d$,而且条纹的间隔不因级数的改变而改变,这意味着在观察屏 S_C 上呈现的是等间隔的、明暗相间的干涉条纹,其间隔与两缝到观察屏的距离成正比,与入射光的波长成正比,而与双缝之间的距离成反比。

条纹间隔一般都是很小的,例如当 $\lambda = 5 \times 10^{-5}$cm, $D = 1$m, $d = 0.5$cm 时,则有 $\Delta x = 0.01$cm。因此,为了便于观察,可增大 D 值,但 D 越大条纹就变得越暗淡,可见只有减小 d 值才是增大 Δx 的最可取的方法。为了使 S_1 和 S_2 之间的距离足够小,可以有各种不同的实验装置,如菲涅耳双镜、菲涅耳双棱镜等等。

需要明确的是,在产生干涉效果的情况下,虽然有的地方光强增加,有的地方光强减弱,但它们的平均光强却不改变,仍然满足能量守恒定律。

2. 相干光源

由前面分析可知,只有满足振动方向一致、频率相同、具有稳定相位差(此称为相干条件)的两束或多束光,才能在其叠加区域出现可以观察到的干涉条纹。因此,用光源直接照射双缝时能否出现可以观察得到的干涉条纹,主要决定于光源的发光机理。理想的光源模型中,可以将一无限小点发出的无限长波列的光束,用光学的方法分成两束,然后再实现同一波列的相遇叠加,从而得到稳定的干涉条纹,这样的光源也叫相干光源。

在考察一个实用光源是否满足相干光源的要求时,既要考虑光源发光的持续时间,也要考虑光源的尺寸,而且还要考虑被分开的两束光相遇前光程差的大小。总之,空间变量和时间变量是决定相位差能否稳定的共同因素。为方便讨论,可设计空间变量不变(实际上只能接近不变)的装置,认为相位差仅仅是由时间变量引起的,这是所谓时间相干性的问题;也可以设计时间变量不变的装置,认为相位差仅仅是由空间变量引起的,这是所谓空间相干性的问题。

(1) 时间相干性

原理上,可以在光路上的不同两点通过两个分束镜取出部分光,考察其时间相关特性:如果这两处的光波场相关,则可以由一点的光波场(振幅、相位)确定另一点的光波场(振幅、相位),或者说,空间一点某时刻的光波场可以确定另一时刻的光波场。如图1-8(a)所示,可以取出光路中的两倾斜分束镜的部分光进行干涉,根据干涉现象确定其时间相干性。当两镜间距离改变时,干涉条纹将会发生变化。随着两镜间距离的增大,干涉现象将逐渐变差。当两镜间距离增大到 L_C 时,干涉现象消失,此时两束光不相关。通常用相干长度 L_C 来表征该光沿传播方向上的最大相关范围。对应于这个长度 L_C 有一个传播时间 $\tau_C = L_C/c$,式中的 c 为光速,所以可称 τ_C 为相干时间,光波在该相干时间内是时间相干的。显然,L_C 越大,光的时间相干性越好。

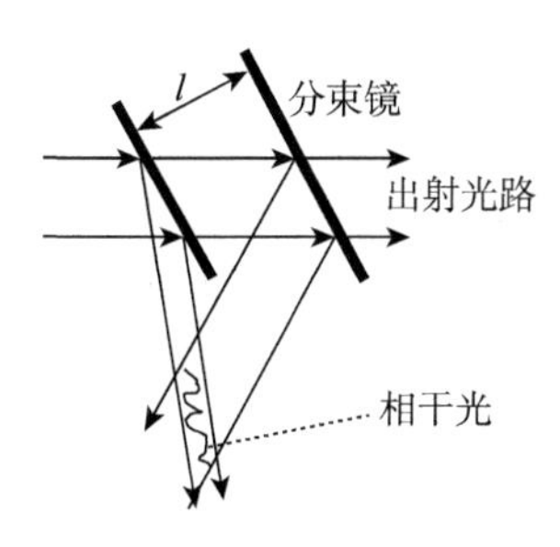

(a) 双光束干涉测量时间相干性

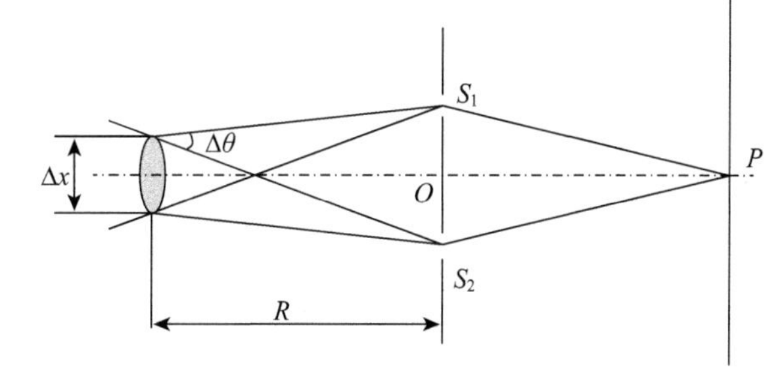

(b) 双缝干涉测量空间相干性

图 1-8　相干性测量原理图

(2) 空间相干性

光的空间相干特性可以利用图 1-8(b)所示的双孔干涉实验进行考察。如果光源是一个理想点光源，则可以在观察屏上看到清晰的干涉条纹。如果光源有一定的大小Δx，则其干涉效应将变差。当光源到双孔的距离固定为 R 时，改变双孔 S_1 和 S_2 的间隔，通过双孔光的干涉效应将随之变化；随着孔间距离的增大，干涉条纹逐渐变得模糊。实验表明，在双孔屏上有一个以 O 点为对称中心的区域面积A_C，如果 S_1 和 S_2在 A_C 内就能观察到干涉条纹；只要 S_1 和 S_2 在 A_C 之外，就观察不到干涉现象。通常，用相干面积 A_C 来表征该光源在双孔屏上产生光的最大相关空间范围。A_C 越大，则该光的空间相干性越好。在双孔屏处，该光场具有明显相干性的条件是

$$\Delta x \Delta\theta \leqslant \lambda \tag{1-16}$$

式中，$\Delta\theta$ 是两孔间距对光源的张角。式(1-16)表明，要增大空间相干性的张角$\Delta\theta$，可以采用较小的光源。

1.2.5　光的偏振

1. 自然光、偏振光

如前所述，光具有波动特性，且光效应是由电场强度矢量引起的；光波是全部电磁波谱中的很短的一段，光波和其他波段的电磁波一样，也具有横波特征，即波矢量(电矢量)和光波传播方向垂直。

一般光源含有大量的发光原子或分子，它们发出的光的振动方向互不相关，因此光源在一切可能的振动方向上的光振动概率是相等的。从能量分布来看，光振动平面内任何方向上的能量都相等，或者说光振动的能量密度均匀。这种振动方向无规律的光波是自然光。

振动方向具有一定规则的光波是偏振光。如果光波的波矢量是沿着一条直线反复振动，则称之为线偏振光。线偏振光的波矢量方向与传播方向构成的平面叫做振动面；包含传播方向在内并与振动面垂直的平面(即磁矢量所在的平面)叫做偏振面。线偏振光的振动面是固定的平面，故也称它为平面偏振光。

若线偏振光与自然光相掺杂，则为部分偏振光。这时沿线偏振方向光振动的原子或分子比沿其他方向光振动的要多，因而这个方向光振动的功率密度比其他方向的要大。通常用偏振度 P 来量度线偏振的程度，其定义式为

$$P=\frac{I_M-I_m}{I_M+I_m} \tag{1-17}$$

式中,I_M 和 I_m 是部分偏振光在两个特殊方向上的功率密度,分别对应于最大和最小的功率密度。若 $P=1$,是线偏振光;$P=0$ 是自然光;而 $0<P<1$ 是部分偏振光。

与其他振动相同,光振动也可以分解成两个方向互相垂直的振动,而由两个方向互相垂直的光振动也能合成得到任意取向的振动。一般把这两个方向选为与入射面垂直的方向和与入射面平行的方向,并把与入射面垂直的光振动用符号"·"来表示,而与入射面平行的光振动用符号"↕"来表示。图1-9(a)表示的是光振动方向垂直于纸面(即入射面)的线偏振光,图中直线的单箭头代表光的传播方向,图1-9(b)则表示光振动在入射面内的线偏振光。

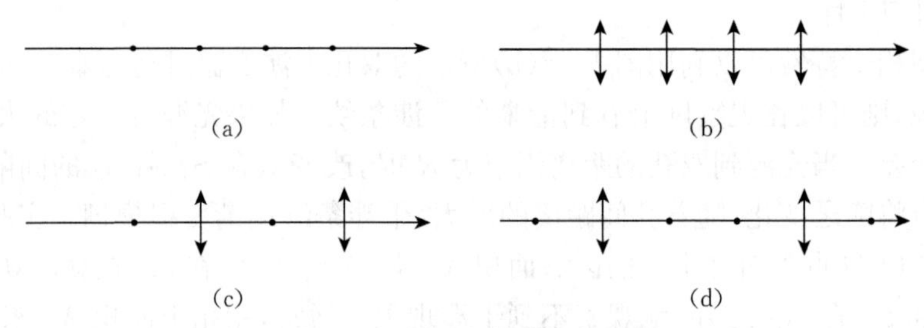

图1-9　光的传播与振动方向

自然光中的每一个光振动都可分解成这两个互相垂直的光振动。由于自然光中这两个方向上的光振动之和也相等,即自然光可用功率密度相等、振动方向互相垂直的两个线偏振光来表示,其示意图见图1-9(c)。每个线偏振光的功率密度为自然光功率密度的一半,而且这两个线偏振光之间无相位联系。图1-9(d)表示的是部分偏振光,它在垂直于入射面的光振动较强。

2. 偏振片、起偏和检偏

光学中常有些晶体具有二向色性,即指对入射光的两个互相垂直的光振动的吸收不同。具有二向色性的晶体内部有一个特殊方向,叫作主轴或者光轴。入射光波中垂直于光轴的电场分量会被强烈地吸收,而沿光轴方向的电场分量则可以透过晶体。如果晶体足够厚,当自然光入射到晶体片上时,与光轴方向垂直的光振动可以被全部吸收,透射光中只剩下沿光轴方向的光振动,这样就得到了线偏振光。因此称这种晶体片为偏振片,称光轴方向为偏振片的偏振化方向或主方向,又可称为偏振片的透光方向。

自然光入射到偏振片上,透射的是线偏振光。从自然光得到偏振光的过程叫作起偏。起起偏作用的光学元件叫作起偏器。起偏器除了偏振片这种线起偏器外,还有圆起偏器和椭圆起偏器。

如果入射到偏振片上的是线偏振光,则当偏振片的偏振化方向与线偏振光的振动方向一致时,出射光最强;旋转偏振片,当这两个方向互相垂直时,则没有透射光,其示意图见图1-10。

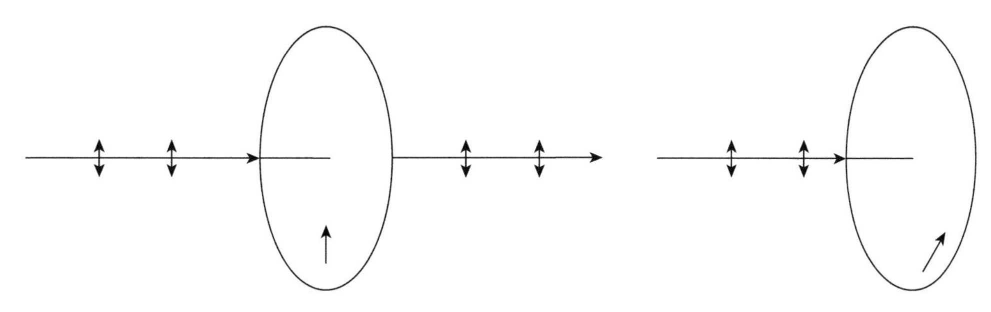

图1-10　光的偏振现象

当自然光入射到偏振片上时，旋转偏振片，透射光的功率密度不发生变化。而当部分偏振光入射时，旋转偏振片，透射光的功率密度要发生变化，但不存在功率密度为零的情况。总之，旋转偏振片，观察透射光功率密度的变化特点，可以确定入射光的偏振特点。确定光的偏振特点的过程叫作检偏，起检偏作用的光学元件叫作检偏器。偏振片也可作为检偏器。

线偏振光入射到线偏振片上，旋转偏振片，当偏振光振动方向与偏振片偏振化方向的夹角为 θ 时，透射光的光强 I 为

$$I = I_0 \cos^2\theta \tag{1-18}$$

式中，I_0 是入射线偏振光的光强。这是 Malus 在 1809 年得到的，被称为马吕斯定律。

3. 偏振光的干涉

1811 年 Arago 首先发现偏振光的干涉现象。他用方解石观察蓝色天空时，在方解石之前放置了一云母片，然后他发现遵从折射定律的寻常光（被称为 o 光）和不遵从折射定律的非常光（被称为 e 光）都具有鲜明的彩色色彩。这种现象是由偏振光的干涉引起的。

图 1-11 给出了观察偏振光柱发生干涉现象的装置。在两个尼科尔（Nicol）棱镜之间放入光轴与晶体表面平行的晶片。平行光柱入射第一个 Nicol，其透射光为线偏振光，它在晶片前表面分解成 o 光和 e 光，从晶片透射的 o、e 两光间将出现相位差。o 光和 e 光虽然沿着同一方向传播，但是它们的光振动方向是互相垂直的，因而其合振动一般是椭圆偏振光，并不出现两束光相干涉的现象。如果让有相位差的 o、e 两光通过第二个 Nicol，则只有在它的主截面内的振动分量才能通过，两束光的振动方向也就一致了，因而就能观察到两束光的干涉现象。

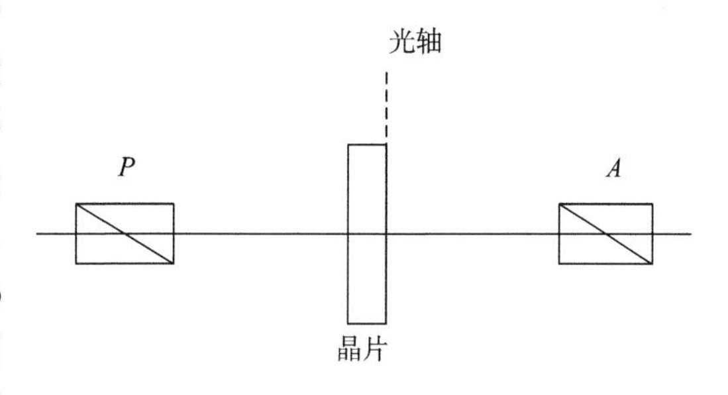

图1-11　偏振光干涉实验装置图

将两个 Nicol 正交放置，主截面位置分别用 N_1 和 N_2 表示（图 1-12），N 为晶体的光轴方向，于是光线通过第一个 Nicol 以后，光振动沿 N_1 方向。设光振幅为 E_1，若 N 与 N_1 之夹角为 α，则按晶体光轴分解的 o 光和 e 光的光振动振幅为 $E_o = E_1\sin\alpha$，$E_e = E_1\cos\alpha$。

从第二个 Nicol 透射后两束光的振幅为

$$E_{2e} = E_e \sin\alpha = E_1 \sin\alpha \cos\alpha$$

$$E_{2o} = E_o \cos\alpha = E_1 \cos\alpha \sin\alpha \tag{1-19}$$

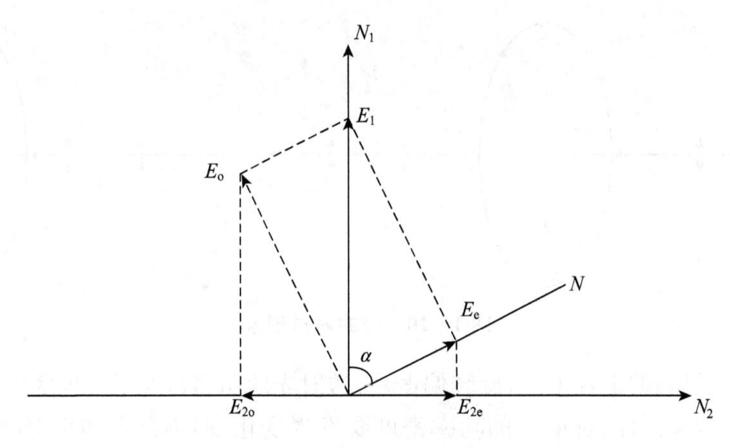

图 1-12　光振幅矢量图

从厚度为 d 的晶片透射后，o 光和 e 光的相位差为

$$\delta=\frac{2\pi d}{\lambda}(n_o-n_e) \tag{1-20}$$

由于投影得到的 E_{2e} 和 E_{2o} 的方向相反，因而从第二个 Nicol 透射的两束光之间还要附加相位差 π，于是二束光的总相位差为 $\delta_\perp=\delta+\pi$。于是，这两束光相干叠加后的功率密度为

$$I=E_{2o}{}^2+E_{2e}{}^2+2E_{2o}E_{2e}\cos\delta_\perp=E_1{}^2\sin^2 2\alpha\sin^2\frac{\delta}{2} \tag{1-21}$$

不同厚度的晶片产生的相位差 δ 不同，因而 $I_\perp$ 也不同。$\delta=2K\pi(K=0,1,2,\cdots)$ 时为干涉极小，$I_\perp=0$；$\delta=(2K+1)\pi(K=0,1,2,\cdots)$ 时为干涉极大，$I_\perp=E_1{}^2\sin^2\alpha$。

如果两个 Nicol 平行放置，此时无投影而引入的相位差，即 $\delta_{/\!/}=\delta$，两束光仍有干涉现象，其合成的功率密度为

$$I_{/\!/}=E_1{}^2\left(1-\sin^2 2\alpha\sin^2\frac{\delta}{2}\right) \tag{1-22}$$

干涉极大和极小出现的条件与正交 Nicol 时相反，而且 $I_{/\!/}$ 的极小值一般并不为零，仅当 $\alpha=45^\circ$ 时才为零。

如果是白光入射，则由于各色光的波长不同，那些满足干涉极大条件的色光的功率密度最强，而满足干涉极小条件的色光的功率密度最弱，因而透射光将是有颜色的，不同厚度的晶片透射光颜色不同，这种现象叫作色偏振。如果晶片各处的厚度或者折射率不同，就可以观察到彩色条纹。

由于 $\delta_\perp$ 和 $\delta_{/\!/}$ 相差 π，于是在正交情况下为干涉极大的色光，在平行情况时却是干涉极小；反之亦然。因而在白光照射正交 Nicol 时呈现的颜色与照射平行 Nicol 时呈现的颜色是不同的。再者，对任何色光都有 $I_\perp+I_{/\!/}=E_1{}^2$，因而这两种颜色就是通常所说的互补色。

1.2.6　电磁场基本方程与波动方程

从光的波动性得知，光也是一种电磁波，它同样满足电磁波所满足的宏观规律。麦克斯韦方程组是建立在对宏观电磁现象实验研究的基础上的，它揭示了电场、磁场、电荷以及电流之间的相互关系，是一切宏观电磁现象所遵循的普遍规律。麦克斯韦方程组有着深刻的物理意义，是可以看作是电磁运动规律最简洁的数学表示。麦克斯韦方程组是电磁场的基本方程，是分析和研究电磁问题的基本出发点。

1. 麦克斯韦方程组

(1) 麦克斯韦方程组微分形式

麦克斯韦方程组包括两个旋度方程和两个散度方程：

$$\begin{cases}\nabla\times \boldsymbol{E}=-\dfrac{\partial \boldsymbol{B}}{\partial t}\\ \nabla\cdot \boldsymbol{D}=\rho\\ \nabla\times \boldsymbol{H}=\boldsymbol{J}+\dfrac{\partial \boldsymbol{D}}{\partial t}\\ \nabla\cdot \boldsymbol{B}=0\end{cases}\tag{1-23}$$

式中，$\boldsymbol{E}$、$\boldsymbol{D}$ 分别表示电场强度和电通量密度，$\boldsymbol{H}$、$\boldsymbol{B}$ 则表示磁场强度和磁通量密度，ρ 和 $\boldsymbol{J}$ 表示空间的电荷密度和电流密度。式(1-23)的四个公式分别是法拉第电磁感应定律、高斯定理、安培环路-全电流定理和磁通连续性原理。

式(1-23)中规定了电场强度和磁场强度的散度和旋度。根据亥姆霍兹定理可知，式(1-23)给出了确定的电磁场分布，并且连同电流连续方程和洛伦兹力公式一起构成经典电磁理论基础，利用这些方程便可以解释和预示所有的宏观电磁现象。

式(1-23)中，电场强度和磁场强度的两个旋度方程将时变电场和时变磁场相互联系，同时它们也说明了时变电场和时变磁场可以互相激发，并可以脱离场源独立存在，在空间形成电磁波。虽然麦克斯韦预言了电磁波的存在，但由于受实验条件的限制，直到 1887 年德国物理学家赫兹才实验证实了电磁波的存在，而此时距离麦克斯韦逝世已有十余年。

麦克斯韦方程组中，电通量密度的散度不为零，说明电场强度是有源场，电力线起始于正电荷而终止于负电荷。磁通量密度的散度为零，这表明磁通是连续性的，即磁力线既没有起点也没有终点，磁力线是与电流相交链的闭合曲线。在目前人们对电磁场的研究中，尚未发现自由磁荷的存在。

一般情况下，电磁场的磁矢量和激励源既是空间坐标的函数又是时间坐标的函数。如果它们不随时间变化，则麦克斯韦方程组退化为静态方程组。

式(1-23)中的 4 个方程并不完全独立，式中的两个散度方程可以从电流连续性方程和两个旋度方程得到。

(2) 麦克斯韦方程组积分形式

式(1-23)给出了麦克斯韦方程组的微分形式，它适用于电磁场的场量处处可微的空间。但是我们在研究一个具体的电磁问题或电磁现象时，可能包含各种具有不同形状和边界的有限物体，此时在不同媒质的分界面上，电场强度和磁场强度不一定连续，此时微分形式的麦克斯韦方程组不再适用，因此还需要讨论麦克斯韦方程组的积分形式。利用旋度定理和散度定理，可以由麦克斯韦方程组的微分形式得到积分形式如下：

$$\begin{cases}\oint_C \boldsymbol{E}\cdot\mathrm{d}\boldsymbol{l}=-\iint_S \dfrac{\partial \boldsymbol{B}}{\partial t}\cdot\mathrm{d}\boldsymbol{s}\\ \oiint_S \boldsymbol{D}\cdot\mathrm{d}\boldsymbol{s}=\iiint_V \rho\,\mathrm{d}v\\ \oint_C \boldsymbol{H}\cdot\mathrm{d}\boldsymbol{l}=\iint_S \boldsymbol{J}\cdot\mathrm{d}\boldsymbol{s}+\iint_S \dfrac{\partial \boldsymbol{D}}{\partial t}\cdot\mathrm{d}\boldsymbol{s}\\ \oiint_S \boldsymbol{B}\cdot\mathrm{d}\boldsymbol{s}=0\end{cases} \tag{1-24}$$

2. 波动方程

从麦克斯韦方程可知,磁通量密度 $\boldsymbol{B}$ 的散度为零,因此 $\boldsymbol{B}$ 是管形场,磁通量密度可以表示为另外一个矢量场 $\boldsymbol{A}$ 的旋度:

$$\boldsymbol{B}=\nabla\times\boldsymbol{A} \tag{1-25}$$

式中,矢量场 $\boldsymbol{A}$ 被称为矢量磁位。将(1-26)代入麦克斯韦方程中关于电场强度旋度的公式,得到:

$$\nabla\times\boldsymbol{E}=-\frac{\partial}{\partial t}(\nabla\times\boldsymbol{A})$$

或

$$\nabla\times\left(\boldsymbol{E}+\frac{\partial\boldsymbol{A}}{\partial t}\right)=0 \tag{1-26}$$

在式(1-26)中,矢量和 $\boldsymbol{E}+\partial\boldsymbol{A}/\partial t$ 的旋度为零,所以该矢量和可以用一个标量的梯度来表示。为了与静电场中的标量电位 ϕ 的定义相一致,于是写成 $\boldsymbol{E}+\partial\boldsymbol{A}/\partial t=-\nabla\phi$。由此可得

$$\boldsymbol{E}=-\nabla\phi-\frac{\partial\boldsymbol{A}}{\partial t} \tag{1-27}$$

在静态场情况下,$\partial\boldsymbol{A}/\partial t=0$,则式(1-27)简化为 $\boldsymbol{E}=-\nabla\phi$。将式(1-25)和(1-27)代入麦克斯韦方程中关于磁场强度的旋度的方程,则有

$$\nabla\times\nabla\times\boldsymbol{A}=u\boldsymbol{J}+\mu\varepsilon\frac{\partial}{\partial t}\left(-\nabla\phi-\frac{\partial\boldsymbol{A}}{\partial t}\right) \tag{1-28}$$

在上式中已经假定媒质是各向同性的。利用矢量恒等式,可以将上式变化为

$$\nabla(\nabla\cdot\boldsymbol{A})-\nabla^2\boldsymbol{A}=\mu\boldsymbol{J}-\nabla\left(\mu\varepsilon\frac{\partial\phi}{\partial t}\right)-\mu\varepsilon\frac{\partial^2\boldsymbol{A}}{\partial t^2}$$

或

$$\nabla^2\boldsymbol{A}-\mu\varepsilon\frac{\partial^2\boldsymbol{A}}{\partial t^2}=-\mu\boldsymbol{J}+\nabla\left(\nabla\cdot\boldsymbol{A}+\mu\varepsilon\frac{\partial\phi}{\partial t}\right) \tag{1-29}$$

从矢量分析中可知,要定义一个矢量必须同时规定其旋度和散度。式(1-25)仅给出了矢量磁位的旋度,其散度 $\nabla\cdot\boldsymbol{A}$ 可以任意选择。若令

$$\nabla\cdot \boldsymbol{A}+\mu\varepsilon\frac{\partial \phi}{\partial t}=0 \tag{1-30}$$

将式(1-30)代入式(1-29)，得到

$$\nabla^2\boldsymbol{A}-\mu\varepsilon\frac{\partial^2 \boldsymbol{A}}{\partial t^2}=-\mu\boldsymbol{J} \tag{1-31}$$

式(1-31)是矢量位 $\boldsymbol{A}$ 所满足的非齐次波动方程，式(1-30)给出的 $\boldsymbol{A}$ 与 ϕ 的关系被称为位函数的洛伦兹条件(或洛伦兹规范)。同理，将式(1-27)代入麦克斯韦方程组中关于电通量密度 $\boldsymbol{D}$ 的散度的方程，可以得到标量位 ϕ 的波动方程：$-\nabla\cdot\varepsilon\left(\nabla\phi+\frac{\partial \boldsymbol{A}}{\partial t}\right)=\rho$。若 ε 为常数，则上式可改写为 $\nabla^2\phi+\frac{\partial}{\partial t}(\nabla\cdot \boldsymbol{A})=-\frac{\rho}{\varepsilon}$。利用洛伦兹规范，得

$$\nabla^2\phi-\mu\varepsilon\frac{\partial^2 \phi}{\partial t^2}=-\frac{\rho}{\varepsilon} \tag{1-32}$$

式(1-32)是标量位 ϕ 的非齐次波动方程。

3. 时谐电磁场的波动方程

上面所讨论的麦克斯韦方程适用于任何形式的时变电磁场，并由位函数的波动方程可知，该时变电磁场的场量取决于源函数 ρ 和 $\boldsymbol{J}$。在对实际的电磁场问题的研究中，正弦的时间函数具有非常重要的意义。时谐电磁场是指电磁场的场量既是空间坐标的函数，又随时间作正弦或余弦变化。时谐场的场矢量可以用矢量相量来表示，该相量只依赖于空间坐标而与时间无关。例如，可将时谐场 $\boldsymbol{E}$ 写成以 $\cos\omega t$ 为基准的形式

$$\boldsymbol{E}(x,y,z,t)=\mathrm{Re}[E(x,y,z)e^{\mathrm{j}\omega t}] \tag{1-33}$$

在上式中 Re 代表取实部的运算。如果 $\boldsymbol{E}$ 按照 $\sin\omega t$ 变化，只需对式(1-33)中右部取虚部运算 Im。式(1-33)中，$\boldsymbol{E}(x,y,z)$是矢量相量，也称为复数矢量，它是包含方向、振幅和相位的参数。

在线性、各向同性、均匀媒质(也被称为简单媒质)中的时谐麦克斯韦方程组以相量($\boldsymbol{E}$，$\boldsymbol{H}$)和源相量(ρ，$\boldsymbol{J}$)表示为：

$$\begin{cases}\nabla\times \boldsymbol{E}=-\mathrm{j}\omega\mu\boldsymbol{H}\\ \nabla\cdot \boldsymbol{E}=\dfrac{\rho}{\varepsilon}\\ \nabla\times \boldsymbol{H}=\boldsymbol{J}+\mathrm{j}\omega\varepsilon\boldsymbol{E}\\ \nabla\cdot \boldsymbol{H}=0\end{cases} \tag{1-34}$$

在时谐场中，标量位 ϕ 和矢量位 $\boldsymbol{A}$ 所满足的波动方程为

$$\begin{cases}\nabla^2\phi+k^2\phi=-\dfrac{\rho}{\varepsilon}\\ \nabla^2\boldsymbol{A}+k^2\boldsymbol{A}=-\mu\boldsymbol{J}\end{cases} \tag{1-35}$$

在上式中，k 被称为波数。

$$k = \omega\sqrt{\mu\varepsilon} = \frac{\omega}{v} \tag{1-36}$$

其中,v 是电磁波的传播速度。式(1-35)称为标量位 ϕ 和矢量位 $\boldsymbol{A}$ 所满足的非齐次亥姆霍兹方程。

4. 光波的表示与传播特性

(1) 光波的电磁表示

在光电子学中,通常把电场强度 $\boldsymbol{E}$ 选作光矢量,光波中的振动矢量指的是 $\boldsymbol{E}$。这是因为根据麦克斯韦方程,磁场强度 $\boldsymbol{H}$ 与电场强度 $\boldsymbol{E}$ 之间有确定的关系,可以由 $\boldsymbol{E}$ 求得 $\boldsymbol{H}$。此外,由维纳实验的理论分析(半波损失)可以证明,对人的眼睛或感光仪器起作用的是和电场 $\boldsymbol{E}$ 相关的光强(即单位面积上的光功率),光强常被表示成电场振幅的平方。光场是指光波传播所经过的空间范围内存在着变化的电磁场。不加特别说明,我们以光波电场为主要研究对象,且光波电场为时谐单色波(具有单一频率,在时间和空间上无限连续的波),用复数表示为

$$\boldsymbol{E}(r,t) = \boldsymbol{E}(r)e^{j\omega t} = \boldsymbol{E}(r)\mathrm{e}^{j2\pi ft} \tag{1-37}$$

也可表达为三角函数形式

$$e(r,t) = e(r)\cos\omega t = e(r)\cos(2\pi ft) \tag{1-38}$$

式中,$e(r,t) = \frac{1}{2}[\boldsymbol{E}(r,t) + \boldsymbol{E}^*(r,t)]$ 表示某一时刻波在空间是以波长 λ 为周期的一个周期分布;对于空间固定点,波在该点是以时间 T 为周期的一个周期振动。

位置分量还可分为振幅与相位两个部分

$$\boldsymbol{E}(r) = \boldsymbol{E}_0(r)\mathrm{e}^{j\varphi(r)} \tag{1-39}$$

用三角函数表示为

$$e(r) = e_0(r)\cos\varphi(r) \tag{1-40}$$

$\varphi(r)$ 为常量的等相面为波前。

该光波电场相应的光强为

$$I(r) = |\boldsymbol{E}(r)|^2 \tag{1-41}$$

(2) 各种类型的传播光波

根据 $\boldsymbol{E}(r)$ 的不同形式,可将光波电场分为平面波、球面波、抛物面波等。

① 平面波

平面波是 $\boldsymbol{E}(r)$ 具有以下形式的波

$$\boldsymbol{E}(r) = \boldsymbol{A}e^{-j\boldsymbol{k}\cdot\boldsymbol{r}} \tag{1-42}$$

这是一种在与传播方向垂直的平面上电场或磁场处处相等的波,其光强 $I(r) = |\boldsymbol{E}(r)|^2 = |\boldsymbol{A}|^2$ 为一常量,波前为一垂直于波矢 $\boldsymbol{k}$ 的平面。

② 球面波

如果一个点光源处于各向同性均匀介质中,从该点光源发出的光波以相同的速度沿径向传播,在某一时刻电磁波所达到的各点将构成一个以点光源为中心的球面,这种光波就是

球面波,其 $\boldsymbol{E}(r)$具有形式

$$\boldsymbol{E}(r)=\frac{\boldsymbol{A}}{r}e^{-\mathrm{j}\boldsymbol{k}\cdot r} \tag{1-43}$$

其波前为一组垂直于波矢 $\boldsymbol{k}$,相间为 λ 的同心圆,其光强

$$I(r)=|\boldsymbol{E}(r)|^2=\frac{|\boldsymbol{A}|^2}{r^2} \tag{1-44}$$

与 r^2 成反比。

当考察点所在波面的范围较小且离波源很远时,r 的变化对球面波的振幅影响可以忽略,这时可将球面波视为平面波处理。

③ 柱面波

柱面波是一种无限长线光源发出的光波,其波面为圆柱形,$\boldsymbol{E}(r)$具有形式

$$\boldsymbol{E}(r)=\frac{\boldsymbol{A}}{\sqrt{r}}e^{-\mathrm{j}\boldsymbol{k}\cdot r} \tag{1-45}$$

其径向光强为

$$I(r)=|\boldsymbol{E}(r)|^2=\frac{|\boldsymbol{A}|^2}{r} \tag{1-46}$$

轴向光强为常量。

④ 抛物面波

在光学系统中,我们经常考虑旁轴条件,此时,认为原点在 $r=0$ 的球面波沿 z 传播到了近轴且远离原点的考察点,即 $x^2+y^2\ll z^2$, 于是

$$\begin{aligned} r&=(x^2+y^2+z^2)^{\frac{1}{2}}\\ &=z\left(1+\frac{x^2+y^2}{z^2}\right)^{\frac{1}{2}}\\ &\approx z\left(1+\frac{x^2+y^2}{2z^2}\right)\\ &=z+\frac{x^2+y^2}{2z} \end{aligned} \tag{1-47}$$

将其代入球面波表达式(1-45),并考虑近轴、远离原点条件,即 $r\approx z$ 得

$$\boldsymbol{E}(r)=\frac{\boldsymbol{A}}{r}e^{-\mathrm{j}\boldsymbol{k}\cdot r}\approx\frac{\boldsymbol{A}}{z}e^{-\mathrm{j}k\left(z+\frac{x^2+y^2}{2z}\right)}=\frac{\boldsymbol{A}}{z}e^{-\mathrm{j}kz}e^{-\mathrm{j}k\frac{x^2+y^2}{2z}} \tag{1-48}$$

习　题　1

1-1　一束自然光以 70°角入射到空气-玻璃($n=1.5$)分界面上,求其反射率和反射光的偏振度。

1-2　光纤芯的折射率为 n_1，包层的折射率为 n_2，光纤所在介质的折射率为 n_0，求光纤的数值孔径。

1-3　将一束自然光和线偏振光的混合光垂直入射一偏振片，若以入射光束为轴转动偏振片，测得投射光强度的最大值是最小值的3倍，求入射光束中自然光与线偏振光的光强之比值。

1-4　在杨氏实验中，两小孔距离为1mm，观察屏离小孔的距离为100cm，当用一折射率为1.58的透明薄片贴住其中一小孔时，发现屏上的条纹系移动了1.5cm，试确定该薄片的厚度。

1-5　一个振幅为 U_0，角频率为 ω 的交流电压源 $U_C = U_0 \sin\omega t$ 用导线连接在平行板电容器C的两端。证明导线中的传导电流与电容器中的位移电流相等。

1-6　试比较在理想电介质和导电媒质中传播的平面电磁波特性。

1-7　理想介质中平面电磁波的电场强度矢量为 $\boldsymbol{E}(t) = \boldsymbol{\alpha}_x 5\cos 2\pi(10^8 t - z)(\mathrm{V/m})$

试求：

(1) 介质及自由空间中的波长；

(2) 已知介质 $\mu = \mu_0$，$\varepsilon = \varepsilon_0 \varepsilon_r$，确定介质的 ε_r；

(3) 求磁场强度矢量的瞬时表达式。

1-8　已知无源自由空间中的电场强度矢量 $\boldsymbol{E} = a_y \boldsymbol{E}_m \sin(wt - kz)$，求：

(1) 由麦克斯韦方程求磁场强度 $\boldsymbol{H}$；

(2) 证明 ω/k 等于光速；

(3) 求坡印亭矢量的时间平均值。

1-9　一均匀平面波向 x 轴负方向传播，波速为 $u = 120\mathrm{m/s}$，波长为60m，以原点处质点在 $y = A/2$ 处并向 y 轴正方向运动作为计时零点，试写出波动方程。

1-10　光功率为100W的灯泡，在距离为10m处的波的强度是多少？

第 2 章　激光原理与技术

光在本质上具有波粒二象性，一方面，它在传播时表现出波动特性，如具有反射、干涉、衍射、偏振、双折射等现象；另一方面，当它与物质相互作用时又表现出粒子性，如黑体辐射和光电效应中表现出来的动量和能量等粒子性质。这就是所谓的波粒二象性。量子电磁场理论对光的二象性给出了统一的解释：光波可以看作是量子化的微粒-光子组成的电磁场，场的每个基本状态称为本征态或本征模式（波模式），其能量和动量都是量子化了的，电磁场可视为是这一系列独立的本征态的迭加。本章从光辐射量子理论出发，介绍了基于自发辐射跃迁、受激辐射跃迁和受激吸收跃迁三种过程的激光产生原理，阐述了激光产生的过程和必要条件，介绍了典型激光器的共性结构，尤其是光学谐振腔的光腔理论、激光模式及高斯光束等特性，最后还分析了激光输出模式及相关单元技术。

2.1　光辐射量子理论基础

2.1.1　热辐射

1. 几种不同形式的辐射

物体向外辐射时将消耗本身的能量，由能量守恒定律可知，如果要长期维持这种辐射，就必须不断地从外面补偿能量，否则辐射就会引起物质内部的变化。在辐射过程中物质内部发生化学变化（如燃烧）的，叫做化学发光。用外来的光或其他辐射照射物质而使之发光的过程叫做光致发光（如荧光、磷光等）[1]。由电场作用引起的辐射叫做场致发光（如电弧放电、火花放电和辉光放电等）。如果利用电子轰击引起固体（例如某些矿物）产生的辐射叫做阴极发光。另一种辐射则是由物体的温度引起的热辐射，只要通过加热来维持物体的温度，辐射就可继续不断地进行下去。实际上所有物体都向四周发出这种热辐射，也从四周吸收这种热辐射。

实验可以发现热辐射的光谱是连续光谱，并且该辐射谱与温度有关。在室温下，大多数物体辐射不可见的红外光，但当物体温度升高到 500℃左右时，物体辐射出暗红色的可见光，随着温度的不断上升，辉光逐渐亮起来，而且波长较短的辐射越来越多，大约在 1500℃时就变成明亮的白光。这说明同一物体在一定温度下所辐射的能量，在不同光谱区域的分布是不均匀的，而且温度越高，光谱中与能量最大的辐射相对应的频率也越高。此外，实验还发现在一定温度下，辐射的光谱成分和物质密切相关。例如，将钢加热到约 800℃时，可观察到明亮的红光；但在同一温度下，熔化的水晶却不辐射可见光。

2. 发射本领和吸收本领

在单位时间内，从物体单位面积向各个方向所发射的、频率在 ν 和 $\nu+\Delta\nu$ 范围内的辐射能量 $\mathrm{d}\Phi$ 与 ν 和温度 T 有关；而且 $\mathrm{d}\nu$ 足够小时，可认为与 $\mathrm{d}\nu$ 成正比，即

$$\mathrm{d}\Phi_{\nu,T}=E_{\nu,T}\mathrm{d}\nu \tag{2-1}$$

---

[1] 很多荧光物质一旦停止入射光，发光现象也随之消失，具有这种性质的出射光就称之为荧光。如果当入射光停止后，发光现象持续存在，具有这种性质的出射光就称之为磷光。

式中,$E_{\nu,T}$ 是 ν 和 T 的函数,叫做该物体在温度 T 时发射频率为 ν 的辐射能量的发射本领。它指的是从物体单位表面面积发出的、频率在 ν 附近的单位频率间隔内的辐射功率,其大小与物体及其表面情况(如光滑程度等)等相关。任何物体的热辐射性质,都可用发射本领来表示。

如果在整个 ν 的范围内将 $E_{\nu,T}$ 积分,就得出在单位时间内温度为 T 的物体单位面积向各方向发出的包括所有频率的辐射能量,即辐射通量

$$\Phi_T=\int \mathrm{d}\Phi_{\nu,T}=\int_0^{\infty} E_{\nu,T}\,\mathrm{d}\nu \quad (\mathrm{W/m^2}) \tag{2-2}$$

当辐射通量照射在物体表面时,其中一部分被物体散射或反射(对于透明物体来说还有一部分被透射),另一部分则被物体所吸收。如以 $\mathrm{d}\Phi_{\nu,T}$ 表示频率在 ν 和 $\nu+\Delta\nu$ 范围内照射到温度为 T 的物体的单位面积上的辐射通量,$\mathrm{d}\Phi'_{\nu,T}$ 表示物体所吸收的辐射通量,那么这二者的比值

$$A_{\nu,T}=\mathrm{d}\Phi'_{\nu,T}/\mathrm{d}\Phi_{\nu,T} \tag{2-3}$$

叫做该物体的吸收本领。所有物体对各种频率的辐射通量的吸收并不一致,因此吸收本领也是温度和波长的函数。

3. 基尔霍夫定律

物体的发射本领 $E_{\nu,T}$ 和吸收本领 $A_{\nu,T}$ 之间有一定的关系,这个关系由基尔霍夫定律给出。

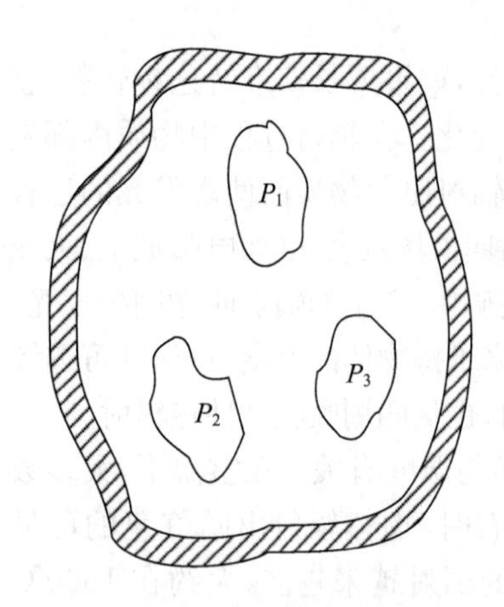

图2-1 理想绝热容器示意图

如果将温度不同的物体 P_1、P_2、P_3 放在一个如图2-1所示的密闭的理想绝热容器里,假设容器内部是真空,则物体与容器之间以及物体与物体之间只能通过辐射和吸收来交换能量。当单位时间内辐射体发出的能量比吸收的较多时,它的温度就下降,这时辐射就会减弱。反之,辐射体的温度将升高,辐射也将增强。这样,经过一段时间后,所有物体包括容器在内都会达到相同的温度,即建立所谓的热平衡,此时各物体在单位时间内发出的能量等于吸收的能量。因此,在热平衡条件下,物体的辐射本领较大,则其吸收本领也一定较大;若辐射本领较小,其吸收本领也一定较小。根据热平衡原理,可以得到基尔霍夫定律:物体的发射本领 $E_{\nu,T}$ 和吸收本领 $A_{\nu,T}$ 的比值与物体的性质无关,而只是频率和温度的普适函数,即

$$\frac{E_{\nu,T}}{A_{\nu,T}}=f(\nu,T) \tag{2-4}$$

显然,当频率和温度一定时,这个比值是一个与物体性质无关的常数。

2.1.2 黑体的经典辐射定律

1. 黑体

不同的物体结构,对外来辐射的吸收以及自身的辐射都不相同。但是有一类物体能够在任何温度下吸收所有的电磁辐射,这类物体就叫做绝对黑体,简称黑体。处于热平衡时,

黑体具有最大的吸收本领，因而它也就有最大的辐射本领。

黑体的吸收本领与频率和温度均无关，其大小为 1。设以 $\varepsilon_{\nu,T}$ 和 $\alpha_{\nu,T}$ 表示绝对黑体的发射和吸收本领，则 $\alpha_{\nu,T}=1$，即基尔霍夫定律可写成

$$\frac{E_{\nu,T}}{A_{\nu,T}}=\frac{\varepsilon_{\nu,T}}{\alpha_{\nu,T}}=\varepsilon_{\nu,T}=f(\nu,T) \tag{2-5}$$

式(2-5)表示的普适函数是绝对黑体的发射本领。

不同温度下的黑体辐射的光谱能量分布曲线如图 2-2 所示。图中可见，不同温度的曲线都有一个极大值。随着温度上升，黑体的辐射本领迅速增大，并且曲线的极大值逐渐向短波方向移动。

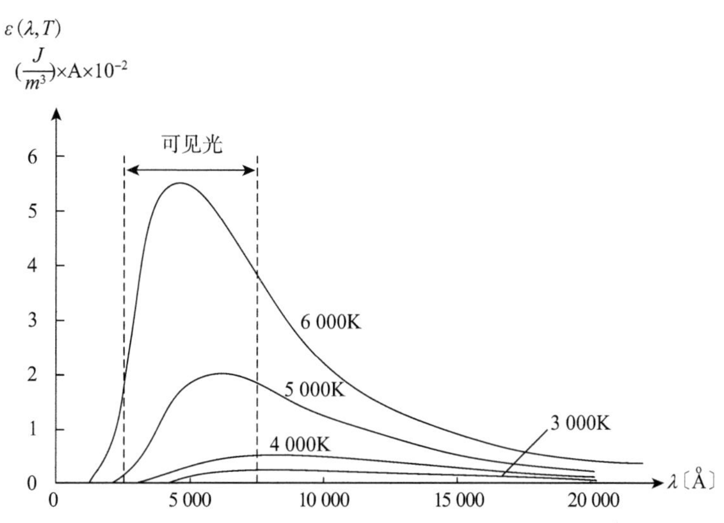

图 2-2　黑体辐射光谱能量分布曲线

2. 黑体的经典辐射定律

研究黑体的发射本领 $\varepsilon_{\nu,T}$ 是研究热辐射的关键。确定普适函数 $f(\nu,T)$的形式，从理论上解释所得的黑体辐射能量分布的实验曲线，是热辐射理论的基本问题。1879 年到 1884 年，斯蒂芬和玻尔兹曼先后从实验和理论上指出黑体的辐射满足斯蒂芬定律，即辐射通量与绝对温度 T 的四次方成正比，可表示为

$$\Phi_0(T)=\int_0^{\infty}\varepsilon_{\nu,T}\,\mathrm{d}\nu=\sigma T^4 \tag{2-6}$$

其中，$\sigma=5.670\ 32\times10^{-8}\,\mathrm{W/(m^2\cdot K^4)}$ 是一个普适常数，叫做斯蒂芬-玻尔兹曼常数。

斯蒂芬-玻尔兹曼定律仅仅涉及黑体所发射的所有频率在内的辐射总能量，并没有能够确定 $\varepsilon_{\nu,T}$ 的形式。1893 年维恩假设并研究了具有理想反射内壁面的密闭容器内的辐射，得到了黑体发射本领 $\varepsilon_{\nu,T}$ 的表达式：

$$\varepsilon_{\nu,T}=c\nu^3 f\left(\frac{\nu}{T}\right) \tag{2-7}$$

式中，c 是真空中的光速，f 定义为一个函数，维恩认为 f 与$\frac{\nu}{T}$相关，但是没有完全确定其表达式。通常还把维恩定律表示成 λ 和 T 的函数：

$$\varepsilon_{\lambda,T}=\frac{c^5}{\lambda^5}f\left(\frac{c}{\lambda T}\right) \tag{2-8}$$

从式(2-8)可知,对于任一给定的温度,$\varepsilon_{\lambda,T}$ 都有一个最大值;这最大值在光谱中的位置由 λ_m 决定,λ_m 的大小则可由 $\frac{d\varepsilon_{\lambda,T}}{d\lambda}=0$ 决定:

$$T\lambda_m=b \tag{2-9}$$

式中,$b=2.8978\times10^{-3}\,\mathrm{m\cdot K}$,是一个和温度无关的常量。这种形式的维恩定律叫做位移定律,因为它指出:当绝对温度增高时,最大的发射本领向短波方向移动。炽热的物体温度不够高时,辐射能量主要集中在长波波段,此时发出红外和红赭色的光;温度较高时,辐射能量主要分布在短波波段,此时发出白色的光和紫外光。

1900年瑞利与金斯提出,假设空腔处于热平衡时的辐射场是一系列的驻波,而一列驻波可看作是一种波型的电磁场。根据能量均分定理,每一种振动平均能量为 kT,可以算出

$$\varepsilon_{\nu,T}=\frac{2\pi}{c^2}\nu^2kT \tag{2-10}$$

这就是瑞利-金斯定律,式中 c 为真空中的光速,k 为玻尔兹曼常数,其值为 $1.38\times10^{-23}\,\mathrm{J/K}$。由关系式 $\nu=\frac{c}{\lambda}$,$|d\nu|=\frac{c}{\lambda^2}d\lambda$ 及 $\varepsilon_{\nu,T}d\nu=\varepsilon_{\lambda,T}d\lambda$,可将辐射本领函数从按频率变换到按波长的分布函数,即

$$\varepsilon_{\nu,T}=\frac{2\pi c}{\lambda^4}kT \tag{2-11}$$

(2-10)和(2-11)式就是瑞利-金斯定律。

图2-3表示这个辐射本领函数在长波区域和实验曲线符合很好。但随着波长的减小,由理论所得的发射本领无限增大,因而辐射通量趋于无穷大,即有 $\Phi(T)=\int_0^\infty\varepsilon_{\lambda,T}d\lambda=2\pi ckT\int_0^\infty\frac{1}{\lambda^4}d\lambda=\infty$。这显然与实验不符。因为实验结果表示,随着波长的减小,$\Phi(T)$ 应趋向于零。经典理论在短波段的这种失败称之为发射困难或"紫外灾难"。

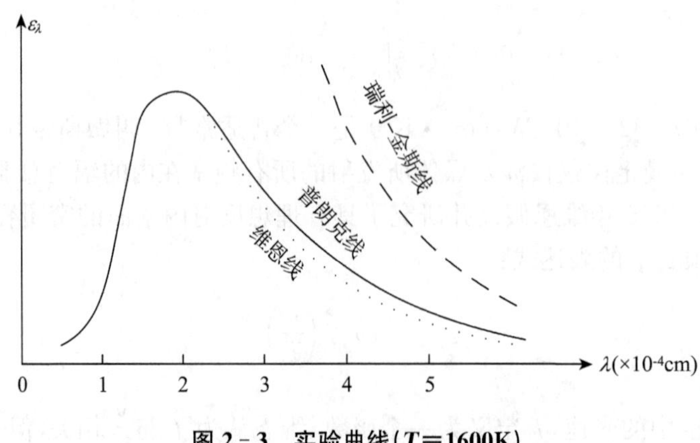

图2-3　实验曲线(T=1600K)

2.1.3　普朗克辐射公式

1900 年，普朗克提出了能量子假设，推导出完全与实验相符合的理论结果。他首先将黑体看成是由极多的带电的线谐振子所组成，每个振子发出一种单色波，整个黑体就发出连续的辐射，在处于热平衡时，它们的辐射场就相当于形成驻波。其次，他假设每一个频率为 ν 的振子的能量不能连续变化，而只能够处于某些特殊的状态。在这些状态中，它们的能量是最小能量 ε_0 的整数倍：ε_0、$2\varepsilon_0$、$3\varepsilon_0$、…、$n\varepsilon_0$（n 是整数）。这些可以允许的能量值称为能级，而能量的不连续变化就叫做能量量子化。在发射能量的时候，振子只能从这些状态之一飞跃地过渡到其他的任何一个，而不能停留在不符合这些能量的任何中间状态，因而发射的能量也只能是 ε_0 的整数倍。这个允许变化的最小能量单位 ε_0 称为能量子，或简称量子。频率为 ν 的振子的量子为

$$\varepsilon_0 = h\nu \tag{2-12}$$

h 是一个与频率无关，也与辐射性质无关的普适常数，叫做普朗克常数。现在精确测定的 h 值为 $h = 6.626176 \times 10^{-34}\,\mathrm{J \cdot s}$。

根据玻尔兹曼分布，一个振子在一定温度 T 时，处于能量为 $\varepsilon = n\varepsilon_0$ 的状态的几率正比于 $e^{-\varepsilon/Kt}$，每个振子的平均能量为 $\bar{\varepsilon}_\nu = \dfrac{\sum_{n=0}^{\infty} \varepsilon e^{-\frac{\varepsilon}{kT}}}{\sum_{n=0}^{\infty} e^{-\frac{\varepsilon}{kT}}} = \dfrac{\sum_{n=0}^{\infty} nh\nu e^{-\frac{nh\nu}{kT}}}{\sum_{n=0}^{\infty} e^{-\frac{nh\nu}{kT}}} = \dfrac{h\nu}{e^{\frac{h\nu}{kT}} - 1}$。

将这个 $\bar{\varepsilon}_\nu$ 值代替(2-10)式中的 kT，就得到

$$\varepsilon_{\nu,T} = \frac{2\pi h\nu^3}{c^2} \cdot \frac{1}{e^{\frac{h\nu}{kT}} - 1} \tag{2-13}$$

以波长分布来表示由(2-11)式并将 kT 值用 $\bar{\varepsilon}_\nu$ 代替，则可写成

$$\varepsilon_{\nu,T} = 2\pi hc^2\lambda^{-5} \cdot \frac{1}{e^{\frac{hc}{\lambda kT}} - 1} \tag{2-14}$$

式(2-13)和(2-14)就是普朗克的黑体辐射公式。普朗克公式与实验结果完全符合，不仅解决了黑体辐射理论的基本问题，而且发现了辐射能量的量子特性。

把瑞利-金斯公式(2-10)和普朗克公式(2-13)相比较，就会发现当 $\dfrac{h\nu}{kT} \ll 1$ 时，两者是符合的（$e^{\frac{h\nu}{kT}} = 1 + \dfrac{h\nu}{kT} + \cdots$，略去高次项）。这说明在低频（长波）段，经典定律和量子定律并不矛盾。这是由于 ν 不很高时，$h\nu$ 极小，以致在实验中无法测定有关的能量是否是 $h\nu$ 的整数倍。

斯蒂芬-玻尔兹曼定律式、维恩定律和(2-8)式都是根据热力学定律推得的，都是黑体辐射的基本定律。普朗克公式则包含了这两个定律，而且不仅可以推导出这两个定律的表达式，还可从普适恒量 h、k 和 c 算出这两定律中的恒量 σ 和 b，或者反过来，从辐射实验中测得 σ 和 b 值，再计算出 h 和 k 值。

2.1.4 光电效应

在处理黑体辐射问题时,普朗克仅仅把腔壁的振子能量量子化了,但把空腔内部的辐射场仍然视为一种电磁波。爱因斯坦认为光本身不仅是一种波,而且也可以看作是一种粒子(称作光子),光辐射本身就有它的粒子性。当光照射在金属表面时,金属中有电子逸出的现象,叫做光电效应,所逸出的电子叫光电子。

光电效应的规律可按图 2-4 的装置进行实验。电极 K 和 A 被封闭在高真空容器内,光经石英小窗 W 照射到被称为阴极的电极 K 上,有光电子从阴极 K 逸出并受电场加速后,向阳极 A 运动而形成电流,这种电流称为光电流。

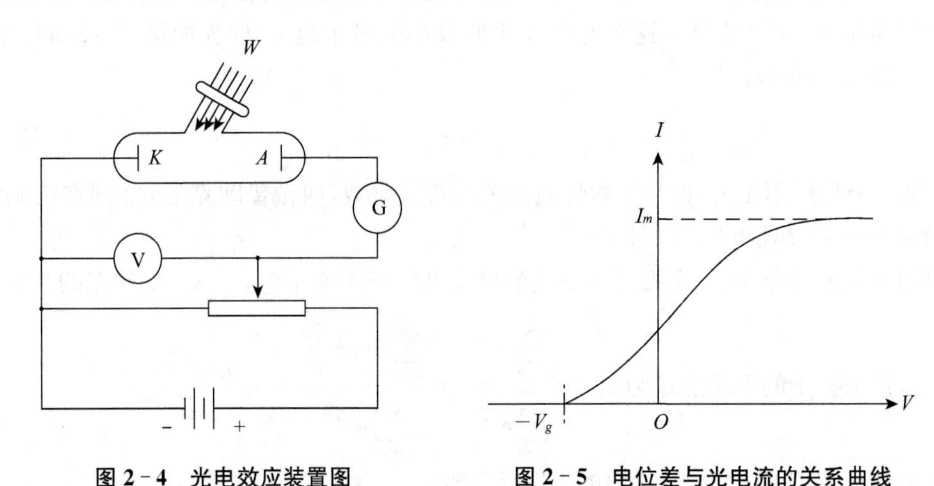

图 2-4 光电效应装置图 **图 2-5 电位差与光电流的关系曲线**

1. 光电效应的实验规律

当两电极间的电位差 V 改变时,光电流 I 的大小将发生变化,在入射光的强度与频率不变的条件下,其实验曲线如图 2-5 所示。曲线表明,当加速电位差 V 到达定值时,光电流将达到饱和值 I_m,也就是说单位时间从金属板(阴极)K 发射出的光电子全部被电极(阳极)A 吸收。若单位时间内从电极 K 上逸出的光电子数目为 n,则饱和电流 $I_m=ne$,其中 e 是电子的电荷。

相反地,当电位差 V 减小到零,并逐渐为负时,光电流并不降为零,这就表明从电极 K 逸出的光电子具有动能。尽管有电场阻碍它运动,但是仍有部分光电子达到电极 A。只有当反向电位差等于 $-V_g$ 时,才能阻止所有的光电子飞向阳极,光电流降为零,此时对应的反向电压叫遏止电压,它能使具有最大初速度的电子也不能到达阳极 A。遏止电压 $-V_g$ 和电子的最大速度 V_m 和最大动能关系式如下:

$$\frac{1}{2}mV_m^2=eV_g \tag{2-15}$$

总的来说,光电效应的实验规律可归纳如下:

(1) 饱和电流 I_m 的大小与入射光的强度成正比,也就是单位时间内被击出的光电子数目与入射光的强度成正比(如图 2-6 所示)。

(2) 光电子的最大初动能(或遏止电压)与入射光的强度无关(见图 2-6),而只与入射光的频率有关。频率越高,光电子的能量就越大(见图 2-7)。

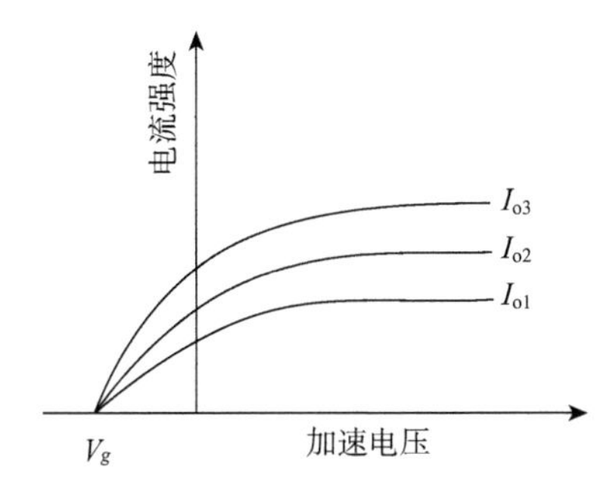

图 2-6　光电效应中饱和电流与光强关系曲线

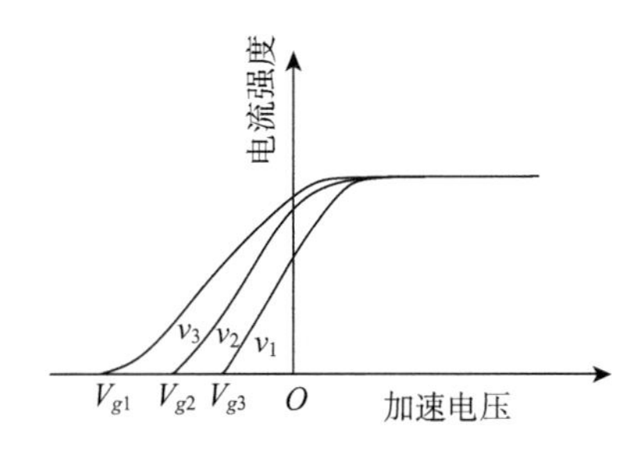

图 2-7　遏止电压与光频关系曲线

(3) 入射光有一个极限频率 ν_0，在这个极限频率以下，不论光的强度如何，照射时间多长，都没有光电子发射。

(4) 即使光的照度非常弱，只要光一照射到阴极的表面，就立即发出光电子，其延迟时间在 10^{-9} 秒以下。

2. 光电效应与波动理论的矛盾

光电效应的这些规律，用经典的波动理论来解释并不合理。以金属为例，金属内有许多自由电子，但是这些电子通常受到正电荷的吸引，不能逸出金属表面。如果金属里面的自由电子获得足够的能量之后，就能逸出金属表面。使金属内部的一个自由电子逸出金属表面所需的最小能量叫做这种金属的功函数(又称逸出功)。从电磁波的观点看来，光电子的逸出，是由于照射到金属上的光波迫使金属中的电子振动，即把光波的能量变成电子的能量，使电子有足够的能力挣脱金属的束缚而逸出金属。按照光的电磁波理论，光的能量正比于振幅的平方，因此似乎对于任何频率的光，只要有足够大的振幅，就能提供电子逸出所需的能量，这显然与实验结果相矛盾。

另外，波动观点也无法解释照射的时间问题。按照波动观点，光能量均匀分布在波面上，如果光电子所需的能量是从入射到金属板的光波中吸收来的，那么，在金属中一个电子吸收能量的有效范围是有限的，它不超过大约一个原子半径($r=5\times10^{-11}$ m)的范围。因此，如果光的强度很微弱，则在光开始照射金属表面到光电子的发射之间应该有一个可测的滞后时间。在这段时间内电子从光束中不断吸收能量，一直到所累加的能量足够使它逸出金属表面为止。

2.1.5　爱因斯坦的量子解释

为了解释光电效应，爱因斯坦推广了普朗克关于辐射能量子的概念。正如前面所述，普朗克在处理黑体辐射问题时，只是把腔壁的振子能量量子化，腔壁内部的辐射场仍然看作是电磁波。爱因斯坦在研究光电效应时则认为：光在传播过程中，具有波动的特性；然而在发射和吸收过程中，光有类似粒子的性质，光本身只能一份份地发射，一份份地吸收，也就是发射或吸收的能量都是光的某一最小能量的整数倍，这最小的能量称为光量子(简称光子)。光子的能量 $\varepsilon=h\nu$，式中 ν 是辐射频率。

按照光子的概念，当光子入射到金属表面时，光子的能量全部为金属中的电子吸收，其中的一部分被电子用来挣脱金属对它的束缚，即用作逸出功 A，余下的一部分就变成电子离开金属表面后的动能，按能量守恒和转换定律应有

$$h\nu = \frac{1}{2}m\nu^2 + A \tag{2-16}$$

上式称为爱因斯坦光电效应方程。其中，$\frac{1}{2}m\nu^2$ 为光电子的动能，A 为光电子离开金属表面所作的逸出功。

光子理论能成功解释光电效应的规律：

首先，因为入射光的强度是由单位时间到达金属表面的光子数目决定的，而被击出的光电子数又与光子数目成正比，这些光电子全部到达阳极便形成了饱和电流。因此，饱和电流就与被击出的光电子数成正比，也就是与达到金属表面的光子数成正比，即与入射光的强度成正比。

其次，由爱因斯坦方程可见，对于一定的金属来说（其逸出功 A 为常数），光子的频率 ν 越高，光电子的能量 $\frac{1}{2}m\nu^2$ 就越大。

第三，如果入射光的频率过低，以致 $h\nu < A$，那么电子根本就不可能脱离金属表面，即使入射光很强，也就是这种频率的光子数很多，但仍不会有光电效应产生。只有当入射光的频率 $\nu > \nu_0 = \frac{A}{h}$ 时，电子才能脱离金属，这个极限频率 $\nu_0 = \frac{A}{h}$ 所对应的波长称为光电效应的红限。

第四，金属中的电子能够一次全部吸收入射的光子，因此光电效应的产生无需积累能量的时间。

爱因斯坦方程在1916年被密立根的精密实验所证实。这个实验得出了某些金属的遏止电压 V_g（绝对值）和入射光频率 ν 之间的严格线性关系（见图2-8）。从图中可以看出这些直线的斜率与金属的性质无关，它们表示成 $|V_g| = K\nu - V_0$。其中，K 为各直线的斜率，是与物质无关的普适常数，V_0 也是常数，但随物质而异。

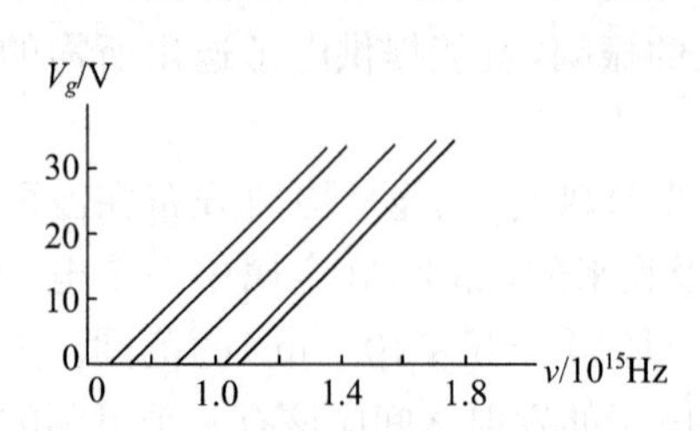

图2-8　遏止电压 V_g 和入射光频率 ν 之间的线性光系图

将上式各项乘以电子电荷的绝对值 e，并将(2-15)式代入，得 $\frac{1}{2}m\nu^2_{最大} = eK\nu - eV_0$。此式和爱因斯坦方程完全符合，其中 $h = eK$。该直线的斜率为 $(6.626176 \pm 0.000036) \times 10^{-34}$ J·s，这个数值和其他实验所得的结果符合。这都是爱因斯坦光子假说可靠的实验证据。

光电流（饱和电流）和照度严格成正比的关系可这样来解释。按照光子理论，光通量 Φ 决定于单位时间内通过给定面积的光子数 N，即

$$\Phi = Nh\nu \tag{2-17}$$

金属表面的一个电子同时吸收两个光子的几率是非常小的。入射光的照度愈强，即 N 愈大，能飞离金属表面的电子数 n 也愈多（n 正比于 N），从而饱和电流 $ne\nu$ 就愈大。

光子既具有一定的能量，就必须具有质量。但是光子以光的速度运动，此时牛顿力学便不适用。根据狭义相对论质量和能量的关系式 $\varepsilon = mc^2$，可以求得一个光子的质量：

$$m_\varphi = \frac{\varepsilon}{c^2} = \frac{h\nu}{c^2} \tag{2-18}$$

在狭义相对论中，质量和速度的关系为

$$m = \frac{m_0}{\sqrt{1 - \nu^2/c^2}} \tag{2-19}$$

m_0 为静止质量。由上式(2－19)可知，因为光子运动速度恒为 c，所以光子的静止质量 m_0 必然等于零，否则 m 将为无穷大。因为不存在相对于光子静止的参照系，所以光子的静止质量等于零也是合理的。和光子不同的是，由原子或分子组成的一般物质的速度总是远小于光速，因此它们的静止质量 m_0 不等于零。在狭义相对论中，任何物体的能量和动量满足以下关系

$$\varepsilon^2 = p^2 c^2 + {m_0}^2 c^4 \tag{2-20}$$

光子的静止质量 $m_0 = 0$，故光子的动量为

$$p_\varphi = \frac{\varepsilon}{c} = \frac{h\nu}{c} \tag{2-21}$$

这是和光子的质量为 $\frac{h\nu}{c^2}$，速度为 c，因而动量为 $\left(\frac{h\nu}{c^2}\right) \cdot c = \frac{h\nu}{c}$ 的结论相一致的。

2.1.6　康普顿效应

1922 年，康普顿在观察伦琴射线的散射现象时，发现光的量子、微粒的性质都明显地表现出来，尤其是光子具有能量、质量、动量，光在和物质发生作用时上述物理量的守恒性。由于伦琴射线的波长很短，所以即使通过不含杂质的均匀物质时，也可观察到散射现象。康普顿在研究碳、石蜡等物质中的这种散射时，发现散射谱线中除了波长和原射线相同的成分以外，还有一些波长较长的成分，两者差值的大小随着散射角的大小而变，其间有确定的关系。这种波长改变的散射称为康普顿效应。从波动观点看来，原子的电偶极振子作受迫振动时，频率应该和入射伦琴射线的频率相等，所以散射光波长发生改变的康普顿效应，无法用单纯的波动观点来解释。

如图 2－9 所示，钼的特征伦琴线（$\lambda_0 = 0.7078$Å）入射到石墨上，被石墨散射在各个方向上的伦琴射线可用 X 光分光计或摄谱仪来测定，这时散射光中除有波长为 λ_0 的成分外，还有一些较长波长的成分，其波长的改变 $\Delta\lambda = \lambda - \lambda_0$ 与入射伦琴射线的波长 λ_0，以及与散射物质都无关，而与散射方向有关。若用 θ 表示入射线与散射线方向之间的夹角，k 表示散射角为 90°时波长的改变值，则波长的改变与 θ 的关系可用下式表示：

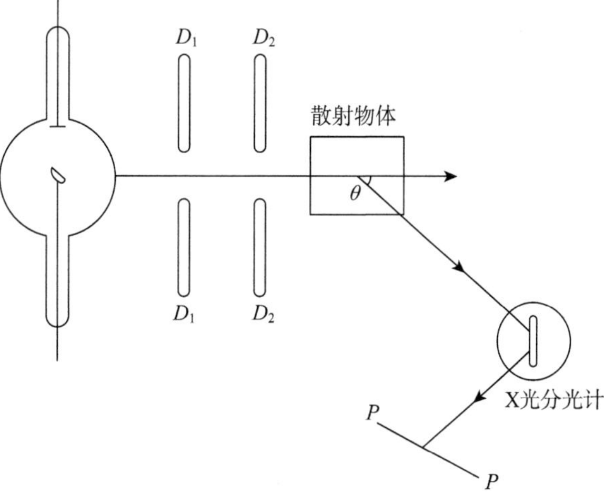

图 2－9　伦琴射线的散射实验

$$\Delta\lambda = \lambda - \lambda_0 = 2k\sin^2\frac{\theta}{2} \tag{2-22}$$

式中，$k=(2.4263089\pm0.0000040)\times10^{-12}\,\text{m}$ 是由实验测出的常数。

同样，康普顿效应中光和电子的相互作用很难用简单的波动理论来解释，而必须用到量子概念。

由于在轻原子里，电子和原子核的联系相当弱(电离能量仅为几个 eV)，其电离能量和伦琴射线光子能量(10^4-10^5)eV 比起来，几乎可以略去不计。因此对于所有的轻原子，可以假定散射过程仅是光子和电子间的相互作用。作为一级近似，可以认为电子是自由的，而且在受到光子作用之前是静止的。假定光子和电子作用是弹性碰撞且满足动量和能量守恒，康普顿效应就可以理解为是碰撞后电子获得了一部分动量和能量，而光子减少了能量(减低了频率，即增大了波长)，同时运动方向发生了改变(散射)。

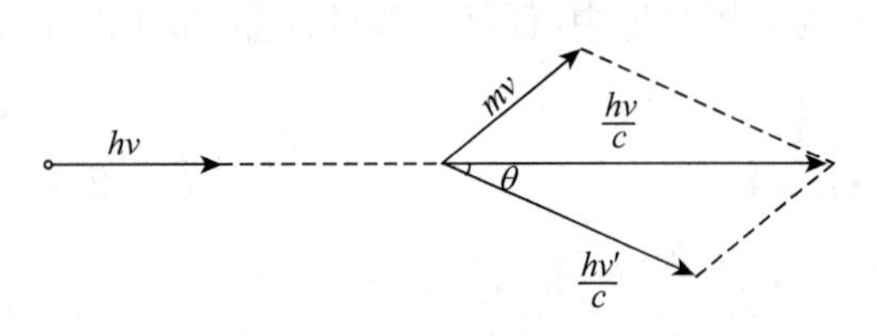

图 2-10　光子的能量守恒矢量图

图 2-10 表示入射光子的动量 $h\nu/c$，散射光子的动量 $h\nu'/c$ 和碰撞后电子的动量 $m\nu$ 三个矢量之间的关系。动量守恒的条件为

$$(m\nu)^2 = \left(\frac{h\nu}{c}\right)^2 + \left(\frac{h\nu'}{c}\right)^2 - \frac{2h^2}{c^2}\nu\nu'\cos\theta \tag{2-23}$$

电子的初始能量为 m_0c^2；碰撞后，能量为 mc^2。光子的能量原来为 $h\nu$；碰撞后为 $h\nu'$，所以能量守恒的条件为

$$h\nu + m_0c^2 = h\nu' + mc^2 \tag{2-24}$$

取其平方，将(2-23)式各项乘以 c^2，并把这两式相减，得

$$m^2c^2(c^2-\nu^2) = m_0{}^2c^4 - 2h^2\nu\nu'(1-\cos\theta) + 2hm_0c^2(\nu-\nu')$$

利用 $m_0{}^2c^4 = m^2c^2(c^2-\nu^2)$，$\nu=\dfrac{c}{\lambda}$，$\nu'=\dfrac{c}{\lambda'}$，上式可写为

$$\frac{hc^2}{\lambda\lambda'}(1-\cos\theta) = m_0c^2\,\frac{c(\lambda'-\lambda)}{\lambda\lambda'}$$

最后得

$$\Delta\lambda = \lambda' - \lambda = \frac{h}{m_0c}(1-\cos\theta) = \frac{2h}{m_0c^2}\sin^2\frac{\theta}{2} \tag{2-25}$$

h、c 和 m_0 都已知，则可算出 $\dfrac{h}{m_0c}=0.024265\,\text{Å}$，这和(2-22)式的实验结果相符合。

理论计算和实验结果相符合，说明了能量守恒和动量守恒两个定律在微观现象中也同样适用。

在以上的讨论中，假定电子是自由的。但对于内层的电子，特别是重原子中的内层电子，和原子核结合得非常牢固，并不能把它们当作自由电子。碰撞时，光子和整个原子交换能量和动量。因为原子的质量远大于光子，近似地可认为光子并不把自己的能量传递给原子，散射时 $h\nu$ 不改变，因此在散射的射线中也能观察到入射波长的谱线。

康普顿效应也是一种光电效应，只是在可见光照射时，康普顿效应很不显著。如前所述，在康普顿效应中，仅考虑了光子和电子之间的能量和动量守恒，而未考虑到原子核的运动。实际上这只有在电子和原子核之间的束缚能量远小于入射光子能量的条件下才是正确的。而在光电效应中，入射光是可见光和紫外光，这些光子的能量不过几个电子伏特，和金属中电子的束缚能量（逸出功）有相同的数量级。因此在光电效应中，光子与物质相互作用时，必须考虑光子、电子和原子核三者的能量和动量的变化。因为原子核的质量比电子质量大几千倍以上，所以原子核的能量变化可以略去不计。爱因斯坦方程只给出了光子和电子之间的能量守恒，而没有给出相应的光子和电子的动量守恒关系式。由此可见，当入射光子能量和电子所受束缚能量可以相比拟时，主要是呈现光电效应；当入射光子能量远大于电子所受的束缚能量时，则主要呈现康普顿效应。

2.2　光辐射产生的基本原理

1917 年，爱因斯坦在光量子论基础上重新研究了普朗克公式。他在《关于辐射的量子理论》论文中首次提出了自发辐射和受激辐射的概念，认为光辐射场与物质的相互作用过程包括自发辐射、受激辐射和受激吸收三种跃迁过程。

为了简化问题，下面以原子二能级系统为例：假定参与相互作用的原子有两个能态，即高能级 E_2 和低能级 E_1，且有 $E_2-E_1=h\nu$（h 是普朗克常量，ν 是跃迁产生的光波频率）。原子从高能态向低能态跃迁，辐射光子 $h\nu$，辐射光子过程包括自发辐射和受激辐射两种；原子从低能态向高能态跃迁，吸收光子 $h\nu$。

2.2.1　三种跃迁

1. 自发辐射

原子可以处于不同的运动状态，具有不同的内部能量，其能量值是不连续的。通常把原子具有的能量高低用能级图表示。其中，把原子处于内部能量最低的状态称为基态，处于能量比基态高的状态称为激发态。在热平衡情况下，大部分原子处于基态。从外界吸收能量后，处于基态的原子将跃迁到能量较高的激发态。

如图 2-11 所示，当原子处于高能级 E_2 时（$E_2>E_1$），是不稳定的。即使在没有任何外界光照射的情况下，处于高能级的原子也有可能从高能级 E_2 跃迁到低能级 E_1，同时释放出相应的能量。

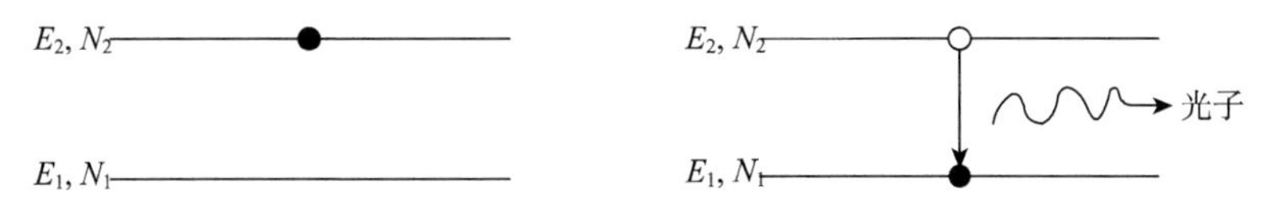

图 2-11　自发辐射

这种在没有外界光信号作用的情况下，原子自发从高能级 E_2 跃迁到低能级 E_1 时所产生的光辐射称为自发辐射。辐射出的光子能量为 $h\nu_{21}$，即满足波尔理论：

$$h\nu_{21}=E_2-E_1 \tag{2-26}$$

自发辐射过程完全是一种随机过程。设在时刻 t 处于高能级上的原子数为 $N_2(t)$，从 t

到 $t+\mathrm{d}t$ 时间内,若在单位体积内有 $\mathrm{d}N_{21}(t)$ 个原子从高能级 E_2 自发跃迁到低能级 E_1,则单位时间、单位体积内,E_2 上减少的粒子数为

$$\frac{\mathrm{d}N_2(t)}{\mathrm{d}t}=-\frac{\mathrm{d}N_{21}(t)}{\mathrm{d}t}=-A_{21}N_2(t) \tag{2-27}$$

式中,A_{21} 为比例系数,称自发辐射系数。

由式(2-27)得:

$$A_{21}=\frac{-\mathrm{d}N_{21}(t)}{N_2(t)\mathrm{d}t} \tag{2-28}$$

由式(2-28)可以看出 A_{21} 的物理意义:A_{21} 是单位时间内发生自发辐射的原子数在处于高能级 E_2 的原子数中所占的比例。也可以理解为每一个处于 E_2 能级的原子在单位时间内发生自发辐射的概率,又称为自发辐射爱因斯坦系数。A_{21} 约为 $10^7\sim10^8/\mathrm{s}$ 的数量级。

可以定义另一参量 τ_{21} 为:

$$\tau_{21}=1/A_{21} \tag{2-29}$$

τ_{21} 称为由 E_2 到 E_1 自发跃迁决定的粒子数在能级 E_2 上的自发辐射寿命。τ_{21} 越大表明原子在 E_2 能级上逗留的时间越长,$\tau_{21}\approx\infty$(即 $A_{21}=0$) 时称 E_2 为稳态;τ_{21} 较长的能态称为亚稳态。

此外,当已知自发辐射系数 A_{21} 时,还可以计算原子自发辐射光的光强度 I。在单位时间内高能级的 N_2^0 个原子中,显然应有 $N_2(t)$ 个原子参与自发辐射,由式(2-27) 可得 $N_2(t)=N_2^0e^{-A_{21}t}=N_2^0e^{-t/\tau_{21}}$。所以光强度为

$$I(t)=A_{21}N_2(t)h\nu=N_2^0A_{21}h\nu e^{-A_{21}t}=I_0e^{-t/\tau_{21}} \tag{2-30}$$

2. 受激吸收

处于低能级 E_1 的原子,在频率 $\nu=(E_2-E_1)/h$ 的外界光作用下,吸收 $h\nu_{21}$ 能量,而从低能级 E_1 跃迁到高能级 E_2,这种过程称为光的受激吸收,如图 2-12 所示。

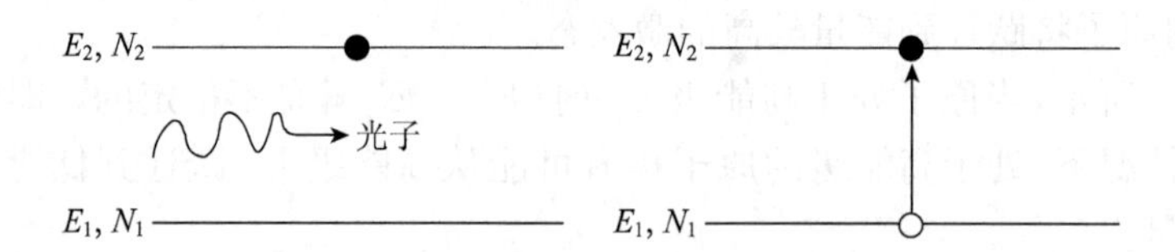

图 2-12 受激吸收

下面讨论处于低能级的原子在外界能量作用下,参与受激吸收过程的概率。设在时刻 t 处于低能级 E_1 上的原子数为 $N_1(t)$,处于高能级 E_2 的原子数为 $N_2(t)$。若在 t 到 $t+dt$ 时间内从外界吸收了频率 ν_{21} 附近的单色辐射能量密度为 ρ_ν 的光子,使得 $\mathrm{d}N_{12}$ 个原子从 E_1 跃迁到 E_2,则 $\mathrm{d}N_{12}$ 与 ρ_ν、$N_1(t)$ 和 $\mathrm{d}t$ 成正比,即

$$-\mathrm{d}N_{12}=B_{12}\rho_\nu N_1(t)\mathrm{d}t \tag{2-31}$$

式中 B_{12} 为受激吸收系数。B_{12} 和 A_{21} 一样都是原子能级系统的特征参数,即对每一种原子中的两个能级都有确定的 A_{21} 和 B_{12}。令 $W_{12}=B_{12}\rho_\nu$,则可定义:$W_{12}=B_{12}\rho_\nu=$

$\frac{dN_{12}}{N_1(t)dt}$。式中，W_{12} 为受激吸收跃迁概率，是在单色辐射能量密度为 ρ_ν 的光照射下，在单位时间内发生受激吸收的原子在处于低能级 E_1 的原子中所占的比例，也可以理解为每一个处于低能级 E_1 的原子单位时间内发生受激吸收的概率。受激吸收跃迁概率 W_{12} 的大小与入射光强有关。

3. 受激辐射

在出现受激吸收过程的同时，还同时存在一种相反的过程，即当原子受到外界能量为 $h\nu_{21}$ 的光子照射时，如果 $h\nu_{21}=E_2-E_1$，则处于高能级 E_2 的原子也会跃迁到低能级 E_1。这时原子将发射一个和外来光子能量相同的光子，这个过程称为光的受激辐射，如图 2－13 所示。

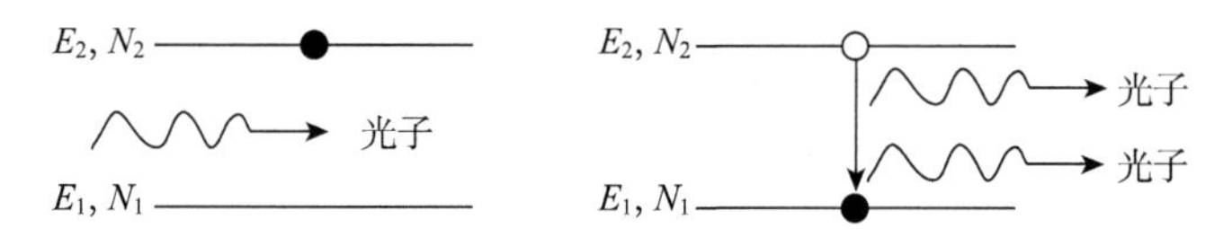

图 2－13　受激辐射

设在外来的单色能量密度为 ρ_ν 的入射光的作用下，原子产生受激辐射。在 t 到 $t+dt$ 时间内有 dN_{21} 个原子从高能级 E_2 跃迁到低能级 E_1，则

$$-dN_{21}=B_{21}\rho_\nu N_2(t)dt \tag{2-32}$$

式中，B_{21} 为受激辐射系数，也是原子能级系统的特征参数。

令 $W_{21}=B_{21}\rho_\nu$，则可定义：

$$W_{21}=B_{21}\rho_\nu=\frac{-dN_{21}}{N_2(t)dt} \tag{2-33}$$

即 W_{21} 是在单色辐射能量密度为 ρ_ν 的光照射下，单位时间内受激辐射跃迁到低能级 E_1 的原子在高能级 E_2 原子中所占的比例。W_{21} 与 ρ_ν 成正比，不是一个常数。

2.2.2　辐射与吸收之间的关系

1. 爱因斯坦关系式

由上述讨论可知，光与物质相互作用的三个过程分别为光的受激吸收、受激辐射和自发辐射过程，它们总是同时出现的。在热平衡情况下，辐射率和吸收率相等，即单位时间被物质辐射的光子数等于单位时间物质吸收的光子数，此时有以下关系成立：

$$[A_{21}+B_{21}\rho_\nu]N_2=B_{12}\rho_\nu N_1 \tag{2-34}$$

处于高能态和低能态的原子数分别为 N_2 和 N_1，在热平衡时，应服从波尔兹曼分布律

$$\frac{N_2}{N_1}=\frac{g_2 e^{-E_2/kT}}{g_1 e^{-E_1/kT}}=\frac{g_2}{g_1}e^{-h\nu/kT} \tag{2-35}$$

式中，g_1 和 g_2 分别是指两个能级 E_1 和 E_2 的简并度。由式(2－34)和(2－35)可以得到热平衡时空腔(绝对黑体)的单色辐射能量密度为

$$\rho_\nu=\frac{A_{21}}{B_{21}}\frac{1}{\frac{B_{12}g_1}{B_{21}g_2}e^{h\nu/kT-1}} \tag{2-36}$$

式(2-36)与黑体辐射的普朗克公式相比较,得

$$\frac{A_{21}}{B_{21}}=\frac{8\pi h\nu^3}{c^3} \tag{2-37}$$

$$\frac{B_{12}g_1}{B_{21}g_2}=1 \tag{2-38}$$

式(2-37)和式(2-38)是极为重要的 A_{21}、B_{21}、B_{12} 之间的关系式,也称爱因斯坦关系式。由于这三个系数都是粒子的能级系统的特征参量,因此虽然式(2-37)和式(2-38)是在热平衡条件下得到的,但是它对普遍情况仍然适用的。

如果两个能级的简并度相等,即 $g_1=g_2$,则有

$$B_{21}=B_{12} \tag{2-39}$$

在折射率为 n 的介质中,光速为 c/n,所以式(2-37)可以改为

$$\frac{A_{21}}{B_{21}}=\frac{8\pi n^3h\nu^3}{c^3} \tag{2-40}$$

式(2-39)和式(2-40)将自发辐射的概率同受激吸收以及受激辐射联系在一起。式(2-39)表明,当 $g_1=g_2$,ρ_ν 也相同时,受激辐射和受激吸收具有相同的概率,即一个光子作用到高能级 E_2 上的原子引起受激辐射的可能性,恰好相当于它作用到低能级 E_1 上的原子而被吸收的可能性。但是在热平衡时,高能级上的原子数比低能级上的原子数少,即受激吸收将比受激辐射出现得更频繁,其差值由自发辐射补偿。式(2-40)表明,A_{21} 正比于 ν^3,频率越高,波长越短,自发辐射几率越大。

2. 自发辐射强度和受激辐射强度之比

一个原子系统中有处于高能级 E_2 的粒子时,就有自发辐射。此时自发辐射的光子对另外的原子而言是外来光子,将会引起它的受激辐射(也有受激吸收)。因此自发辐射总伴随有受激辐射的发射。受激辐射与辐射场的单色辐射能量密度成正比,而自发辐射与之无关,所以二者之比例随辐射场之强弱而有显著的差别。

自发辐射的光功率和受激辐射的光功率分别为

$$I_{自}=N_2A_{21}h\nu \tag{2-41}$$

$$I_{激}=N_2B_{21}\rho_\nu h\nu \tag{2-42}$$

故

$$\frac{I_{激}}{I_{自}}=\frac{B_{21}\rho_\nu}{A_{21}}=\frac{c^3}{8\pi h\nu^3}\rho_\nu \tag{2-43}$$

在热平衡情况下,对光波而言,占绝对优势的总是自发辐射。例如,在 $T=1500\text{K}$ 时的热平衡空腔中,对 $\lambda=5000\text{Å}$ 的可见光,根据式(2-43)和普朗克公式有 $\frac{I_{激}}{I_{自}}=$

$\frac{c^3}{8\pi h\nu^3}\rho_\nu=\frac{1}{e^{h\nu/kT^{-1}}}=2\times10^{-9}$，即自发辐射比受激辐射强约9个数量级。

3. 光的吸收与增益

当频率为ν的光入射到具有能级E_2和$E_1(h\nu_{21}=E_2-E_1)$的介质时，将同时发生受激吸收和受激辐射过程，前者使入射光减弱，后者使入射光加强，具体分析如下：

设在$\mathrm{d}t$时间内受激吸收的光子数为$\mathrm{d}N_{12}$，受激辐射的光子数为$\mathrm{d}N_{21}$。当$B_{21}=B_{12}$，$g_1=g_2$时，有

$$\frac{\mathrm{d}N_{21}}{\mathrm{d}N_{12}}=\frac{B_{21}N_2\rho_\nu}{B_{12}N_1\rho_\nu}=\frac{N_2}{N_1} \tag{2-44}$$

对于一般介质，在热平衡条件下有$N_1>N_2$，即上下能级上的粒子数分布遵循波尔兹曼分布律，因此受激吸收大于受激辐射，介质对入射光起衰减作用。只有当介质打破热平衡状态，使上下能级粒子数的分布满足$N_2>N_1$时，受激辐射才能大于受激吸收，光通过这种介质则表现为加强放大，即增益。这种介质通常被称为激活介质。这种粒子数的分布叫做粒子数反转。要获得激光，就要使工作物质处于粒子数反转分布状态。这就需要用外界强大的能源将基态的粒子激发到高能级，使处于激发态的粒子数$N_2>N_1$。因此，所有的激光器都有外界激励源。

2.2.3　光谱线加宽及类型

由前面A_{21}的定义式$A_{21}=\left(\frac{\mathrm{d}N_{21}}{\mathrm{d}t}\right)\cdot\frac{1}{N_2}$，可以得到单位体积内粒子自发跃迁所辐射的功率为$I=\left(\frac{\mathrm{d}N_{21}}{\mathrm{d}t}\right)_{sp}\cdot h\nu_{21}=N_2A_{21}h\nu_{21}$。

以上各项推论都是在能级是理想无宽度的，从而粒子辐射是单色的这一假设前提下进行的，也就是认为辐射的全部能量集中于单一的频率$\nu_{21}=(E_2-E_1)/h$上。事实上，自发辐射并非是单色，而是分布在中心频率ν_0附近一个有限的频率范围内，这一现象称为光谱线加宽。

在考虑谱线加宽的情况下，自发辐射的功率$I(\nu)$与频率相关，则$\nu\sim\nu+\mathrm{d}\nu$范围内总的自发辐射功率为$I=\int_{-\infty}^{+\infty}I(\nu)\mathrm{d}\nu$。

不同粒子体系、不同能级间的自发辐射$I(\nu)$不同，因此定义一个新函数

$$g(\nu)=\frac{I(\nu)}{I} \tag{2-45}$$

称为光谱线的线型函数，如图2-14，它表示在频率ν处单位频率间隔内自发辐射功率与总自发辐射功率之比，满足归一化条件

$$\int_{-\infty}^{+\infty}g(\nu)\mathrm{d}\nu=1 \tag{2-46}$$

于是

$$I(\nu)=I\cdot g(\nu)=N_2A_{21}g(\nu)h\nu=N_2A_{21}(\nu)h\nu \tag{2-47}$$

式中，$A_{21}(\nu)=A_{21}g(\nu)$ 或 $g(\nu)=\frac{A_{21}(\nu)}{A_{21}}$，表示在总的自发跃迁概率 A_{21} 中，处于频率 ν 处单位频率间隔内的粒子的自发跃迁概率为 $A_{21}(\nu)$。

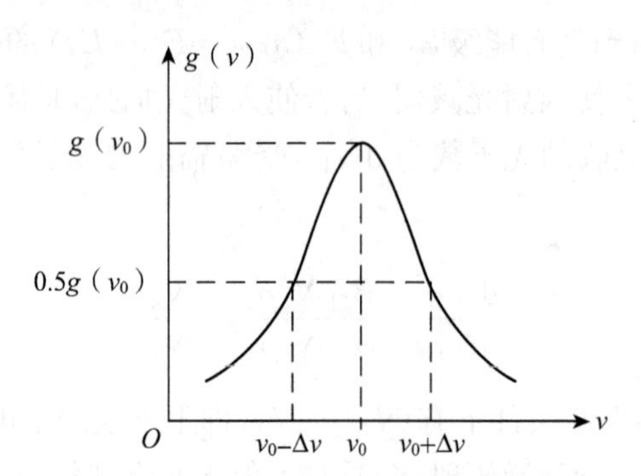

图 2-14　光谱线线型函数

由爱因斯坦关系可推得 $B_{21}(\nu)=B_{21}g(\nu)=\frac{c^3}{8\pi h\nu^3 n^3}A_{21}(\nu)$。设外来光辐射能量密度也是一个与频率有关的参量 $\rho(\nu)$，于是有 $W_{21}(\nu)=B_{21}(\nu)\rho_\nu=B_{21}g(\nu)\rho_\nu$。

谱线加宽中，线型函数 $g(\nu)$ 在 $\nu=\nu_0$ 处有最大值 $g(\nu_0)$，并在 $\nu=\nu_0\pm\frac{1}{2}\Delta\nu$ 时，下降为最大值的一半，即 $g(\nu)=\frac{1}{2}g(\nu_0)$，此时的 $\Delta\nu$ 称为谱线宽度。

考虑谱线加宽后，对自发辐射有

$$\begin{aligned}\left(\frac{\mathrm{d}N_{21}}{\mathrm{d}t}\right)_{sp}&=\int_{-\infty}^{+\infty}N_2\cdot A_{21}(\nu)\mathrm{d}\nu\\&=\int_{-\infty}^{+\infty}N_2A_{21}g(\nu)\mathrm{d}\nu=N_2A_{21}\int_{-\infty}^{+\infty}g(\nu)\mathrm{d}\nu=N_2A_{21}\end{aligned}\tag{2-48}$$

可见，谱线加宽对自发辐射没有影响，即自发辐射不受 $g(\nu)$ 影响。

对受激辐射

$$\begin{aligned}\left(\frac{\mathrm{d}N_{21}}{\mathrm{d}t}\right)_{st}&=\int_{-\infty}^{+\infty}N_2W_{21}(\nu)\mathrm{d}\nu=\int_{-\infty}^{+\infty}N_2B_{21}(\nu)\rho(\nu)\mathrm{d}\nu\\&=\int_{-\infty}^{+\infty}N_2B_{21}g(\nu)\rho(\nu)\mathrm{d}\nu=N_2B_{21}\int_{-\infty}^{+\infty}g(\nu)\rho(\nu)\mathrm{d}\nu\end{aligned}\tag{2-49}$$

由式(2-49)可知，受激跃迁粒子数改变与粒子体系的 $g(\nu)$ 及辐射场的 $\rho(\nu)$ 密切相关。不同粒子体系、不同类型辐射场受激辐射效果不同。

光电子学中主要讨论激光与物质的相互作用，由于激光的受激跃迁概率不仅与 B_{21}、$\rho(\nu)$ 有关，还与 $g(\nu)$ 有关，因此需要深入了解各种 $g(\nu)$ 函数形式对应的谱线加宽机制。一般来讲，谱线加宽分为均匀加宽与非均匀加宽两大类。

(1) 均匀加宽

如果引起均匀加宽的物理因素对于每一粒子而言都是相同的，则把这种加宽称作均匀加宽。每个发光粒子都以洛仑兹线型发射，每一个粒子对谱线加宽都有同样的贡献，线型函数频率与粒子也没有特定的联系。

均匀加宽又包括自然加宽、碰撞加宽和热振动加宽等。

① 自然加宽

自然加宽是由于粒子固有的自发跃迁,导致它在受激能级上寿命有限所形成的。由于它是粒子本身固有性质决定的,因而称为自然加宽。

② 碰撞加宽

碰撞加宽是由于气体中大量粒子无规则运动而产生的碰撞引起的谱线加宽。根据碰撞过程,碰撞加宽分为两种情况。一种是激发态的粒子与其他粒子或器壁发生非弹性碰撞后,将自身能量转变为其他原子的动能或给予器壁,而自己回到基态,称作无辐射跃迁。同自发辐射过程一样,也会引起激发态寿命缩短。这种碰撞使粒子发射的波列中断,从而偏离简谐波的程度更大,加宽更大。另一种是粒子发射的波列发生无规则相位突变而引起谱线加宽。此时粒子能量并不发生明显变化,这种碰撞称消相碰撞,由于碰撞的随机性,我们用平均碰撞时间来表征碰撞过程。

自然加宽与碰撞加宽共同作用产生的线型函数合称为均匀加宽的线型函数,用 $g_H(\nu)$ 表示

$$g_H(\nu)=\frac{\Delta\nu_H}{2\pi[(\nu-\nu_0)^2+(\Delta\nu_H/2)^2]}$$

均匀加宽线型函数的线宽为

$$\Delta\nu_H=\frac{1}{2\pi}\left[\frac{1}{(\tau_s)_u}+\frac{1}{(\tau_s)_l}+\frac{1}{(\tau_c)_u}+\frac{1}{(\tau_c)_l}\right]$$

③ 热振动加宽

热振动加宽是由晶格热振动引起的谱线加宽。在固体激光物质中,均匀加宽主要是由晶格热振动引起的,自发辐射和无辐射跃迁造成的谱线加宽均很小。

在固体激光物质中,晶格原子的热振动使发光粒子处于随时间周期变化的晶格场中,引起能级振动,导致谱线加宽。温度越高,振动越剧烈,谱线越宽。由于晶格振动对于所有激活离子的影响基本相同,所以这种加宽属于均匀加宽。从理论上很难求得这种加宽的线型函数解析式,常用实验来测出其谱线宽度。

(2) 非均匀加宽

非均匀加宽中,粒子体系中粒子的发光只和谱线内某一特定频率相对应的部分相对应,也就是说可以区分线型函数的某一频率范围是由哪些粒子发光所引起的。这种加宽主要包括多普勒加宽与残余应力加宽。

① 多普勒加宽

多普勒加宽是由于气体物质中作热运动的发光粒子所产生的辐射的多普勒频移引起的。

② 残余应力加宽

残余应力加宽是固体激光物质内部残余应力引起的。一种是晶格缺陷(如位错、空位等晶体不均匀性)所致,缺陷的不均匀分布将引起不同位置粒子的 ν_0 不同,在红宝石晶体等某些均匀性较差的晶体中,这种加宽尤为突出;另一种是由物质本身原子无规则排列构成的,如在一些非晶体物质中(如 Nd^{3+}:玻璃)中,掺杂进去的激活离子在物质中的位置不同受到影响也不相同,这种非均匀加宽占主要地位。

2.2.4 光与物质体系相互作用的量子解释

要从本质上理解受激发射,必须用纯量子的观点来研究光与物质相互作用。

1. 两种情况下光与粒子体系的相互作用

下面分别讨论单色与连续光辐射场与粒子体系相互作用情况:

(1) 单色辐射场与粒子体系相互作用

如图 2-15 所示,设粒子线型函数为 $g(\nu)$,中心频率为 ν_0,谱线宽度为 $\Delta\nu$,辐射场 $\rho(\nu)$ 的中心频率为 $\nu_0{}'$,带宽为 $\Delta\nu'$。单色辐射场与粒子体系相互作用过程,要求粒子体系的加宽要远大于辐射场宽度,即有

$$\Delta\nu \gg \Delta\nu' \tag{2-50}$$

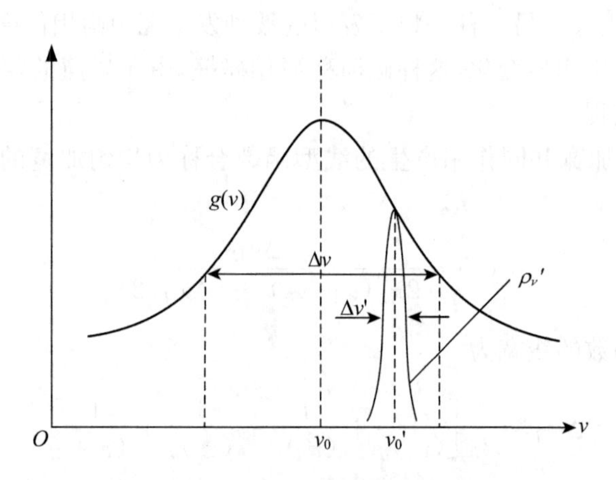

图 2-15 单色辐射场与粒子的作用

激光器中场与激光物质的相互作用属于这种情况。因为激光单色性好,$\Delta\nu'$很小,于是式(2-49)中被积函数只有在 $\nu_0{}'$附近一个很窄的范围 $\Delta\nu'$内不为零,且在 $\Delta\nu'$内 $g(\nu)$可以认为不变,于是单色辐射场能量密度可表示为

$$\rho(\nu)=\rho(\nu')\delta(\nu'-\nu) \tag{2-51}$$

$$\begin{aligned}\left(\frac{\mathrm{d}N_{21}}{\mathrm{d}t}\right)_{st}&=N_2B_{21}\int_{-\infty}^{+\infty}g(\nu)\rho(\nu')\delta(\nu'-\nu)\mathrm{d}\nu\\&=N_2B_{21}g(\nu')\rho(\nu')=N_2W_{21}(\nu')\end{aligned} \tag{2-52a}$$

$$\begin{aligned}W_{21}(\nu')&=B_{21}g(\nu')\rho(\nu')=\frac{A_{21}c^3}{8\pi n^3h(\nu')^3}g(\nu')\rho(\nu')\\&=\frac{A_{21}c^2I_{\nu'}}{8\pi n^2h(\nu')^3}g(\nu')=\frac{\lambda^2I_{\nu'}}{8\pi n^2h\nu'\tau_s}g(\nu')\end{aligned} \tag{2-52b}$$

式中,光辐射强度 $I_{\nu'}=\frac{\rho(\nu')}{c}\mathrm{W/m^2}$。上式表明由于谱线加宽,和粒子体系产生相互作用的单色光场的频率 $\nu_0{}'$ 并不一定要精确位于 $g(\nu)$ 的中心频率 ν_0 处才能产生受激辐射,而是在 ν_0 附近一定频率范围内均可,跃迁概率的大小取决于单色光场中心频率 $\nu_0{}'$ 相对于线型函数中心频率 ν_0 的位置。$\nu_0{}'-\nu_0$ 越小,则 W_{21} 越大;当 $\nu_0{}'=\nu_0$ 时,受激跃迁概率最大。

这种相互作用不仅与 $\rho(\nu')$、B_{21} 有关，而且还与 $g(\nu)$ 有关。

(2) 连续辐射光场与粒子体系相互作用

当连续辐射光场与粒子体系相互作用时(见图 2-16)，满足条件 $\Delta\nu' \gg \Delta\nu$，于是式(2-49)中被积函数只有在 ν_0 附近很小的范围内($\Delta\nu$ 量级) 才不为 0，且 $\Delta\nu$ 内可以认为 $\rho(\nu')$ 近似为常量 $\rho(\nu_0)$，于是

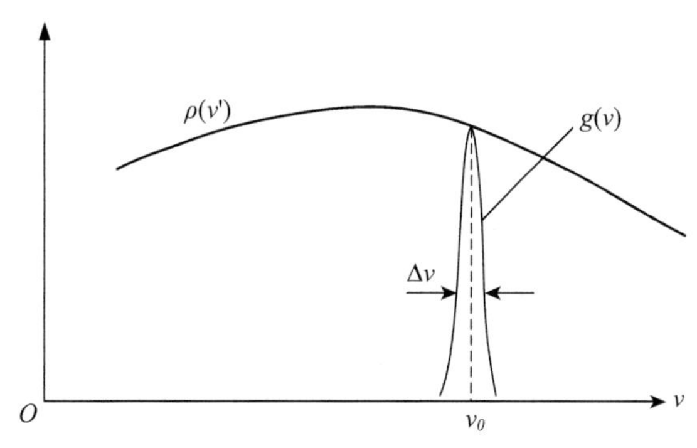

图 2-16　连续辐射场与粒子的作用

$$\left(\frac{\mathrm{d}N_{21}}{\mathrm{d}t}\right)_{st} = N_2 B_{21}\int_{-\infty}^{+\infty} g(\nu)\rho(\nu')\mathrm{d}\nu = N_2 B_{21}\rho(\nu_0)\int_{-\infty}^{+\infty} g(\nu)\mathrm{d}\nu = N_2 B_{21}\rho(\nu_0) = N_2 W_{21} \tag{2-53}$$

式中，$\rho(\nu_0)$为连续辐射光场在粒子线型函数中心频率 ν_0 处的单色能量密度。

可见在连续辐射场中，只有处于粒子体系中心频率 ν_0 的那部分辐射场才能引发粒子体系受激辐射，其他部分实际上被粒子体系所散射。

2. 受激发射与光放大

光束在激活介质中传播时，设入射端面处光强为 $I_0(\nu)$，距离 x 处光强为 $I(\nu)$，且 $N_1/g_1 < N_2/g_2$，则

$$\frac{\mathrm{d}\rho(\nu_{21})}{\rho(\nu_{21})} = \frac{\mathrm{d}I(\nu_{21})}{I(\nu_{21})} = \left(N_2\frac{g_1}{g_2} - N_1\right)B_{21}h\nu_{21}\mathrm{d}t > 0$$

可见光强在激活介质中不断放大，为此，我们引入激活介质的增益系数 $G(\nu)$

$$G(\nu) = \frac{\mathrm{d}I(\nu)}{I(\nu)\mathrm{d}x} \tag{2-54}$$

式中，$\mathrm{d}I(\nu)$ 是传播距离 $\mathrm{d}x$ 时的光强增量。由式(2-54) 可以看出，介质的增益系数等于在单位长度的传播距离上，光强增加的百分数。由于 $\mathrm{d}I(\nu) > 0$，因而 $G(\nu) > 0$，所以用 $G(\nu)$ 表示光在激活介质当中的放大特性。

由上式可得

$$I(\nu) = I_0(\nu)e^{G(\nu)x} \tag{2-55}$$

可见，光强度随传播距离的增加而呈指数上升，其上升的速率取决于 $G(\nu)$。

另

$$G(\nu_{21})\mathrm{d}x = \frac{\mathrm{d}I(\nu_{21})}{I(\nu_{21})} = \frac{\mathrm{d}\rho(\nu_{21})}{\rho(\nu_{21})} = \left(N_2\frac{g_1}{g_2} - N_1\right)B_{21}h\nu_{21}\mathrm{d}t$$

又

$$\frac{\nu_{21}}{\mathrm{d}x/\mathrm{d}t}=\frac{\nu_{21}}{\nu}=\frac{\nu_{21}}{c/n}=\frac{1}{\lambda}$$

于是有

$$G(\nu_{21})=\left(N_2\frac{g_1}{g_2}-N_1\right)\frac{B_{21}h}{\lambda}$$

考虑光谱线加宽效应,有

$$G(\nu_{21})=\left(N_2\frac{g_1}{g_2}-N_1\right)\frac{B_{12}h}{\lambda}g(\nu_{21})=\left(N_2\frac{g_1}{g_2}-N_1\right)Kg(\nu_{21}) \tag{2-56}$$

式中,$K=\frac{B_{12}h}{\lambda}=\frac{\lambda^2A_{21}}{8\pi}\cdot\frac{g_2}{g_1}$。

由此可见:

① 由于$G(\nu)$正比于$\left(N_2\frac{g_1}{g_2}-N_1\right)$,因而激活介质中反转粒子数越多,光增益越大。

② 由于$\left(N_2\frac{g_1}{g_2}-N_1\right)$与$\nu$无关,因而$G(\nu)$正比于$g(\nu)$,也就是说,增益系数分布曲线与线型函数$g(\nu)$的形状相似。在均匀加宽下

$$G(\nu)=\frac{2\pi\left(N_2\frac{g_1}{g_2}-N_1\right)K\Delta\nu'}{4\pi^2(\nu_{21}-\nu)^2+(\pi\Delta\nu')^2}=\frac{G_{\max}(\Delta\nu')^2}{4(\nu_{21}-\nu)^2+(\Delta\nu')^2} \tag{2-57a}$$

式中

$$G_{\max}=G(\nu_{21})=\left(N_2\frac{g_1}{g_2}-N_1\right)\frac{K}{(\pi/2)\Delta\nu'} \tag{2-57b}$$

$\Delta\nu'$为$G(\nu)$曲线上对应于$0.5G_{\max}$的两个频率之差,即$G(\nu)$的线宽;而$\Delta\nu$为$g(\nu)$的线宽。显然$G(\nu)-\nu$曲线在均匀加宽情形下也是洛伦兹型的,并且有$\Delta\nu=\Delta\nu'$,说明增益分布曲线与线型函数二者的线宽相等。

2.3 激光产生的条件

要产生激光首先要满足两个必要条件:粒子数反转分布和减少振荡模式数;要形成稳定的激光输出则必须满足起振和稳定振荡两个充分条件。

2.3.1 激光产生的必要条件

1. 粒子数反转分布

当光束通过原子或分子系统时,总是同时存在着受激辐射和受激吸收两个相互对立的过程,前者使入射光强增加,后者使光束强度减弱。从爱因斯坦关系可知,一般情况下受激吸收总是远大于受激辐射,绝大部分粒子处于基态;而如果激发态的粒子数远远多于基态粒子数,就会使激光工作物质中受激辐射占支配地位,这种状态就是所谓的工作物质“粒子数反转分布”状态,又称布局数反转分布。

为简单起见,可以用一个二能级系统来讨论在工作物质的两个能级E_1和E_2之间粒子

数的分布情况。设有一频率为 $\nu_{21}=\dfrac{E_2-E_1}{h}$ 的光束通过此系统时,由于受激吸收和受激辐射,光束的能量要发生变化。如果入射光能量密度为 $\rho(\nu_{21})$,则在 $t\sim t+\mathrm{d}t$ 时间内,单位体积中因吸收而减少的光能为 $\mathrm{d}\rho_1(\nu_{21})=N_1B_{12}\rho(\nu_{21})h\nu_{21}\mathrm{d}t$。因受激辐射而增加的光能为 $\mathrm{d}\rho_2(\nu_{21})=N_2B_{21}\rho(\nu_{21})h\nu_{21}\mathrm{d}t$,能量密度总的变化量为 $\mathrm{d}\rho(\nu_{21})=\mathrm{d}\rho_2(\nu_{21})-\mathrm{d}\rho_1(\nu_{21})=[N_2B_{21}-N_1B_{12}]\rho(\nu_{21})h\nu_{21}\mathrm{d}t$,将爱因斯坦关系式代入得

$$\mathrm{d}\rho(\nu_{21})=\left(\frac{N_2}{g_2}-\frac{N_1}{g_1}\right)g_2B_{21}\rho(\nu_{21})h\nu_{21}\mathrm{d}t \tag{2-58}$$

由此可知,式中 $\mathrm{d}\rho(\nu_{21})$ 的正负决定了光束在传播过程中能量密度是不断增加还是减少。由于 $g_2B_{21}\rho(\nu_{21})h\nu_{21}\mathrm{d}t$ 恒为正,因而 $\mathrm{d}\rho(\nu_{21})$ 的正负完全由$(N_2/g_2-N_1/g_1)$的正负决定。据此可把工作物质状态分为两类:

(1) 粒子数正常分布

这是指能级上的粒子数分布满足$\dfrac{N_1}{g_1}>\dfrac{N_2}{g_2}$的一种分布情形,如图 2-17(a) 所示。此时 $\mathrm{d}\rho(\nu_{21})<0$,因此入射光束能量密度随传播的进程不断地减少。一般情况下介质中的粒子数总是呈这种分布。如物体处于热平衡时,有$\dfrac{N_2}{N_1}=\dfrac{g_2}{g_1}e^{-(E_2-E_1)/kT}$。由于$E_2>E_1$,于是粒子数分布总有 $N_1/g_1>N_2/g_2$。实际上,即使是非平衡状态,分布也总近似有这种关系。g_1、g_2 表示 E_1、E_2 的简并度(E_1 能级由 g_1 重叠在一起的能级组成,E_2 能级由 g_2 个重叠在一起的能级组成),于是 N_1/g_1 与 N_2/g_2 分别表示 E_1、E_2 中的"一个"能级上的粒子数。$N_1/g_1>N_2/g_2$ 则说明在工作物质中,具有较低能级上的粒子数大于具有较高能级上的粒子数,即处于粒子数正常分布状态。

(2) 粒子数反转分布

粒子数反转分布指能级上的粒子数分布满足条件

$$\frac{N_1}{g_1}<\frac{N_2}{g_2} \tag{2-59}$$

其分布情形如图 2-17(b)所示。相应地有 $\mathrm{d}\rho(\nu_{21})>0$,表明光在粒子数反转分布状态下的工作物质中传播时,光能密度将不断增加。我们称这种状态的物质为激活介质。

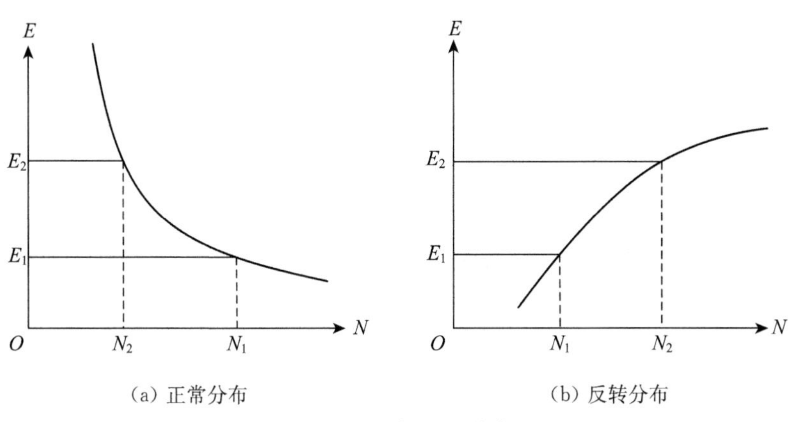

图 2-17　粒子数分布

在激活介质中,粒子数是反转分布的,粒子在能级上的分布与玻尔兹曼分布情况相反,是“上多下少”。要达到粒子数反转分布,需要有一个机构将低能级粒子抽运到高能级,这种机构就称为泵浦源,泵浦源的工作过程称为泵浦。正是通过泵浦源的工作,才使得某些具有特殊能级结构的介质发生粒子数反转分布,形成激活介质。因而,泵浦源是形成激光器的物质基础之一。

光射入激活介质时,由于 $d\rho(\nu_{21})>0$,入射光能密度通过激活介质后被“放大”了,故激活介质如同一个“光放大器”。这样,光的受激辐射在激活介质中占了主导地位。因此,在工作物质中建立粒子数反转分布状态是形成激光的必要条件。

2. 减少振荡模式数

想要得到方向性很好、单色性很好的激光,仅有激活介质是不够的,这是因为:第一,在反转分布能级间的受激辐射在各个方向的几率相同,且传播一定的距离后就射出工作物质,难以形成极强的光束,如图 2-18(a)所示;第二,激发出的光可以有很多频率,对应很多模式,难以形成单色亮度很强的激光。要使光束进一步加强,就必须使光束来回往复地通过激活介质,使之不断地沿某一方向得到放大,并减少振荡模式数目。虽然早在 1914 年受激辐射理论就已出现,但是直到 1958 年汤斯等人提出开式光学谐振腔概念后,才解决了激光振荡的机制问题。如果把激活介质放在镜面相对的一对反射镜之间,两块反射镜相互平行,其反射率分别为 $R_1=1$ 和 $R_2<1$。这样在镜面轴线方向上就可以形成光的振荡,在 $R_2<1$ 的镜面处就可有激光输出(图 2-18(b))。这样的一对反射镜就组成了一个“光学谐振腔”——法布里-珀罗腔。光束在腔内多次来回反射时,只有沿谐振腔轴线方向及其附近的光满足干涉相长条件,光强得到加强,即可以形成光强最强、模式数目最少的激光振荡,而和轴线有较大夹角方向的光束,则由侧面逸出激活介质,不能形成激光振荡。谐振腔的侧面是敞开的,只起损耗作用,因而人们常形象地将光学谐振腔称为开式光学谐振腔,简称光腔。

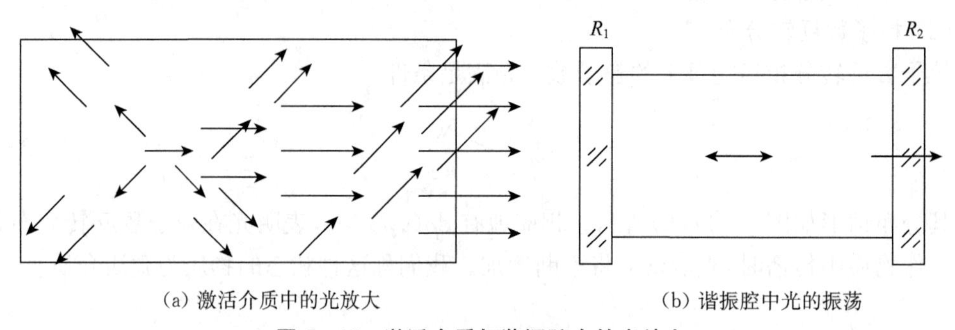

(a) 激活介质中的光放大　　(b) 谐振腔中光的振荡

图 2-18　激活介质与谐振腔中的光放大

2.3.2　激光产生的充分条件

1. 起振条件——阈值条件

光在谐振腔内传播时,由于 $R_2<1$,光在镜面上总有一部分透射损失,且镜面和腔内激活介质总还存在吸收、散射损失,因而只有光的增益能超过这些损失时,光波才能被放大,从而在腔内振荡起来,这就是说,激光器必须满足某个条件才能“起振”,这个条件被称为振荡阈值条件。

设激活介质的增益系数为 $G(\nu)$,谐振腔长为 L,腔内充满激活介质,则光束通过一个 L 后,强度由 I_0 增至 I_1

$$I_1=I_0e^{G(\nu)L}=I_0G_L(\nu) \tag{2-60}$$

式中 $G_L(\nu)=e^{G(\nu)L}$ 为单程增益，即光束经过激活介质一次所得到的放大倍数。

设谐振腔两镜面反射率分别为 R_1、R_2，透射率分别为 T_1、T_2，镜面其他损耗分别为 α_1、α_2，则有 $R_1+T_1+\alpha_1=1$，$R_2+T_2+\alpha_2=1$ 成立。光束在腔内往返一次强度变化情况如图 2-19 所示。

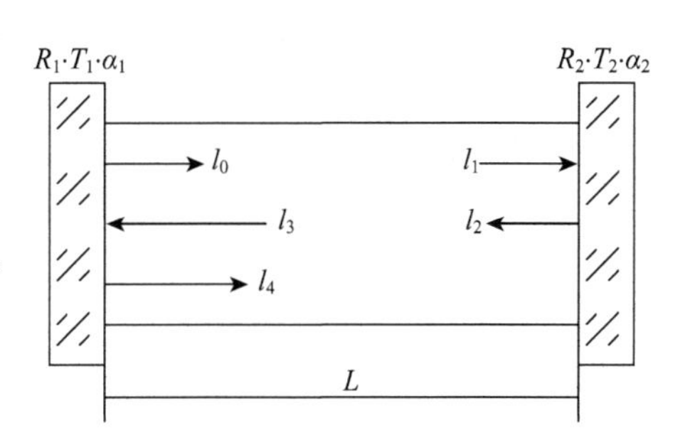

图 2-19　光束在腔内往返一次的强度变化

即往返一次光强变化过程为 $I_1=I_0G_L$，$I_2=I_1R_2$，$I_3=I_2G_L$，$I_4=I_3R_1$，于是

$$I_4=I_0R_1R_2G_L^2 \tag{2-61}$$

如果 $I_4<I_0$，则光束通过激活介质振荡一次后，强度减小，在多次振荡后光强将不断衰减，因而无法形成激光振荡；如果 $I_4>I_0$，则光束通过激活介质振荡后，光强将逐渐加强，从而形成有效的激光振荡。可见，形成激光振荡的条件为 $I_4\geqslant I_0$。于是，激光振荡必须满足的最起码条件为 $R_1R_2G_L^2=1$。由此可得到增益的阈值为 $G(\nu)_{\text{th}}=-\dfrac{1}{2L}\ln R_1R_2$，又 $G(\nu)=\left(N_2\dfrac{g_1}{g_2}-N_1\right)Kg(\nu)$，于是由此还可推出激光振荡的反转粒子数阈值公式

$$\left(N_2\frac{g_1}{g_2}-N_1\right)_{\text{th}}=-\frac{1}{K}\cdot\frac{\ln R_1R_2}{2Lg(\nu)}=-\frac{4\pi}{A_{21}\lambda^2}\frac{g_1}{g_2}\frac{\ln R_1R_2}{Lg(\nu)} \tag{2-62}$$

如果阈值条件是相对于中心频率而言，则：

(1) 均匀加宽时，由于 $g(\nu_{21})=\dfrac{2}{\pi\Delta\nu}$，因而阈值条件为

$$\left(N_2\frac{g_1}{g_2}-N_1\right)_{\text{th}}=-\frac{2\pi^2\Delta\nu}{A_{21}\lambda^2}\frac{g_1}{g_2}\frac{\ln R_1R_2}{L} \tag{2-63}$$

(2) 非均匀加宽时，有 $g(\nu_{21})=\dfrac{2}{\pi\Delta\nu_D}\sqrt{\pi\ln 2}$，于是阈值条件为

$$\left(N_2\frac{g_1}{g_2}-N_1\right)_{\text{th}}=-\frac{2\pi^2\Delta\nu_D}{A_{21}\lambda^2\sqrt{\pi\ln 2}}\frac{g_1}{g_2}\frac{\ln R_1R_2}{L} \tag{2-64}$$

这就是说：通过泵浦，使 $N_2/g_2>N_1/g_1$，且满足上式的反转阈值要求时，光强才逐渐加强，谐振腔内才开始形成激光振荡。

2. 稳定振荡条件——增益饱和效应

当激光束在激光器中往返经过激活介质时，由式(2-60)可知：激光的强度将随传播距离增加而呈指数关系上升。那么激光强度会不会无限制地增大呢？理论和实践结果表明：当入射光强度足够弱时，增益系数与光强无关，是一个常量；但是当入射光强增加到一定程度时，增益系数将随光强的增大而减小，即 $G(\nu)$ 是 I 的函数。这种 $G(\nu,I)$ 随着 I 的增大而减小的现象，称为增益饱和效应。它是激光器建立稳态振荡过程的稳定振荡条件。

设想某种工作物质在泵浦作用下(无外加光场)实现了粒子数反转，即 $\Delta N^0=\dfrac{N_2^0}{g_2}-\dfrac{N_1^0}{g_1}>0$。当有外加光强时，出现 $E_2\rightarrow E_1$ 的受激辐射和 $E_1\rightarrow E_2$ 的受激吸收这两种跃迁过程的几率相等($W_{21}=W_{12}$)。由于 $N_2/g_2>N_1/g_1$，因而 $E_2\rightarrow E_1$ 的粒子数大于 $E_1\rightarrow E_2$ 的粒

子数,其结果使新平衡下的反转粒子数$\Delta N < \Delta N^0$,$G(\nu)$变小;外加光场$I(\nu)$越强,粒子数反转的减少就越严重,因此随着往返振荡,$I(\nu)$不断增大,$G(\nu)$则不断减小,直到光所获得的增益恰好等于在激光腔内的损耗,此时在腔内建立了稳态的振荡,能形成稳定的激光输出。由于谱线加宽的机制不同,增益饱和效应的规律也不同:

(1) 光谱线均匀加宽时的增益饱和

在光谱线均匀加宽条件下,$G(\nu,I)$既是频率的函数,又是光强的函数,可以表示为

$$G(\nu,I)=\frac{G^0(\Delta\nu)^2}{4(\nu_{21}-\nu)^2+(\Delta\nu')^2\left(1+\frac{I}{I_s}\right)} \tag{2-65}$$

式中,$G^0=\left(N_2-\frac{g_2}{g_1}N_1\right)\frac{B_{21}h\nu_{21}g(\nu_{21})n}{c}$为中心频率处小信号增益系数;$I_s=\frac{8\pi n^2 h\nu}{\lambda^2 g(\nu)}$为饱和光强值。由此可见,$G^0$与光强无关,仅取决于工作物质特性及激发速率。由于$\nu_{21}$、$G^0$、$\Delta\nu$、$I_s$均为常量,可见$G(\nu)$随$I$的变化由$1+\frac{I}{I_s}$表征:

① 当$I \ll I_s$时,得小信号增益公式

$$G(\nu)=\frac{G^0(\Delta\nu)^2}{4(\nu_{21}-\nu)^2+(\Delta\nu')^2} \tag{2-66}$$

可见,此时$G(\nu)$和I无关,无增益饱和且$G(\nu)$有最大值G^0。

② 当中心频率入射光强I与饱和光强I_s可比拟时,G为I的函数,$G(\nu,I)$遵循式(2-65)。当$\nu=\nu_{21}$时,增益曲线有极大值

$$G_{\max}(\nu_{21},I)=\frac{G^0}{1+I/I_s}$$

I_s随不同激光工作物质而不同,也与工作条件有关。当$G_{\max}$随I的不断增加而减小。当$I=$为I_s时,$G_{\max}$降到小信号时的一半,即为$G^0/2$。

(2) 非均匀加宽时的增益饱和

非均匀加宽时$g(\nu)$为高斯曲线,可以看做是很多中心频率不同的均匀加宽增益曲线的叠加。根据多普勒效应的"包络"特点,当一束频率为ν_a(线宽为$\Delta\nu_a$)的激光束通过介质而使反转粒子数减少时,减少的激活原子只是N_2中那些速度为ν_x(宽$\Delta\nu_x$)的原子,而能发射频率为ν_a的光波的那些原子,除从ν_x附近$\Delta\nu_x$范围内的这极少数原子外,N_2中其他原子并没有减少,因而增益下降也只是对ν_a而言,即只有$G(\nu_a)$下降,其他部分的增益没有变化,仍保持原线型。而$G(\nu_a)$这部分的增益曲线是洛伦兹型的,于是整个增益曲线在$\nu=\nu_a$处形成了一个"洞",且I愈强,洞愈深,如图2-20所示。

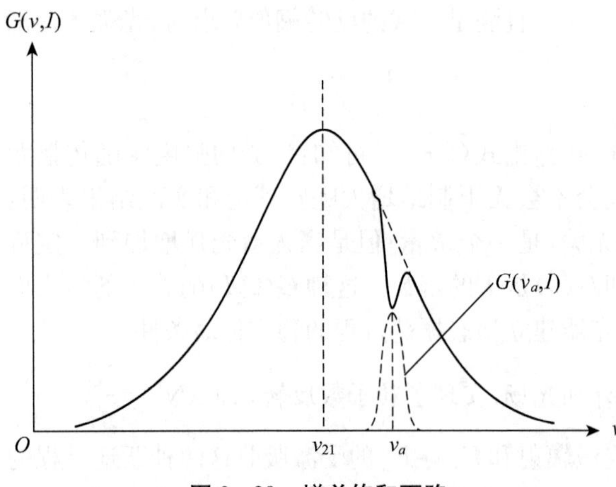

图2-20　增益饱和下陷

2.4　激光器的基本结构及激光模式

2.4.1　激光器的基本结构

激光器的基本结构包括激光工作物质、泵浦源和光学谐振腔。其中,激光工作物质提供形成激光的能级结构体系,是激光产生的内因;泵浦源提供形成激光的能量激励,是激光形成的外因。光学谐振腔为激光器提供反馈放大机构,使受激辐射的强度、方向性、单色性进一步提高。

1. 激光工作物质

当工作物质中形成粒子数反转分布时,工作物质处于激活状态,光在此介质中传播时.就会获得放大作用。也就是说,原子系统一旦实现了粒子数反转过程,就变成了增益介质,对外来的光而言就变成了放大器。

前面的二能级系统分析了三种跃迁过程及激光产生条件:当外界激励能量作用于二能级体系物质时,首先建立起自发辐射,即有了初始光辐射;随后,一方面物质吸收光,使 N_1 减小、N_2 增加,另一方面由于物质中同时存在着辐射过程,使 N_2 减小、N_1 增加,两种过程同时存在,最终达到 $N_1=N_2$ 状态,即光吸收和受激辐射相等,二能级系统不再吸收光,达到所谓的自受激辐射状态;此时即使采用强光照射,由于共振吸收和受激辐射发生概率相同,也不能实现粒子数反转。这意味着二能级系统即使有入射光等激励也不能实现粒子数反转分布,因而不能充当激光工作物质。

那么究竟什么样的物质适合做激光工作物质呢?事实上要产生激光,工作物质只有高能态(激发态)和低能态(基态)是不够的,还至少需要有这样一个能级,它可以使得粒子在该能级上具有较长的停留时间或较小的自发辐射概率,从而实现其与低能级之间的粒子数反转分布,这样的能级称为亚稳态能级。所谓的"亚稳"是相对于稳定的低能态或基态而言的。只有具备了亚稳态能级的物质才有产生激光的可能,这样,激光工作物质应至少具备三个能级。实际上不管原子能级结构多么复杂,激光工作物质不外乎三能级或四能级结构,如图 2-21 所示。

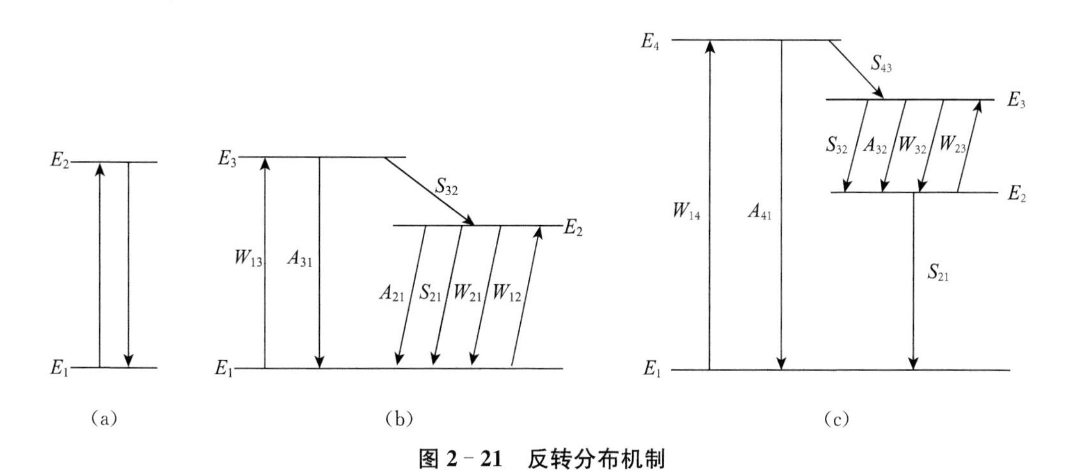

图 2-21　反转分布机制

1960 年的第一台激光器就是典型的三能级系统[1],其能级结构如图 2-21(b)所示,其

[1] 1960 年 7 月 8 日,美国科学家梅曼发明了红宝石激光器。

中,E_1 为基态能级,E_2 为亚稳态能级,E_3 为泵浦能级,各能级上的粒子数分别为 N_1,N_2,N_3。在外界激励源的作用下,E_1 上的粒子受到激发跃迁到 E_3,其受激吸收的粒子数为 N_1W_{13}(W_{13} 为受激吸收几率)。到达 E_3 能级的粒子又以非辐射跃迁(热弛豫)的形式跃迁到 E_2 能级,其跃迁粒子数为 N_3S_{32}(S_{32} 为非辐射跃迁几率)。此外,N_3 也能以自发辐射的形式返回基态,其跃迁粒子数为(N_3A_{31})。

我们得到 E_3 上的粒子数随时间变化的方程为

$$\frac{dN_3}{dt}=N_1W_{13}-N_3(S_{32}+A_{31}) \tag{2-67}$$

如果有较大的泵浦功率,我们可以保证 E_2 上的粒子数 N_2 大于 E_1 上的粒子数,即实现了粒子数反转。则 E_2 上的粒子数随时间变化的方程为

$$\frac{dN_2}{dt}=N_1W_{12}-N_2W_{21}-N_2(A_{21}+S_{21})+N_3S_{32} \tag{2-68}$$

在三能级系统中,激光下能级是基态 E_1,聚集着大多数的粒子,只有较大的泵浦功率才可以实现粒子数反转,从而产生激光。而在四能级系统中,激光下能级是激发态 E_2,它相当于一个空的能级。图 2-21(c)为四能级系统激光器的能级简图,被泵浦到 E_4 能级上的粒子弛豫到 E_3 能级,此时 E_3 作为激光上能级,其粒子数远远大于激光下能级,很容易的实现粒子数反转,激光阈值很低,因此现在绝大多数的激光器都是这种结构。

根据三能级系统的相同考虑,可得到四能级系统的速率方程为

$$\frac{dN_4}{dt}=N_1W_{14}-N_4(S_{43}+A_{41}) \tag{2-69}$$

2. 泵浦源

在一般情况下,介质都处于粒子数正常分布状态,即处于非激活状态,所以要建立粒子数反转分布状态,就必须用外界能量来激励工作物质。泵浦即是指在外界作用下,粒子从低能级进入高能级从而实现粒子数反转分布的过程。可以说,泵浦过程就是原子(或分子、离子)的激励过程。将粒子从低能态抽运到高能态的装置被称为泵浦源或激励源。泵浦源是组成激光器的三个基本部分之一,是形成激光的外因。事实上,激光器不过是一个能量转换器件,它将泵浦源输入的能量转换为激光能量。合适的激励方式和能量大小对激光效率有重要的影响。

泵浦的方法很多,从直接完成粒子数反转的方式来分,主要有以下泵浦方式:

(1) 光激励方式:用一束自发辐射的强光或激光束直接照射工作物质,利用激光工作物质泵浦能级的强吸收性质将这种光能转化成激光能。大多数固体激光器都采用这种激励方式,但一般效率不高。

(2) 气体辉光放电或高频放电方式:大多数气体激光器由于工作物质密度小,粒子间距大,相互作用弱,能级极窄,且吸收光谱多在紫外波段,用光激励技术难度大,效率低,故多采用气体放电中的高速电子直接轰击或共振能量转移完成粒子数反转。

(3) 直接电子注入方式:半导体激光器的发光是通过电子与空穴的复合而发光的,因此粒子数反转是通过电子与空穴的反转分布而实现的。直接电子注入就可以完成粒子数反转,而且其激光效率高。

(4) 化学反应方式：通过化学反应释放的能量完成相应粒子数反转。化学激光器就是这类泵浦方式，一般具有功率大的特点。

除了上述四种泵浦方式外，热激励、冲击波、电子束、核能等等都可能用来实现粒子数反转。究竟采用何种泵浦方式，应视工作物质的能级系统结构而定。

3. 光学谐振腔

光学谐振腔是构成激光器的重要器件，它不仅为获得激光输出提供了必要的条件——限制了可能的模式数目，同时还对激光的频率(高单色性)、功率(高亮度)、光束发散角(方向性好)及相干性等有着很大影响。前述所引的两平面镜构成的法布里-珀罗腔是一种最简单的谐振腔。实际使用中，根据不同的应用场合及激光器类型，可以采用不同曲率、不同结构的谐振腔。但不管是哪种光学谐振腔，它们都是侧面没有边界的开腔。

(1) 光学谐振腔稳定性条件

如图 2-22 所示，用于激光腔中的球面和平面反射镜有许多种组合方式。一个稳定型共轴谐振腔条件是，腔内光线在反射镜之间任意多次反射后，不致横向逸出腔外。由几何光学可求出光学谐振腔的稳定性条件为

$$0 < g_1 g_2 < 1 \tag{2-70}$$

其中，$g_1 = 1 - \frac{L}{R_1}$，$g_2 = 1 - \frac{L}{R_2}$。式中，R_1 和 R_2 分别为反射镜 M_1 和 M_2 的曲率半径。由图 2-23 显然可见，有坐标轴 $g_1 = 0$、$g_2 = 0$ 和双曲线 $g_1 g_2 = 1$ 围成的区域为腔的稳定区，在稳定区的边界($g_1 = 0$、$g_2 = 0$ 或 $g_1 g_2 = 1$) 上，则为临界区。若某一谐振腔在稳区图中对应的点落在稳定区内，则为稳定腔；若落在临界区，则为临界腔；若落在其他区域则为非稳腔。

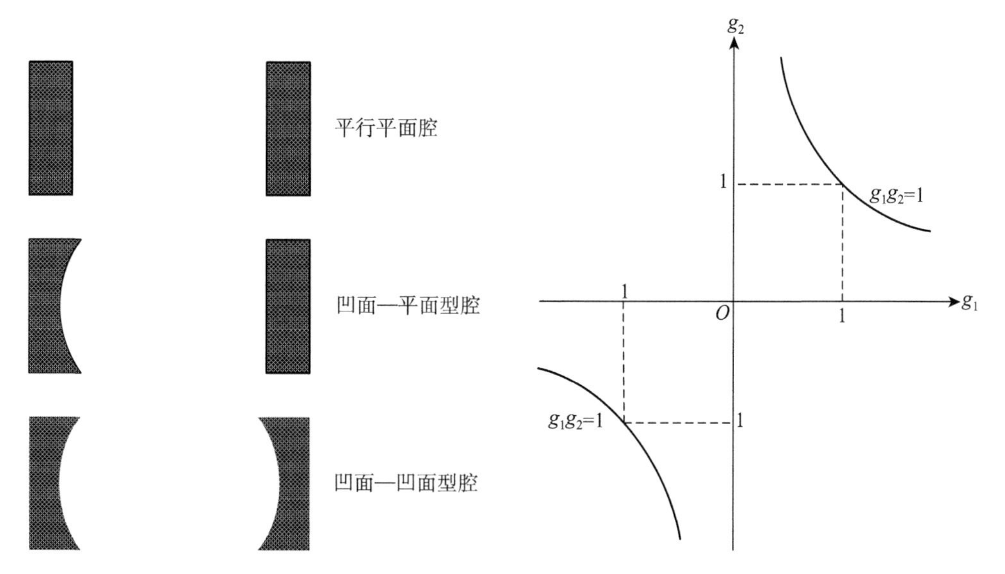

图 2-22　某些常用的激光谐振腔　　**图 2-23　谐振腔稳区图**

(2) 共焦谐振腔

腔结构中较常用的一种是共焦谐振腔。它由两个相同曲率半径($R_1 = R_2 = R$) 的凹球面镜组成，并且腔长 $b = R$，在稳区图中对应于坐标原点。

共焦腔比平行平面腔更容易调整,在实际应用中,它要求的调整精度大约只有平行平面腔精度的四分之一。共焦腔的模式与平行平面腔的模式有所不同,其模式可以用解析的方法确定。共焦腔模式理论不仅能定量地分析共焦腔模式的特征,还能推广到一般稳定球面腔。

可以证明,任何一个共焦腔与无数多个稳定球面腔等效;而任意一个稳定球面腔唯一地等效于一个共焦腔。这里所说的"等效",就是指它们具有同样的横模。此外,我们将介绍"传播圆法",可以非常简单而形象地描述共焦腔与任何稳定球面腔的模式。

对于方形镜共焦腔,博伊德和戈登证明,在距离谐振腔中心为 z 的地方与腔轴相垂直的横面上,TEM_{mn} 模式的场分布为

$$u_m(x,z)\nu_n(y,z)=\frac{1}{\omega(z)}\sqrt{\frac{b\lambda}{\pi}}H_m\left(\frac{\sqrt{2}}{\omega(z)}x\right)H_n\left(\frac{\sqrt{2}}{\omega(z)}y\right)\cdot e^{-r^2/\omega(z)^2}e^{-\mathrm{j}[k(z+r^2/2R)+\Phi]} \tag{2-71}$$

式中

$$r^2=x^2+y^2 \tag{2-72}$$

$$\omega(z)=\sqrt{\frac{\lambda}{2\pi}\frac{b^2+4z^2}{b}} \tag{2-73}$$

$$R=\frac{b^2+4z^2}{4z} \tag{2-74}$$

并且

$$\Phi=\frac{kb}{2}+(1+m+n)\arctan\frac{b+2z}{b-2z} \tag{2-75}$$

式(2-71)在相距谐振腔中心的所有距离 z 上均适用,可以用它来求出谐振腔内部和外部的场。

式(2-71)和式(2-73)中标量的参数 $\omega(z)$ 是谐振腔内光束横向能量分布的量度。若 $m=n=0$,基模场分布是高斯型,当 $r=\omega(z)$ 时,高斯函数 $e^{-r^2/\omega(z)^2}$ 便下降到 e^{-1} 场振幅正比于高斯函数;而光束能量正比于场振幅平方;当 $r=\omega(z)$ 时,光束能量下降到其极大值 e^{-2},所以 $\omega(z)$ 称为基模(0,0) 的光斑半径,在共焦中心($z=0$) 的光斑半径为

$$\omega_0=\sqrt{\frac{\lambda b}{2\pi}} \tag{2-76}$$

在共焦腔的任一镜面 $z=\pm\frac{b}{2}$ 上的光斑半径为

$$\omega_{0s}=\sqrt{\frac{\lambda b}{\pi}} \tag{2-77}$$

共焦腔的横模显示出许多有趣的性质。其中最重要的是,共焦腔模式场分布的函数形式在任一横截面上都相同。当然,由于存在衍射,光斑半径 $\omega(z)$和波面曲率半径 R 必定与距离 z 有关。

研究式(2－71)、(2－73)和(2－74)表明，波面在腔轴附近 ($r \ll b$) 是球面，并且在距离共焦中心为 z 处波面的曲率半径等于 R，当 $z=\frac{b}{2}$ 时，波面的曲率半径恰好为腔长 b。在腔的中心其波面为平面，光斑半径最小，称为束腰。参量 Φ 表示一个相移，它在整个波面上为常数，相当于对模式传播相速的修正量。

上面的讨论表明，光斑半径和波面曲率半径完全确定了共焦腔模式的特性(除相速外)。而且，由式(2－73)和(2－74)知道，当波长一定，在距离 z 处的光斑半径和波面曲率半径均有参量 b 确定，b 又称为共焦半径。由此可见，共焦半径 b 和原点 ($z=0$) 的数据能够完全确定与腔轴垂直的任一平面上的全部横模。

显然，与 b 有关的任一参量，例如 ω_0、ω_{0s}、$\omega(z)$ 和 R 都可以用来表征共焦腔的模式。可以根据实际需求，灵活地选择某一特征参数来表征共焦腔的模式。

用共焦半径 b 作为表征模式的参量，其主要优点在于，它能够用简单的几何作图法来确定任一点的光斑尺寸与曲率半径。为此，德沙姆普斯和麦斯特曾提出一种方法，继后由劳里斯加以发展，我们称之为“传播圆法”。传播圆法虽然不能够直接确定光斑尺寸，但是它非常简单而形象地说明了激光束的传播。

传播圆法要确定的参量是波面的曲率半径和“光束参量”b'。b' 与光斑尺寸的关系为

$$b'=\frac{\pi\omega(z)^2}{\lambda} \tag{2-78}$$

将式(2－73)代入上式，求得光束参量的方程

$$b'=\frac{(b/2)^2+z^2}{b/2} \tag{2-79}$$

将式(2－74)改为

$$R=\frac{(b/2)^2+z^2}{z} \tag{2-80}$$

以上两式构成了传播圆法的基础。

考虑图 2－24 所示的一个腔长为 b 的共焦腔，作一个圆 σ_b，其圆心位于 $z=0$，直径等于反射镜的曲率半径。过 $z=0$ 点作一垂线，与圆 σ_b 相交于点 F 和 F'。F 和 F' 称为共焦腔的“侧焦点”。距离 FF' 显然等于共焦半径 b。

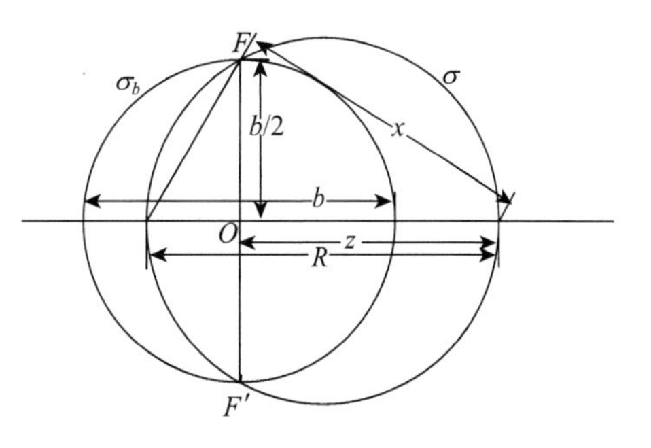

图 2－24　σ 圆作图法

通过两个侧焦点作一个圆 σ，在圆 σ 与轴线相交处，一个横模的曲率半径就等于圆 σ 的直径。由图 2－24 可知，有

$$x^2=\left(\frac{b}{2}\right)^2+z^2 \tag{2-81}$$

$$R/x=x/z \tag{2-82}$$

因此有 $R=\frac{(b/2)^2+z^2}{z}$，即式(2－80)成立。

由此可见,在共焦腔轴线上任一点 z 都可以作一个圆,我们称之为"σ 圆",其直径等于谐振腔的一个横模在 z 点的波面的曲率半径。确定 σ 圆的要求是,它必须通过 z 点以及侧焦点 F 和 F'。图 2-25 表示在共焦腔中不同 z 处的 σ 圆。

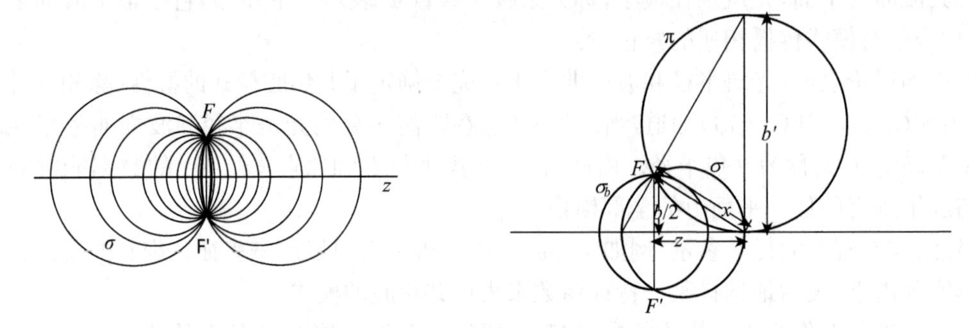

图 2-25　共焦腔 σ 圆随 z 的变化　　**图 2-26　π 圆作图法**

光束参量 b' 作为距离 z(以共焦腔中心为原点)的函数,可以用另一几何作图法来确定。如图 2-26 所示,按前面同样的方法作圆 σ_b 和圆 σ。现在作一个圆 π,它通过侧焦点 F 并与光轴在 z 点相切,其直径等于光束参量 b'。同样由图 2-26 可知,

$$x^2=\left(\frac{b}{2}\right)^2+z^2 \tag{2-83}$$

$$\frac{b/2}{x}=\frac{x}{b'} \tag{2-84}$$

因此有

$$b'=\frac{(b/2)^2+z^2}{b/2} \tag{2-85}$$

这就是式(2-79)。

由此可见,在共焦腔轴线上的任一点 z 都可以作一个圆,我们称之为"π 圆",其直径等于谐振腔的一个横模在 z 点的光束参量 b'。确定 π 圆的要求是,它通过谐振腔的侧焦点 F,并与光轴在 z 点相切。在距离 z 处横模的光斑尺寸 $\omega(z)$ 由光束参量 b' 通过下面关系确定:

$$\omega(z)=\sqrt{\frac{b'\lambda}{\pi}} \tag{2-86}$$

传播圆法是确定厄米-高斯光束传播的一种非常简单的方法,它的用途不仅限于共焦腔模式,它还可以用来描述任何稳定球面腔的模式。

基模高斯光束的光斑半径是随着传播距离 z 而逐渐扩展的,将式(2-85)代入式(2-86),则基模光斑半径为

$$\omega(z)=\sqrt{\frac{\lambda b}{2\pi}\left[1+\left(\frac{2z}{b}\right)^2\right]}=\omega_0\sqrt{1+\left(\frac{z}{f}\right)^2} \tag{2-87}$$

式中,f 为反射镜的焦距,因此,基模光斑半径随坐标 z 按双曲线规律变化:

$$\frac{\omega(z)^2}{{\omega_0}^2}-\frac{z^2}{f^2}=1 \tag{2-88}$$

高斯光束轮廓如图 2－27 所示。远场衍射角定义为：在 $z\rightarrow\infty$ 的极限情况下，z 点光斑半径与距离 z 的比值。由式(2－73)看到，这个角度为

$$\theta=\sqrt{\frac{2\lambda}{\pi b}} \tag{2-89}$$

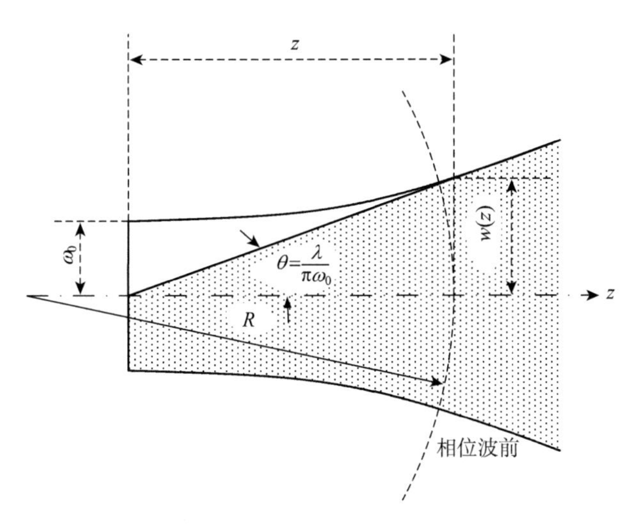

图 2－27　高斯光束轮廓

高斯光束远场发散角定义为双曲线的两根渐近线之间的夹角，即

$$2\theta=2\sqrt{\frac{2\lambda}{\pi b}} \tag{2-90}$$

将式(2－76)代入，则远场发散角为

$$2\theta=\frac{2\lambda}{\pi\omega_0} \tag{2-91}$$

因此，基模高斯光束的远场发散角与最小光斑半径成反比。只有当光束的发散角很大，或者说最小光斑尺寸很小时，激光模式传输的几何光学近似才使用。

对圆形镜共焦腔的场特性可以用拉盖尔—高斯函数近似描述，其理论分析方法与方形镜共焦腔相同。两者的基模光束的场分布、光斑半径、波面曲率半径及远场发散角都完全相同。

(3) 一般稳定球面腔

共焦腔的横模在谐振腔光轴附近具有球面波面，如图 2－28 所示。可以用一对反射镜来代替任意两个波面，其曲率半径与被代替的波面相同，则在这两个反射镜将构成一个新的谐振腔，它与原先的共焦腔具有同样的横模。由此可见，存在着无数个非共焦腔，它们的横模与原先的共焦腔相同。

用任一个曲率半径为 R 的反射镜，都可以作一直径等于 R 的 σ 圆。现考虑图 2－28(a)所示的情况，图中曲率半径为 R_1 和 R_2 的两个反射镜构成一个非共焦腔，圆 σ_1 和 σ_2 的交点 F 和 F' 确定了一个“等效”共焦腔，它与这个非共焦腔有同样的横模，如图 2－28(b)所示。

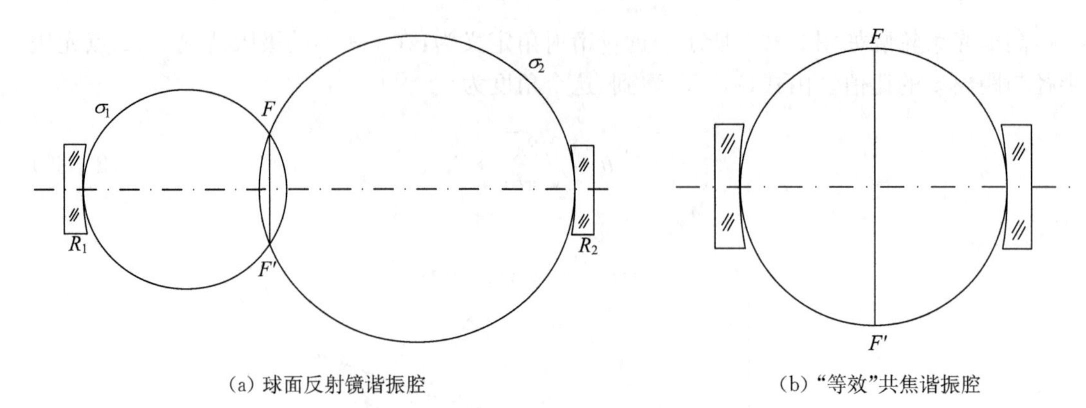

(a) 球面反射镜谐振腔 (b)“等效”共焦谐振腔

图 2-28 稳定球面腔及其“等效”共焦腔

要使一个球面镜谐振腔稳定,两个反射镜的 σ 圆就必须相交,这就是任意球面镜谐振腔的“稳定性原则”。若两个反射镜的位置使它们的 σ 圆不相交,则显然就没有与给定谐振腔具有相同横模的等效共焦腔,此时谐振腔的所有模式都具有高的衍射损耗。

共焦腔是一般球面谐振腔中的一种较为特殊的情况:它是两个反射镜的 σ 圆完全重叠的谐振腔。

传播圆法不仅可以确定一般球面反射镜谐振腔稳定与否,而且还确定了等效共焦腔的位置和大小。等效共焦半径也可以用代数方法确定。假使给定一个谐振腔,其反射镜的曲率半径为 R_1 和 R_2,相距为 L,则可求得等效共焦半径为

$$b=\sqrt{4d(R_1-d)} \tag{2-92}$$

式中,$d=\dfrac{L(R_2-L)}{R_1+R_2-2L}$ 是反射镜 1 到等效共焦中心的距离。

可以从普通几何光学角度来比较激光模式和光的传播。衍射完全确定了激光模式的特性,因此可以设想,激光模式就好像是从一个点光源发出来的。式(2-80)表明,一般情形并非如此。虽然球面反射镜谐振腔横模的波面总是球面,但是曲率的中心依赖于等效共焦中心到 z 点的距离(见图 2-26),即横模波面的曲率中心是不断变化的。

在极限情况下,当等效共焦半径趋于零时,由式(2-80)可以看出,在 z 处曲率半径 $R=z$,横模波面的曲率中心固定在等效共焦腔中心,横模的传播服从几何光学。

综上所述,由任意一个稳定球面腔可求得等效共焦腔,并利用共焦腔模式求得一般稳定球面腔模的特征参数的解析式,如光斑半径 $\omega(z)$、波面曲率半径 $R(z)$、基模远场发散角 2θ 等。

值得注意的是,所谓两个谐振腔“等效”是仅就横模的光斑半径、波面曲率半径而言的。由于两个谐振腔的长度不同,故纵模频率也就不一样。一般方形孔径稳定球面腔的模式(TEM_{mnq})谐振频率为

$$\nu_{mnq}=\frac{c}{2n_0L}\left[q+\frac{1}{\pi}(1+m+n)\arccos\sqrt{\left(1-\frac{L}{R_1}\right)\left(1-\frac{L}{R_2}\right)}\right] \tag{2-93}$$

若为共焦腔($R_1=R_2=L$),则上式可以写为

$$\nu_{mnq}=\frac{c}{2n_0L}\left[q+\frac{1}{\pi}(1+m+n)\right] \tag{2-94}$$

式中,L 是两个反射镜之间的距离,n_0 是折射率。

由式(2－93)可以看出，一般稳定球面腔的横模谐振频率与模式的阶数有关。例如 TEM_{00} 模的谐振频率与 TEM_{20} 不同。但是，共焦腔的模式是高简并度的，由式(2－94)可以看出，与横模 TEM_{mn} 相联系的第 q 个纵模和与横模 $TEM_{m(n+2)}$ 相联系的第$(q-1)$个纵模，它们具有相同的谐振频率，其余以此类推。

2.4.2　谐振腔的限模作用

两个反射镜构成的开放式谐振腔是最简单和最常用的光学谐振腔，简称开腔。腔的侧面没有光学边界，光线在腔内往返传播时，可能从腔的侧面偏折出去，这种损耗被称为横向逸出损耗。在同一开腔内，高阶横模的传播方向与腔轴的夹角较大，因而其横向逸出损耗比低阶横模的要大，因此高阶横模易被抑制。

另外，腔体的反射镜面总有一定的孔径$(2a)$，波长为 λ 的平面波在间距为 L 的腔内来回振荡时，必然产生衍射损耗。衍射损耗的大小与腔的菲涅尔系数 $N=a^2/L\lambda$ 有关，高阶横模的阶次越高，衍射损耗越大，越易被抑制。

上述两种损耗都是选择性损耗，即不同振荡模式的损耗各不相同。低阶横模比高阶横模的损耗小，接近于腔轴传播的最低阶次横模(基模)的选择性损耗最小，最容易并最先建立振荡，而且振荡一旦建立就很快占优势，于是损耗大的模式被抑制，使腔内仅有几个或一个横模振荡。

此外，腔内还有透射损耗，以及腔内介质和镜片的吸收、散射等损耗，它们对各种模式都一样，被称为非选择性损耗。

光学谐振腔内也能够限制激光只在几个或一个纵模上振荡。腔的相邻两个纵模的频率间隔 $\Delta\nu_q$ 由式 $\nu_q=q\dfrac{c}{2L'}$ 得出：

$$\Delta\nu_q=\frac{c}{2L'} \tag{2-95}$$

对 $L'=nL$ 的情形，有 $\Delta\nu_q=\dfrac{c}{2nL}$。即腔体越短，纵模频率间隔越大。

由于光学谐振腔的作用，只有在谱线轮廓范围内既满足 $\nu_q=q\dfrac{c}{2L'}$，同时又满足振荡阈值条件的纵模，才能在激光介质中产生振荡。

$\Delta\nu_T$ 表示小信号增益曲线 $G(\nu)$ 高于阈值(δ/L)的频带宽度，如图 2－29 所示，则可能同时振荡的纵模数为

$$\Delta q=\left[\frac{\Delta\nu_T}{\Delta\nu_q}\right]+1 \tag{2-96}$$

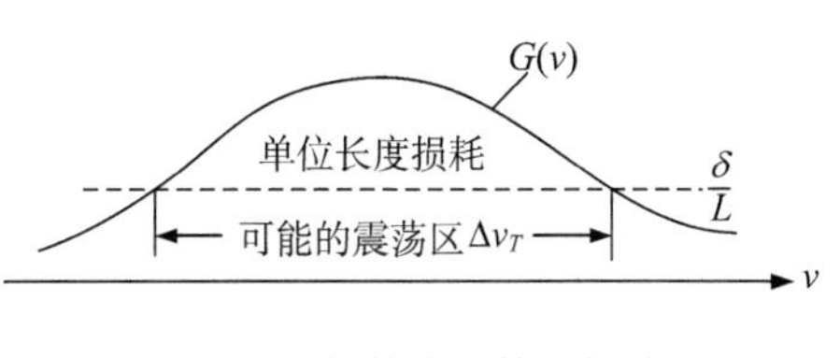

图 2－29　阈值方程的图解法

式中，[　]表示对其内部表达式取整，$\Delta\nu_T$ 为激光工作物质的增益线宽。如果改变光学谐振腔腔长 L，使相邻纵模频率间隔 $\Delta\nu_q>\Delta\nu_T$，就可以实现单纵模振荡。

2.4.3　激光模式

激光器的输出是由许多独立的频率分量所组成。这些独立频率分量便称为模式。准确

地讲,它是指能在腔内存在的、稳定的光波基本形式。所谓稳定包含下列意思:

(1) 有确定的频率;

(2) 振幅在空间的相对分布是确定的,不随时间而改变;

(3) 相位在空间的相对分布是确定的,不随时间而改变。

振荡模式常用 TEM_{mnq} 来表示,m、n、q 可分别取 0,1,2… 等整数,一组确定的 m、n、q 对应于一种模式。其中 m 和 n 表征该模式在垂直于腔轴的平面内的振幅分布情况,称横模阶数。在直角坐标系中,m 和 n 分别是该模式在 x 轴和 y 轴上的驻波节点数,在柱坐标系中,m 和 n 分别为径向和旋转角 θ 向上的驻波节点数。q 表示该模式在光腔轴向的驻波节点数目,称纵模阶数。m、n、q 三者共同决定该模式的振荡频率。如在矩形腔中,设矩形腔在 x、y、z 方向长度(长、宽、高)分别为 a、b、c,则相应振荡频率为 $\nu=\frac{c}{2}\sqrt{\left(\frac{m}{a}\right)^2+\left(\frac{n}{b}\right)^2+\left(\frac{q}{c}\right)^2}$。

1. 纵模

在一个谐振腔中,并非所有频率的电磁波都能产生振荡,只有频率满足一定共振条件的光波才能在腔内的来回反射中形成稳定分布和获得最大强度。这个共振条件就是相长干涉条件,即往返一次相位变化 $\Delta\varphi$ 为 2π 整数倍,$\Delta\varphi=\frac{2n\pi}{\lambda}2L=q2\pi(q=0,1,2,\cdots)$,从而

$$\nu_q=\frac{c}{2nL}q \tag{2-97}$$

式中,n 为腔内折射率,q 为纵模的阶数,由于 $\lambda\ll L$,故 q 一般很大。ν_q 即为 q 阶纵模的振荡频率,相邻两纵模间的频率间隔为 $\Delta\nu_q=\frac{c}{2nL}$。可见,腔长确定后,不管频率为多少,频率间隔都不变。如前所述,并非所有满足上式的频率都能振荡,只有那些落在增益曲线线宽(即阈值条件)范围内的频率才能形成实际振荡(图 2-30),实际振荡纵模数为 $\Delta q=\left[\frac{\Delta\nu_T}{\Delta\nu_q}\right]+1$。

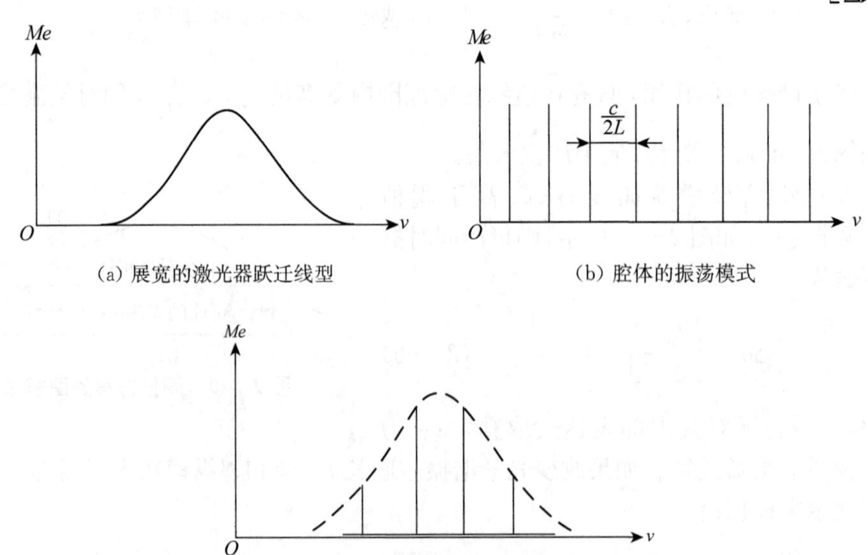

(a) 展宽的激光器跃迁线型　　(b) 腔体的振荡模式

(c) 激光器输出的纵横

图 2-30　激光腔纵模振荡模式

实际应用中,常需要单色性极好、频率稳定度极高的激光器,即单模工作激光器。由上式可知,只要 $\Delta\nu_T/\Delta\nu_q < 1$ 即可。有两种途径可用来实现单模振荡,一种是使激光器工作在阈值附近,但此时饱和增益低,输出功率小;另一种是采用短腔激光器(如 10nm 左右氦氖激光器),但其总增益也不会很高,故输出功率也较低。

2. 横模

在激光器内,除有沿着腔轴分布的纵模以外,还存在保持稳定不变分布的光场横向分布,这种来回反射中可保持住的横向光场分布称为横模,它用整数 m,n 来表征。

对于稳定腔中激光模的光场分布,常用衍射积分法或波动方程法来求解,前一种方法是求解菲涅耳—基尔霍夫衍射积分方程,它表征光腔两个镜面上光场分布之间的关系;后一种方法是从麦克斯韦电磁理论出发,在与稳定腔相对应的特定边界条件下,直接求解波动方程。这两种方法结果相同,所得光场分布均为高斯分布,就足以说明光在谐振腔内振荡最终形成高斯光束。

下面仅以一种分布形式最简单的横模(即 $m=n=0$ 的基横模) 为例来看一下腔内高斯光束光场分布情况。$m=n=0$ 的横模称为基横模. 记为 TEM_{00q},其模场分布中,用 $R(z)$ 表示 z 处等相面曲率半径,$\varphi(z)$ 表示 z 处相位角,$\omega(z)$ 表示 z 处光斑束径。

(1) $z=0$ 时,$\omega(z)=\omega_0$,$R(z)=\infty$,$\varphi(z)=0$,基横模的光波电场表示式为

$$E(x,y,0)=\sqrt{\frac{2}{\pi}}\frac{1}{\omega_0}\exp\left(-\frac{x^2+y^2}{\omega_0^2}\right) \tag{2-98}$$

可见在 $z=0$ 处,光波电场等相面是一个平面,振幅部分为高斯函数,当 $x^2+y^2=\omega_0^2$ 时,即在半径为 ω_0 处,振幅分布减小到中心部分的 $1/e$。因此,基模是一个中心最亮,向外逐渐减弱的圆形光斑。通常将光波电场振幅下降到其中心值的 l/e 处的光斑半径ω_0 作为光斑尺寸大小的尺度,称为束腰半径。

(2) $z=0$ 处,横模振幅仍为高斯函数分布,波阵面为一球面,z 处有:

光斑半径

$$\omega(z)=\omega_0\sqrt{1+\left(\frac{\lambda z}{\pi\omega_0^2}\right)^2} \tag{2-99}$$

波阵面曲率半径

$$R(z)=z\left[1+\left(\frac{\pi\omega_0^2}{\lambda z}\right)^2\right] \tag{2-100}$$

相位角

$$\varphi(z)=\arctan\frac{\lambda z}{\pi\omega_0^2} \tag{2-101}$$

它们都是 z 的函数,如图 2-31 所示。

显然,高斯光束在 $z=0$ 处光斑最小,束腰半径为 ω_0,随着 z 增大,$\omega(z)$ 也增大,这表示光束逐渐发散。光线的传播方向(即垂直于波阵面的方向) 是两条双曲线,双曲线的渐近线与 z 轴交角为 θ:

$$\theta=\arctan\left.\frac{\omega(z)}{z}\right|_{z\to\infty}=\arctan\frac{\lambda}{\pi\omega_0} \tag{2-102}$$

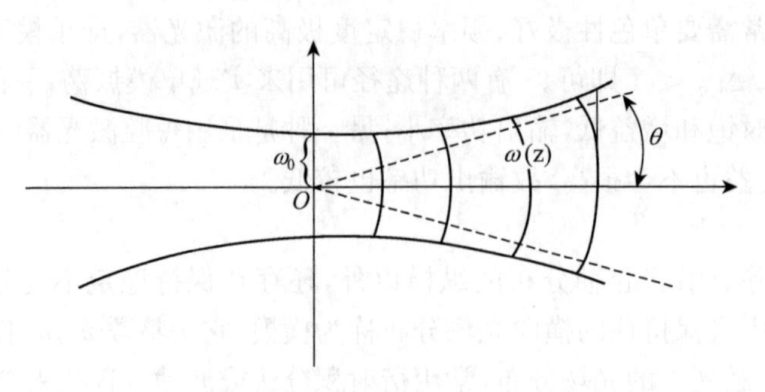

图2-31　基模波型

m 和 n 不同时为零的横模称为高阶模,图2-32给出了 m,n 不同取值时的几种横模花样,其中图2-32(a)为矩形腔情形,图2-32(b)为圆形腔情形。

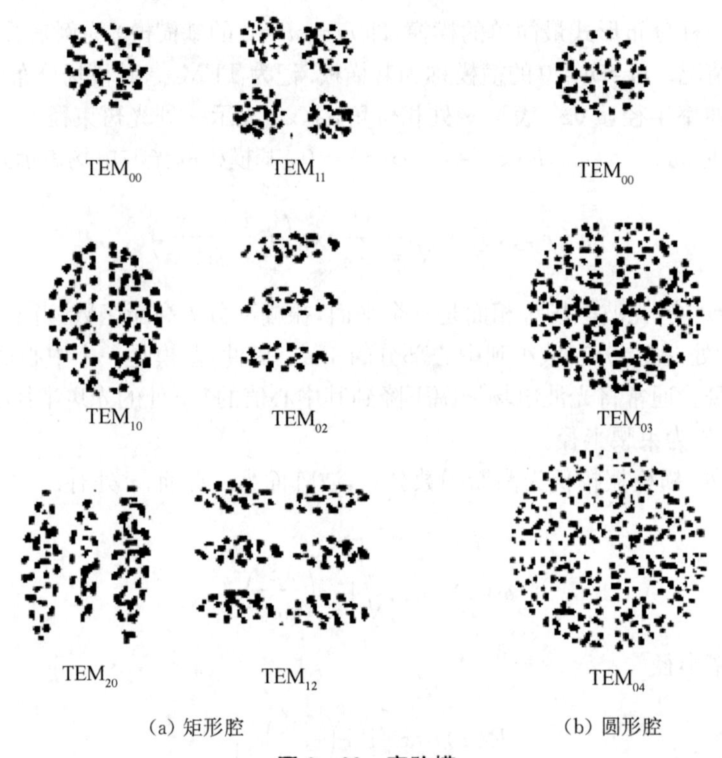

(a) 矩形腔　　　　(b) 圆形腔

图2-32　高阶模

高阶模的光束尺寸 ω_m 和发散角 θ_m 可通过基模的 ω,θ 求出

$$\omega_m(z)=\sqrt{(2m+1)/2}\,\omega_{基}(z) \tag{2-103}$$

$$\theta_m(z)=\sqrt{(2m+1)/2}\,\theta_{基}(z) \tag{2-104}$$

2.5　高斯光束

为简洁地处理基模高斯光束在自由空间和通过近轴光学元件的传输变换,本节重点介绍了高斯光束的复参数表示法和 $ABCD$ 定律。

2.5.1　光线传输矩阵

光线传输矩阵法就是以几何光学为基础,用矩阵的形式表示光线的传输和变换的方法。该方法主要用于描述几何光线通过近轴光学元件和波导的传输,也可用来处理激光束的传输。

在某一给定参考面内的任一旁轴光线都可以由两个坐标参数来表征,即光线离轴线的距离 r 及光线与轴线的夹角 θ。这两个参数可构成一个列阵,各种光学元件或光学系统对光线的变换作用则可用一个二阶方阵来表示,因而变换后的光线参数可以写成方阵与列阵乘积的形式。

1. 近轴光线通过距离 L 均匀空间的变换

为分析近轴光线在均匀空间通过距离 L 的传输,如图 2-33 所示,假定光线从入射参考面 P_1 出发,其初始坐标参数为 r_1 和 θ_1,传输到参考面 P_2 时,光束参数变为 r_2 和 θ_2。

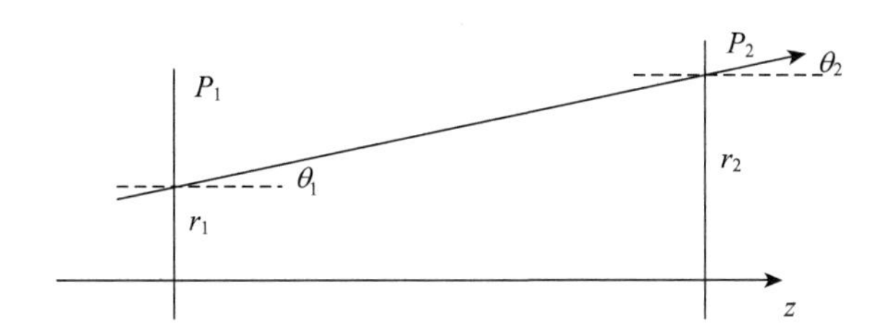

图 2-33　近轴光线通过长度 L 均匀空间的传输

由几何光学的直线传播定律可知

$$\begin{aligned} r_2 &= r_1 + \theta_1 L \\ \theta_2 &= \theta_1 \end{aligned} \tag{2-105}$$

将这个方程组表示成下述矩阵形式

$$\begin{pmatrix} r_2 \\ \theta_2 \end{pmatrix} = \begin{pmatrix} 1 & L \\ 0 & 1 \end{pmatrix} \begin{pmatrix} r_1 \\ \theta_1 \end{pmatrix} \tag{2-106}$$

即可用一个二阶方阵来描述光线在均匀空间中传输距离 L 时所引起的坐标变换

$$\begin{pmatrix} A & B \\ C & D \end{pmatrix} = \begin{pmatrix} 1 & L \\ 0 & 1 \end{pmatrix} \tag{2-107}$$

2. 近轴光线通过薄透镜的变换

如图 2-34 所示,近轴光线通过一个焦距为 f 的薄透镜(设会聚透镜 $f>0$,发散透镜 $f<0$)。设透镜的两个主平面(此处为两参考面 P_1 和 P_2)间距可忽略,入射透镜前光束参数为 r_1 和 θ_1,出射后变为 r_2 和 θ_2。

由透镜成像公式,可写成如下关系式

$$\begin{aligned} r_2 &= r_1 \\ \theta_2 &= \theta_1 - \frac{r_1}{f} \end{aligned} \tag{2-108}$$

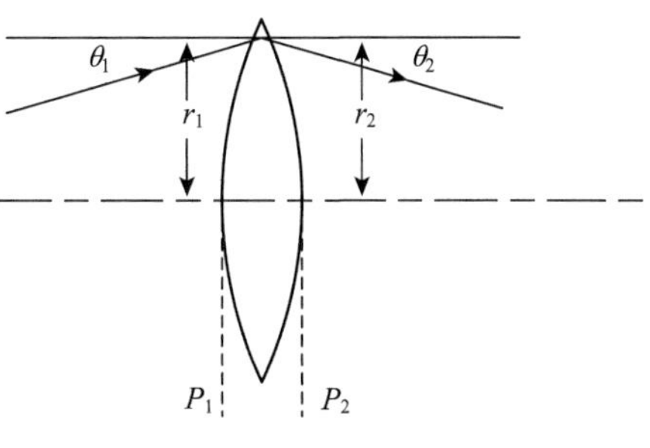

图 2-34　光线通过薄透镜的变换

表示成下述矩阵形式

$$\begin{pmatrix} r_2 \\ \theta_2 \end{pmatrix} = \begin{pmatrix} 1 & 0 \\ -1/f & 1 \end{pmatrix} \begin{pmatrix} r_1 \\ \theta_1 \end{pmatrix} \tag{2-109}$$

则薄透镜的传输矩阵为

$$\begin{pmatrix} A & B \\ C & D \end{pmatrix} = \begin{pmatrix} 1 & 0 \\ -1/f & 1 \end{pmatrix} \tag{2-110}$$

3. 近轴光线经过不同折射率的界面

如图 2-35 所示，近轴光线经过一个界面发生折射。

设光线由折射率 n_1 的介质射入折射率为 n_2 的介质，入射界面前光束参数为 r_1 和 θ_1，出射后变为 r_2 和 θ_2，由折射定律，可写成如下关系式

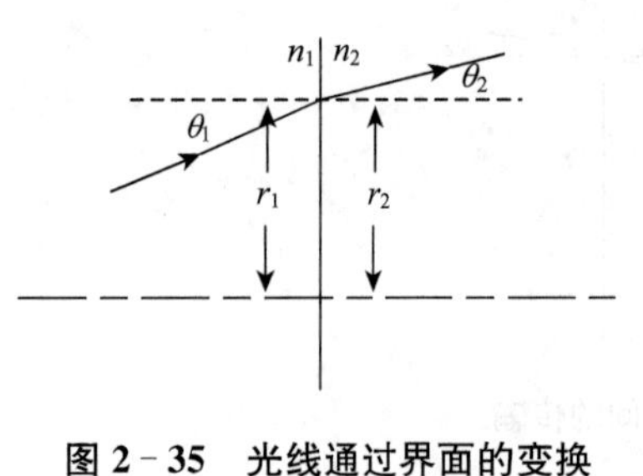

图 2-35　光线通过界面的变换

$$\begin{aligned} r_2 &= r_1 \\ \theta_2 &= \frac{n_1}{n_2}\theta_1 \end{aligned} \tag{2-111}$$

在界面发生折射的传输矩阵为

$$\begin{pmatrix} A & B \\ C & D \end{pmatrix} = \begin{pmatrix} 1 & 0 \\ 0 & \dfrac{n_1}{n_2} \end{pmatrix} \tag{2-112}$$

表 2-1 给出了一些光学元件的传输矩阵。由表可知，曲率半径为 R 的凹面镜与焦距 $f=R/2$ 的薄透镜对近轴光线的传输矩阵相同，两者是等效的。

表 2-1　一些光学元件的传输矩阵

元件	示意图	传输矩阵
距离为 L 的均匀介质	n　n　n　L	$\begin{pmatrix} 1 & L \\ 0 & 1 \end{pmatrix}$
折射率 n，长度 L 的均匀介质	n　L	$\begin{pmatrix} 1 & L/n \\ 0 & 1 \end{pmatrix}$
折射率突变的平面	n_1　n_2	$\begin{pmatrix} 1 & 0 \\ 0 & n_1/n_2 \end{pmatrix}$
折射率突变的球面	n_1　n_2　R	$\begin{pmatrix} 1 & 0 \\ \dfrac{n_2-n_1}{Rn_2} & n_1/n_2 \end{pmatrix}$

续表

焦距 f 的薄透镜		$\begin{pmatrix} 1 & 0 \\ -1/f & 1 \end{pmatrix}$
曲率半径 R 的球面反射镜	R	$\begin{pmatrix} 1 & 0 \\ -2/R & 1 \end{pmatrix}$
平面反射镜		$\begin{pmatrix} 1 & 0 \\ 0 & 1 \end{pmatrix}$
直角全发射棱镜	n d	$\begin{pmatrix} -1 & -2d/n \\ 0 & -1 \end{pmatrix}$

当光线依次通过由 n 个光学元件组合而成的复杂光学系统时，各元件的传输矩阵分别为 M_1，M_2，…，M_n，假设入射光束的参数为 r_1 和 θ_1，出射后变为 r_n 和 θ_n，则有

$$\begin{pmatrix} r_n \\ \theta_n \end{pmatrix} = M_n \cdots M_2 M_1 \begin{pmatrix} r_1 \\ \theta_1 \end{pmatrix} \tag{2-113}$$

显然，由 n 个光学元件组合而成的复杂光学系统的传输矩阵为

$$\begin{pmatrix} A & B \\ C & D \end{pmatrix} = M_n \cdots M_2 M_1 \tag{2-114}$$

2.5.2　高斯光束的基本性质和 q 参数

沿 z 向传输的基模高斯光束均可表示为

$$U_{00}(x, y, z) = \frac{c}{w(z)} e^{-\frac{r^2}{w^2(z)}} e^{-j\left[k\left(z+\frac{r^2}{2R(z)}\right)+\Phi\right]} \tag{2-115}$$

其中 c 为常数因子，$r^2 = x^2 + y^2$，其他参量分别表示为

$$w(z) = w_0\sqrt{1+\left(\frac{\lambda z}{\pi w_0^2}\right)^2} = w_0\sqrt{1+\left(\frac{z}{z_0}\right)^2} \tag{2-116}$$

$$R(z) = z\left[1+\left(\frac{\pi w_0^2}{\lambda z}\right)^2\right] = z\left[1+\left(\frac{z_0}{z}\right)^2\right] \tag{2-117}$$

$$z_0=\frac{\pi w_0^2}{\lambda} \tag{2-118}$$

式中,z_0 为高斯光束的瑞利长度或共焦参数,$w(z)$,$R(z)$分别为 z 处光斑半径和等相位面的曲率半径。如果已知高斯光束腰斑大小 w_0(或共焦参数 z_0)及其位置,可由式(2-116)和(2-117)确定与束腰相距 z 处的光斑半径 $w(z)$ 和等相位面曲率半径 $R(z)$,确定整个高斯光束的结构,并由式(2-115)得到空间任意一点处的场强。同样,若已知轴上 z 处 $w(z)$ 和 $R(z)$,则可以确定高斯光束腰斑大小和位置,从而确定整个高斯光束。

另外,还可用高斯光束的复曲率半径—q 参数来描述高斯光束。将(2-115)式改写成

$$U_{00}(x,y,z)=\frac{c}{w(z)}e^{-\mathrm{j}k\frac{r^2}{2}\left[\frac{1}{R(z)}-\mathrm{i}\frac{\lambda}{\pi w^2(z)}\right]}e^{-\mathrm{j}(kz+\Phi)} \tag{2-119}$$

定义一个新的复参数 $q(z)$

$$\frac{1}{q(z)}=\frac{1}{R(z)}-\mathrm{j}\frac{\lambda}{\pi w^2(z)} \tag{2-120}$$

则式(2-115)可写为

$$U_{00}(x,y,z)=\frac{c}{w(z)}e^{-ik\frac{r^2}{2}\frac{1}{q(z)}}e^{-\mathrm{j}(kz+\Phi)} \tag{2-121}$$

参数 $q(z)$ 称为高斯光束的复曲率半径,它将描述高斯光束基本特征的两个参数 $w(z)$ 和 $R(z)$ 统一起来,是表征高斯光束的又一个重要参数。已知坐标 z 处的 $q(z)$ 可很方便地求出该处的 $w(z)$ 和 $R(z)$,从而确定整个高斯光束。

若以 $q_0=q(0)$ 表示腰斑 $z=0$ 处的 q 参数值,此位置 $R(0)\to\infty$,$w(0)=w_0$,由式(2-120)有

$$q_0=\mathrm{j}\frac{\pi w_0^2}{\lambda}=\mathrm{j}Z_0 \tag{2-122}$$

上述三组参数都可以用来表征高斯光束,但利用 q 参数研究高斯光束的传输变换更为简便。

2.5.3 高斯光束的传输变换

如果某光学系统对傍轴光线的变换矩阵为 $\begin{pmatrix}A & B\\ C & D\end{pmatrix}$,某高斯光束入射该光学系统前的 q 参数值为 q_1,出射高斯光束的 q 参数值为 q_2,则有

$$q_2=\frac{Aq_1+B}{Cq_1+D} \tag{2-123}$$

即高斯光束与傍轴光线遵从相同的变换规律,即 $ABCD$ 定律。现通过下面两个例子说明其有效性。

1. 高斯光束在自由空间的传输

高斯光束在自由空间传输时,其 $w(z)$ 和 $R(z)$ 服从(2-116),将其代入 q 参数定义式(2-120),可推导出

$$q(z)=\mathrm{j}\,\frac{\pi w_0^2}{\lambda}+z=q_0+z \tag{2-124}$$

其中 q_0 为 $z=0$ 点的复曲率半径，设光束由 z_1 处传输到 z_2，对应的 q 参数分别为 q_1 和 q_2，则有

$$q_2=q(z_2)=q_0+z_2$$

$$q_1=q(z_1)=q_0+z_1$$

则

$$q_2=q_1+(z_2-z_1)=q_1+L \tag{2-125}$$

L 为 z_1 和 z_2 之间的距离。该式与将自由空间光线变换矩阵代入(2-123)式所得的结果相同。

2. 高斯光束经过薄透镜的变换

如图2-36所示，一高斯光束经过一薄透镜变换后变成另一高斯光束，设入射光束到达透镜前表面时等位面 M_1 的曲率半径为 R_1，光斑半径为 w_1，出射高斯光束离开透镜后表面的等位面 M_2 的曲率半径为 R_2，光斑半径为 w_2，有

$$w_1=w_2 \tag{2-126}$$

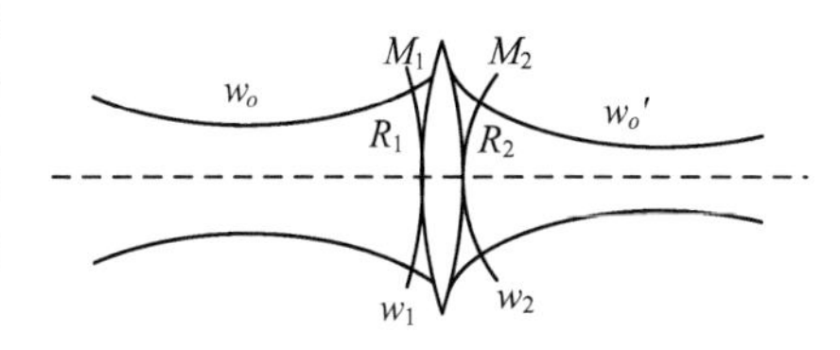

图2-36　高斯光束经过薄透镜的变换

同时规定沿光传输方向的发散球面波曲率半径 R 为正，汇聚球面波 R 为负，由透镜成像公式，有

$$\frac{1}{R_1}-\frac{1}{R_2}=\frac{1}{F} \tag{2-127}$$

其中 F 为透镜焦距。由(2-126)式变换可得

$$\left(\frac{1}{R_1}-\mathrm{j}\,\frac{\lambda}{\pi w_1^2}\right)-\left(\frac{1}{R_2}-\mathrm{j}\,\frac{\lambda}{\pi w_2^2}\right)=\frac{1}{F} \tag{2-128}$$

即

$$\frac{1}{q_1}-\frac{1}{q_2}=\frac{1}{F} \tag{2-129}$$

将薄透镜的变换矩阵代入(2-123)式所得的结果与(2-129)式相同。

利用 q 参数分析高斯光束传输，形式简洁，即使对于复杂的光学系统，也可以很方便地求出各处的 q 参数，从而求出该光束的参数特征。

2.5.4　高斯光束的聚焦

在实际应用中，如激光打孔、激光切割和焊接中需要聚焦激光束。一般采用透镜或凹面镜聚焦，从这两者的变换矩阵也以看出，它们的效果是一致的，这一节主要讨论高斯光束通过一薄透镜的聚焦。一个理想的透镜并不改变高斯光束横向场分布，即高斯模经过透镜后仍将保持为相同阶次的模，但透镜将改变光束参数 $w(z)$ 和 $R(z)$。

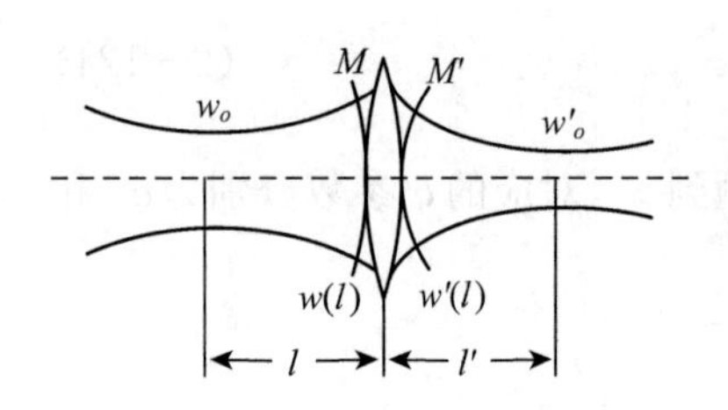

图 2-37　高斯光束的聚焦

如图 2-37 所示,设束腰半径为 w_0 的高斯光束入射到焦距为 F 的薄透镜,束腰与透镜的距离为 l,由透镜出射的高斯光束束腰半径变为 $w_0{}'$,其束腰与透镜的距离变为 l'。同时假设入射光束和出射光束束腰处的 q 参数分别为 q_0 和 $q_0{}'$。

由前面分析可知,光线从入射光束束腰处传输到出射光束束腰处的传输矩阵

$$\begin{pmatrix} A & B \\ C & D \end{pmatrix}=\begin{pmatrix} 1 & l' \\ 0 & 1 \end{pmatrix}\begin{pmatrix} 1 & 0 \\ -1/F & 1 \end{pmatrix}\begin{pmatrix} 1 & l \\ 0 & 1 \end{pmatrix}=\begin{pmatrix} 1-l'/F & l+l'-ll'/F \\ -1/F & 1-l/F \end{pmatrix} \tag{2-130}$$

将其代入高斯光束传输变换公式(2-123),并利用 $q_0=\mathrm{j}\dfrac{\pi w_0^2}{\lambda}=\mathrm{j}Z_{01}$,可求得

$$\frac{1}{q_0{}'}=\frac{\left[\left(1-\frac{l}{F}\right)\left(l+l'-\frac{ll'}{F}\right)-\frac{Z_{01}^2}{F}\left(1-\frac{l'}{F}\right)\right]-iZ_{01}\left[\left(l+l'-\frac{ll'}{F}\right)\frac{1}{F}+\left(1-\frac{l}{F}\right)\left(1-\frac{l'}{F}\right)\right]}{\left(l+l'-\frac{ll'}{F}\right)^2+Z_{01}^2\left(1-\frac{l'}{F}\right)^2}$$

$$=\frac{1}{R_0{}'}-\mathrm{j}\frac{\lambda}{\pi w_0{}'^2} \tag{2-131}$$

利用 $R_0{}'=\infty$,可得到

$$l'=F+\frac{(l-F)F^2}{(l-F)^2+\left(\frac{\pi w_0^2}{\lambda}\right)^2} \tag{2-132}$$

$$w_0{}'^2=\frac{w_0^2}{\left(1-\frac{l}{F}\right)^2+\frac{1}{F^2}\left(\frac{\pi w_0^2}{\lambda}\right)^2} \tag{2-133}$$

(2-132)式和(2-133)式揭示了物和像高斯光束之间的关系。透镜的聚焦特性和 F 的关系讨论如下:

(1) F 一定时,按照(2-133)式可画出 $w_0{}'$ 与 l 的变化关系可见图 2-38。

将(2-133)式对 l 求一阶偏导

$$\frac{\partial w_0{}'}{\partial l}=\frac{w_0F(F-l)}{[Z_{01}^2+(l-F)^2]^{3/2}} \tag{2-134}$$

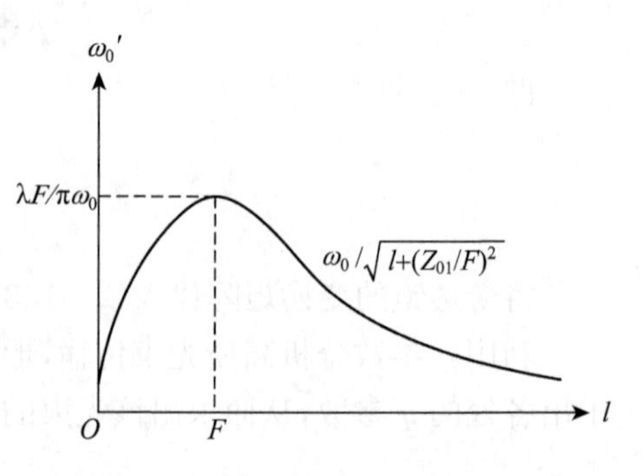

图 2-38　F 一定时,$w_0{}'$ 随 l 的变化关系

其中 $Z_{01}=\dfrac{\pi w_0^2}{\lambda}$。

当 $l<F$ 时,$\partial w_0{}'/\partial l>0$,$w_0{}'$ 随 l 减小而单调减小,当 $l=0$ 时,$w_0{}'$ 取得最小值。

$$w_0' = \frac{w_0}{\sqrt{1+(\pi w_0^2/\lambda F)^2}} = \frac{w_0}{\sqrt{1+(Z_{01}/F)^2}} \tag{2-135}$$

此时不论 F 为多大，只要 $F>0$，总有 $w_0' > w_0$，总有一定的会聚效果。

当 $l>F$ 时，$\partial w_0'/\partial l<0$，$w_0'$随 l 增大而减小，当 $l\to\infty$时，由(2-132)和(2-133)式，有 $w_0'\to 0$，$l'\to F$。

一般情况下，$l\gg F$ 时有

$$w_0' \approx \frac{\lambda F}{w_0 \pi\sqrt{1+(\lambda l/\pi w_0^2)^2}} = \frac{\lambda F}{\pi w(l)}, l' \approx F \tag{2-136}$$

式中 $w(l)$ 为入射在透镜表面上高斯光束光斑半径。若同时满足 $l \gg Z_{01}$ 时，有

$$w_0' = \frac{F}{l} w_0 \tag{2-137}$$

当入射高斯光束腰斑离透镜距离较大时，l 越大，F 越小，聚焦效果越好。

当 $l = F$ 时，这时 w_0'取得最大值

$$w_0' = \frac{\lambda F}{\pi w_0}, l' = F \tag{2-138}$$

只有当 $F < Z_{01}$ 时，才有聚焦效果。

(2) l 一定时 w_0'与 F 的变化关系可参见图 2-39。

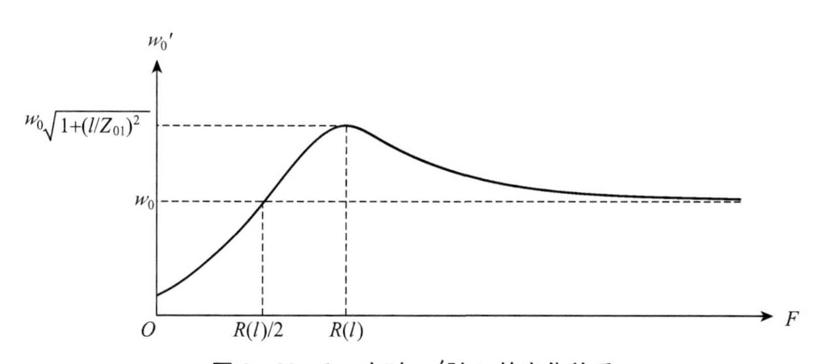

图 2-39　l 一定时 w_0'随 F 的变化关系

将(2-133)式对 F 求一阶偏导

$$\frac{\partial w_0'}{\partial F} = w_0 \frac{Z_{01}^2 + l(l-F)}{[Z_{01}^2 + (l-F)^2]^{3/2}} \tag{2-139}$$

当 $F = R(l)$ 时，w_0'取得最大值

$$w_0' = w_0[1 + (l/Z_{01})^2]^{1/2} = w(l) \tag{2-140}$$

式中，$R(l)$和 $w(l)$分别是入射高斯光束在透镜处等相位面的曲率半径和光斑半径。当 $F < R(l)$ 时，w_0' 随F 减小而单调减小。当 $F = R(l)/2$ 时，$w_0' = w_0$，只有当 $F < R(l)/2$ 时，透镜才有聚焦效果，F 越小，聚焦效果越好。当 $F \ll l$ 时，

$$w_0' \approx \frac{\lambda F}{\pi w(l)} \tag{2-141}$$

当 $F > R(l)$ 时，w_0' 随 F 增加而单调减小，在此范围无聚焦作用。

2.5.5 高斯光束的匹配

在某些应用场合，需要将激光谐振腔产生的高斯光束输入到另外一个光学系统(谐振腔、光波导和干涉仪等)，这将涉及到高斯光束的匹配问题。光学系统都有自己的本征模，在模式匹配的情况下，谐振腔产生的单模高斯光束只会激发起光学系统一个相对应的单模，而不激起系统的其他模式，这时激光器输出的基模能量将完全转化为该光学系统中基模的能量。如果不匹配，将激起系统中多种模场的能量，降低了耦合系数，增加了损耗。

高斯光束的模式匹配是指使一个谐振腔的的振荡模式经透镜变换后能在另一个谐振腔激发出相同的模式。如图 2-40 所示，两个谐振腔产生一高斯光束，光束Ⅰ和Ⅱ的束腰半径分别为 w_0 和 w_0'，在其间适当位置插入一个适当焦距的透镜后，光束Ⅰ和Ⅱ互为共轭光束，则该透镜实现两个腔的高斯模匹配。现需要确定两高斯光束束腰与透镜的距离 l 和 l' 及透镜焦距 F 的关系。

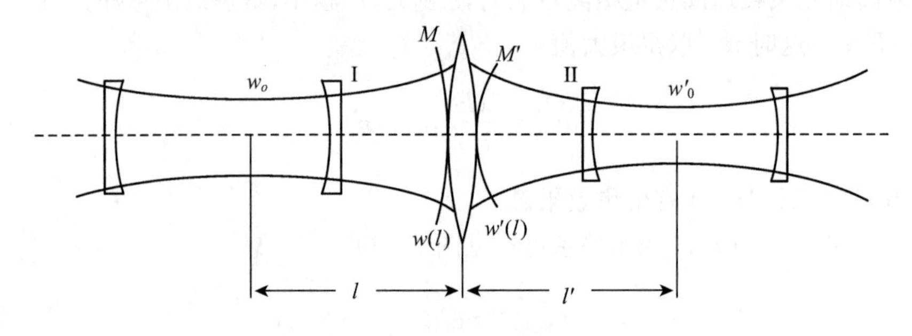

图 2-40　高斯光束的匹配

由(2-130)式可得，光线从光束Ⅰ束腰处传输到光束Ⅱ束腰处的传输矩阵为

$$\begin{pmatrix} A & B \\ C & D \end{pmatrix} = \begin{pmatrix} 1-l'/F & l+l'-ll'/F \\ -1/F & 1-l/F \end{pmatrix} \tag{2-142}$$

光束Ⅰ和Ⅱ的束腰的 q 参数分别为

$$q_1 = \mathrm{j}\,\frac{\pi w_0^2}{\lambda} = \mathrm{j}Z_{01} \tag{2-143}$$

$$q_2 = \mathrm{j}\,\frac{\pi w_0'^2}{\lambda} = \mathrm{j}Z_{02} \tag{2-144}$$

将(2-142)式、(2-143)式和(2-144)式代入高斯光束传输变换公式(2-123)，计算可得

$$\begin{cases} l - F = \pm \dfrac{w_0}{w_0'}\sqrt{F^2 - Z_0^2} \\ l' - F = \pm \dfrac{w_0'}{w_0}\sqrt{F^2 - Z_0^2} \end{cases} \tag{2-145}$$

其中 Z_0 称为匹配特征长度。

$$Z_0=\sqrt{Z_{01}Z_{02}}=\frac{\pi w_0 w_0{}'}{\lambda} \tag{2-146}$$

当 w_0 和 $w_0{}'$给定时，(2-145)式中包含透镜距离 l 和 l'以及透镜焦距 F 这三个未知量，其中一个可任意选择。如给定 F，只要 $F>Z_0$，就可以计算出一组 l、l'及 F，从而可以确定两个腔的相对位置及其各自与透镜的距离。如果给定两个腔的相对位置，即两个束腰之间的距离。

$$l_0=l+l' \tag{2-147}$$

这时，须由式(2-145)和(2-147)可解出唯一的一组 l、l'及 F。

2.5.6　高斯光束的准直

许多应用场合，需要改善高斯光束的方向性，即压缩高斯光束的发散角，通常称为高斯光束的准直问题。本文将讨论薄透镜对高斯光束发散角的影响，随后讨论望远镜准直系统。

由前面讨论可知，腰斑半径 w_0 的基模高斯光束远场发散角与束腰半径成反比，即有 $2\theta=\dfrac{2\lambda}{\pi w_0}$。如果要压缩高斯光束的发散角，就应该扩大高斯光束束腰半径，这与聚焦情况相反。

束腰半径为 w_0 的高斯光束入射到焦距为 F 的薄透镜，由(2-138)式，当 $l=F$ 时，出射光束的束腰半径 $w_0{}'$取得最大值

$$w_0{}'=\frac{\lambda F}{\pi w_0} \tag{2-148}$$

此时，相应发散角为

$$2\theta'=\frac{2\lambda}{\pi w_0{}'}=2\frac{w_0}{F} \tag{2-149}$$

对于焦距一定的薄透镜，当 $l=F$ 时，$w_0{}'$取得最大值，θ'达到最小值。此时透镜焦距 F 越长，θ'越小。另外，由(2-149)式可见，出射高斯光束的发散角不仅与薄透镜的焦距有关，还与入射高斯光束的束腰半径 w_0 有关，w_0 越小，准直效果越好。因此可以先用一个短焦距透镜将拟准直的高斯光束聚焦，以减小其束腰半径，然后再用一个长焦距透镜提高其方向性，如图 2-41 所示，这就是一个倒装的望远镜准直系统。

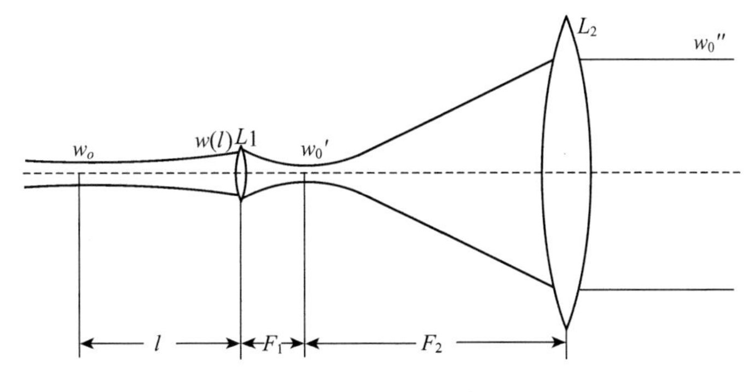

图 2-41　望远镜准直系统

焦距为 F_1 的薄透镜 L_1 对束腰半径为 w_0 的高斯光束进行聚焦,由(2-136)式,当 $l \gg F_1$ 时得到一个极小束腰半径的光束,有

$$w_0' = \frac{\lambda F_1}{\pi w(l)} \tag{2-150}$$

式中,$w(l)$为入射在透镜 L_1 表面上高斯光束光斑半径。聚焦光斑正好在 L_1 焦面上,也在长焦距透镜 L_2(焦距 F_2)的后焦面上,则由(2-138)式,出射光束的束腰半径为

$$w_0'' = \frac{\lambda F_2}{\pi w_0'} \tag{2-151}$$

若以 2θ,$2\theta'$和 $2\theta''$分别表示入射高斯光束、经 L_1 聚焦后的高斯光束和经 L_2 准直后的光束的发散角,则该望远镜准直系统对高斯光束的准直倍率为

$$M' = \frac{\theta}{\theta''} = \frac{F_2 w(l)}{F_1 w_0} = M\sqrt{1+\left(\frac{\lambda l}{\pi w_0^2}\right)^2} \tag{2-152}$$

其中 $M = F_2/F_1$,为望远镜的放大倍率,即几何压缩比。望远镜对高斯光束的准直倍率比对普通傍轴光线的几何压缩比高,其值不仅取决于望远镜本身的结构参数,还与高斯光束的束腰半径及其与 L_1 的相对距离有关。l 越大,$w(l)$ 越大,准直效果也越好。

2.5.7 高斯光束的自再现与稳定球面腔

在激光谐振腔内,高斯光束从某一参考面出发时的光束参数为 q,在腔内往返一周后的光束参数为 q',由(2-123)式可有

$$q' = \frac{Aq+B}{Cq+D} \tag{2-153}$$

式中,A、B、C、D 为往返一周传输矩阵元素。稳定腔内任一高斯模往返一周后应能满足所谓的自再现条件

$$q' = q \tag{2-154}$$

于是有

$$q = \frac{Aq+B}{Cq+D} \tag{2-155}$$

利用传输矩阵的特性 $AD - BC = 1$,可解得

$$\frac{1}{q} = \frac{D-A}{2B} \pm \mathrm{j}\frac{\sqrt{4-(A+D)^2}}{2B} \tag{2-156}$$

按照 q 参数定义式(2-120),可求解得到该高斯模在该参考面的波面曲率半径和光斑半径

$$R = \frac{2B}{D-A} \tag{2-157}$$

$$w^2 = \frac{\lambda}{\pi}\frac{2B}{\sqrt{4-(A+D)^2}} \tag{2-158}$$

这样就可以求得谐振腔内任意部位的光束参数。

由(2－158)式可知,腔内存在真实高斯模的条件显然为

$$(A+D)^2<4 \text{ 或 } -1<\frac{A+D}{2}<1 \tag{2-159}$$

这就是谐振腔的稳定性条件。

以谐振腔内反射镜 R_1 表面为参考面,求得往返传输矩阵为

$$\begin{pmatrix} A & B \\ C & D \end{pmatrix}=\begin{pmatrix} 1-\dfrac{2L}{R_2} & 2L-\dfrac{2L^2}{R_2} \\ \dfrac{4L}{R_1R_2}-\dfrac{2}{R_1}-\dfrac{2}{R_2} & 1-\dfrac{4L}{R_1}-\dfrac{2L}{R_2}+\dfrac{4L^2}{R_1R_2} \end{pmatrix} \tag{2-160}$$

将矩阵元素 A 和 D 代入(2－159)式,得到

$$0<\left(1-\frac{L}{R_1}\right)\left(1-\frac{L}{R_2}\right)<1 \tag{2-161}$$

上式即是常见的谐振腔稳定性条件。

2.6　激光器的输出

2.6.1　输出功率

如果一个激光器的小信号增益系数恰好等于阈值,则激光输出十分微弱,所以实际的激光器总是在阈值以上工作的。设小信号增益系数为 $G^0(\nu)$,腔长为 L,单程损耗为 δ,光强 I 在腔内往返一次后变为 I',则有 $\frac{I'}{I}=\exp[2G^0(\nu)L-2\delta]>1$。在开始时,如果某一振荡频率的小信号增益系数 $G^0(\nu)$ 大于阈值增益系数 $G(\nu)_{th}$,则腔内光强 I 将逐渐增加,但由于受饱和效应影响,若大信号增益系数 $G(\nu,I)$ 仍比 $G(\nu)_{th}$ 大,则这一过程便继续下去,并随着 I 不断增加,$G(\nu,I)$ 不断减少,直到

$$G(\nu,I)=G_{th}=\frac{\delta}{L} \tag{2-162}$$

此时增益和损耗达到平衡,I 将不再增加,激光器建立起稳定工作状态,输出功率恒定。

当外界激光作用增强时,小信号增益系数 $G^0(\nu)$增大,此时 I 必须增加到一个更高的稳定值时,才能使 $G(\nu,I)$降低到 G_{th},建立起新的稳定工作状态。

因此外界激光增强时,激光器输出功率增加,但不管激光强弱,稳态工作时激光器的大信号增益系数总是稳定在 G_{th}。

由式(2－162)可以确定稳态工作时的腔内光强:

(1) 均匀加宽

$$G(\nu_0,I)=\frac{G^0(\nu_0)}{1+\dfrac{I_{\nu_0}}{I_s}}=\frac{\delta}{L} \tag{2-163}$$

于是

$$I_{\nu_0}=\left[\frac{G^0(\nu_0)L}{\delta}-1\right]I_s \tag{2-164}$$

相应的连续激光器激光输出功率为

$$P=\frac{1}{2}I_sST\left[\frac{2G^0(\nu_0)L}{\alpha+T}-1\right]=\frac{1}{2}I_sST\left[\frac{G^0(\nu_0)L}{\delta}-1\right] \tag{2-165}$$

式中，S 为激光束有效截面积，α 为光在腔内往返一周的总腔内损耗，T 为谐振腔端面反射镜总透过率，$\alpha+T=2\delta$ 为单程损耗。

(2) 非均匀加宽

$$G(\nu_0,I)=\frac{G^0(\nu_0)}{\sqrt{1+\frac{I_{\nu_0}}{I_s}}}=\frac{\delta}{L} \tag{2-166}$$

得

$$I_{\nu_0}=\left[\left(\frac{G^0(\nu_0)L}{\delta}\right)^2-1\right]I_s \tag{2-167}$$

相应的连续激光器激光输出功率为

$$P=\frac{1}{2}I_sST\left[\left(\frac{2G^0(\nu_0)L}{\alpha+T}\right)^2-1\right] \tag{2-168}$$

2.6.2 激光的输出特性

激光和普通光都是电磁波，具有相同的传播速度与电磁特性，但二者的产生机理与产生方式截然不同:激光是以受激辐射为主，普通光则以自发辐射为主。绝大多数激光器都有光学谐振腔，而普通光则没有。和普通光相比，激光具有一些优异的特性，主要表现为方向性好、单色性好、相干性好和亮度高。

1. 方向性好

激光束基本上是沿着激光器光轴向前传播的，除了半导体激光器由于自身结构所决定的光束发散角较大之外，一般的激光器发出的激光束发散角 θ 和在空间所张立体角 Ω 都很小。典型地，当 $\theta\approx10^{-3}$ rad 时，相应的 $\Omega\approx\pi\times10^{-6}$，这说明激光一般都以十分小的立体角向空间传播，而不像普通光源那样，朝着四面八方($\Omega=4\pi$) 所有可能的方向传播。由此可见，与普通光源相比，激光器具有极好的方向性。

2. 单色性

激光的发光频率 ν 是受激光跃迁所决定的，因此线宽极小($\Delta\nu\approx7.5\times10^3$ Hz)。即使与普通光源中单色性最好的 Kr^{86} 灯的谱线宽度 $\Delta\nu=3.8\times10^8$Hz 相比，其线宽仍非常窄，是氪灯的 10^{-5} 倍，因而激光的单色性远优于普通光源。

3. 激光的相干性

(1) 时间相干性

时间相干性是指同一光源在不大于 τ_c 的两个不同时刻发生的光，在空间某处相交能产生干涉的性质。τ_c 称为相干时间，是表征时间相干性的参量，τ_c 时间内所走过的光程差 L_c

称为相干长度，于是 $\tau_c=\frac{L_c}{c}=\frac{1}{\Delta\nu}$。式中，$\Delta\nu$ 为谱线线宽。

相干时间的物理意义是，在空间某处，同一光源在 τ_c 之内的不同时刻发生的光都是相干的。

由于 $\tau_c=1/\Delta\nu$，因而，光的单色性越好，相应的相干时间和相干长度越长，相干性越好，如 Kr^{86} 相干长度约 78cm，$\tau_c\approx2.6\times10^{-9}$s，而氦氖激光器的 $L_c\approx4\times10^4$m，$\tau_c\approx1.3\times10^{-4}$s，二者相差 2×10^5 倍。

(2) 空间相干性

空间相干性是指同一时刻，处于某给定光波的同一波阵面上不同两点(线度 $2w$)之间波场的相干性。对于普通光源，在光源线度 $2w_0$ 内各点发出的光，通过距其 R 处空间某平面上间距为 d 的两狭缝，产生干涉的条件是 $d<\frac{\lambda R}{2w}$。而对于激光器，不放置双缝(即 d 无穷大)就可以观察到干涉现象，因而，激光具有极好的空间相干性。

4. 亮度

光亮度的定义为：单位面积的光源表面，在其法向单位立体角内传送的光功率。面积 ΔS 的光源发出的光，在与法线成 θ 角的方向上、立体角 $\Delta\Omega$ 范围内传递光能量 ΔE 时，该方向上光亮度为

$$B=\frac{\Delta E}{\Delta S\cdot\Delta\Omega\cdot\Delta t\cdot\cos\theta}=\frac{P}{\Delta S\cdot\Delta\Omega\cdot\cos\theta}\tag{2-169}$$

考虑到光辐射的频率因素后，定义单位谱线宽度内的亮度为单色亮度。

$$B_\nu=\frac{B}{\Delta\nu}=\frac{\Delta E}{\Delta S\cdot\Delta\Omega\cdot\Delta t\cdot\cos\theta\cdot\Delta\nu}\tag{2-170}$$

由于激光在时间(单色性)和空间(方向性)方面的高度集中，因面具有极高的亮度与单色亮度。

2.7　激光单元技术

2.7.1　激光调制技术

激光是一种传递信息的理想光源，这是因为它有以下特点：激光是一种光频电磁波，与无线电波相似，可以用来传递信息；激光频率高($10^{13}\sim10^{15}$ Hz)，频带宽，因此传递信息的容量大；激光具有极短的波长和极快的传播速度，光波有独立传播特性，因此可以利用光学系统实现二维并行光信息处理。

激光作为传递信息的工具时，把欲传输的信息加载到激光辐射的过程称为调制。完成这一过程的装置称为调制器。激光起到携带低频信号的作用，称为载波。起控制作用的低频信号称为调制信号。被调制的激光称为已调制波或已调制光。就调制的方法而言，激光调制与无线波调制类似，有振幅调制、强度调制、频率调制、相位调制和脉冲调制等形式。

激光调制可分为内调制和外调制两种。内调制是指在激光振荡过程中加载调制信号，即以调制信号的规律去改变激光振荡的参数，通过改变激光的输出特性来实现调制。外调制是指在激光形成后，用调制信号对激光进行调制，它不是改变激光器的参数，而是改变已

经输出的激光的参数(如强度、频率等)。

设激光瞬时电场表示为

$$E(t)=A_0\cos(\omega_0 t+\varphi_0) \tag{2-171}$$

式中,A_0 为振幅;ω_0 为角频率;φ_0 为相位角。

光强 $I(t)$ 等于光波电场强度有效值的平方。

$$I(t)=\left(\frac{A_0}{\sqrt{2}}\right)^2\cos^2(\omega_0 t+\varphi_0)=\frac{A_0{}^2}{2}\cos^2(\omega_0 t+\varphi_0) \tag{2-172}$$

设调制信号是余弦变化的,即

$$a(t)=A_m\cos\omega_m t \tag{2-173}$$

式中,A_m 为调制信号振幅;ω_m 为调制信号角频率。

将调制信号 $ka(t)$ 分别加到式(2-171)中的式中的 A_0、ω_0、φ_0 上,就得到调幅、调频和调相波,k 为比例系数,将 $ka(t)$ 加到式(2-172)中的 $\frac{A_0^2}{2}$ 上,就得到强度调制波。

1. 振幅调制

经过振幅调制的电场为

$$\begin{aligned}E_A(t)&=[A_0+k_A a(t)]\cos(\omega_0 t+\varphi_0)=A_0\left(1+\frac{k_A A_m}{A_0}\cos\omega_m t\right)\cos(\omega_0 t+\varphi_0)\\&=A_0[1+M_A\cos\omega_m t]\cos(\omega_0 t+\varphi_0)\end{aligned} \tag{2-174}$$

式中,$M_A=\frac{k_A A_m}{A_0}$ 为调幅系数;$k_A A_m$ 表示调幅振荡的最大振幅增量。

式(2-174)还可以表示为

$$\begin{aligned}E_A(t)&=A_0\cos(\omega_0 t+\varphi_0)\\&=\frac{M_A}{2}A_0[\cos(\omega_0+\omega_m)t+\varphi_0)]+\frac{M_A}{2}A_0[\cos(\omega_0-\omega_m)t+\varphi_0)]\end{aligned} \tag{2-175}$$

式(2-175)表明,振幅调制的结果,激光场不仅为原有频率 ω_0,还包括频率为 $\omega_0\pm\omega_m$ 的两个边频。

2. 强度调制

$$\begin{aligned}I(t)&=\left[\frac{A_0{}^2}{2}+k_I a(t)\right]\cos^2(\omega_0 t+\varphi_0)=\frac{A_0{}^2}{2}\left[1+\frac{k_I A_m}{A_0{}^2/2}\cos\omega_m t\right]\cos^2(\omega_0 t+\varphi_0)\\&=\frac{A_0{}^2}{2}[1+M_I\cos\omega_m t]\cos^2(\omega_0 t+\varphi_0)\end{aligned} \tag{2-176}$$

式中,$M_I=\frac{k_I A_m}{A_0{}^2/2}$ 为强度调制系数。

3. 频率调制

$$E_\nu(t)=A_0\cos[\int_0^t[\omega_0+k_\nu a(t)]\mathrm{d}t+\varphi_0]) = A_0\cos[\omega_0 t+\int_0^t k_\nu a(t)\mathrm{d}t+\varphi_0]$$
$$=A_0\cos(\omega_0 t+\int_0^t k_\nu A_m\cos\omega_m t\mathrm{d}t+\varphi_0)=A_0\cos(\omega_0 t+\frac{k_\nu A_m}{\omega_m}\sin\omega_m t+\varphi_0)$$
$$=A_0\cos(\omega_0 t+M_\nu\sin\omega_m t+\varphi_0) \tag{2-177}$$

式中，$\omega_d = k_\nu A_m$ 为频移的幅值，即频率变化时偏移中心频率的程度，因此 ω_d 又叫最大角频移；$M_\nu=\frac{k_\nu A_m}{\omega_m}$ 为调频系数；积分 $\int_0^t[\omega_0+k_\nu a(t)]\mathrm{d}t$ 表示经时间 t 后相位角的变化量。

4. 相位调制

$$E_\varphi(t)=A_0\cos[\omega_0 t+k_\varphi a(t)+\varphi_0]=A_0\cos(\omega_0 t+k_\varphi A_m\cos\omega_m t+\varphi_0)$$
$$=A_0\cos(\omega_0 t+M_\varphi\cos\omega_m t+\varphi_0) \tag{2-178}$$

式中，$M_\varphi=k_\varphi A_m$ 为调相系数。

调幅时，要求 $M_A\leqslant 1$，否则调幅波会发生畸变。强度调制时要求 M_I 必须比1小很多。

比较式(2-177)和(2-178)可见，调频和调相在改变载波相位角上的效果是等效的，所以很难根据已调制的振荡形式来判断是调频还是调相。但调频与调相性质不同：调频系数 M_ν 与 ω_m 有关，而调相系数 M_φ 与 A_m 有关。调频与调相的方法以及相应调制器的结构也不同。由于光接收器(探测器)一般都是直接响应所接收到的光信息的强度变化，所以激光多采用强度调制。

5. 脉冲调制

以上几种调制形式所得到的调制波都是一种连续振荡的波，成为模拟式调制。另外，在目前光通信中广泛采用一种在不连续状态下进行调制的脉冲调制和数字式调制(也称脉冲编码调制)。这种调制一般是先进行电调制(模拟脉冲调制或数字脉冲调制)，再对光载波进行光强度调制。

脉冲调制是用一种不连续的周期性脉冲载波的振幅、频率、强度等受到调制信号的控制而发生变化，达到传递信息信号的目的。

(1) 脉冲调幅(PAM)

脉冲调幅是使脉冲载波序列的幅度受到调制信号控制而发生周期性变化。其脉冲的持续时间和位置不发生改变。其结果是使脉冲载波电场的振幅比例于信息信号的振幅。脉冲调幅波的电场表示为

$$E(t)=\frac{A_0}{2}[1+M_n(t_n)]\cos\omega_0 t \qquad (t_n\leqslant t\leqslant t_n+\tau) \tag{2-179}$$

式中，$M_n(t_n)$ 为调制信号(信息信号)的振幅(可连续或量化)；t_n 为信息取样时间；t 为脉冲宽度。

(2) 脉冲强度调制

脉冲强度调制是使脉冲载波序列的强度比例于调制信号的振幅而发生周期性变化。其脉冲波的强度可表示为

$$I(t)=\frac{A_0^2}{2}[1+M_n(t_n)]\cos^2\omega_0 t \qquad (t_n\leqslant t\leqslant t_n+\tau) \tag{2-180}$$

(3) 脉冲调频(PFM)

脉冲调频是使脉冲载波的重复频率比例于信号的振幅变化。其结果是调制信号使载波脉冲的重复频率发生变化而产生频移。频移的振幅比例于信号电压的振幅,但与调制频率无关。脉冲调频波的电场表示为

$$E(t)=A_0\cos[\omega_0 t+\omega_d\int M_n(t_n)\mathrm{d}t] \qquad (t_n\leqslant t\leqslant t_n+\tau) \tag{2-181}$$

(4) 脉冲位置调制(PPM)

脉冲位置调制是脉冲载波的时间位置(脉位)随调制波的样值而变的脉冲调制技术。调制信号只使载波脉冲序列每一脉冲产生的时间发生改变,而不改变形状和幅度,且每一个脉冲产生变化的时间仅与调制信号电压的幅度成比例,与调制信号的频率无关,这种调制称为脉冲位置调制。电场表达式为

$$E(t)=A_0\cos[\omega_0 t+\varphi_0] \qquad (t_n+\tau_d\leqslant t\leqslant t_n+\tau_d+\tau) \tag{2-182}$$

式中,$t_d=\frac{t_p}{2}[1+M(t_n)]$,$t_d$ 为载波脉冲前沿相对于取样时间 t_n 的延迟时间。为了防止脉冲叠加到相邻的样品周期上,脉冲的最大延迟必须小于样品周期 t_p。

(5) 脉冲编码调制

脉冲编码调制是对信号进行抽样,并把样值量化,通过编码转换为数字信号的调制方法。脉冲编码调制将连续的模拟信号变换为不连续的脉冲序列,按时间取样。抽样之后,原来的模拟信号变成了脉冲调制信号。再将调制信号做分级取"整"处理,用有限个数的代表值来取代抽样值的大小,这称为量化过程。通过量化过程变成数字信号,再把数字信号变换成相应的二进制代码,用"有"或"无"脉冲来表示相应的数码"1"和"0",这种信号编码调制法称为脉冲编码调制。

2.7.2 激光调Q技术

普通激光器输出的光脉冲不是单一的平滑脉冲,而是一群由宽度只有 μs 量级的强度不同的小尖峰脉冲组成的序列,因此需要压缩脉宽,增大峰值功率。在有些应用场合,迫切需要进一步压缩激光脉宽和提高激光功率,于是产生了激光短脉冲技术,包括激光调Q技术和激光锁模技术。调Q技术可以产生脉宽 $10^{-7}\sim10^{-9}$ s 量级、峰值功率 MW 量级的巨脉冲,锁模技术可以产生 $10^{-12}\sim10^{-13}$ s 量级的超短脉冲。

1. 脉冲激光器的尖峰效应

固体脉冲激光器一般输出宽度约为毫秒数量的激光脉冲,这脉冲是由单个宽度更窄(微秒量级)的短脉冲系列组成,并且激励越强,短脉冲的时间间隔越小。这种现象称作弛豫振荡效应或尖峰振荡效应。

一个短脉冲的形成和消失，可以由激光系统反转粒子数密度 $\Delta N = N_2/g_2 - N_1/g_1$ 的增减变化来解释。以氙灯泵浦为例，光泵浦使系统 ΔN 增加，且增加速率在一个短脉冲周期内可看成不变；受激辐射使 ΔN 减小，且减少速率因腔内光子数密度 φ 的多少而变化。这样，可将一个短脉冲的形成过程分为四个阶段，如图 2－42 所示：

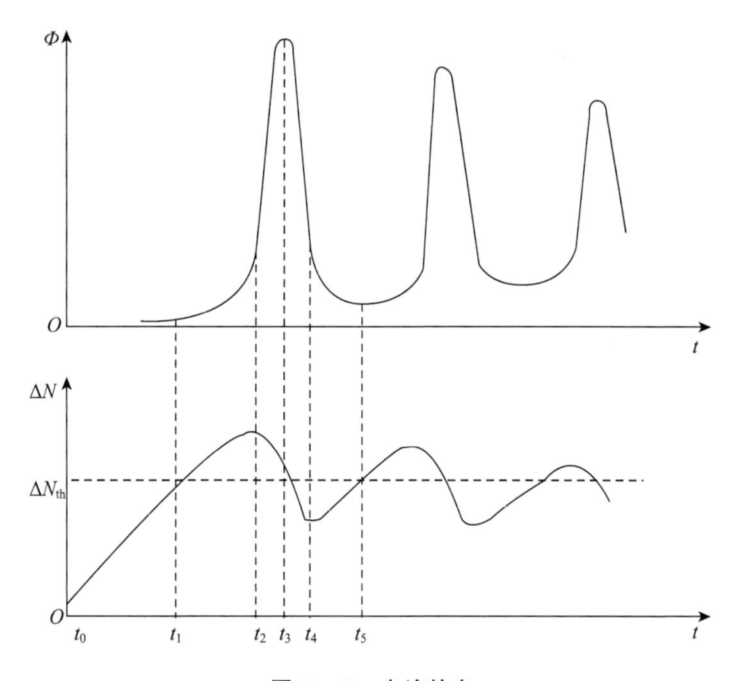

图 2－42　尖峰效应

第一阶段($t_0 \sim t_1 \sim t_2$)，从 t_0 时刻光泵浦开始，ΔN 的增长率占优。到 t_l 时刻，ΔN 达到阈值条件 $\Delta N = \Delta N_{th}$ 而产生激光，使激光器内光子数密度 φ 急剧增加；受激辐射使 ΔN 减少速率也逐渐变快，但只要泵浦引起的增长率大于受激辐射引起的减小率，ΔN 仍将增加，直到 $t = t_2$ 时刻，二者速率相等，ΔN 达到极值。

第二阶段($t_2 \sim t_3$)，$\Delta N > \Delta N_{th}$ 仍成立，激光继续产生，腔内光子数密度 φ 仍急剧增加，受激辐射造成的 ΔN 减少速率也继续增大，超过泵浦引起的增长率后，ΔN 开始减小，直到 $t = t_3$ 时刻，ΔN 又回到阈值 $\Delta N = \Delta N_{th}$。

第三阶段($t_3 \sim t_4$)，在 t_3 之后，$\Delta N < \Delta N_{th}$，增益小于损耗，腔内光子数密度急剧减小；但仍有 $\Delta N > 0$，即受激辐射大于零，因而 ΔN 继续减少，但减少速率降低，直到 $t = t_4$ 时刻，增加速率等于减小速率，ΔN 达到极小值。

第四阶段($t_4 \sim t_5$)，t_4 之后，ΔN 的增加率再次占优势，直到 t_5 时刻，再次达到阈值 ΔN_{th}，将开始下一轮振荡。

在整个氙灯泵浦时间内，以上四个阶段不断重复，形成了一系列的尖峰结构，而且，泵浦越强，尖峰形成越快，尖峰时间间隔越小。

尖峰振荡效应有以下几个特点：

(1) ΔN 总在 ΔN_{th} 附近振荡变化，增益并不太大，总输出也不太高；

(2) 在氙灯泵浦期内，激光出现早、结束晚，因而脉宽较宽；

(3) 激光脉冲不够平滑。

2. 激光调 Q 技术

1962 年第一台调 Q 激光器出现,激光脉冲输出性能得到了几个量级的改善。如今激光器的脉冲宽度可压缩到 ns 量级,峰值功率达 MW 量级,这对于激光测距、激光雷达、激光加工和动态全息照相等应用技术的发展起到了决定性的作用。同时,还因强激光引起的光学现象而开辟了一系列的新科学。

在泵浦开始时,增大谐振腔的损耗,使振荡阈值提高,难以形成振荡,此时激光亚稳态上的反转粒子数密度便有可能大量积累;当积累到最大值时,突然使谐振腔的损耗变小,于是 Q 值突增,腔内以极快的速度建立极强的振荡,短时间内反转粒子被大量消耗,转变为腔内的光能量,同时输出一个极强的激光脉冲,称为激光巨脉冲或调 Q 脉冲。谐振腔的损耗包括反射损耗、吸收损耗、衍射损耗、散射损耗、透射损耗等,用不同的方法、控制不同类型的损耗,就形成不同的调 Q 方法,常见的有以下几种。

(1) 转镜调 Q 技术

将激光器光学谐振腔的两个反射镜之一安装在一个旋转轴上。在每一个转动周期中,只有当两个反射镜面平行时损耗最小,因此控制转镜就可以控制光腔的反射损耗,即可达到调 Q 目的,如图 2-43 所示。

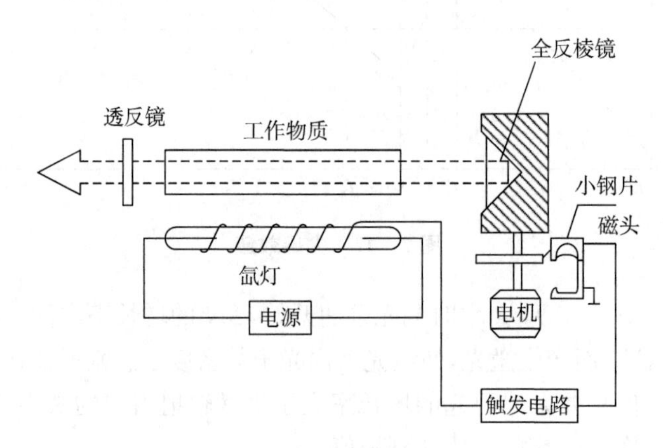

图 2-43 转镜调 Q 技术

(2) 染料调 Q 技术

利用染料对光的吸收系数随光强度变化的特性来调 Q 的方法称为染料调 Q 技术,这种调 Q 开关的延迟时间是由材料本身的特性决定的,不受人为控制,属于被动调 Q 技术。图 2-44 所示的染料调 Q 激光器是在通常的固体激光器光腔内插入装有饱和染料的染料盒而形成的。染料对该激光器振荡波长的光有强烈的吸收作用,且吸收系数随入射光的增强而不断减小。当染料盒插入谐振腔内时,激光器开始泵浦,此时腔内光强还很弱,因而染料对光吸收强烈,腔损耗很大,Q 值很低,不能形成激光;随着泵浦的继续,亚稳态上粒子越积越多,腔内光强逐渐增大,吸收逐渐减小,Q 值不断增大;当泵浦光大到一定值时,染料对该波长的光就变为透明,称为染料漂白,此时 Q 值达到最大,相当于 Q 开关开启,于是激光器输出一个强的激光脉冲。

(3) 电光调 Q 技术

将某些晶体沿特殊方向切割后,如果在该晶体某个方向上加电压,就可以使通过它的线偏振光改变振动方向,且振动方向的改变与外加电压值有一定的关系,若加上其他光学元

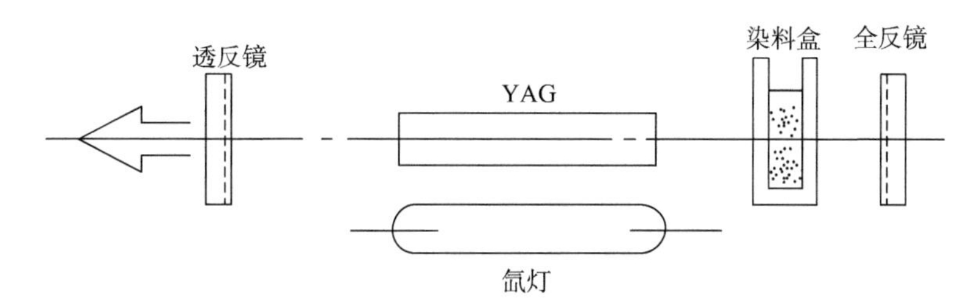

图 2-44　染料调 Q 技术

件，就可以构成一个快速光开关，达到调 Q 目的。

采用如图 2-45 的结构，用格兰-付克棱镜做偏振器。工作物质在氙灯泵浦下产生无规则的偏振光，通过起偏器后变成线偏光；在起偏片后放置的电光晶体上加 $\lambda/4$ 电压时，线偏光通过后变成圆偏光，经反射镜且二次经过调制晶体后，振动方向相对原方向旋转 90°，不再能通过检偏片，相当于 Q 开关关闭。此时，腔的阈值很低，若瞬间撤销晶体外加电压，则偏振光能通过检偏片，相当于开关开启，阈值突然加大。利用电路特性（如产生锯齿波）来控制氙灯的触发和电光开关的动作，将很容易控制电光开关的开启和延迟时间，达到调 Q 且产生巨脉冲的目的。

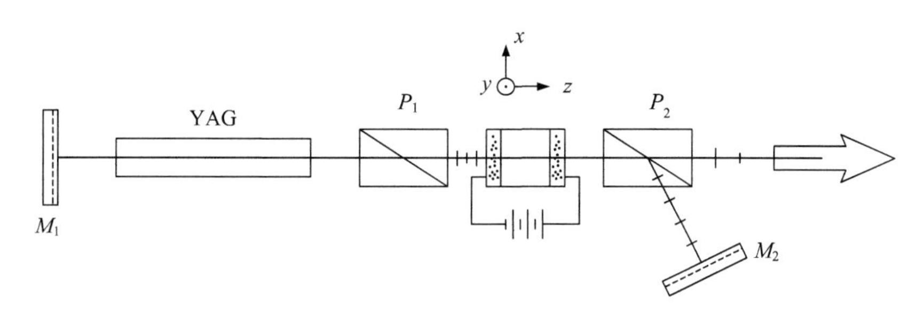

图 2-45　电光调 Q 激光器

（4）声光调 Q 技术

采用如图 2-46 的结构，声光器件在腔内按布拉格条件放置。当外加高频振荡的超声信号时，光束沿布拉格角偏折，偏离了谐振腔的轴向，此时腔损耗严重，Q 值很低，不能形成激光振荡；但这一阶段，光泵浦使激光工作物质亚稳态上积累了大量粒子，在一定时间后，瞬间撤掉超高频振荡声场，光将无偏折地通过晶体，Q 值突然增大，从而产生一个强的激光脉

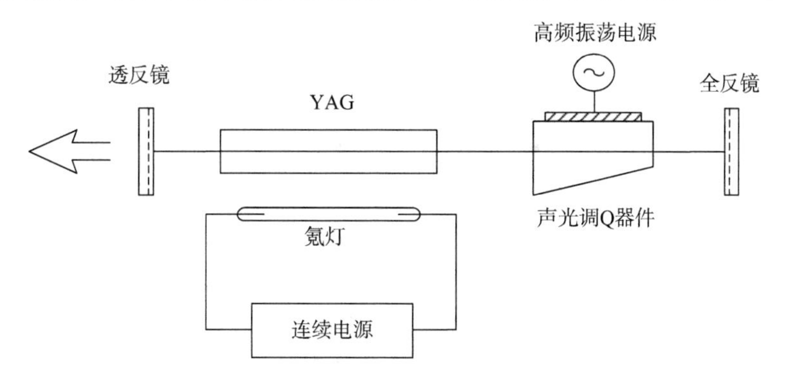

图 2-46　声光调 Q 激光器

冲输出。利用电路特性(如产生锯齿波)可以控制氙灯的触发和Q值的突变与延迟,达到调Q且产生巨脉冲的目的。

2.7.3 激光锁模技术

激光器一般有多个不同的非相干的振荡模式,他们的振幅与相位彼此独立;如果能使得各个独立模式在时间上同步、振荡相位一致,则总光场是各个模式光场的相干叠加,输出为一超短脉冲。如果相干叠加的模式越多,不均匀分布越尖锐,则激光脉冲的脉宽越窄、峰值功率越高。这种把激光中所有的模耦合在一起,锁定各个模的相位关系的方法称为锁模,相应的技术称为锁模技术。

调Q技术是压缩激光脉宽,提高峰值功率的一种有效方法,其脉宽下限决定于光子平均驻腔寿命,约纳秒量级,称短脉冲。和调Q技术相比,锁模技术可以获得的脉冲更窄,称为超短脉冲,超短脉冲技术先后经历了主动锁模、被动锁模、同步泵浦锁模、碰撞锁模、耦合腔锁模等阶段,从20世纪60年代的皮秒级,发展到70年代的亚皮秒级、80年代的几十飞秒级,到90年代采用光脉冲压缩技术后获得了数飞秒的光脉冲。

实现锁模的方法有很多,大致分为以下几类:

1. 主动锁模

是一种内调制锁模,通过在腔内插入一个电光或声光调制器实现模式锁定,要求调制频率精确地等于激光器的纵模间隔,从而使所有参与振荡的模式相位同步的锁模技术。

2. 被动锁模

类似染料被动开关,把很薄的可饱和吸收染料盒插入自由运转的环形腔结构激光器谐振腔环路中点,使相反方向的两个脉冲精确同步地到达吸收体,发生碰撞,产生相干叠加效应,从而获得有效锁模的碰撞锁模方式。

3. 自锁模

这是一种通过增益调制来实现锁模的方法。用一台锁模激光器的序列脉冲输出泵浦另一台激光器,如果两个激光器光腔长度相等,激光器的增益受到调制,在最大增益时将形成一个脉冲更窄的序列脉冲输出,这就是自锁模技术,或称同步锁模技术。

2.7.4 激光选模技术

从激光束的模式角度来讲,高质量的激光束应该只包括单横模和单纵模,但实际激光器无论激光工作物质是否是均匀加宽,也不管激光谐振腔是否是稳定腔,激光器的输出均包含多个模式,光束强度分布不均匀,发散角大,而且模式越多,单色性和方向性越差,对于激光的许多实际应用越为不利。通过某些手段限制参与振荡的模式数目的技术被称为激光选模技术,一般有四大途径:一是激光谱线选择,二是激光偏振选择,第三类是压缩振荡激光束的发散角、从而改善其方向性的横模选择技术,第四类是用于限制振荡激光频谱数目的纵模选择技术。

1. 激光谱线选择

一般激光工作物质均含有多条谱线,所以泵浦引起粒子数反转分布会产生多谱线激光输出。为使振荡固定在单一谱线,可如图2-47所示,在腔内放置一个棱镜,通过调整棱镜位置,只让特定波长的光到达高反射镜,从而完成反馈过程。

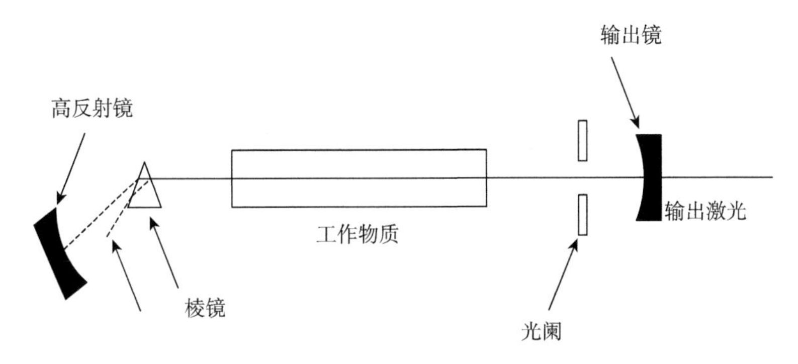

图 2-47　腔内棱镜法激光谱线选择技术

2. 偏振选择

如图 2-48 所示，在气体激光器两端内置布儒斯特窗(简称布氏窗)，可使从腔镜上反射回来进入激光工作物质的光束中，TM 偏振光可以全部通过布氏窗形成振荡，而 TE 偏振光因有高反射损耗，难以形成振荡，这样激光器的输出为偏振激光。

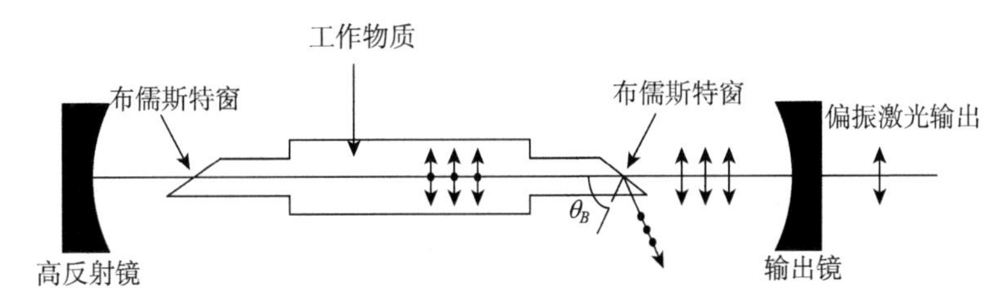

图 2-48　布儒斯特窗法激光偏振选择技术

3. 横模选择

横模选择技术实质上就是根据不同横模损耗不同，通过控制光腔横向尺寸，从而只让基横模 TEM_{00} 振荡，而使其他高阶横模都不满足振荡条件，从而达到“滤去”高阶横模的技术。

横模选择原则为：尽量增大高阶横模与基横模的衍射损耗比；尽量减少激光工作物质的内部损耗与镜面损耗，以相对增大谐振腔的衍射损耗在总损耗中所占比重。

横模选择主要方法有：小孔光阑法、聚焦光阑法、猫眼谐振腔法、非稳腔法等。

(1) 谐振腔腔型与腔参数选择法

恰当选择谐振腔的类型和腔参数，可使得高阶模损耗大，而基模损耗小，达到横模选择的目的。衍射损耗光腔理论表明，稳定腔通常是多横模振荡的，非稳定腔具有强的抑制高阶模的能力，不同横模的损耗差异很大，是一种很好的横模选择光腔。

(2) 小孔光阑选择

在光腔中人为插入一个小孔光阑，只允许基横模通过，而将其他高阶模阻挡掉的横模选择光腔。

(3) 白孔径选模

选择恰当的光腔参数以增大基横模在激光晶体中的光斑尺寸，既可以增大有效的基横模体积，又可以起到小孔光阑的模式限制作用。

(4) 棱镜选模

依据在棱镜的临界角附近反射率随入射角的变化而迅速变化的原理，可用棱镜代替光腔中的一个反射镜进行选模。

4. 纵模选择

激光工作物质的增益线宽是有限的,因而其纵模是无源光腔允许的分立频率成分光场。为保证激光器单频工作,需要进行纵模选择,通常采用的方法包括:

(1) 色散腔法

在谐振腔内插入一个色散分光元件,使不同波长的光在空间上分离,只让其中一种波长的光损耗小,满足振荡条件,而其他光损耗大,不能振荡,这种纵模选择方法称色散腔法纵模选择技术。

(2) 短腔法

通过缩短谐振腔的长度,可使无源谐振腔的纵模间隔增大。当其长度大于激光增益线宽时,谐振腔中只有一个纵模获得增益,这种纵模选择技术称短腔法。如 He-Ne 激光器,当其腔长缩短到 10cm 时,就能实现单纵模运转。但缩短腔长会减小激光输出功率,因而这种方法只适用于窄增益线宽小功率激光器。

(3) 复合腔法

将大腔长的主腔(含激光工作物质)和短腔长的子腔组成复合腔,主腔允许较多纵模存在,而子腔的干涉效应只允许其中一个纵模通过,对其他纵模损耗则较大,这样可达到既选单纵模又保持较大功率的目的。

(4) 行波腔法

由均匀加宽工作物质组成的激光器中,虽然增益饱和过程中模式竟争效应有利于形成单纵模振荡,但由于驻波中空间烧孔的存在,使得激励足够强时仍会出现多纵模振荡。因此,可用多于两个的反射镜构成环形光腔,并在腔中插入一个只允许光单向传输的隔离器,这样就能在腔内形成无空间烧孔、只能以行波方式沿逆时针或顺时针方向传播的单纵模激光输出。这种纵模选择技术称行波腔法。

2.7.5 激光稳频技术

一个激光器即使通过选模技术得到了单频振荡,但由于光波长很短,内部和外部条件的各种变化均可能引起腔长和工作物质折射率的微小变化,从而使光波相位变化很大,导致谐振频率在整个增益线型内移动,输出频率变化,也就是发生频率漂移。稳频技术就是为解决这种频率漂移而发展起来的一种激光技术。

常用稳定度和复现性这两个参数来表征激光器的频率稳定性。稳频技术的核心是设法保持腔长和折射率的稳定性。引起腔长变化的因素主要有温度起伏、机械运动、光学元件的变化、磁场的影响等;引起折射率变化的主要因素有:外腔或半外腔激光器中暴露于大气中的部分随空气折射率的变化,会引起谐振腔的频率变化等。

稳频技术有被动式和主动式两大类。通过恒温、防震、密封、隔声、稳压电源、选取小膨胀系数材料等方式来稳频,可使频率不稳定度达到 10^{-7} 量级,称为被动稳频;当要求 10^{-8} 量级以上的频率稳定度时,还要人为使用伺服系统对激光器进行自动控制稳频,也就是说以某一条跃迁谱线为参考标准,采用伺服回路技术将激光器频率锁定在固定频率上,称为主动稳频方法。

习　题　2

2－1　光功率为 100W 的灯泡，在距离为 10m 处的波的强度是多少？

2－2　试述激光器的基本结构以及激光产生的充分条件和必要条件。

2－3　试解释受激辐射、自发辐射、谱线自然加宽的物理含义。

2－4　简述激光的特点，并分析为什么二能级系统不能产生激光？

2－5　常见的调 Q 方法有哪几种？请分别简述。

2－6　什么是激光器的阈值条件？为什么三能级系统所需的阈值能量要比四能级系统所需的大得多？

2－7　实现粒子数反转分布的条件是什么？

2－8　简述稳定腔与非稳定腔的区别。

2－9　假设有一稳定腔，$R_1=20\text{cm}$，$R_2=-32\text{cm}$，$L=16\text{cm}$，$\lambda=10^{-4}\text{cm}$。试求：

(1) 最小光斑尺寸；(2) 最小光斑位置。

第3章　激光传输

激光具有亮度高、方向性强、单色性好、相干性强等优点，是一种传递信息的理想光源。以光纤为代表的激光通信是一种利用激光传输信息的通信方式，现已经成为当今光电子应用技术领域的一大热点。激光的传输媒质分为“大气”和“介质”，因此本章分别介绍了激光在大气、介质特别是光纤中的传输特点，并重点分析了光纤的结构分类、光纤传播的射线理论、衰减与色散等。

3.1　激光在大气中的传输

3.1.1　大气分子的吸收

光的吸收是物质的普遍性质。当激光束在大气中传播时，光波的电场矢量使物质结构中的带电粒子作受迫振动，光的一部分能量用来供给受迫振动所需要的能量。这时物质粒子若和其他原子或分子发生碰撞，振动能量使分子热运动的能量增加，因而物体发热。在这种情况下这部分光的能量转化为热能，光的能量消失，即表现为光被吸收。

令强度为 $I(z)$ 的单色平行光沿着 z 方向通过均匀大气介质传播，通过厚度为 $\mathrm{d}z$ 的大气薄层时，光强减少了 $\mathrm{d}I(z)$。其吸收系数为

$$\alpha = -\mathrm{d}I(z)/I(z)\mathrm{d}z \tag{3-1}$$

即

$$I(z) = I_0 e^{-\alpha z} \tag{3-2}$$

吸收系数 α 是波长的函数。α 值越小，光波被吸收得越少。

大气是由多种气体分子和悬浮微粒组成的混合体。不同气体分子因结构各不相同，所以表现出完全不同的光谱吸收特性。构成大气的多原子分子有 N_2、O_2、CO_2、H_2、H_2O 等，多为极性分子。虽然大气中 N_2 和 O_2 含量最多(超过 90%)，但是它们在可见光和红外区几乎不表现出吸收特性，在远红外和微波段才呈现出很大的吸收特性。在高空区，其它导致激光衰减的因素很弱，才会考虑它们的吸收作用。大气中除包含上述分子外，还含有 N_2O、CO、CH_4、O_3 等含量较低的气体分子，这些分子在可见光和近红外区的部分波段有很强的吸收。H_2O 和 CO_2 分子是可见光和近红外区中最重要的吸收分子。表 3-1 给出了可见光和近红外区的吸收谱线。

表 3-1　可见光和近红外区主要吸收谱线

吸收分子	主要吸收谱线的中心波长/μm
H_2O	0.72,0.82,0.93,0.94,1.13,1.38,1.46,1.87,2.66,3.15,6.16,11.7,12.6,13.5,14.3
CO_2	1.4,1.6,2.05,4.3,5.2,9.4,10.4
N_2O	4.5
CO	4.61
CH_4	3.31,3.8,7.6
O_3	4.75,9.6,14.1

地球大气对可见光和紫外光是透明的，但是对红外光的某些波段呈现出极为强烈的吸收，光波几乎无法通过。对红外光的另一些波段则比较透明，这些波段被称为“大气窗口”。目前常用的激光波长都处于这些窗口之内。如图3-1大气窗口所示，在(1～5)μm波段有7个窗口。目前可用于星地激光通信领域的较重要的大气窗口有0.8μm、1.06μm、1.55μm和10.6μm等。

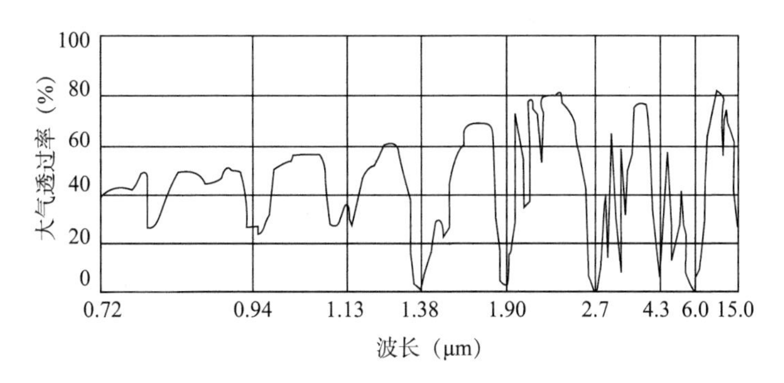

图3-1　大气窗口

3.1.2　大气分子的散射

当光射入大气时，大气分子的散射和吸收将使透射光强减弱。这可以视为光波与大气分子发生相互作用，使入射光的能量在各个方向上重新分布。其本质是大气分子在入射光波的作用下产生电偶极子，此偶极子将向四周辐射与入射波频率相同的子波。假设大气光学均匀，这些子波相互叠加，光只在折射方向传播，而在其他方向上因为子波的干涉而相互抵消。但是大气中总是存在局部密度的不均匀性，使大气的光学均匀性受到破坏，从而子波的相干性被破坏；另一方面，大气中存在尘粒、云滴等各种微粒，光辐射通过微粒时也会向其他方向传播，从而导致光向各个方向的散射。

大气散射是普遍的现象，大部分进入人眼睛的光都是散射光。大气散射削弱了太阳的直接辐射，并有部分被地面所接收。根据激光光束和粒子半径大小不同，激光通过大气信道传输所产生的散射主要分为瑞利散射和米氏散射。

1. 瑞利散射

在可见光和近红外波段，辐射波长总是远大于大气分子的直径(为10^{-8}cm)，这种情况下的散射现象称为瑞利散射。瑞利散射定律指出：散射能力与光波波长的四次方成反比，因而分子散射系数也与波长的四次方成反比。瑞利散射系数的公式如下：

$$\sigma_m = 0.827NA^3/\lambda^4 \tag{3-3}$$

式中，σ_m为瑞利散射系数(cm^{-1})，N为大气单位体积中的分子数(cm^{-3})，A为分子散射截面(cm^2)，λ为光波波长(cm)。由式(3-3)可知，散射系数与分子密度成正比，与波长的四次方成反比。若光辐射遇到的是直径远远小于波长的大气分子，则辐射波长越短，散射越强，辐射波长越长，散射越弱。因此可见光比红外光散射强烈，蓝光比红光散射强烈。太阳辐射通过大气时，由于大气分子的散射，波长较短的光被散射的较多。雨后天晴，大气中大直径微粒很少，主要是瑞利散射，太阳辐射中青蓝色波长较短，容易被大气散射，因此天空呈现出青蓝色。

2. 米氏散射

大气中除了气体成分以外，还悬浮着大量粒径在(0.03～2000)μm之间的固体和液体粒子。通常将半径小于几十微米的固态微粒叫做大气气溶胶。其他则分别称为雾滴、云滴、冰晶、雨滴以及冰雹、霾和雪花等固态降水粒子。

大气中含有大量气溶胶粒子，这些粒子不仅形态各异，而且尺度分布极广，气溶胶粒子的半径一般在0.001μm～100μm间。通常把半径小于0.1μm的粒子称为爱根核，把半径为(0.1～1)μm的粒子称为大粒子，把半径大于1μm的粒子称巨粒子，这些均可称为霾粒子。液体粒子的尺度一般都较大，分别按其可见的形态称为云滴、雾滴、雨滴、雪花、冰晶和冰雹等，它们可形成大气的一些特定气象现象(如：云、雾、降雨、降雪等)。

从光的散射定理可知，当光波波长远大于散射粒子尺寸时，发生瑞利散射现象；当光的波长相当于或者小于散射粒子尺寸时，发生米氏散射现象。瑞利散射强度与光波波长有强烈的依赖关系；但是米氏散射强度主要和散射粒子的尺寸、密度分布以及折射率特性有关，而与波长无关。云雾的粒子大小与红外线的波长(0.7615μm)接近，因此云雾对红外线产生的散射主要是米氏散射。

3.2 激光在介质中的传输

3.2.1 光在介质分界面上的反射和折射

当激光在介质中传播时，可忽略激光波动对传输特性的影响。为讨论方便，可用几何光学理论来分析激光在介质中的传输。

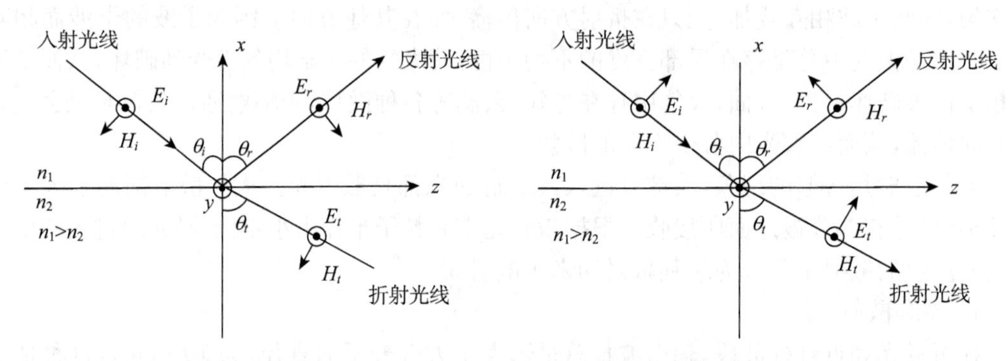

(a) 光电场矢量 **E** 垂直于入射面　　(b) 光电场矢量 **E** 平行于入射面

图3-2　光在介质分界面的反射和折射

如图3-2所示，把光电场矢量 **E** 分解为垂直于入射面的振动分量和平行于入射面的振动分量，分别称为 s 分量和 p 分量，显然光在界面上的反射和折射特性与光电场 **E** 的振动方向相关。假设分界面上入射光、反射光和折射光的相位相同，则利用反射定律和折射定律可得 s 分量和 p 分量的反射系数和透射系数，对于非磁性介质，有公式：

$$\Gamma_s = \frac{E_{rs}}{E_{is}} = -\frac{\sin(\theta_i - \theta_t)}{\sin(\theta_i + \theta_t)} = \frac{n_1\cos\theta_i - n_2\cos\theta_t}{n_1\cos\theta_i + n_2\cos\theta_t} = -\frac{\tan\theta_i - \tan\theta_t}{\tan\theta_i + \tan\theta_t} \tag{3-4}$$

$$\Gamma_p = \frac{E_{rp}}{E_{ip}} = \frac{\tan(\theta_i - \theta_t)}{\tan(\theta_i + \theta_t)} = \frac{n_2\cos\theta_i - n_1\cos\theta_t}{n_2\cos\theta_i + n_1\cos\theta_t} = \frac{\sin2\theta_i - \sin2\theta_t}{\sin2\theta_i + \sin2\theta_t} \tag{3-5}$$

$$\tau_s=\frac{E_{ts}}{E_{is}}=\frac{2\cos\theta_i\sin\theta_t}{\sin(\theta_i+\theta_t)}=\frac{2n_1\cos\theta_i}{n_1\cos\theta_i+n_2\cos\theta_t} \tag{3-6}$$

$$\tau_p=\frac{E_{tp}}{E_{ip}}=\frac{2\cos\theta_i\sin\theta_t}{\sin(\theta_i+\theta_t)\cos(\theta_i-\theta_t)}=\frac{2n_1\cos\theta_i}{n_2\cos\theta_i+n_1\cos\theta_t} \tag{3-7}$$

s 分量和 p 分量的反射率和透射率则分别为

$$R_s=\Gamma_s^2=\frac{\sin^2(\theta_i-\theta_t)}{\sin^2(\theta_i+\theta_t)} \tag{3-8}$$

$$R_p=\Gamma_p^2=\frac{\tan^2(\theta_i-\theta_t)}{\tan^2(\theta_i+\theta_t)} \tag{3-9}$$

$$T_p=\frac{n_2\cos\theta_t}{n_1\cos\theta_i}\tau_p^2=\frac{\sin2\theta_i\sin2\theta_t}{\sin^2(\theta_i+\theta_t)\cos^2(\theta_i-\theta_t)} \tag{3-10}$$

$$T_s=\frac{n_2\cos\theta_t}{n_1\cos\theta_i}\tau_s^2=\frac{\sin2\theta_i\sin2\theta_t}{\sin^2(\theta_i+\theta_t)} \tag{3-11}$$

若不计损耗，则有 $R_s+T_s=1$，$R_p+T_p=1$

可见，光在分界面上的反射和透射特性取决于入射光的偏振态、入射角度和分界面两侧介质的折射率。

一般地，自然光在介质表面的反射光和折射光都是部分偏振光，只有当入射角为某特定值时反射光才是线偏振光，其振动方向与入射面垂直，此时的入射角称为布儒斯特角，可表示为：

$$\theta_B=\arctan\left(\frac{n_2}{n_1}\right) \tag{3-12}$$

在实际应用中，可以利用布儒斯特角入射到玻片堆获得偏振光。充当起偏器的玻片堆是由许多表面互相平行的玻璃片组成，当自然光以 θ_B 角入射时，垂直于入射面的振动分量在每个界面上均要发生反射，而平行于入射面的振动分量则无反射，故从玻片堆透出的光基本上只包含平行分量，而反射光只包含垂直分量。

另外，由第一章得知，光从光密介质(n_1)射向光疏介质(n_2)时，当入射角大于全反射临界角 θ_c 时，将产生全反射现象。发生全反射的相移为：

$$\tan\varphi_{\mathrm{TE}}=\frac{(\beta^2-n_2^2k_0^2)^{\frac{1}{2}}}{(n_1^2k_0^2-\beta^2)^{\frac{1}{2}}} \tag{3-13}$$

$$\tan\varphi_{\mathrm{TM}}=\frac{\left(\frac{n_1}{n_2}\right)^2(\beta^2-n_2^2k_0^2)^{\frac{1}{2}}}{(n_1^2k_0^2-\beta^2)^{\frac{1}{2}}} \tag{3-14}$$

在光电子技术中，全反射现象的应用很多，光纤就是利用全反射实现导光性能的。

当光从光疏介质射向光密介质时的反射过程中，反射光在离开反射点时的振动方向相对于入射光到达入射点时的振动相差半个周期，这种现象叫做半波损失。

半波损失在检查光学元件的表面、光学元件的表面镀膜、测量长度的微小变化以及在工程技术方面都有广泛的应用。

3.2.2 光在单层介质膜上的反射

在玻璃基片的光滑表面镀上一层均匀厚度和折射率的透明介质薄膜，当光束入射到薄膜上时，将在薄膜的上表面和下表面产生多次反射，并且在薄膜的两表面上都有相互平行的光束射出。

假设薄膜的厚度为 d，折射率为 n_1，玻璃基底的折射率为 n_2，光波从折射率为 n_0 的介质入射到薄膜上，如图 3-3 所示。光束在界面上的反射率为

$$R=\frac{\Gamma_1^2+\Gamma_2^2+2\Gamma_1\Gamma_2\cos\varphi}{1+\Gamma_1^2\Gamma_2^2+2\Gamma_1\Gamma_2\cos\varphi} \tag{3-15}$$

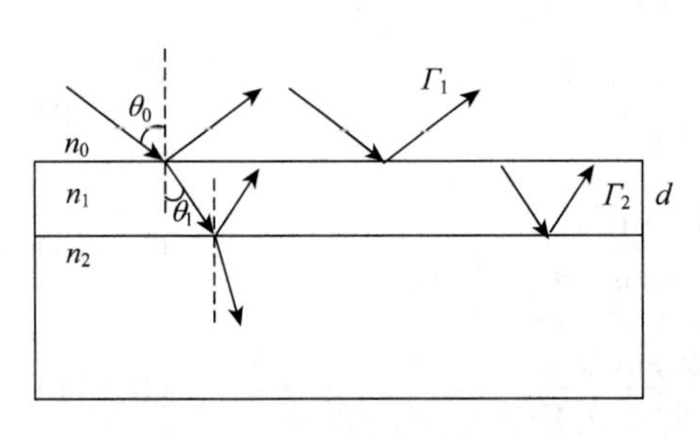

图 3-3 单层介质膜结构示意图

式中，Γ_1 和 Γ_2 是薄膜上表面和下表面的光电场反射系数，并且

$$\varphi=\frac{4\pi}{\lambda}n_1 d\cos\theta_1 \tag{3-16}$$

当光束垂直入射到薄膜上的时候，在薄膜两表面上的反射系数分别为

$$\Gamma_1=\frac{n_0-n_1}{n_0+n_1}\ \text{和}\ \Gamma_0=\frac{n_1-n_2}{n_2+n_1} \tag{3-17}$$

把两式代入式 $R=\frac{\Gamma_1^2+\Gamma_2^2+2\Gamma_1\Gamma_2\cos\varphi}{1+\Gamma_1^2\Gamma_2^2+2\Gamma_1\Gamma_2\cos\varphi}$，即可得到单层介质膜反射率 R 随介质膜厚度积 $n_1 d$ 的变化规律。

光在单层介质膜上的反射可以得到如下结论：当薄膜的厚度满足

$$n_1 d=2m\frac{\lambda_1}{4}(m=1,2,\cdots) \tag{3-18}$$

即 $n_1 d$ 为 $\lambda_1/4$ 的偶数倍时，不论介质膜的折射率 n_1 如何变化，反射率 R 值都保持不变。比如光学薄膜厚度满足 $n_1 d=\lambda/2$ 时，反射率为

$$R=\left(\frac{n_0-n_2}{n_0+n_2}\right)^2 \tag{3-19}$$

此即为光入射介质薄膜与基底介质构成的界面反射率的大小，与薄膜层介质无关。这种膜称为半波长模。

当膜的光学厚度满足

$$n_1 d=(2k+1)\frac{\lambda}{4}(k=1,2,\cdots) \tag{3-20}$$

即 $n_1 d$ 为 $\lambda/4$ 的奇数倍时，反射率为

$$R=\left(\frac{n_0 n_2-n_1{}^2}{n_0 n_2+n_1{}^2}\right)^2 \tag{3-21}$$

假设 $n_3=n_1^2/n_2$，则上式可以简化为

$$R = \left(\frac{n_0 - n_3}{n_0 + n_3}\right)^2 \tag{3-22}$$

把光在单层介质膜上的反射可看成是光在折射率为 n_0 的入射介质和折射率为 n_3 的“新基底”界面(等效界面)上的反射,因此称 n_3 为等效折射率。因为 n_3 与膜的折射率有关,因此改变膜层材料,就可以改变单层介质膜的反射特性。

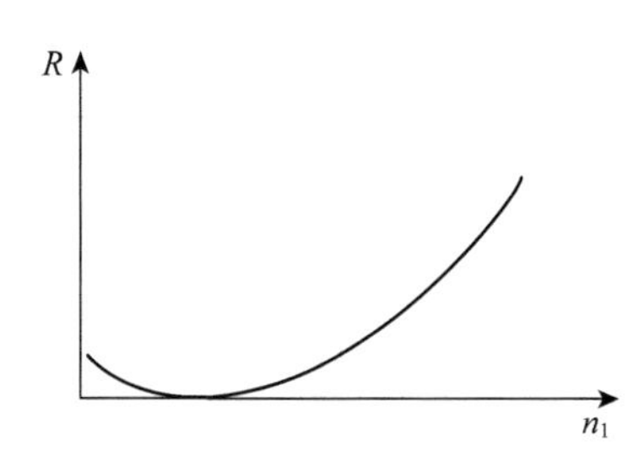

图3-4　反射率 *R* 随膜层折射率 n_1 的变化曲线

对于厚度为 $\lambda/4$ 的单层膜,其反射率随膜层材料折射率 n_1 的变化关系如图3-4所示。由此可见,当膜层折射率比基底介质的大时($n_1 > n_2$),R 随 n_1 的增加而单调上升;当膜层折射率比基底介质的折射率小时($n_1 < n_2$),R 有一极小值,相应的 n_1 可由下式求得:

$$n_1 = \sqrt{n_0 n_2} \tag{3-23}$$

由此可见,改变薄膜材料的折射率 n_1,即可以改变单层介质膜的反射特性:在基底材料表面镀折射率接近公式(3-23)且厚度为 $\lambda/4$ 膜(使得 $n_0 < n_1 < n_2$),可以使得 R 变小,达到增加透射光强的目的,这种膜即为增透膜;反之,镀高折射率且厚度为的 $\lambda/4$ 膜($n_1 > n_0, n_1 > n_2$),可以使 R 变大,达到增加反射光强的目的,这种膜即称为高反膜。

在实际应用中,对于在光学玻璃($n_2 = 1.52$)上镀制的增透膜,膜层常用氟化镁(MgF_2)材料,它的折射率为1.33,这种增透膜的反射率可以由不镀膜时的4.3%减小到1.2%;而对于高反膜,膜层的常用材料为硫化锌(ZnS),其折射率为2.34,在光学玻璃上镀一层硫化锌,可以使得反射率由不镀膜时候的4.3%提高到33%。

3.2.3　光在非均匀介质中的传输

光线在非均匀介质中的传播路径是曲线,并且总是由低折射率区向高折射率区弯曲的趋势。假设介质的折射率只是 x 的函数,即 $n = n(x)$,并且随着 x 的增大而增大,即 $\partial n/\partial x > 0$,如图3-5所示。光线从高折射区斜入射到介质后,其传播的路径连续弯曲,在到达一个拐点之后,又折向高折射率区。入射光经过拐点后也有相移,即弯曲相移。

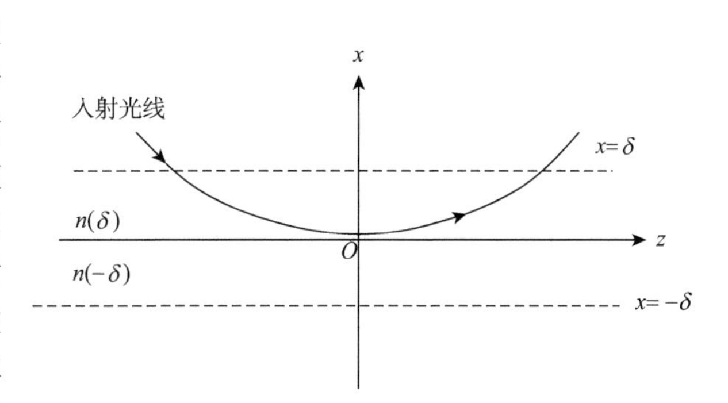

图3-5　光线在非均匀介质中的弯曲

令拐点为坐标原点,如图3-5所示。将弯曲光线看成是在 $x = 0$ 点处分界面发生全反射。

对于 TE 波,在 $x = 0$ 处,有 $\theta_i = \pi/2$,当 $x = \pm\delta$ 时,有如下式:

$$\begin{aligned} n &= n(\delta) \qquad \delta > x > 0 \\ n &= -n(\delta) \qquad 0 > x > -\delta \end{aligned} \tag{3-24}$$

若 δ 很小,可以得到近似公式:

$$n(\delta)=n(0)+\delta\frac{\mathrm{d}}{\mathrm{d}x}n(0)$$

$$n(-\delta)=n(0)-\delta\frac{\mathrm{d}}{\mathrm{d}x}n(0)$$

$$n(\delta)>n(-\delta) \tag{3-25}$$

当 $\delta\to 0$ 时,有

$$\varphi_{\mathrm{TE}}=\arctan\left[\frac{n^2(0)k_0^2-n^2(-\delta)k_0^2}{n^2(\delta)k_0^2-n^2(0)k_0^2}\right]\to\arctan(1)=\frac{\pi}{4} \tag{3-26}$$

同理,

$$\varphi_{\mathrm{TM}}=\frac{\pi}{4} \tag{3-27}$$

可见,TE 波和 TM 波的光线在非均匀介质中发生弯曲的拐点处的相移均为$\frac{\pi}{4}$。

3.2.4 光在晶体中的传输

由于晶体光学特性的各向异性,光在晶体中传播时产生双折射现象,在晶体界面上产生双反射现象。

晶体的双折射现象即是晶体的出射光分成两束,它们的传播方向不同,振动方向正交,其中一束光遵从通常的折射定律,称为寻常光(o 光),另一束光不遵从通常的折射定律,称为非常光(e 光)。

由光的电磁理论可知,任一平面波的能流方向 $\boldsymbol{s}$ 与其光电场 $\boldsymbol{E}$ 的振动方向互相垂直;波矢方向 $\boldsymbol{k}$ 垂直于电位移 $\boldsymbol{D}$ 的振动方向。当波矢为 $\boldsymbol{k}$ 的光在晶体中传播时,存在互相独立的两个本征传播模式,它们的振动方向相互垂直,传播速度不同,因而折射率也不同,相应的能流方向也不相同,如图 3-6 所示,即为晶体的双折射特性。只有光沿着某一特定方向传播时,两个本征模的传播速度相同,不存在双折射现象,这个特定方向即为晶体的光轴。有的晶体(如方解石、石英、KDP 等)只有一个光轴,即为单轴晶体;有的晶体(如 TGS、KTP、BNN)有两个光轴,称为双轴晶体。

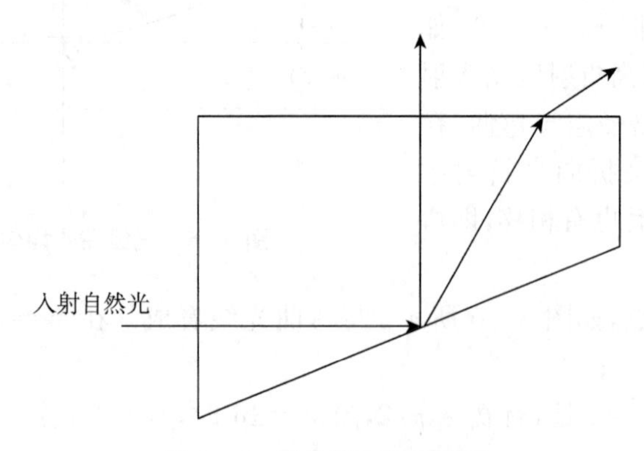

图 3-6 晶体的双折射现象

对于单轴晶体,两个主折射率所对应的两个本征模分别为 o 光和 e 光,为两束偏振方向互相垂直的线偏振光。o 光偏振方向垂直于光轴和光的传播方向所在平面,折射率恒定为

n_o，与传播方向无关；e光偏振方向在光轴和光的传播方向构成的平面内，折射率随传播方向的改变而改变。光的折射率可用折射率椭球表示，如图3-7所示，折射率椭球方程为

$$\frac{x^2}{n_x^2}+\frac{y^2}{n_y^2}+\frac{z^2}{n_z^2}=1 \tag{3-28}$$

式中，x、y、z 与电通量密度 D 相关。假设主轴方向沿 z 轴方向，对于o光，折射率椭球方程为

$$\frac{x^2}{n_o^2}+\frac{y^2}{n_o^2}+\frac{z^2}{n_o^2}=1 \tag{3-29}$$

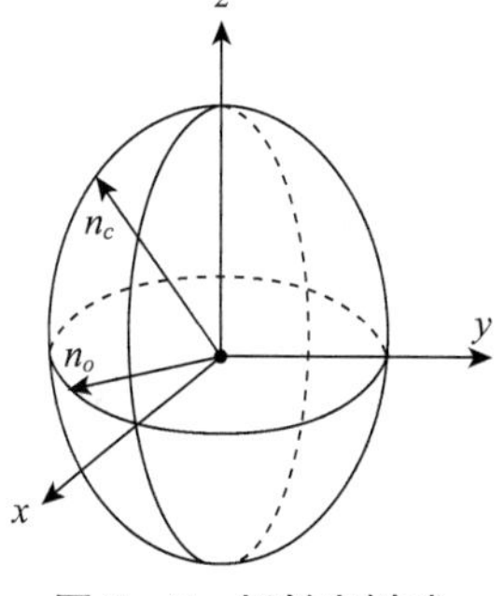

图3-7　折射率椭球

对于e光，折射率椭球方程为

$$\frac{x^2}{n_o^2}+\frac{y^2}{n_o^2}+\frac{z^2}{n_e^2}=1 \tag{3-30}$$

当 $n_o<n_e$ 时，晶体为正单轴晶体，反之为负单轴晶体。折射率椭球可以直观反映o光和e光在单轴晶体中传播的折射率，判断光在晶体中的折射或反射方向。当波矢方向与光轴方向成 θ 角时，e光的折射率可以通过以下公式得到：

$$\frac{1}{n_e^2(\theta)}=\frac{\cos^2\theta}{n_o^2}+\frac{\sin^2\theta}{n_e^2} \tag{3-31}$$

对应于同一波矢方向 $\boldsymbol{k}$ 的o光和e光的能流方向不同，即o光的光线方向 $\boldsymbol{s}_o$ 与 $\boldsymbol{k}$ 相同，但是e光的光线方向 $\boldsymbol{s}_e$ 与 $\boldsymbol{k}$ 不同，其分离角 α 为

$$\tan\alpha=\frac{1}{2}\sin2\theta\left(\frac{1}{n_o^2}-\frac{1}{n_e^2}\right)\left(\frac{\cos^2\theta}{n_o^2}+\frac{\sin^2\theta}{n_e^2}\right)^{-1} \tag{3-32}$$

因此，一定方向的光射入晶体，在晶体内产生能流方向分离的两束光线（o光和e光），这就是所谓的双折射现象。另外，由式(3-29)可见，当 $\theta=0°$，即光沿着光轴方向传播时，$\alpha=0°$，o光和e光不产生分离，不产生双折射现象；当 $\theta=90°$，即光垂直于光轴方向传播时，$\alpha=0°$，o光和e光也不产生分离，但是两束光的折射率不同，一个为 n_o，一个为 n_e，对应的传播速度不同，所以当该两束光传过距离 l 后，产生的相位差为

$$\Delta\varphi=\frac{2\pi}{\lambda_o}l-\frac{2\pi}{\lambda_e}l=\frac{2\pi}{\lambda}(n_o-n_e)l \tag{3-33}$$

式中，λ_o、λ_e 和 λ 分别为o光波长，e光波长和光在真空中传播的波长。

根据光的电磁理论，光在各向异性介质中的反射定律可表示为

$$n_i\sin\theta_i=n_r\sin\theta_r \tag{3-34}$$

式中，n_i 和 n_r 分别是入射光和反射光的折射率，θ_i 和 θ_r 分别是入射角和反射角。入射光沿着光轴方向传播时，垂直于主平面和平行于主平面的两正交本征模，它们具有相同的折射率。当它们沿着同一方向入射到45°晶体界面上时，在其反射方向上两正交本征模的折射率不同，因此相应的反射角也不相同，这就导致了反射光的分离。因此，双反射现象是晶体光学各向异性的必然结果。

3.2.5 电光调制

在晶体上外加电场,会产生一个光轴,或者对原本就存在光轴的晶体上产生一个附加光轴,使得o光、e光产生一个光程差,这就是电光效应。当光程差与外加电场的平方成正比时,为克尔(Kerr)效应;当与外加电场成正比时,为普克尔(Pockels)效应。在多数情况下,电光晶体的普克尔效应比克尔效应作用明显,所以多用普克尔效应对激光进行调制,这种调制器称为线性电光调制器。线性电光调制器可进一步分为纵向和横向电光调制器:在纵向调制器中,电场平行于光的传播方向,而在横向调制器中,电场垂直于光的传播方向。下面具体介绍几种晶体的电光调制。

1. 电光振幅调制

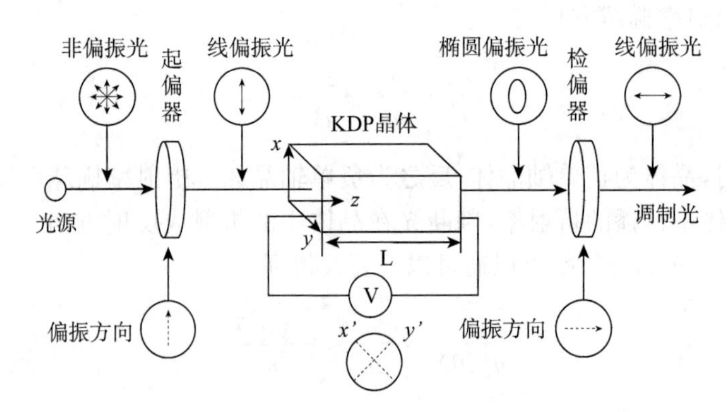

图3-8 电光振幅调制

以KDP晶体为例,当一束自然光经过起偏器后变为沿 x 方向的偏振光,在进入晶体后这束光分为相互垂直的两个分量,这两个分量的振幅和相位一致,在晶体中传播途中,合波始终为沿 x 轴方向的线偏振光。如果沿KDP晶体 z 轴方向外加电场,会使主轴变化,其中一个方向的分量为o光,沿另一方向分量为e光,在穿过KDP晶体后,他们之间的相位差为 φ,可分别表示为

$$e_{x'}=A,e_{y'}=Ae^{-j\varphi} \tag{3-35}$$

如果在KDP晶体之后放置一个偏振方向与起偏器垂直的偏振片,称为检偏器,它将保留沿 y 轴方向的分量,最终输出的电场强度为

$$E_y=Ae^{-j\varphi}-A \tag{3-36}$$

对应光强为

$$I=2A^2\sin^2(\varphi/2) \tag{3-37}$$

同样可以得到输入光为

$$I_0=2A^2 \tag{3-38}$$

光强透射率为

$$T=I/I_0=\sin^2(\varphi/2) \tag{3-39}$$

在电光调制中,o光与e光的相位差与外加纵向电场的强度有关,当外加特定电压 V_π

时，引起的光程差为半个波长。透射率 T 与外加电压 V 之间的关系式如下

$$T=\sin^2\left(\frac{\pi}{2}\frac{V}{V_\pi}\right) \tag{3-40}$$

2. 相位调制

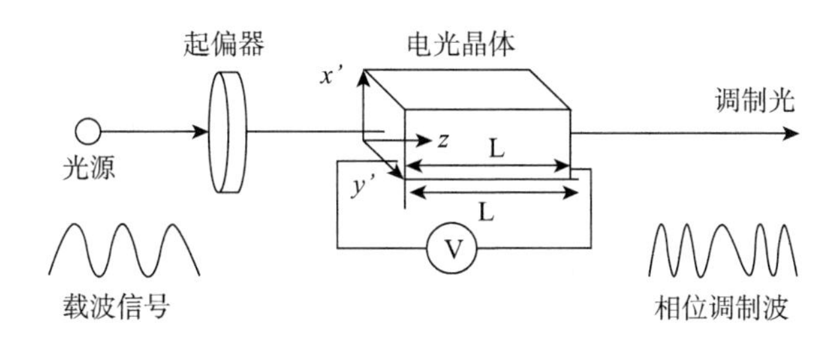

图 3-9　电光相位调制

电光相位调制器由起偏器和电光晶体构成。在电光相位调制中，入射光不再分解为 o 光与 e 光，仅沿一个方向偏振。外加电场不再改变出射光的偏振态，仅改变其相位。外加电场后，出射光与入射光的相位差为

$$\Delta\varphi=\frac{2\pi}{\lambda}n'L \tag{3-41}$$

光始终沿一个方向偏振，相应的折射率为

$$n'=n_0-\frac{1}{2}n_0^3\gamma_{63}E_z \tag{3-42}$$

式中 γ_{63} 为与晶体有关的参数。通过这种方式可以调节光波的频率。当外加电场为正弦波：

$$E_z=E_m\sin\omega_m t \tag{3-43}$$

出射光的表达式为

$$E=A_c\cos(\omega_c t-\frac{2\pi}{\lambda}(n_0-\frac{1}{2}n_0^3\gamma_{63}E_m\sin\omega_m t)L) \tag{3-44}$$

消去相位中的常数项，上式可写为

$$E=A_c\cos(\omega_c t+m_\varphi\sin\omega_m t) \tag{3-45}$$

m_φ 称为相位调制系数。

3.3　激光在光纤中的传输

3.3.1　光纤的结构与种类

光纤是光纤通信系统中的传输介质，是光纤通信系统中最重要的组成部分。如图 3-10 所示，光纤通常是由纤芯、包层和涂覆层组成的一根玻璃纤维，是一多层介质结构的对称圆柱体。纤芯的折射率比包层的折射率略高，以保证光能量主要集中在纤芯内传播；包层对纤芯起保护作用，包括增加光纤的机械强度，避免纤芯接触到污染物质，以及减少纤芯表面上由

于过大的不连续性(即界面两边的折射率差别过大)而引起的散射损耗等;包层之外还有一层弹性耐磨塑料材料,进一步增加光纤强度,并且在机械上隔离或者缓和几何形状的微小不均匀性、畸变或邻近表面的粗糙度对光纤的影响,以避免可能产生的随机弯曲而引起的散射损耗。

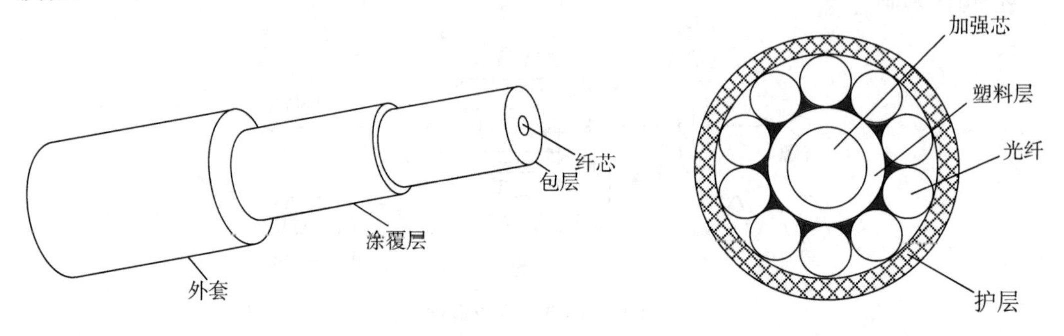

图 3-10　光纤结构示意图　　图 3-11　多芯光缆基本结构示意图

只包含一根光纤的光缆称为单芯光缆。除此之外,还有包含多根光纤的光缆,称为多芯光缆。多芯光缆中一般有加强芯提高其强度,多芯光缆基本结构如图 3-11 所示。

光纤的特性在很大程度上是由折射率分布来决定的,其结构一般用折射率分布函数 n(r)来描述。在横截面上光纤折射率通常都是中心对称分布的,只和径向坐标有关,这种分布函数也被称为光纤的折射率剖面。一般光纤的折射率分布可以分为两类:一种是光纤材料的折射率为均匀阶跃的,称为阶跃型,如图 3-12(a)所示,图中 n_1 为纤芯的折射率,n_2 为包层的折射率;另一种是纤芯材料的折射率沿光纤径向递减,称为梯度型,如图 3-12(b)所示,图中 $n(0)=n_1(0)$,为纤芯轴心处的折射率,n_2 为包层的折射率。其他几种常见的光纤折射率分布为环型、W 型等,如图 3-12(c)和(d)所示。

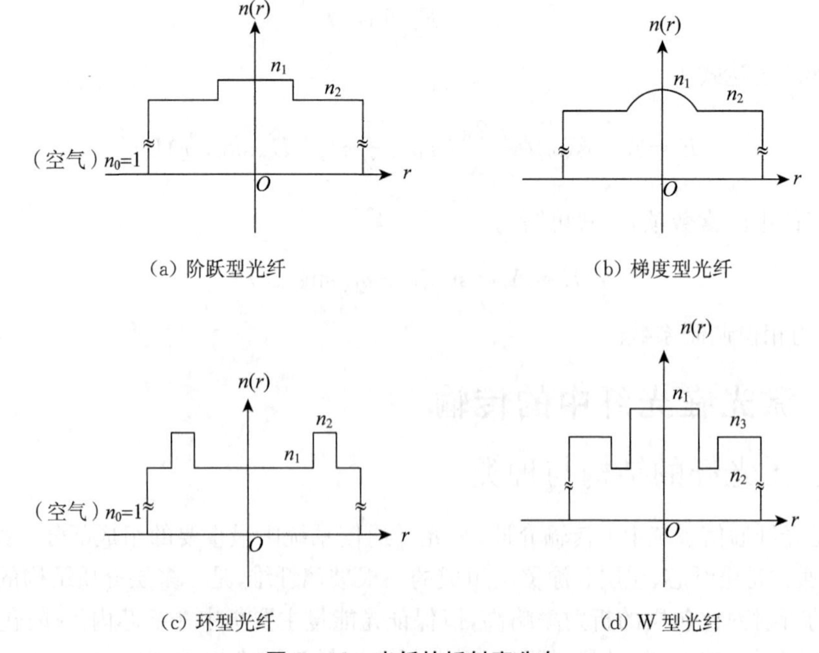

图 3-12　光纤的折射率分布

光纤的种类很多，可以采用不同的方法进行分类，有以下几种常用的分类方法：

(1) 按纤芯的折射率分布分

按纤芯的折射率分布可分为阶跃型光纤、梯度型光纤、环型光纤、Ω 型光纤、W 型光纤和凹陷光纤等，不同的折射率分布可以满足不同的光传输需要。

(2) 按构成光纤的材料分

按构成光纤的材料可分为硅酸盐光纤、塑料光纤和液芯光纤等。硅酸盐光纤损耗很低，可用于长距离传输；塑料光纤的价格非常便宜。

(3) 按传导模式分

按传导模式可分为单模光纤和多模光纤。单模光纤的纤芯直径为几个微米，光波在光纤中只能以一种模式传导，其信号畸变很小，可传输大容量信息。多模光纤的纤芯直径较大，光波在光纤中能以多种模式传导，信号非常强。

(4) 按用途分

按用途可分为通信光纤和非通信光纤。非通信光纤也称为特殊光纤，有双折射光纤、涂层光纤、激光光纤和红外光纤。

3.3.2　光纤的传输特性

1. 光在光纤中的传输原理

光纤主要有阶跃折射率型和梯度渐变型两种形式，光在这两种光纤里的传播特性分析如下：

(1) 光在阶跃折射率光纤中的传播

这种光纤是由两层均匀介质组成，纤芯的折射率 n_1 大于包层的折射率 n_2。在实际应用中，n_1 稍大于 n_2，入射光只有以近轴光线入射，才能在光纤中传播，这种类型的光纤又称为弱导波光纤。光纤可视为圆柱波导，光线的轨迹可以在通过光纤轴线的主截面内，也可以不在通过光纤轴线的主截面内。不加特别说明，本文只讨论如图 3-13 所示的子午光线情况。

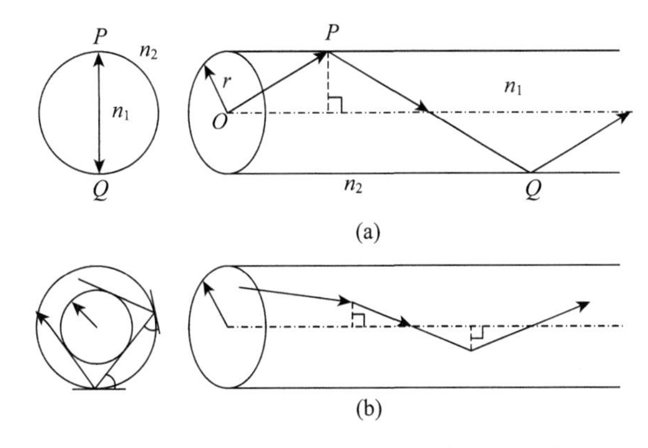

图 3-13　阶跃折射率光纤纤芯内的光线路径

当入射光线通过光纤轴线，且入射角 θ_1 大于界面临界角 $\theta_c=\arcsin\dfrac{n_2}{n_1}$ 时，光线在柱体界面上不断发生全反射，并且传导光线的轨迹始终在光纤的主截面内。这种光线称为子午光线，包含子午光线的平面称为子午面。

考虑图3-14所示的光纤子午面,设光线从折射率为n_0的介质通过波导端面中心点A入射,进入波导后按子午光线传播。根据折射定律,则有

$$n_0\sin\varphi_0=n_1\sin\varphi_1=n_1\cos\theta_1=n_1\sqrt{1-\sin^2\theta_1} \tag{3-46}$$

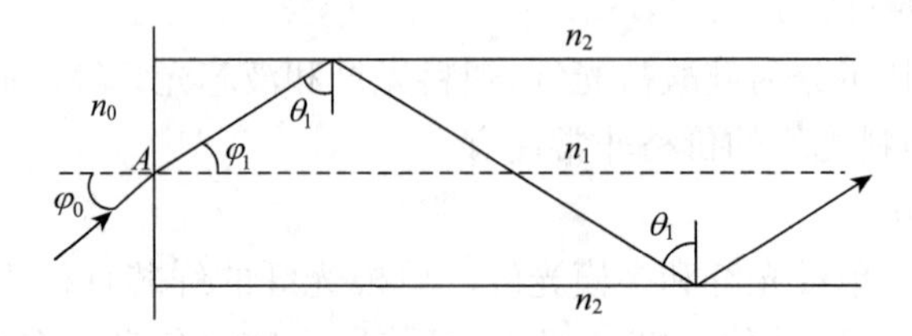

图3-14 阶跃光纤中的子午光线

当产生全反射时,要求$\theta_1>\theta_c$,因此有

$$\sin\varphi_0\leqslant\frac{1}{n_0}(n_1^2-n_2^2)^{\frac{1}{2}} \tag{3-47}$$

在一般情况下,$n_0=1$(空气),则子午光线对应的最大入射角为

$$\sin\varphi_{0m}^{(m)}=(n_1^2-n_2^2)^{\frac{1}{2}}=NA \tag{3-48}$$

式中,NA称为光纤的数值孔径,它决定子午光线半孔径角的最大值$\varphi_{0m}^{(m)}$,即代表光纤的集光本领。在弱导条件下,有

$$NA\approx n_1(2\Delta)^{\frac{1}{2}} \tag{3-49}$$

(2) 不同光程引发的光脉冲的弥散

在阶跃光纤中,与光纤轴构成不同夹角的导引子午光线,在轴向经过同样距离时,各自走过的光程不同,会先后到达终端,从而引起光脉冲宽度的加宽,称为光脉冲的弥散。

不同光线的时延差分析如下:与光轴成φ角的光线沿轴的速度为

$$\nu_z=\nu\cos\varphi=(c/n_1)\cos\varphi \tag{3-50}$$

当$\varphi=0$时,速度最大;$\varphi=\theta$时,速度最小。因此,光线经过轴向距离L所花的最长和最短时间差为

$$\Delta\tau=\frac{Ln_1^2}{cn_2}-\frac{Ln_1}{c}=\frac{Ln_1}{c}\cdot\Delta \tag{3-51}$$

可见,光脉冲弥散正比于纤芯和包层间的相对折射率差Δ,Δ越小,$\Delta\tau$越小。

(3) 光在梯度折射率光纤中的传播

阶跃型光纤的模间色散大,用它来进行多模传输时,信息容量受到限制。为了减小模式间的色散,可以将光纤设计制成折射率沿半径渐变。根据光线的传播情况,可将这类光纤分为子午光线和斜光线两种。下面以子午光线为例,来讨论平方律梯度光纤中光波的传播特性。

① 平方律梯度光纤的自聚集特性

梯度折射率光纤的折射率分布的特点是:从轴线开始,折射率随着半径方向逐渐改变,纤芯相当于由许多半径逐渐增大的环形薄层组成,每一薄层内有一固定的折射率$n(r)$。光

线在纤芯中传播时，在不同层的界面处产生折射而改变方向。根据折射定律可以看出，当折射率随 r 增加时（即当 $\mathrm{d}n(r)/\mathrm{d}r > 0$ 时），光线最终将穿出纤芯与包层的界面。因此实际应用中，光纤的折射率随 r 的增加而减少（即当 $\mathrm{d}n(r)/\mathrm{d}r < 0$ 时）。只有这种形式的折射率分布才能保证光线在光纤中有向前传播的可能性。

具体的折射率分布有多重形式，最常用的是以幂函数表示的折射率分布

$$n(r)=\begin{cases} n(0)\left[1-2\Delta(r/a)^{a}\right]^{\frac{1}{2}} & r\leqslant a \\ n(a) & r\geqslant a \end{cases} \tag{3-52}$$

式中 $n(0)$ 为光纤轴线上的折射率；a 为光纤半径；$n(a)$ 为纤芯与包层交界处的折射率；$a=1\sim\infty$。当 $a=2$ 时即为平方律分布形式，将 $n(r)$ 展开后取前两项后得到

$$n(r)=n(0)\left(1-\Delta\frac{r^2}{a^2}\right) \tag{3-53}$$

由光纤理论可以证明子午光线轨迹按正弦规律变化

$$r=r_0\sin(\Omega z) \tag{3-54}$$

式中，r_0，Ω 由光纤特性决定。可见平方律梯度光纤具有自聚焦性质又称自聚焦光纤。一段 $\Lambda/4(\Lambda=2\pi/\Omega)$ 长的自聚焦光纤与光学透镜作用相似，可以会聚光线和成像。两者的不同之处在于，一个是靠球面的折射来弯曲光线；一个是靠折射率的梯度变化来弯曲光线。自聚焦透镜的特点是尺寸很小，可以做到超短焦距，可弯曲成像等。可以证明，自聚焦透镜的焦距 f 为

$$f=\frac{1}{n(0)\Omega\sin(\Omega z)} \tag{3-55}$$

其中 $z=\Lambda/4$ 时，

$$f=f_{\min} \tag{3-56}$$

② 平方律折射率分布光纤中光线的群迟延和最大群迟延差

光线经过单位轴向长度所用的时间称为群迟延 $\overline{\tau}$，即为单位长度的群迟延。在非均匀介质中，光线的轨迹是弯曲的。沿光线轨迹经过距离 s 所用的时间 τ 为

$$\tau=\frac{1}{c}\int_0^s n\,\mathrm{d}s \tag{3-57}$$

式中，c 为真空中的光速，n 为折射率。群迟延的表达式没有考虑材料色散。若光在轴向前进的距离为 L，对于传导模，传播常数 β 的大小在 n_2k_0 与 n_1k_0 之间取值。最大的群迟延差为

$$\Delta\tau=\tau_{\max}-\tau_{\min}=L(\overline{\tau_{\max}}-\overline{\tau_{\min}})=\frac{n_1L}{2c}\Delta^2=\tau_0\frac{\Delta^2}{2} \tag{3-58}$$

式中，$\tau_0=(n_1L)/c$。可以看到，平方律分布光纤中的群迟延只有阶梯折射率分布光纤的 $\Delta/2$。

2. 光在光纤中的传播

光在光纤内传输是通过反复的全反射完成的，这样被传导下去的光波形态，可以用称作

传播模式的电磁场分布来表示。如图3-15所示,在纤芯内考虑纤芯与包层界面处以θ角全反射前进的光线,从波动角度可以看作一平面波。

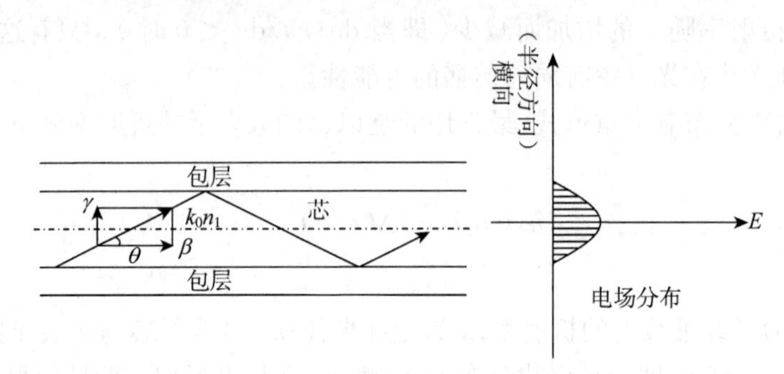

图3-15 阶跃型折射率型光纤内光传播方向的分解与光纤内光波的横向电场分布

设平面波在真空中传播的波长为λ,因为纤芯内折射率为n_1,所以波长缩短为λ/n_1。平面波在真空中的传播常数k_0为

$$k_0=\frac{2\pi}{\lambda} \tag{3-59}$$

于是纤芯内的传播常数变成为k_0n_1,这是由于折射率增大造成了传播常数变大。这一平面波可以分解成如图3-12所示的轴向前进及横向前进的平面波分量。这里的轴向传播常数分量取β,横向传播常数分量取γ,由图3-12可知他们分别为

$$\beta=k_0n_1\cos\theta,\gamma=k_0n_1\sin\theta \tag{3-60}$$

3. 光纤内光的传播速度

光线从光纤一端入射到从另一端出射所经历的时间与光纤的折射率n和光路长l的乘积成正比。由于在光纤内光成之字形前进,因此光路的长度总是会比光纤的长度要长得多。光线在单位时间内在光纤中所走过的距离就是其传播速度,所谓群速度则是指光能的传播速度。群速度的值等于光纤长度除以传播时间,在光通信中是指脉冲光的传播速度。

可以借用图3-16所示的阶跃折射率型光纤,来简单地说明光纤的数值孔径(NA)、临界角(θ_c)、群速度、相速度等相关参数间的关系。

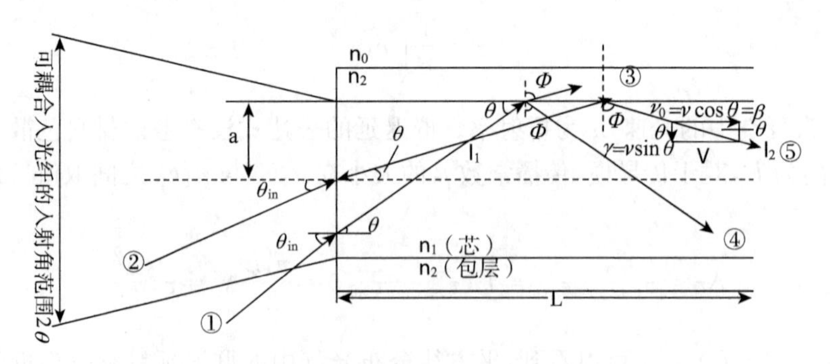

图3-16 阶跃折射率型光纤的截面与光的传播

在这里,前提条件是设$n_0<n_2<n_1$的关系成立,但是如果n_1和n_2的差Δn过小,那

么由 $\sin\theta_{max}$ 定义的定义的 NA 也就会太小。当光束入射到光纤的入射角 θ_{in} 过大，就会产生如图中的①那样，在纤芯与包层界面处偏离全反射的条件，这样，如③那样，大部分光进入包层而从纤芯处被泄漏出去。当然，仍然还有部分在界面处有如④那样的菲涅尔反射，其反射率为$(n_1-n_2)^2/(n_1+n_2)^2$，但反射能量仅有入射能量的1%以下，进入包层中的大部分光会被吸收而迅速衰减。

由此可考虑阶跃型折射率型光纤中光的传播速度。如图3-16所示，在光纤内传播的光依靠全反射成之字形前进，因此，光纤轴方向的速度分量，即群速度 v_g 可用$v\cos\theta$表示，若取真空中的光速为c，对于在折射率为n_1的光纤则有 $v_g=(c/n_1)\cos\theta$。由此可以推断，随θ增大，光通过光纤的时间也增长，群速度 v_g 就会变小。

3.3.3　光纤的损耗与色散

光信号在光纤内进行传播的过程中，会受到两方面的影响，一是光信号的衰减，另一个则是色散效应。衰减是光纤输入端的功率由于多种原因被损耗，光信号将不能完全有效地全部传到输出端。为了维持和实现长距离的光纤通信，就必须得在一定距离处建立中继站，把衰减了的信号反复增强。光传输中的损耗大小决定了光信号在光纤中被增强之前可传输的最大距离。

两中继站间允许的距离不仅由光纤的损耗决定，而且还受到光色散因素的限制。向光纤输入一定脉宽的脉冲，经过一段距离之后，幅度会由于衰减而变小，同时脉宽也被加宽，这种脉冲加宽的现象称为光纤的色散。光纤的色散会限制光纤传输光信号的光频带宽，将会导致对光纤的传输信息的容量形成限制。

1. 光纤的损耗特性

一个实际应用中的光纤系统，当光波进入光纤并在光纤中传播时，主要会有以下几方面的损耗，即有连接而引起的损耗，包括光源与光纤之间的耦合损耗、光纤之间的连接损耗和光纤的输出端与接收器之间的耦合损耗以及光纤内部本身的传播损耗。在这里主要讨论的是光纤内部本身的传输损耗。

光波在光纤中传输时，由于光纤材料本身对光波的吸收和散射、光纤结构的缺陷和弯曲及耦合不完善等原因，导致被传输的光功率随着距离的增长呈指数规律衰减，这种衰减被称为光纤的传输损耗，简称损耗。光纤的损耗是光纤最重要的传输特性之一，光纤在传输中损耗可由下式确定：

$$\alpha=\frac{10\lg(P_1/P_0)}{L} \tag{3-61}$$

式中，α 为单位长度光纤光功率衰减系数，单位为 dB/km，P_1 为输入端光功率，P_0 为输出端光功率，L 为光纤的长度。

光纤损耗主要由三个方面的损耗组成：吸收损耗、散射损耗和弯曲损耗。吸收损耗直接与组成光纤的材料有关；散射损耗则不仅与光纤材料有关，还与光纤结构缺陷有关；弯曲损耗则是由光纤的几何形状以及使用时发生微观和宏观扰动引起的。

(1) 吸收损耗

通过前面讨论已经知道，当光波通过各种物质时，都会使组成该物质的分子在不同振动状态之间和电子的能级之间形成价电子跃迁。在发生这种能级跃迁时，物质吸收入射光波的能量(其中一部分转换成热能储存在物质内)引起光的损耗,这种损耗称为吸收损耗。

光纤的吸收损耗,是由于光纤材料的量子跃迁致使一部分光功率转换成热量,从而造成光的传输损耗。光纤的这种吸收损耗实际上还进一步包括了本征吸收损耗、杂质吸收损耗和原子缺陷吸收损耗三种。

所谓本征吸收损耗是组成光纤的物质所固有的,主要是由材料的红外和紫外波段电子跃迁引起的吸收。对于 SiO_2 材料来说,其固有的吸收区在红外和紫外区域,其红外区的中心吸收波长在(8~12)μm;紫外区中心吸收波长在 0.16μm 附近,当吸收很强烈时,吸收范围可延伸到(0.7~1.1)μm 的光纤通信波段。这类本征吸收所引起的损耗一般来说还是比较小的,约为(0.01~0.05)dB/km。

杂质吸收主要是由组成光纤的材料所含有的过渡金属离子(Fe^{3+}、Cu^{2+}、Ni^{2+}、Mn^{2+} 和 Cr^{2+} 等)的电子跃迁和氢氧根离子(OH^-)的分子振动跃迁引起的吸收。光纤中的金属离子含量越多,杂质吸收损耗就越大;当过渡金属含量低于 10^{-9} 量级时,就可以忽略由其引起的杂质吸收。

在制备过程和实际使用中,强烈的热、光或射线辐射会使光纤材料受激产生原子缺陷。这种原子缺陷,会形成吸收损耗。对于普通玻璃制成的光纤,在 3000rad 剂量的 γ 射线辐射下,由于原子缺陷吸收可能引起高达 20000dB/km 的损耗。但如果能适当地选择合适的材料,可使光纤减小或不受这类辐射的影响,例如掺锗的石英玻璃,对于 4300rad 剂量的 γ 射线辐射,仅在波长为 0.82μm 处才会有 16dB/km 的损耗。

(2) 散射损耗

在光纤的制备过程中,由于制作工艺等多方面的原因,可能会在材料中留下微气泡、杂质和其他缺陷,形成折射率不均匀以及有内应力等情况,将使入射和传输的光在这些地方发生散射,使光纤损耗增大。

在光纤材料的散射中最重要的是本征散射,这类散射在光学性质上基本属于瑞利散射。本征散射是由玻璃熔制过程中造成的材料密度不均匀而产生的折射率不均匀所引起的散射。在光学上瑞利散射与作用光波长的四次方成反比,由瑞利散射引起的衰减系数为

$$\alpha_{Rs} = A(1 + B\Delta)/\lambda^4 \tag{3-62}$$

式中,α_{Rs} 表示由瑞利散射引起的衰减系数;λ 是工作波长;Δ为纤芯与包层相对折射率差;A 和 B 是与材料有关的常数,例如对于 GeO_2-SiO_2 多模光纤,有 $A=0.8, B=100$,对于 $P_2O_5-SiO_2$ 多模光纤,有 $A=0.8, B=42$。

(3) 弯曲损耗

光纤在实际使用时常常是弯曲的,这也是引起光纤损耗的另一个重要原因。弯曲的光纤依然可以导光,但是会使光的传播路径发生改变,还可能使输入光透过包层向外泄漏而损失掉。设光纤弯曲处的曲率半径为 R,则由弯曲而产生的衰减系数为

$$\alpha_c = c\exp(-dR) \tag{3-63}$$

式中,c 和 d 是与曲率半径 R 无关的常数。由此式可见,衰减系数与曲率半径呈指数关系变化,R 指越小,衰减系数越大。在实际使用中,光纤的曲率半径有一个可允许的最小值,当实际曲率半径大于这个值时弯曲造成的损耗可以忽略不计,而小于这个允许值时,弯曲损耗将会比较明显。通常认为,弯曲的光纤其曲率半径大于 10cm,弯曲损耗可以忽略不计。

2. 光纤的色散特性

光纤的色散特性是光纤最主要的传输特性之一。当有光或光脉冲被入射进入光纤，并在光纤中进行传输时，由于入射光具有不同频率或不同模式的相速度而引起的光脉冲加宽现象，这称为光纤的色散。光纤色散的存在将直接导致光信号在光纤传输过程中发生畸变。在数字光纤通信系统中，光纤色散还将会使光脉冲在传输过程中随着传输距离的增加而逐渐加宽。因此，光纤色散对光纤传输系统存在着十分不利的影响，极大地限制了光通信系统的传输速率和传输距离的增加。

光纤的色散按照引起的原因划分主要有三类，分别是材料色散、模式色散和波导色散。

(1) 材料色散

材料的折射率相对入射光的频率来说并不是固定的，而是随波长变化的。由光源发出的入射光都具有一定的波谱宽度，因而在传播时会产生一定的时延差，引起脉冲加宽。这类由材料色散引起的脉冲加宽可用下式近似计算：

$$\sigma_s = \frac{\Delta\lambda}{c}\frac{\mathrm{d}n}{\mathrm{d}\lambda}(\mathrm{ns/km}) \tag{3-64}$$

式中，$\Delta\lambda$ 是光源的波谱宽度，n 为折射率。

(2) 模式色散

在阶跃光纤中，光波由于入射角不同，在光纤内所走过的路径长短不同，在临界角上入射光传输的光路最长，沿光纤轴线传输的光路最短，由此引起时延差而产生模式色散。光纤越长，所形成的时延差越大。这种在阶跃光纤中存在的模式色散 σ_m 可由下式计算：

$$2\sigma_m = n_1\Delta/\sqrt{3}c \tag{3-65}$$

式中，n_1 为纤芯折射率；Δ 为纤芯与包层的相对折射率差，它一般远小于 1；c 为真空中的光速。

与阶跃光纤不同，梯度多模光纤能够使模式色散大大减小。当折射率为抛物线形分布时，这种模式的光纤得到最小脉冲加宽，其色散可由下式计算：

$$2\sigma_m = n_1\Delta^2/10\sqrt{3}c \tag{3-66}$$

通过对上述两式比较可知，相对折射率差 Δ 相同的阶跃光纤是梯度多模光纤模式色散的 $10/\Delta$ 倍，这能使传输信号的容量大为增加。

(3) 波导色散

某一波导模式的传播常数 β 随光信号角频率 w 变化时，将产生波导色散，它是由光纤的几何结构决定，因此也被称为结构色散。波导色散值与纤芯的直径、纤芯与包层之间的相对折射率差和归一化频率等参数相关。在芯径和数值孔径都很小的单模光纤中，波导色散表现得很明显。一般来说，波导色散具有随着入射光波长的增加而增大的倾向。

光纤的总色散是上述三种色散之和。具体来说，在多模光纤中，主要是模式色散和材料色散，当折射率完全是理想状态分布时，模式色散的影响将减弱，这时将由材料色散占主导地位。而在单模光纤中，主要是材料色散和波导色散，由于没有模式色散，所以它的带宽可以很宽。

习 题 3

3-1 何为大气窗口,试分析光谱位于大气窗口内的光辐射的大气衰减因素。

3-2 何为大气湍流效应,大气湍流对于光速的传播产生哪些影响?

3-3 一束线偏振光经过长 $L=25\text{cm}$,直径 $D=1\text{cm}$ 的实心玻璃,玻璃外绕 $N=250$ 匝导线,通有电流 $I=5\text{A}$。取韦尔德常数为 $V=0.25\times10^{-5}(')/(\text{cm}\cdot\text{T})$,试计算光的旋转角 θ。

3-4 一束钠黄光以50度方向入射到方解石晶体上,设光轴与晶体表面平行,并垂直与入射面。问在晶体中o光和e光夹角为多少(对于钠黄光,方解石的主折射率 $n_o=1.6584$,$n_e=1.4864$)?

3-5 从光线方程式出发,试证明均匀介质中光线的轨迹为直线,非均匀介质中光线一定向折射率高的地方偏斜。

3-6 现有一 $L=\Lambda/4$ 的自聚焦光纤,试画出一束平行光和会聚光线入射其端面时,光纤中和输出端面上的光线图,并说明为什么?

3-7 光纤色散、带宽和脉冲加宽之间有什么关系?对光纤传输容量产生什么影响?

3-8 光纤的工作波长为 $0.85\mu\text{m}$,入射时光功率为 0.5mW,光纤的衰减系数为 2dB/km,若经过 4km 后,以毫瓦为单位的功率电平是多大?

3-9 一光信号在光纤中行进了500m以后,它的功率损失了85%,若以“dB/km”为单位,这根光纤的损耗有多大?

第 4 章　光电探测技术

光电探测技术是将被探测对象辐射或反射光波的特征转化为电信号从而探测和识别对象的一种技术，光电探测器是光电探测技术的核心元件，在光通信、医疗、安防等国民领域以及深空探测等军事领域都具有广泛的应用。本章首先介绍了传统的光电探测效应，包括光电效应和光热效应，并分析其基本原理和特性参数。同时，我们也在本章中介绍了一些新型光电探测机制，包括热电子效应和光诱导栅压效应(Photogating effect)等，这些新机制为进一步提高光电探测器性能提供了新的研究思路。最后，我们介绍了几种典型的光电探测器件，包括光敏电阻、光电倍增管、硅光电二极管和超晶格红外探测器等器件。

4.1　光电探测的物理效应

光电探测的物理效应通常分为光电效应和光热效应这两大类。

光电效应是入射光的光子与物质中的电子相互作用并产生载流子的效应。一类是外光电效应，即物质受到光照后向外发射电子的现象，另一类是内光电效应，也就是物质受到光照后所产生的光电子只在物质内部运动，而不会逸出物质外部的现象。内光电效应多发生于半导体内部，又可分为光电导效应和光生伏特效应。基于半导体的光电效应通常只对入射光子能量大于半导体带隙的光产生响应(排除非线性效应)，因此存在截止探测波长。

光热效应和光电效应则完全不同，探测器件吸收光辐射能量后，并不直接引起内部电子状态的改变，而是把吸收的光能变为晶格的热运动能量，引起探测元件温度上升，并进一步使探测元件的电学性质或其他物理性质发生变化。因此原则上光热效应对光波频率没有选择性，但是由于材料在红外波段的热效应更强，因而光热效应广泛用于对红外辐射、特别是长波长的红外线测量。由于温升是热积累的作用，所以光热效应的速度比较慢，而且易受环境温度变化的影响。

4.1.1　外光电效应

外光电效应，也称光电发射效应，是指在光照下，物体向表面以外的空间发射电子(光电子)的现象，其发射机理可用能带理论加以分析。

1. 金属逸出功和半导体的发射阈值

(1) 电子亲和势。

如图 4-1 所示，在真空中静止电子能量称为真空能级 E_0，则真空能级与半导体导带底能级 E_c 之差称为电子亲和势 E_A。

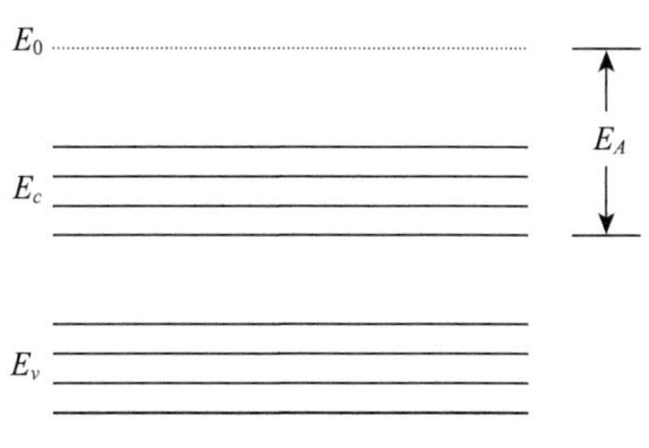

图 4-1　电子亲和势示意图

(2) 电子逸出功。

电子逸出功是描述材料表面对电子束缚强弱的物理量，在数量上等于电子逸出表面所需的最低能量，也

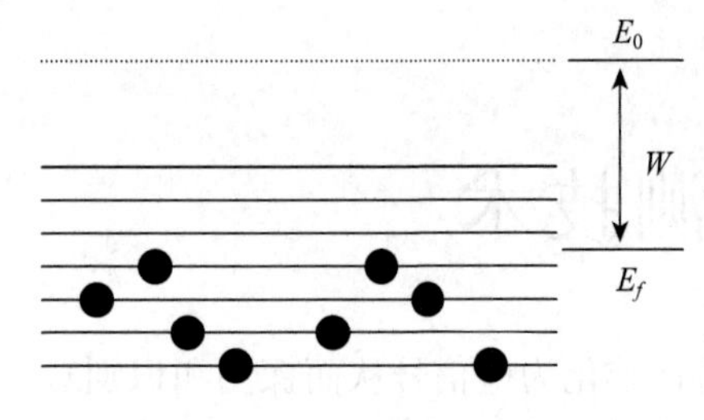

图 4 - 2 金属材料的电子逸出功

可以说是光电发射的能量阈值。对金属而言,由于有大量自由电子,导带与价带连在一起,没有禁带,绝对零度时自由电子在费米能级以下,其示意图如图 4 - 2 所示。

金属材料的电子逸出功可定义为 $T = 0\text{K}$ 时真空能级与费米能级之差。即

$$W = E_0 - E_f \tag{4-2}$$

式中,E_f 表示费米能级。

(3) 半导体的发射阈值

对于半导体材料,其能带结构如图 4 - 3 所示。

半导体中的费米能级一般都在禁带当中。半导体电子逸出功定义是 $T = 0\text{K}$ 时真空能级与电子发射中心的能级之差,而电子发射中心的能级有的是价带顶,有的是杂质能级,有的是导带底,情况复杂。由于电子逸出功不管从哪里算,都包含了电子亲和势,半导体材料光电发射的能量阈值一般按真空能级与价带顶之差(电子亲和势加上禁带宽度)来计算,即

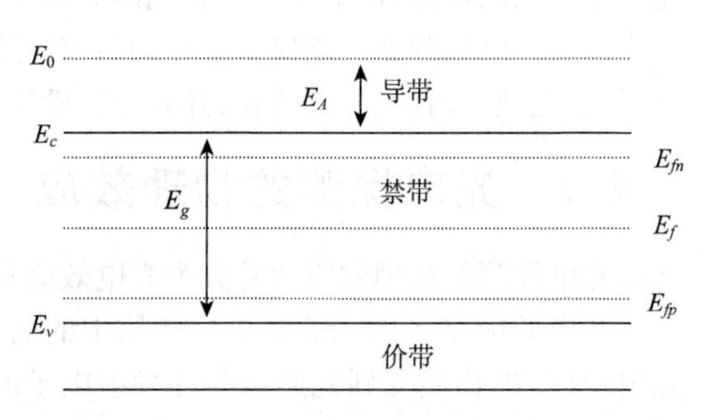

图 4 - 3 半导体材料能带结构

$$E_{\text{th}} = E_g + E_A \tag{4-3}$$

2. 光电子发射的基本规律

自从 1887 年赫兹发现光电发射现象以后,斯托列托夫等人对金属的光电发射进行了大量的研究,并归纳出外光电效应的两个基本定律:

(1) 斯托列托夫定律(光电发射第一定律)

当照射到光电阴极上的入射光频率或频谱成分不变时,饱和光电流(即单位时间内发射的光电子数目)与入射光强度成正比

$$i_c = IS \tag{4-4}$$

式中,i_c 为光电流,I 为入射光强,S 为表征光电发射灵敏度的系数,即光电阴极对入射光线的灵敏度。该式也表达为

$$i_c(t) = \frac{e\eta}{h\nu} P(t) \tag{4-5}$$

式中,e 为电子电荷,$P(t)$为 t 时刻入射到探测器上的光功率,η 为探测器的量子效率。该式也被称作光电转换定律,是光电探测器件进行光度测量、光电转换的一个最重要的依据。

(2) 爱因斯坦定律(光电发射第二定律)

如果发射体内电子吸收的光子能量大于发射体表面逸出功,则电子将以一定速度从发射体表面发射,光电子离开发射体表面时的初动能随入射光的频率增大线性增长,与入射光的强度无关。即光电子发射的能量关系符合爱因斯坦方程

$$E_k = h\nu - E_\varphi \tag{4-6}$$

式中,$E_k = \frac{1}{2}mv^2$ 为光电子的初动能,m 为电子质量,v 为电子离开发射体表面时的速度,ν 为入射光的频率,E_φ 为发射体的逸出功。该式表明,入射光子必须有足够的能量,也就是说发射体内的电子所吸收的能量 $h\nu$ 要大于发射体的逸出功,才能从发射体表面逸出。即

$$\nu \geqslant \frac{E_\varphi}{h} \tag{4-7}$$

截止波长表示为

$$\lambda_c = \frac{hc}{E_\varphi} = \frac{1240}{E_\varphi}\ (\mathrm{nm}) \tag{4-8}$$

当入射光波长大于截止波长时,无论光强有多大、照射时间有多长,都不会有光电子发射。

因此,要使频率较小的光辐射产生光电效应,发射体的逸出功必须较小。光电发射大致可分为三个过程:

① 光射入物体后,物体中的电子吸收光子能量,从基态跃迁到激发态。

② 受激电子从受激处出发,向表面运动,其间必然要同其他电子或晶格发生碰撞而失去部分能量。

③ 到达表面的电子克服表面势垒的束缚,逸出形成光电子。

4.1.2　内光电效应

内光电效应是光量子作用引起材料电学性质的变化,包括光电导效应、光诱导栅压效应、光伏效应及热电子效应等。

1. 光电导效应

光电导效应是指当光照射到半导体材料时,材料吸收光子的能量,使得非传导态电子变为传导态电子,引起载流子浓度增大,从而导致材料电导率增大的现象。光电导效应可以分为本征型和杂质型两种。

(1) 本征光电导

对于本征半导体,在无光照时,由于热激发只有少数电子从价带跃迁至导带,此时半导体的电导率很低,称为半导体的暗电导,用 σ_0 表示,且

$$\sigma_0 = e(n_0\mu_e + p_0\mu_p) \tag{4-9}$$

式中,n_0 和 μ_e 分别是无光照时导带电子密度和迁移率,p_0 和 μ_p 分别是无光照时价带空穴密度和迁移率。

当光入射到本征半导体材料上时,入射光子将电子从价带激发到导带,使导电电子、空穴数量变化了 Δn、Δp,从而引起电导率变化 $\Delta\sigma$ 为

$$\Delta\sigma = e(\Delta n\mu_e + \Delta p\mu_p) \tag{4-10}$$

则光电导率的相对变化为

$$\frac{\Delta\sigma}{\sigma_0} = \frac{\Delta n\mu_e + \Delta p\mu_p}{n_0\mu_e + p_0\mu_p} \tag{4-11}$$

由半导体理论可知,载流子浓度随时间和位置的变化可由连续性方程描述,为简化起见,将扩散过程忽略,则连续性方程为

$$\frac{\mathrm{d}(\Delta n)}{\mathrm{d}t} = G - \frac{\Delta n}{\tau_0} \tag{4-12}$$

式中,τ_0 为光电子寿命,$\Delta n/\tau_0$ 为复合率,产生率 G 为

$$G = \alpha\eta I/h\nu \tag{4-13}$$

式中,I 为光强,吸收系数 $\alpha = -\frac{\mathrm{d}I}{\mathrm{d}x}/I$ 为单位距离上光的吸收率,η 为量子效率,即每个光子所产生的电子-空穴对。

在恒定光照下的光电导效应称为定态光电导。稳态时,光生载流子的产生率必须等于复合率,即

$$\Delta n = G\tau_0 = \frac{\alpha\eta I\tau_0}{h\nu} \tag{4-14}$$

对于本征半导体,$\Delta n = \Delta p$,将上式代入式(4-11),得

$$\frac{\Delta\sigma}{\sigma_0} = \frac{\Delta n(1+b)}{bn_0 + p_0} = G\tau_0\frac{b+1}{bn_0 + p_0} \tag{4-15}$$

式中,引入了迁移率比 $b = \mu_e/\mu_p$,上式表明,灵敏的光电导体($\Delta\sigma \geqslant \sigma_0$)具有较长的光电子寿命 τ_0。

在低强度脉冲光辐照下,本征半导体光电导率随时间的瞬态变化曲线如图4-4所示。

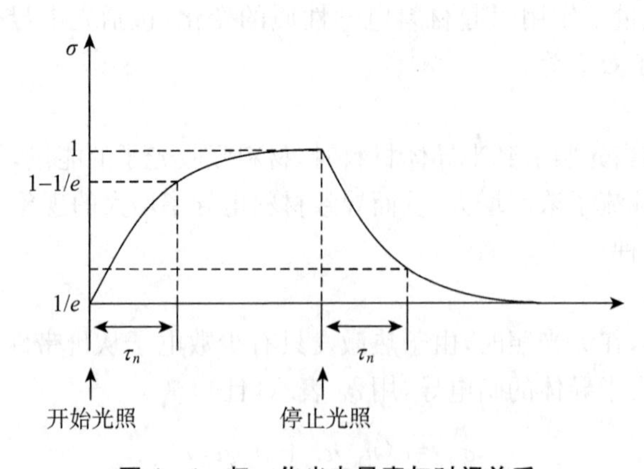

图4-4 归一化光电导率与时间关系

当 $t = 0$ 时,$\Delta n = 0$,由式(4-12)可得光生载流子浓度随时间的瞬态变化方程为

$$\Delta n = \frac{\alpha\eta I\tau_n}{h\nu}(1 - \mathrm{e}^{-t/\tau_0}) \tag{4-16}$$

由式(4-15)和(4-16)可知,光生载流子浓度与光电导率随时间按指数规律上升,当 $t \gg \tau_0$ 时达到饱和。

当停止光照时,由式(4-12)得

$$\frac{d(\Delta n)}{dt} = -\frac{\Delta n}{\tau_0} \tag{4-17}$$

$$\Delta n = \frac{\alpha \eta I \tau_0}{h\nu} e^{-t/\tau_0} \tag{4-18}$$

因此,光生载流子浓度与光电导率随时间呈指数衰减。

通常,称 τ_0 为光电导的弛豫时间。τ_0 越长,光生载流子浓度与光电导率越高。但是 τ_0 越长,光电导对光响应速度越慢。因此,光电导灵敏度与光电导响应速度是互相矛盾的,在制备或使用光电导器件时,需合理选取。显然,本征半导体材料的量子效率和吸收系数越高,光电灵敏度越高。

光生载流子的复合率与乘积 $(n_0 + \Delta n)(p_0 + \Delta p)$ 成正比,令比例因子为 C,则有

$$\Delta n / \tau_0 = C(np - n_0 p_0) = C(n_0 \Delta p + p_0 \Delta n + \Delta n \Delta p) \tag{4-19}$$

对于本征半导体,$\Delta n = \Delta p$,则上式是 Δn 的二次方程。

稳定态时,$\Delta n / \tau_0 = G$,则式(4-19)可写成

$$G = C(n_0 \Delta p + p_0 \Delta n + \Delta n \Delta p) \tag{4-20}$$

在低光强下,式中 $\Delta n \Delta p$ 可忽略不计,由于 $G \propto I$,所以 $\Delta n \propto I$,即本征半导体的定态光电导与光强有线性关系,而在高光强下,$n_0 \Delta p + p_0 \Delta n$ 可略去,则 $\Delta n \propto \sqrt{I}$,即本征半导体的定态光电导与光强的平方根成正比。

(2) 杂质光电导

对于杂质半导体,V 为外加偏压,R 为负载电阻,L 为电压方向半导体的长度,W、d 分别为半导体的宽度和厚度,半导体的横截面积 $S = Wd$。若入射光沿半导体厚度方向均匀入射,设入射光功率为 P,光电导材料吸收系数为 α,则入射光功率在材料内部沿厚度方向的变化为

$$P(x) = P_0 e^{-\alpha x} \tag{4-21}$$

式中,P_0 为入射半导体表面处光功率,x 为半导体内部距光入射表面的距离。光生载流子在外电场 $\boldsymbol{E}$ 作用下的漂移电流 $J(x)$ 为

$$J(x) = e\mu n(x) \tag{4-22}$$

式中,$n(x)$ 为 x 处的光生载流子密度。

2. 光诱导栅压效应

光诱导栅压效应是光电导效应的一种特殊情形,当光激发半导体产生电子-空穴对后,电子或空穴被捕获在局域态(如缺陷、杂质等)中,从而作为局域门控,有效调控材料的电阻。这种效应大多发生在纳米材料中,包括量子点、纳米线和二维半导体材料等,纳米材料由于比表面积大的特性,表面容易产生缺陷态,从而捕获光生载流子。

光增益是描述光电导效应和光诱导栅压效应光电流响应的一个重要参数,表达式为

$$G = \tau / \tau_T \tag{4-23}$$

其中 τ 为少数载流子寿命,τ_T 为渡越时间。假设该光电探测器中电子为主要载流子,在光诱导浮栅效应作用下,空穴被捕获在沟道缺陷或杂质中,为了保持电中性,电子会在空穴寿命时间内由于外加偏压多次在电极之间往返,从而表现为超高的光增益,以及高响应度,然而这是以牺牲响应带宽为代价的,由于捕获的少子寿命显著提高,因此响应时间较长。

3. 光生伏特效应

光生伏特效应是光照使半导体中光生电子和空穴在空间分开而产生电位差的现象,可以分为势垒型和非势垒型光生伏特效应。根据半导体均匀与否,势垒型光生伏特效应又可以分为以下两种情况。

(1) 由势垒效应产生的光生伏特效应

产生这种电位差的机理主要是由于存在着势垒,这种势垒可以是不均匀半导体中的PN结、异质结,也可以是肖特基势垒。这三种类型的物理原理极为相似,因此我们以PN结为例来说明由势垒效应产生光生伏特效应。

在半导体P-N结中,空穴从浓度高的P区向浓度低的N区扩散,导致在P区界面附近积累了负电荷,在N区界面附近积累了正电荷,形成P-N结的内部自建电场,或称为P-N结空间电荷区,如图4-5(a)所示,自建电场 $\boldsymbol{E}$ 将阻止电子和空穴的继续扩散,最后达到动态平衡。图4-5(b)表示没有光辐照时动态平衡状态的能带和势垒,费米能级处处相等。图(c)表示当光辐照时产生的载流子使费米能级变化,N区和P区出现能级差 ΔE,由此产生电动势。其物理过程为:光激发而产生的少数载流子(P区的电子和N区的空穴),扩散到P-N结的空间电荷区后,立即被电场加速,电子漂移到N区,空穴漂移到P区,于是在N区和P区分别带负电和正电,在N区和P区的电极间就会产生电压。

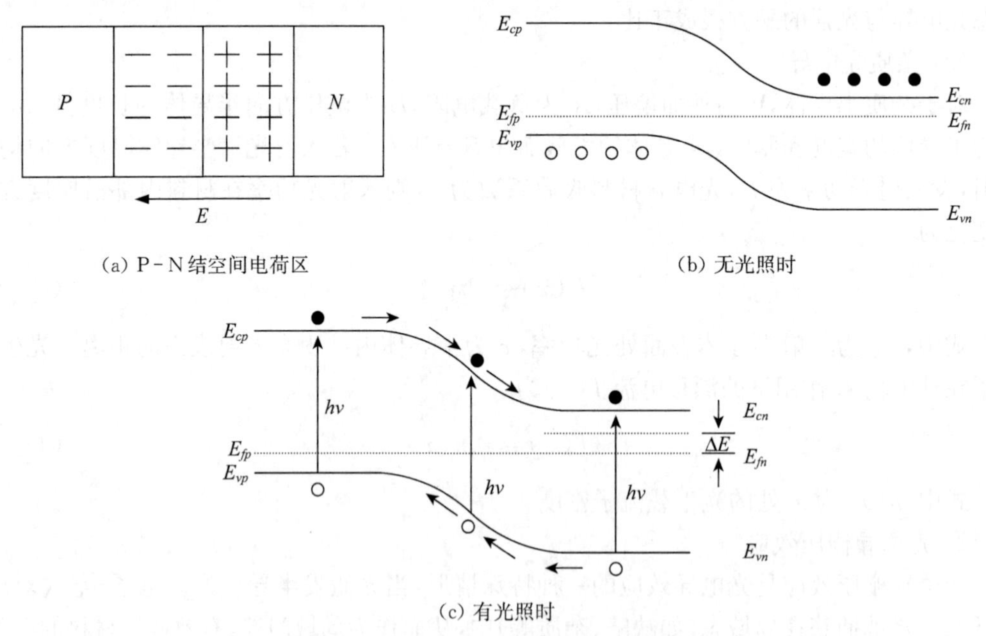

(a) P-N结空间电荷区　　(b) 无光照时

(c) 有光照时

图4-5　P-N结光生伏特效应原理图

在零偏压下,光生载流子产生的漂移电流与多数载流子克服内建电场的扩散形成的反向电流相平衡。

当外加反向偏压，即在 n 区一侧加正电压，在 p 区一侧加负电压时，则会大大减少多数载流子穿过结点的扩散。然而，两个区中的少数载流子漂移照常进行。只有在渡越区或扩散长度内产生的光生载流子才能形成漂移电流即光电流。假如忽略在空间电荷区内的电子和空穴的复合作用，则光电流为

$$i_L = e\eta\left(\frac{P}{h\nu}\right) \tag{4-24}$$

如果 P-N 结光电二极管处于开路状态，i_b 是二极管正常反向电流，又称二极管的反向饱和电流，按照 P-N 结的理论，开路电压为

$$V_0 = \frac{kT}{e}\ln\left(\frac{i_L}{i_b}+1\right) \tag{4-25}$$

式中，V_0 就是光生电动势。

(2) 由载流子浓度梯度引起的光生伏特效应(丹倍效应)

这类光生伏特效应产生在均匀半导体中。当有 $h\nu$ 足够大的光照射均匀半导体时，半导体的近表面层中将产生高浓度的光生非平衡电子空穴对。由于存在着载流子浓度梯度，两种载流子都将向半导体内部扩散形成扩散电流。由于迁移率与载流子的有效质量有关，所以电子的迁移率和扩散系数均比空穴的大，电子比空穴扩散得较快并且扩散到较深的半导体内部。在没有其他场的影响时，这种扩散的差异导致电荷的分开积聚，从而使半导体表面带正电而内部带负电，于是建立光生电场。光生电场又可引起电子和空穴的漂移。两种载流子的漂移运动方向相反，所以它们的漂移电流方向相同。当载流子的漂移运动和扩散运动达到动态平衡后，总电流为零，在受光辐照表面与未辐照面之间产生一定的开路光电压。这种由于光生载流子的扩散在光的传播方向产生电位差的现象称为光电扩散效应或丹倍效应，所产生的光电压称为光电扩散电压或丹倍电压。其大小可由丹倍电场强度的积分求得：

$$V_D = \frac{kT}{e}\left(\frac{\mu_e-\mu_p}{\mu_e+\mu_p}\right)\ln\left[1+\frac{(\mu_e+\mu_p)\Delta n}{\mu_e n_0+\mu_p p_0}\right] \tag{4-26}$$

式中，n_0 和 p_0 为平衡载流子浓度，Δn 为半导体表面 $x=0$ 处的非平衡载流子浓度从上式可以看出，光生电动势与两种载流子迁移率之差成正比。要产生丹倍效应，必须 $\mu_e \neq \mu_p$。

(3) 由外加磁场产生的光生伏特效应(光磁电效应)

如果将均匀半导体放在与光传播方向相垂直的磁场中，当半导体受光照射产生丹倍效应时，则有洛伦兹力作用于扩散的电子和空穴，使它们向垂直于扩散方向的不同方向偏转。这种用外加磁场使得光生电子和空穴分开的光生伏特效应就是光磁电效应。

(4) 光子牵引效应

光子牵引效应，其实是一种非势垒光伏效应。当光子与半导体中的自由载流子作用时，光子把动量传递给自由载流子，自由载流子将顺着光线传播方向做相对于晶格的运动。在开路的情况下，半导体样品两端将产生电荷积累而形成电场，阻止载流子继续运动，这种现象就被称为光子牵引效应。而样品两端积累的电荷建立的电位差，就称为光子牵引电压，它反映了入射光功率的大小。

4. 热电子效应

在传统光电效应中,当光子能量小于逸出功时,电子虽然跃迁到高能级但仍束缚在金属或半导体中,这些比热平衡状态电子能量更高的激发态电子被称为热电子,在光能转化过程中起重要作用,尤其在光电探测领域,热电子经过驰豫等动力学过程转化为电能,可实现突破材料带隙限制的光电探测。然而,对于传统体材料,这种热电子产生效率很低,使得基于这种效应的探测器件效率很低。近几年来,表面等离激元学的发展为热电子探测提供新的契机,在金属微纳结构吸收光子产生表面等离激元共振后,可以通过辐射跃迁转换成光子,也可以非辐射衰变的方式形成热电子,由于表面等离激元的光局域特性,使其具有很强的光吸收能力,因此这种方式诱导激发的热电子能量和效率比光致直接产生的热电子更高。当表面等离激元结构与半导体材料形成肖特基接触时,只要表面等离激元诱导激发的热电子能量大于接触界面的肖特基势垒,而不需要大于半导体禁带宽度,即可实现光电转换。

4.1.3 光热效应

光热效应可分为温差电效应和热释电效应。

1. 温差电效应

当两种不同的导体或半导体材料两端并联熔接时,在接点处可产生电动势,这种电动势的大小和方向与该接点处两种材料的性质和接点处温差有关。如果把这两种不同材料连接成回路,当两接头温度不同时,回路中即产生电流,这种现象称为温差电效应,又称塞贝克效应,如图 4-6 所示。

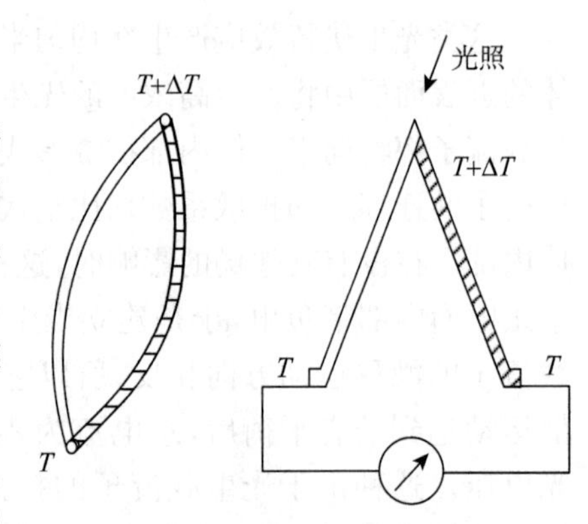

图 4-6 温差电效应示意图

温差热电偶接收辐射一端为热端,另一端为冷端。为了提高吸收系数,常在热端装上涂黑的金箔。半导体热电偶热端接收辐射后升温,载流子浓度增加,电子从热端向冷端扩散,从而使 p 型材料热端带负电、冷端带正电,n 型则相反。如果把冷端分开并与一个电流表连接,那么当光辐照热电偶热端时,吸收光能使热端温度升高,电流表数值大小就反映了光辐照能量的大小,这就是用热电偶来探测光能的原理。当冷端开路时,开路电压与温差成正比

$$V_{oc}=M\Delta T \tag{4-27}$$

式中,M 称为塞贝克常量,又称温差电势率,单位为 V/℃,ΔT 为温度变化值。

2. 热释电效应

由于热电晶体的自发极化矢量随温度变化,因而将入射光可引起热电晶体电容器电容改变的现象称为热释电效应。

热电晶体是一种具有非中心对称的压电晶体,在常态下,某个方向上正负电荷中心不重合,因此晶体表面存在着一定量极化电荷,这种现象被称为自发极化。温度变化会引起晶体正负电荷中心发生位移,从而引起表面极化电荷变化。

温度恒定时,因晶体表面吸附有来自于周围空气的异性电荷,不呈现自发极化现象;温度变化时,晶体表面的极化电荷很快发生变化,而吸附的自由电荷对面极化电荷的中和作用十分缓慢,一般在 1～1000s 量级,因而晶体表面电荷失去平衡。但这种温度变化相应的面

电荷变化过程仅发生在平均作用时间内。即

$$\tau=\frac{\varepsilon}{\sigma} \tag{4-28}$$

式中，ε 为晶体介电常数，σ 为晶体电导率。可见，这种辐射探测方法仅适用于变化的辐射，且辐射调制频率必须大于 $1/\tau$。热释电效应示意图见图 4-7。

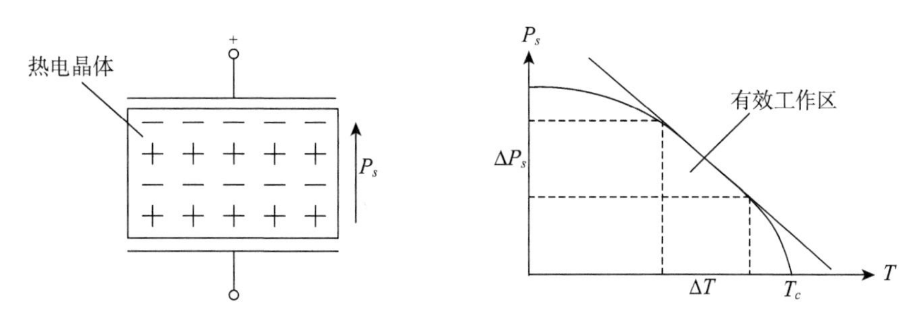

图 4-7　热释电效应示意图

图中，T_c 为热电晶体的居里温度。设晶体的自发极化矢量为 P_s，其方向垂直于晶体表面，则辐射引起的面极化电荷变化为

$$\Delta Q=A_d P_s=A_d\left(\frac{\Delta P_s}{\Delta T}\right)\Delta T=A_d\gamma\Delta T \tag{4-29}$$

式中，$\gamma=\dfrac{\Delta P_s}{\Delta T}$ 称为热释电系数，是与材料本身特性有关的物理量，表示自发极化强度随温度的变化率，ΔT 是辐射引起的晶体温度变化量，A_d 为两极板的重叠面积。

如果用变化的光辐照热电晶体制成的电容器，与电容器极板相连的电流表中就会有电流流过，该电流称为短路热释电流，其大小为

$$i=\frac{\mathrm{d}\Delta Q}{\mathrm{d}t}=A_d\gamma\frac{\mathrm{d}\Delta T}{\mathrm{d}t} \tag{4-30}$$

由此可知，当光照恒定时，$\Delta T=0$，热释电流等于零，所以热释电探测器是一种只能响应交变光辐射的器件。

4.2　光探测器的性能参数和噪声

4.2.1　光探测器的性能参数

表征光探测器的基本性能参数有量子效率 η，灵敏度 S，噪声等效功率 NEP，探测度 D，光谱响应和频率响应等。下面将具体说明：

1. 量子效率

光探测器的量子效率是指每一个入射光子所释放的平均电子数。它与入射光子能量有关，对内光电效应还与材料内电子的扩散长度有关，对于外光电效应与光电材料的表面逸出功有关。其表达式为

$$\eta=\frac{I_c/e}{P/h\nu}=\frac{I_c h\nu}{eP} \tag{4-31}$$

式中,P 是入射到探测器上的光功率,I_c 是入射光产生的平均光电流大小,$P/h\nu$ 是单位时间内入射光子平均数,I_c/e 是单位时间产生的光电子平均数。理想的光子探测器的量子效率 $\eta=100\%$。实际上由于探测器对入射光子的反射、透射、散射等作用,量子效率 $\eta<100\%$。

量子效率是从光的量子化特性定义探测器性能,分为外量子效率和内量子效率。外量子效率定义为单位时间内产生光电流的电子数目与入射光子数目之比,表达式为

$$\eta_{EQE}=\frac{I_c/e}{P/h\nu}=\frac{I_c h\nu}{eP} \tag{4-32}$$

式中,P 是入射到探测器有效面积上的光功率,I_c 是产生的光电流大小。而内量子效率则定义为单位时间内产生光电流的电子数目与器件吸收的光子数目之比。表达式为

$$\eta_{IQE}=\frac{I_c/e}{P_A/h\nu}=\frac{I_c h\nu}{eP_A} \tag{4-33}$$

式中 P_A 是探测器吸收的光功率。

对于无增益的光子探测器,理想情况下,外量子效率等于 100%,由于探测器对入射光子的反射、透射、散射等作用,实际情况中外量子效率小于 100%。但对于高增益的光电探测器,如以光诱导浮栅机制占主导作用的探测器,由于一个入射光子会产生多个电子,外量子效率大于 100%,目前报道的二维材料探测器外量子效率可高达 10^5。

2. 灵敏度

探测器的灵敏度又称为响应度,它也是表征探测器将入射光信号转换成电信号能力的特性参数。可分为电压灵敏度 R_u 和电流灵敏度 R_i

$$\begin{aligned} R_u &= \frac{V_s}{P} \\ R_i &= \frac{I_s}{P} \end{aligned} \tag{4-34}$$

式中,V_s 和 I_s 分别为探测器输出的信号电压和信号电流,P 为输入探测器的光功率,R_u 和 R_i 均是入射光波长的函数,入射光波长一定,则探测器灵敏度确定。

3. 噪声等效功率

在实际应用中,即使探测器上的输入信号为零,输出端仍有一个极小的信号输出。这个来源于探测器本身的输出信号被视为探测器的噪声,它随探测器本身的材料、结构、周围环境温度等因素的变化而变化。

探测器的最小可探测功率受到噪声的限制,为此引入噪声等效功率来表征探测器的最小可探测功率。它定义为信噪比等于 1(即输出信号电压或电流等于探测器输出噪声电压或电流)时的入射光功率。即

$$NEP=\frac{P}{V_s/V_n} \tag{4-35}$$

或

$$NEP=\frac{P}{I_s/I_n} \tag{4-36}$$

式中,NEP 单位为 W。NEP 越小,表明探测器的探测能力越强。

由于噪声频谱很宽，为了减小噪声影响，一般选择窄带通的探测器放大器，其中心频率为调制频率。这样，信号将不受损失而噪声可被滤去，从而使 NEP 减小。这种情况下的 NEP 定义为

$$NEP=\left(\frac{V_n}{V_s}\right)\frac{P}{\sqrt{\Delta f}} \tag{4-37}$$

或

$$NEP=\left(\frac{I_n}{I_s}\right)\frac{P}{\sqrt{\Delta f}} \tag{4-38}$$

式中，Δf 为放大器的带宽。

4. 探测度 D

探测器的探测度定义为 NEP 的倒数，即单位入射功率对应的信噪比

$$D=\frac{1}{NEP} \tag{4-39}$$

理论分析和实验结果表明，NEP 还与探测器接受光面积 A_d 的平方根 $\sqrt{A_d}$ 成正比。可以定义归一化探测度 D^*，表示单位面积、单位带宽的探测度，即

$$D^*=\frac{\sqrt{A_d\Delta f}}{P}\left(\frac{V_s}{V_n}\right) \tag{4-40}$$

上式表明，归一化探测度 D^* 是用单位测量系统的带宽和单位面积探测器的噪声电流来衡量探测器的探测能力。对于散粒噪声为主的探测器，其归一化探测度也可以表示为

$$D^*=\frac{R_i\sqrt{A}}{\sqrt{2qI_{\text{dark}}}} \tag{4-41}$$

式中 q 为电子电荷，I_{dark} 为器件暗电流。

5. 光谱响应

探测器的光谱响应就是表征灵敏度随波长变化的特性参数。通常，将光谱特性的最大值归一化，得到的特性曲线称为相对光谱特性曲线，简称光谱特性。图 4-8 给出了光探测器的光谱特性曲线。

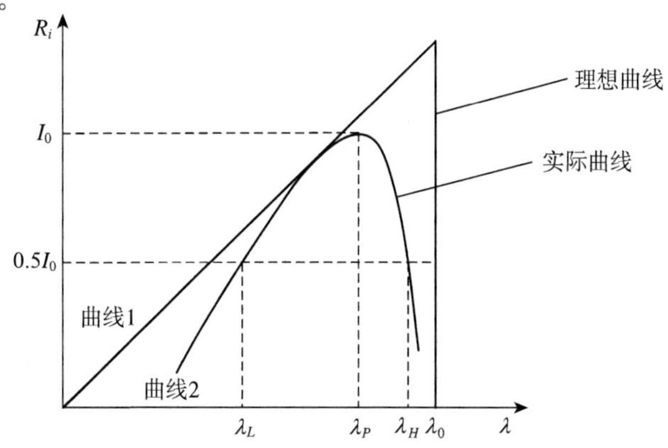

图 4-8　光电探测器光谱特性曲线

图4-8中曲线1为理想的光谱特性曲线,即当量子效率和光电增益为常数时,光谱灵敏度与入射光波长成正比,其长波响应受探测器材料截止波长λ_0的限制,而理论上的短波响应可小到零波长。曲线2是实际光探测器的光谱特性曲线。由图4-8可知,光探测器的光谱特性表现出明显的“波长选择性”。一般地,将灵敏度从最大值下降到50%时所对应的波长范围(λ_L,λ_H)定义为探测器的光谱响应宽度,将灵敏度最大值对应的波长称为峰值波长,用λ_p表示。

6. 时间响应

实验测量和理论分析表明,光照探测器时,电信号需要一定的时间才能达到稳定值,停止光照时,信号完全消失也需要一定的时间。通常用探测器的响应时间来描述信号产生和消失的这种滞后特性。探测器的响应时间特性如图4-9所示。

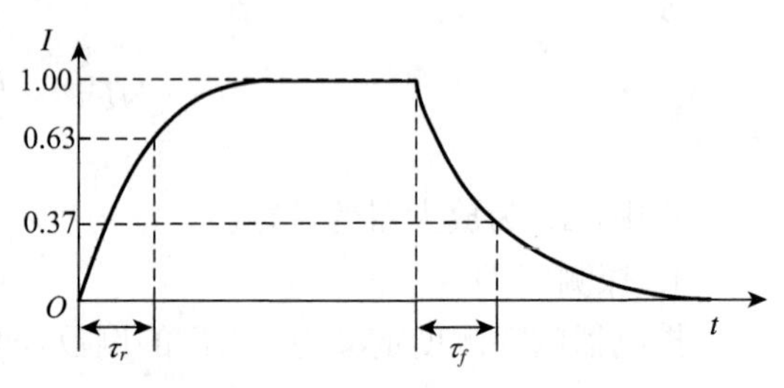

图4-9 光电探测器响应时间特性曲线

对于矩形光脉冲信号,其响应出现上升沿和下降沿。在光信号上升沿,探测器输出电流为

$$i_s(t)=I_0(1-e^{-t/\tau_r}) \tag{4-42}$$

$i_s(t)$上升到稳态值I_0的$1-1/e$的时间τ_r称为上升响应时间。在下降沿,探测器的输出电流为

$$i_s(t)=I_0e^{-t/\tau_f} \tag{4-43}$$

$i_s(t)$下降到稳态值I_0的$1/e$的时间τ_f称为下降响应时间。通常$\tau_r=\tau_f=\tau$统称为探测器的响应时间。

7. 频率响应

为了表征光探测器灵敏度在入射光波长不变时,随入射光调制频率f的变化,可以用频率响应这个特性参数。频率响应是光探测器对加在光载波上的电调制信号的响应能力的反映,定义为

$$R_f=\frac{R_0}{\sqrt{1+(2\pi f\tau)^2}} \tag{4-44}$$

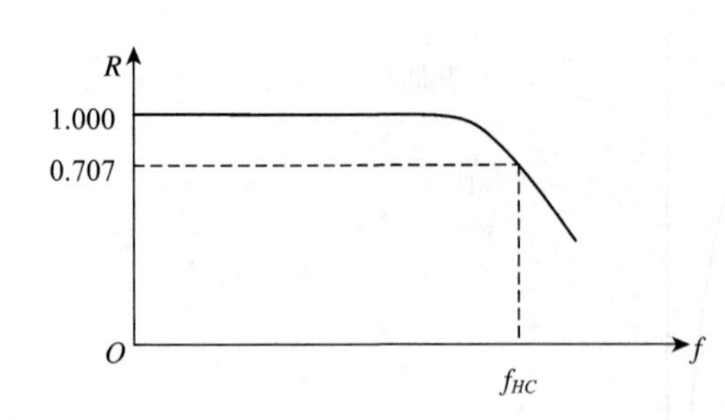

图4-10 光电探测器频率响应特性曲线

式中,R_f表示频率为f时的灵敏度,R_0为频率为零时的灵敏度,τ为光探测器的响应时间,由材料、结构和外电路决定。探测器的频率响应特性曲线如图4-10所示。

当探测器的灵敏度下降到R_0的$1/\sqrt{2}$时,有

$$f_c=\frac{1}{2\pi\tau} \tag{4-45}$$

式中,f_c称为探测器的上限截止频率或3dB带宽。由该式可知,响应时间τ决定了探测器的频率响应带宽。

4.2.2　光探测器的噪声

光电探测器一般用均方噪声电流 $\overline{i_n^2}$ 或均方噪声电压 $\overline{u_n^2}$ 表示噪声值的大小。当光电探测器中存在多个独立不相关的噪声源时，其总的噪声功率就是各部分的线性叠加，即为

$$\overline{i_{n总}^2} = \overline{i_{n1}^2} + \overline{i_{n2}^2} + \cdots + \overline{i_{nk}^2} \tag{4-46}$$

对噪声进行傅立叶频谱分析，就得到噪声功率随频率变化关系，即噪声的功率谱。如果功率谱大小与频率无关，这种噪声被称为白噪声；如果噪声功率谱与 $1/f$ 成正比，则被称为 $1/f$ 噪声。

光电探测器的噪声来源包括热噪声、散粒噪声、产生-复合噪声、$1/f$ 噪声和温度噪声等。下面将详细说明。

1. 热噪声

热噪声也称约翰逊噪声，这是由于载流子无规则的热运动造成的噪声。当温度高于绝对零度时，导体或半导体中每个电子作随机运动（相当于微电脉冲），尽管其平均值为零，但瞬时电流扰动在导体两端会产生一个均方根电压，称为热噪声电压。其均方值为

$$\overline{u_n^2} = 4kT\Delta fR \tag{4-47}$$

用均方噪声电流表示为

$$\overline{i_n^2} = \frac{4kT\Delta f}{R} \tag{4-48}$$

式中，R 是导体阻抗的实部，k 是玻尔兹曼常数，T 是热力学温度，Δf 是测量的频带宽度。

热噪声存在于任何电阻中，其大小与温度成正比，而与频率无关。热噪声是各种频率分量组成，如同白光是由各种波长的光组成一样，所以热噪声可称为白噪声。降低温度和压缩频带宽度，可以减小热噪声功率。

2. 散粒噪声

光电探测器的散粒噪声是由于光电探测器在光辐射作用或热激发下，光电子或载流子随机产生所造成的。由于随机起伏是一个一个的带电粒子或电子引起的，称为散粒噪声，其表达式为

$$\overline{i_{ns}^2} = 2eI\Delta f \tag{4-49}$$

式中，e 为电子电荷，I 为器件输出平均电流，Δf 为测量的频带宽度。

散粒噪声存在于所有真空发射管和半导体器件中，也属于白噪声。

3. 产生-复合噪声

在没有光照的情况下，在半导体内部的载流子产生和复合过程实际上是一种动态平衡过程。由于载流子的产生和复合过程的随机性，自由载流子浓度总是围绕其平均值涨落，引起电导率的起伏，因而导致电流或电压的起伏。这种由半导体内部光生载流子随机产生和复合过程引起的噪声称为产生-复合噪声，其表达式为

$$\overline{i_{ngr}^2} = \frac{4eMI\Delta f}{1 + \omega^2 \tau_c^2} \tag{4-50}$$

式中,I 为总的平均电流,M 为光电探测器的内增益,$\omega=2\pi f$,f 为测量系统的工作频率,τ_c 为载流子平均寿命。该式表明,产生-复合噪声不再是白噪声,而是低频限带噪声。

当 $\omega\tau_c\ll1$ 时,上式可简化为

$$\overline{i_{ngr}}^2=4eMI\Delta f \tag{4-51}$$

产生-复合噪声是光电导探测器的主要噪声源。

4. 1/f 噪声

1/f 噪声也称闪烁噪声或低频噪声。这种噪声是由于光敏层的微粒不均匀或不必要的微量杂质的存在,当电流流过时,在微粒间发生微火花放电而引起的微电爆脉冲。1/f 噪声的功率谱近似与频率成反比,其经验公式为

$$\overline{i_{nf}}^2=\frac{AI^\alpha\Delta f}{f^\beta} \tag{4-52}$$

式中,I 为器件输出平均电流,f 为器件工作频率,α 接近于 2,β 取 0.8~1.5,A 为与探测器有关的系数。

1/f 噪声主要出现在 1kHz 以下的低频区。在实际使用中,只要保证低频调制频率高于 1kHz,就可以大大减小这种噪声。

5. 温度噪声

温度噪声是热探测器本身吸收和传导热交换引起的温度起伏。它的均方值为

$$\overline{t_n}^2=\frac{4kT^2\Delta f}{G[1+(2\pi f\tau_T)^2]} \tag{4-53}$$

式中,G 为器件的热导,$\tau_T=C_H/G$ 为器件的热时间常量,C_H 为器件的热容。

在低频时,$(2\pi f\tau_T)^2\ll1$,上式可简化为

$$\overline{t_n}^2=\frac{4kT^2\Delta f}{G} \tag{4-54}$$

因此,温度噪声功率为

$$\overline{\Delta W_T}^2=G^2\overline{t_n}^2=4GkT^2\Delta f \tag{4-55}$$

综合以上各种噪声源,其功率谱分布可用图 4-11 来表示。

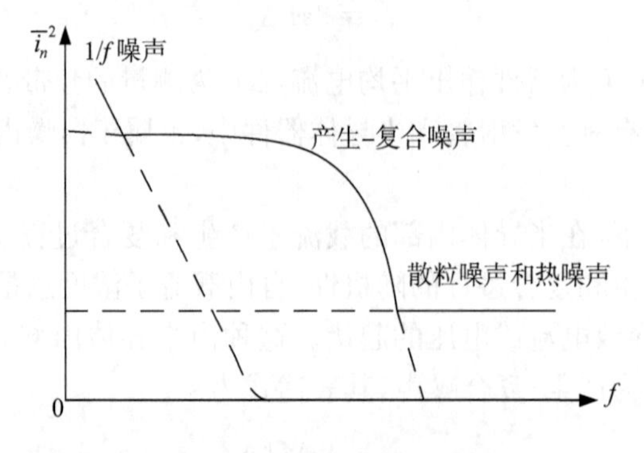

图 4-11　光电探测器噪声功率谱分布

由图 4-11 可见，在低频区域，$1/f$ 噪声起主导作用；在中频区域，产生一复合噪声为主要噪声；当频率较高时，白噪声起主导作用，其他噪声对光探测器的噪声基本没影响。

4.3　光电探测器的探测方式

光辐射的探测是将光波中的信息提取出来的过程。光作为信息的载体，把信号加载到光波的方法有多种，例如强度调制、幅度调制、频率调制、相位调制和偏振调制。从原理上讲，强度调制、幅度调制和偏振调制可以直接由光探测器直接解调，因而称为直接探测方式。然而，频率调制和相位调制则必须采用光外差探测的方式。

4.3.1　直接探测与外差探测的基本原理

光探测器的光吸收过程是直接由某种光量子作用产生的。这种量子作用由检测系统读取，因此其输出是由光量子的吸收率决定的，而不是由光量子的能量来决定，其工作原理是单位时间内探测器的输出电信号正比于光生载流子数目，而单位时间内光生载流子的数目，即载流子的跃迁速率，正比于总入射光场振幅的平方（入射光功率），即

$$W = E(t)E^*(t) \tag{4-56}$$

设入射场为缓变场 $E_1(t)=E_1 e^{j(\omega_1 t+\varphi_1)}$ 与 $E_2(t)=E_2 e^{j(\omega_2 t+\varphi_2)}$ 的合成场，则有

$$E(t)=\mathrm{Re}[E_1 e^{j(\omega_1 t+\varphi_1)}+E_2 e^{j(\omega_2 t+\varphi_2)}]=\mathrm{Re}\{[E_1 e^{j\varphi_1}+E_2 e^{j(\Delta\omega t+\varphi_2)}]e^{j\omega_1 t}\} \tag{4-57}$$

于是

$$W=E(t)E^*(t)=E_1^2+E_2^2+2E_1E_2\cos(\Delta\omega t+\varphi_2-\varphi_1) \tag{4-58}$$

(1) 当 $E_1(t)=E_2(t)$ 时，它对应于直接探测方式，此时探测器的输出电流是入射光功率的线性函数。直接探测系统结构图如图 4-12 所示。

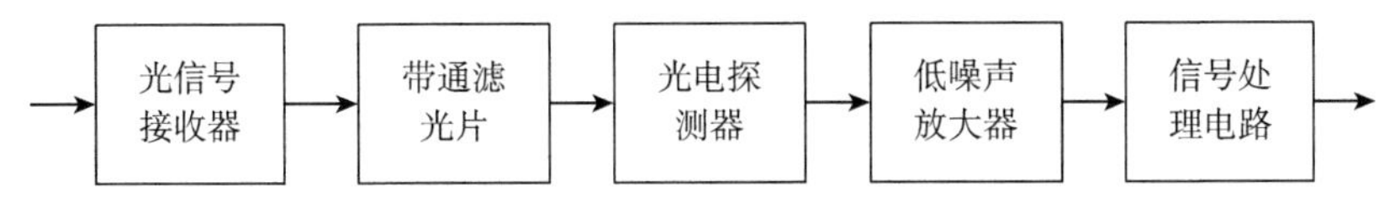

图 4-12　直接探测系统结构图

光辐射信号通过光学透镜天线、带通滤波器入射到光电探测器的表面，光电探测器将入射的光子流转换成电子流，其大小正比于光子流的瞬时强度，然后经过前置放大器对信号进行处理，由于光电探测器只响应光波功率的包络变化，而不响应光波的频率和相位，所以直接探测方式也称为光包络探测或非相干探测。

(2) 当 $E_1(t)\neq E_2(t)$ 时，它对应于外差探测方式，跃迁概率中除两入射光功率和 $(E_1^2+E_2^2)$ 这一常量项外，还包含一项以 $\Delta\omega=\omega_2-\omega_1$ 振荡、相位 $\Delta\varphi=\varphi_2-\varphi_1$ 的分量 $E_1E_2\cos(\Delta\omega t+\Delta\varphi)$，因而能反映入射相干光载波的频率及相位变化。外差探测系统的结构图如图 4-13 所示。

与直接探测系统相比，外差探测的工作过程如下：待探测的频率为光信号，由本振激光器输出的频率为参考光信号，它们都经过有选择性的分束器入射到光探测器表面而相干叠加，因为探测器仅对其差频信号响应，故只有频率为 $\Delta\omega$ 的射频电信号输出，再经过放大器放大，由射频检波器进行解调，最后得到调制在光载波上的信息。

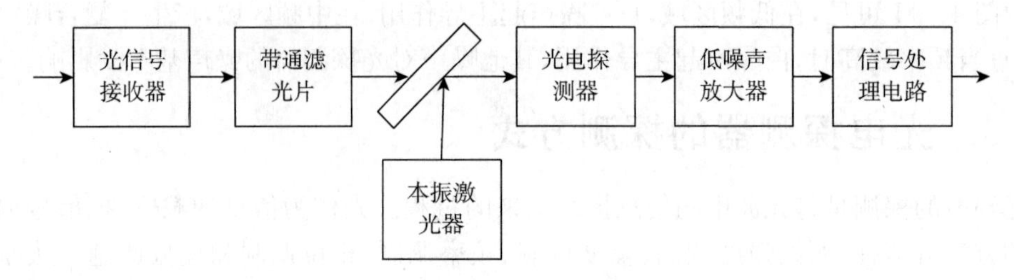

图 4-13　外差探测系统结构图

4.3.2　两种探测方式的性能分析

1. 直接探测方式性能分析

直接探测方式中调制信号频率为 ω_m，光信号频率为 ω_s，调制光信号为

$$e_s(t) = E_s(1+m\cos\omega_m t)\cos\omega_s t = \mathrm{Re}[E_s(1+m\cos\omega_m t)e^{j\omega_s t}] \tag{4-59}$$

由于光电探测器的响应时间一般远大于光频变化周期，因而光电转换过程实际上是光场变化的时间积分响应，于是得到入射到探测器上的平均光功率

$$P = \frac{1}{2}E_s^2 \tag{4-60}$$

由此可得入射光在具有内增益 G 的探测器光敏面上输出的平均电功率为

$$P_c = G^2\left(\frac{e\eta}{h\nu_s}\right)^2 P_s^2 R_L \tag{4-61}$$

直接探测时，入射光产生的光电流大小为

$$i_c(t) = \frac{e\eta}{h\nu_s}P_s(1+m\cos\omega_m t)^2 = \frac{e\eta}{h\nu_s}P_s\left(1+\frac{m^2}{2}+2m\cos\omega_m t+\frac{m^2}{2}\cos 2\omega_m t\right) \tag{4-62}$$

一般直接探测只响应光功率的时变信息，而不考虑直流部分，则有

$$i_c(t) = \frac{e\eta}{h\nu_s}P_s\left(\frac{m^2}{2}+2m\cos\omega_m t+\frac{m^2}{2}\cos 2\omega_m t\right) \tag{4-63}$$

由于$\frac{e\eta P_s}{h\nu_s}\frac{m^2}{2}\cos 2\omega_m t$对应于光探测器的频率响应，而不是光谱响应，频率太高，光电探测器根本不能响应，因而考虑自增益后，直接探测光探测器的实际输出电流为

$$i_c(t) = \frac{Ge\eta P_s}{h\nu_s}2m\cos\omega_m t \tag{4-64}$$

其功率信噪比

$$SNR = P_c/P_n = \frac{P_c}{P_{ns}+P_{nb}+P_{nd}+P_{nr}} = \frac{2(GP_s e\eta/h\nu_s)^2 R_L}{(\overline{i_{ns}}^2+\overline{i_{nb}}^2+\overline{i_{nd}}^2+\overline{i_{nr}}^2)R_L} \tag{4-65}$$

式中，i_b 为背景光电流，i_d 为光电阴极暗电流。P_{ns}、P_{nb}、P_{nd} 和 P_{nr} 分别是光电倍增管

的信号光噪声功率、背景光噪声功率、暗电流产生的噪声功率和热噪声功率。对于光电二极管 $P_{ns}=4eG^2i_s\Delta\nu R_L$，$P_{nb}=4eG^2i_b\Delta\nu R_L$、$P_{nd}=4eG^2i_d\Delta\nu R_L P_{nr}=4kT_e\Delta\nu$，$G=1$，其信噪比为

$$SNR=\frac{2(GP_se\eta/h\nu_s)^2}{4e(i_s+i_b+i_d)\Delta\nu+(4kT_e\Delta\nu/R_L)} \tag{4-66}$$

对于光电倍增管，$P_{ns}=2eG^2i_s\Delta\nu R_L$、$P_{nb}=2eG^2i_b\Delta\nu R_L$、$P_{nd}=2eG^2i_d\Delta\nu R_L$ 和 $P_{nr}=4kT_e\Delta\nu$，其信噪比为

$$SNR=\frac{2(GP_se\eta/h\nu_s)^2}{2eG^2(i_s+i_b+i_d)\Delta\nu+(4kT_e\Delta\nu/R_L)} \tag{4-67}$$

只考虑光信号噪声情况下，信号极限噪声为

$$NEP=\frac{2h\nu_s\Delta\nu}{\eta} \tag{4-68}$$

2. 外差探测方式性能分析

和无线电波外差接收原理完全一样，光频外差探测必须有两束满足相干条件的光束。其中，光电探测器起着光学混频器的作用，它响应信号光与本振光的差频分量，输出一个中频光电流。由于探测量是利用信号光和本振光在光电探测器光敏面上干涉得出，因而外差探测又称相干探测。

光外差探测中的光电转换过程不是检波过程，而是一种转换过程，其中的被测信号 $E_1\cos\omega_1 t$ 与第二个光场 $E_2\cos(\omega_1+\Delta\omega)t$ 混频，从而产生频移 $\Delta\omega(\Delta\omega\ll\omega_1)$，即把以 ω_1 为载频的光频信息转换到以 $\Delta\omega$ 为载频的中频电流上。这一转换是本地振荡光波的作用，它使光外差探测天然地有一种转换增益 G。以直接探测为基准加以表述为

$$G=\frac{P_{\Delta\omega}}{P_s}=2\frac{P_2}{P_1}=2\frac{E_2^2}{E_1^2} \tag{4-69}$$

式中，$P_1=\frac{1}{2}E_1^2$ 为信号的光功率，$P_2=\frac{1}{2}E_2^2$ 为本振光功率，$P_{\Delta\omega}$ 为探测器输出电功率，也就是中频光功率

$$P_{\Delta\omega}=2\left(\frac{e\eta}{h\nu}\right)^2P_1P_2R_L \tag{4-70}$$

入射到光电阴极上的总电场为

$$E(t)=\mathrm{Re}[E_2e^{\mathrm{j}(\omega_1+\Delta\omega)t}+E_1e^{\mathrm{j}\omega_1 t}]=\mathrm{Re}[E_2e^{\mathrm{j}2\pi(\nu_1+\Delta\nu)t}+E_1e^{\mathrm{j}2\pi\nu_1 t}] \tag{4-71}$$

由此推得

$$i_c(t)=\frac{e\eta}{h\nu}[E_1^2+E_2^2+2E_1E_2\cos(2\pi\Delta\nu t)]=\frac{e\eta}{h\nu}E_1^2[1+2G+2\sqrt{G}\cos(2\pi\Delta\nu t)] \tag{4-72}$$

若不考虑其中的直流部分，则有

$$i_c(t)=\frac{2e\eta}{h\nu}E_1^2\sqrt{G}\cos(2\pi\Delta\nu t) \tag{4-73}$$

信噪比

$$SNR=\frac{\eta P_s}{h\nu\Delta\nu}=\frac{2G^2(P_1P_2)(E\eta/h\nu)^2}{G^2 2e[i_d+Pe\eta/h\nu]\Delta\nu+4kT_e\Delta\nu/R_L} \tag{4-74}$$

外差探测中,本振散粒噪声远远大于热噪声及其他散粒噪声,于是可推得光外差探测的极限灵敏度 NEP 为

$$NEP=\frac{h\nu\Delta\nu}{\eta} \tag{4-75}$$

比较外差探测与直接探测的极限灵敏度可得,二者形式十分相似。但由于外差探测中的 $\Delta\nu$ 远远小于直接探测中的值,因而外差探测的极限灵敏度远远大于直接探测的极限灵敏度。这主要是因为外差探测中的高质量本振光束不仅给信号光束提供了转换增益,而且还清除了探测器的内部噪声。

4.4 光电探测器

4.4.1 光电探测器的分类

光电探测器是把光辐射能量转变为电信号的器件,其种类很多,分类方式也各不相同。

根据探测器结构形式,可将探测器分为单元探测器和多元探测器,其中的多元探测器已由线阵发展为面阵,且目前已能将探测器阵列与信号处理电路集成,大大扩展了其应用领域。按用途可分为成像探测器和非成像探测器。根据探测方式不同可分为直接探测和外差探测。

各种分类方式中,更多的是根据光电探测工作所依据的各种物理效应来分类。表4-1为光电探测的物理效应与相应探测器分类表。

表4-1 光电探测物理效应与相应探测器

<table>
<tr><th colspan="4">效 应</th><th>探测器</th></tr>
<tr><td rowspan="11">光子效应</td><td rowspan="3">外光电效应</td><td colspan="2">光阴极发射光电子</td><td>光电管</td></tr>
<tr><td rowspan="2">光电子倍增</td><td>倍增极倍增</td><td>光电倍增管</td></tr>
<tr><td>通道电子倍增</td><td>像增强管</td></tr>
<tr><td rowspan="8">内光电效应</td><td colspan="2">光电导效应</td><td>光电导管或称光敏电阻</td></tr>
<tr><td rowspan="5">光伏效应</td><td>零偏的P-N结和P-i-N结</td><td>光电池</td></tr>
<tr><td>反偏的P-N结和P-i-N结</td><td>光电二极管</td></tr>
<tr><td>雪崩效应</td><td>雪崩光电二极管</td></tr>
<tr><td>肖特基势垒</td><td>肖特基势垒光电二极管</td></tr>
<tr><td>P-N-P结和P-i-N结</td><td>光电三极管</td></tr>
<tr><td colspan="2">光磁电效应</td><td>光磁电探测器</td></tr>
<tr><td colspan="2">光子牵引效应</td><td>光子牵引探测器</td></tr>
</table>

续表

<table>
<tr><th colspan="3">效　应</th><th>探测器</th></tr>
<tr><td rowspan="5">光热效应</td><td colspan="2">温差电效应</td><td>热电偶、热电堆</td></tr>
<tr><td colspan="2">热释电效应</td><td>热释电探测器</td></tr>
<tr><td rowspan="3">辐射热效应</td><td>负温度系数热效应</td><td>热敏电阻测辐射热计</td></tr>
<tr><td>正温度系数热效应</td><td>金属测辐射热计</td></tr>
<tr><td>超导</td><td>超导远红外探测器</td></tr>
</table>

4.4.2　典型光电探测器

1. 光敏电阻

光电导型探测器是利用光电导效应工作的。在光照下这类探测器的电阻率会改变，且光照越强器件电阻率越小，因而常称为光导管或光敏电阻。其结构很简单，只是在一块半导体材料上焊接两个电极即成，其阻抗呈阻性，没有极性，且灵敏度较高，具有内电流增益 G，响应速度则一般较慢。光敏电阻主要用于电子电路、仪器仪表、光电控制、计量分析、光电制导、激光外差探测等方面。

光敏电阻元件主要是Ⅱ-Ⅵ族的化合物半导体，如 CdS(硫化镉)、CdTe(碲化镉)、PbS(硫化铅)之类的烧结体和 InSb(锑化铟)、GaS(硫化镓)等Ⅲ-Ⅴ族化合物半导体，及 Ge:Cu，Ge:Au 等Ⅳ族半导体晶体。图 4-14 为典型的 CdS 光敏电阻的结构和偏置电路。

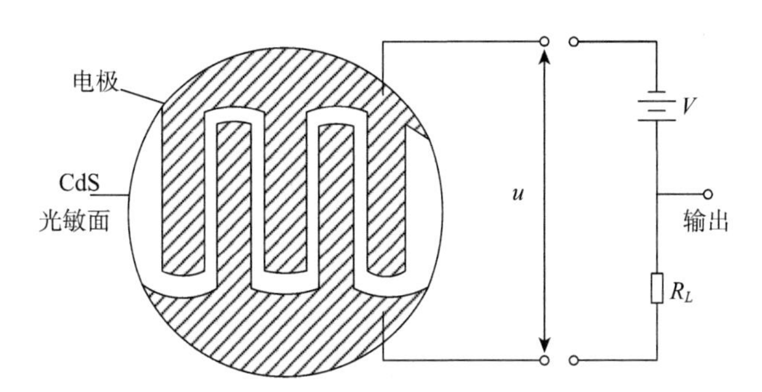

图 4-14　CdS 光敏电阻结构与偏置电路

CdS 和 CdTe 具有高可靠性、长寿命、低造价、可见光响应等特点，在工业中应用最广，其光电导增益为 $10^3 \sim 10^4$，但响应时间比较长，约 50ms。

PbS 是一种性能优良的近红外光敏电阻，其响应范围在(1～3.4)μm，峰值响应波长 2μm，响应时间 200μs，室温有较大电压输出，广泛应用于遥感技术和武器红外制导技术等方面。

2. 光电倍增管

光电倍增管是典型的光电子发射型探测器，其主要优点是：光谱响应宽，从近紫外、可见光到近红外均可覆盖；具有固有的高电流增益和低噪声，是最灵敏的探测器之一，可探测低达 10^{-19}W 的微弱光信号，因而特别适用于微弱光信号的探测；光电阴极尺寸可做到很大，因而可用作大面积信息传输。其缺点主要是结构复杂、工作电压高和体积较大。

光电倍增管由光电阴极 C、一系列倍增电极 D、收集阳极 A 三大部分密封在真空外壳中组成，如图 4-15 所示。

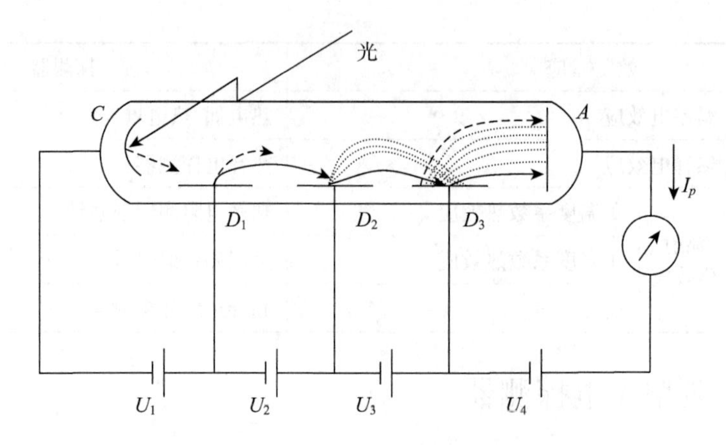

图 4-15　光电倍增管工作原理图

光电阴极是光电倍增管的关键部件，它将入射光转换为光电流，决定着探测器的波长响应特性和极限灵敏度。阳极与阴极之间电压可达千伏以上，其间的倍增电极电位与阴极相比逐渐升高，一般极间电位差为100V左右，因此从阴极到阳极各极之间形成逐级递增的加速电场。

光照下，光电阴极发射出来的电子聚焦后射到第一倍增极 D_1，由于光电子能量很大，引起 D_1 表面二次电子发射，使初始电流成倍增加之后，再射向 D_2，D_3，…。设每一级平均二次发射放大倍数为 g，倍增电极共 N 个，则光电倍增管的电流增益 G 为

$$G = g^N \tag{4-76}$$

倍增系数 g 与倍增电极材料以及倍增电极的极间电压有关，即

$$g = bU^{0.7} \tag{4-77}$$

式中，b 为材料与结构决定的系数，U 为倍增极间电压。

一般地，G 在 $10^5 \sim 10^8$ 之间。可见其放大倍数极大，灵敏度极高。普通光电倍增管工作范围在(0～1.1)GHz 区间，通过改进可达 1GHz 以上，甚至更高。

3. 硅光电二极管

光电二极管是一种工作在反向偏置下的结型半导体二极管，具有量子效率高、噪声低、响应快、动态工作范围大、体积小、寿命长等优点，常应用在微弱、快速光信号探测方面。制造光电二极管的材料大多是 Si 单晶或 Ge 单晶，其中前者暗电流和温度系数都更好，且制作工艺容易精确控制，因而应用最广。

Si 光电二极管工作于反偏模式，其典型结构如图 4-16 所示。

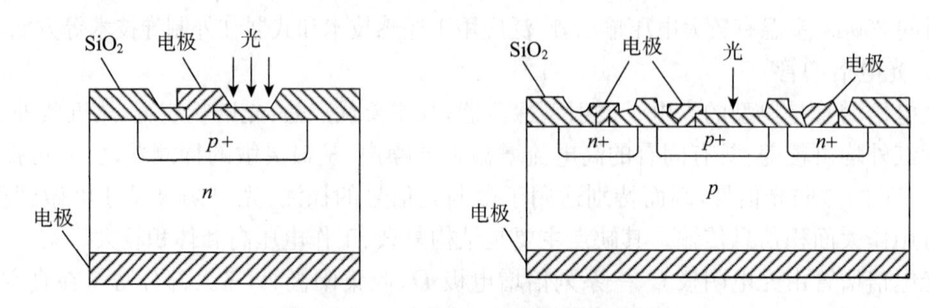

图 4-16　硅光电二极管结构示意图

Si光电二极管的光谱响应范围为(0.4～1.1)μm，峰值响应波长为0.9μm，峰值波长处量子效率大于50%，灵敏度≥0.4A/W。

为了改善普通Si光电二极管的频率响应特性，可在p区和n区间加入一个本征层，构成PIN型Si光电二极管。本征层明显增大了p^+区的耗尽层厚度，从而减小了载流子扩散时间和结电容，使光谱响应长波区的吸收系数大大减小，更有利于长波区光吸收，从而有利于量子效率的改善。这类二极管的扩散和漂移时间在10^{-10}s量级，结电容在10pF量级。

目前，PIN光电二极管已在光通信、光雷达以及其他快速光电自动控制领域得到了非常广泛的应用。

4. 雪崩光电二极管

同雪崩二极管类似，光照在反向偏置的一些特殊结构的二极管上时，会发生雪崩击穿，使光生载流子浓度迅速增大，结电流急剧增加，这种光电二极管就称为雪崩光电二极管。雪崩光电二极管必须选用高纯度、高电阻率、高均匀度的Si单晶或Ge单晶制备，反偏电压高达几百伏，耗尽区雪崩电场强度大于10^5V/cm量级。雪崩光电二极管具有存在内部电流增益、灵敏度高、响应速度快、工作频率范围宽、不需要后续复杂的放大电路等优点。其缺点是工艺要求高，稳定性差，受温度影响大。雪崩光电二极管的典型结构如图4-17所示。

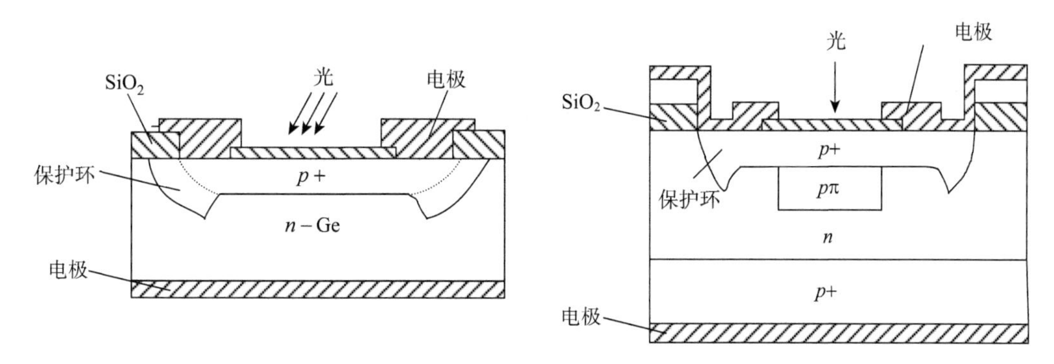

图4-17　雪崩光电二极管结构示意图

进入耗尽区的光电子被雪崩电场加速，获得很高的动能，并在n区碰撞晶格原子使之电离，产生出新的电子-空穴对；新空穴又被雪崩电场反向加速获得很高动能，并在p区碰撞晶格原子使之电离，产生出更新的电子-空穴对；新电子和空穴又重复以上过程，使得结内电流产生倍增，这就是雪崩光电二极管的工作原理。

雪崩光电二极管除了增益特性和噪声特性外，其他特性与光电二极管相似。雪崩过程的增益特性可用倍增因子G来表示，近似写为

$$G=\frac{i_m}{i_0}\approx\frac{1}{1-(V/V_{BD})^n} \tag{4-78}$$

式中，V_{BD}为雪崩击穿电压，n为1～3的常量。

5. 热释电探测器

热释电探测器是利用热释电效应而制成的光辐射探测器件，其基本结构可以等效为一个以热电晶体为介质的平板电容器。其电极结构主要有面电极和边电极两种，其结构示意

图如图 4-18 所示。

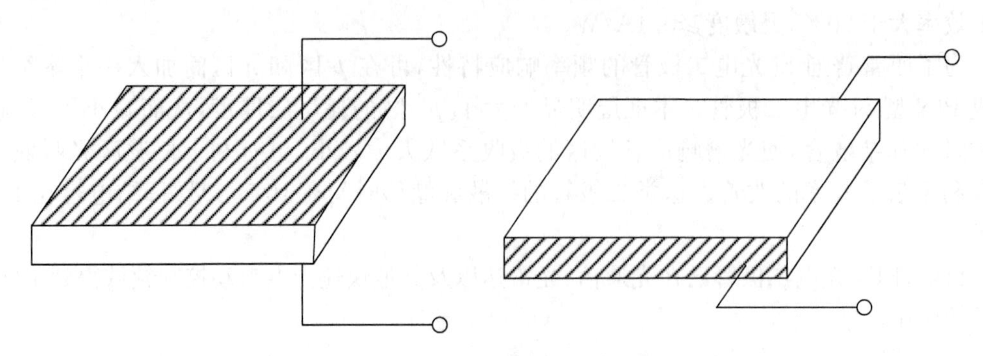

图 4-18 热释电探测器面电极和边电极结构

面电极结构中，热电晶体的上、下表面各有一个电极，其中的一个位于光敏面内。这种面结构的电极面积较大、极间距离较短，极间电容较大。因为热释电探测器的热响应速度受极间电容的约束，所以这种结构不适用于高速应用场合。此外，因为光辐射只有通过电极层后才能到达热电晶体，所以电极对于待测的光辐射必须是光学透明的。边电极结构中的电极平面垂直于光敏面，电极面积较小、极间距离较大，极间电容较小，故在高速应用场合中常常采用边电极结构。

热释电探测器电容值很小，阻抗可达 $10^{10}\ \Omega$，使用时必须采用具有高输入阻抗和低噪声的结型场效应管前置放大器(JFET)。为了减小其与外界的热交换干扰和振动噪声，一般将 JFET 与热释电探测器直接封装在同一个黄铜管内，构成源极跟随器，并进行阻抗变换。在实际应用中，因为所有的热电晶体同时又具有压电特性，所以它对声频振动很敏感。光辐射脉冲的热冲击会激发热电晶体的机械振荡，产生压电谐振，产生虚假信号。为了防止压电谐振，封装时要牢靠并选取其压电效应最小的取向。

6. 红外探测器

(1) HgCdTe 红外探测器

HgCdTe 红外探测器根据工作原理可分为光导型和光伏型。光导型 HgCdTe 探测器是利用光电导效应工作的，在光照下材料的电导率会发生变化，其阻抗低，噪声小，但光导型器件的响应速度较慢，无法与 Si 读出电路直接耦合，难以大规模集成，且需偏压才能工作。光伏型 HgCdTe 探测器通过掺杂形成 pn 结，在光照下产生的非平衡电子和空穴在 pn 结内建电场中发生漂移运动，改变 pn 结空间电场分布。其主要优点是：响应速度相对于光电导探测器快，适用于高速检测，量子效率和探测率高，并具有多色探测能力等。

碲镉汞($Hg_{1-x}Cd_xTe$ 或 MCT)具有禁带宽度易调节、载流子迁移率较高和光学吸收系数大等特点，是目前主要的红外探测材料之一。$Hg_{1-x}Cd_xTe$ 的带隙可随 x 调整，通过调节 Hg 和 Cd 的成分比例其禁带宽度可从 0eV 连续变化到 1.65eV，对应的波长覆盖短波、中波、长波和甚长波等整个红外波段(响应波长覆盖范围 1μm 至 30μm)。其缺点是材料的稳定性差，使得碲镉汞红外光电探测器的成品率低；另外 Hg、Cd、Te 均为重金属，对环境不友好且成本较高。

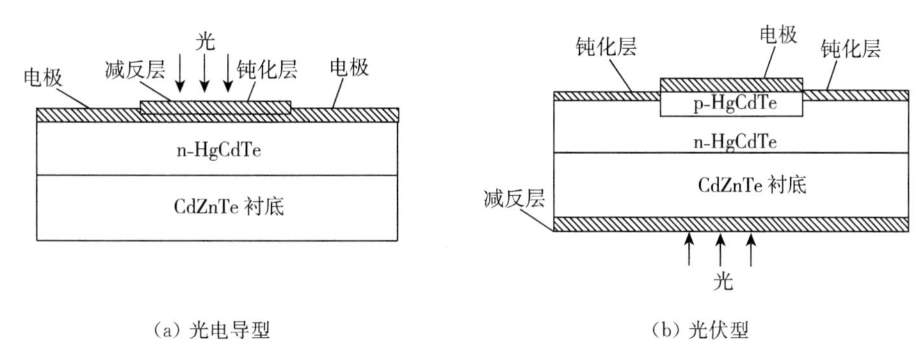

(a) 光电导型　　(b) 光伏型

图 4-19　碲镉汞光电探测器结构示意图

(2) InAs/GaSb 超晶格红外探测器

1969 年，Esaki 和 Tsu(江崎和朱兆祥)提出了超晶格概念，设想将两种不同组分或不同掺杂的半导体超薄层交替叠合生长在衬底上，使在外延生长方向形成附加的晶格周期性。

InAs/GaSb 超晶格探测器主要是利用光生伏特效应工作的，采用 p-i-n 器件结构，通过重空穴子带至电子子带的跃迁(带间子带跃迁)来实现对红外辐射的吸收，其主要优点是：通过调节超晶格中 InAs 势阱的宽度或采用 GaInSb 势垒改变其有效带隙，使得响应波长可覆盖 3～20μm；另外基于Ⅲ-Ⅴ族半导体材料较为成熟的材料技术和器件工艺，器件制备成本低。与量子阱红外探测器相比，InAs /GaSb Ⅱ类超晶格探测器无需光栅耦合，提高了探测器的量子效率。

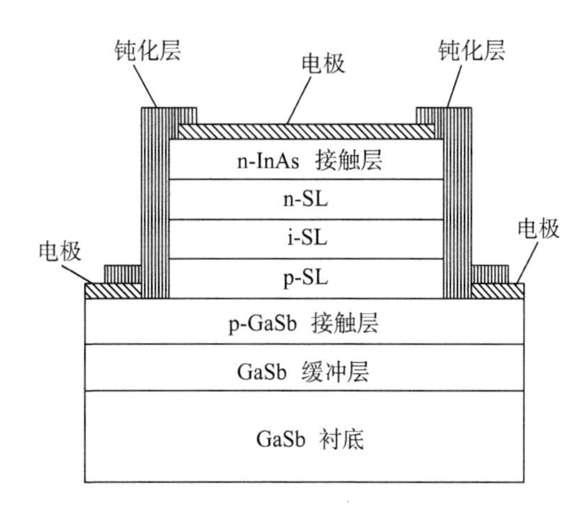

图 4-20　InAs/GaSb 超晶格光电探测器结构示意图

习　题　4

4-1　比较光子探测器和光热探测器在作用机理、性能及应用特点等方面的差异。

4-2　试说明什么是“白噪声”和“$1/f$ 噪声”？采用什么措施可以降低电阻的热噪声和 $1/f$ 噪声？

4-3　光电倍增管的增益特性是什么？光电倍增管各倍增极的发射系数与哪些因素有关？最主要的因素是什么？

4-4　光频外差探测和直接探测相比,有哪些优越性?

4-5　为什么雪崩光电二极管具有高灵敏度和高速特性?

4-6　试简单总结关于选用光电探测器的一般原则。

4-7　试证明 $\eta=\dfrac{i_s}{NEP}\dfrac{h\nu}{e}\dfrac{1}{SNR}$。

4-8　有一PIN光电二极管,受波长为1550nm的 4×10^{12} 个光子的照射,期间输出端产生 2×10^{12} 个电子,试计算该PIN光电二极管的量子效率和响应度。

4-9　光电导探测器在 $T=77\text{K}$ 环境中工作,此时材料的暗电阻为1MΩ,光电流为1nA,探测器带宽为100MHz,试分别计算负载电阻为100kΩ、1MΩ、20MΩ和50MΩ时的 SNR。

4-10　光电二极管的结电容为6 pF,带宽为120 MHz,(1) 求当输出信号电流为10 μA时,若只考虑电阻的热噪声,室温信噪电流有效值之比是多少?(2) 求当电流灵敏度为0.5 A/W时,噪声等效功率 NEP 是多少?

4-11　若探测器的归一化探测度 $D*=1.5\times10^9\text{cm}\cdot\text{Hz}^{1/2}\cdot\text{W}^{-1}$,光敏面积为 1mm^2,测量带宽为10Hz,试求其噪声等效功率。

4-12　已知硅光电池光敏面积为 $5\times10\text{mm}^2$,在 1000W/m^2 的光照下,开路电压为0.55V,光电流为12mA,试求:

(1) 在(200～700) W/m^2 的光照下,保证线性电压输出的负载电阻和电压变化值。

(2) 如果反向偏压为0.3V,求负载电阻和电压变化值。

(3) 如果希望电压变化值为0.5V,应该怎样做?

4-13　P-N结硅光电二极管处于开路状态,已知 p 区 $N_A=10^{19}\text{cm}^{-3}$,$n$ 区中 $N_D=10^{16}\text{cm}^{-3}$,$E_g=1.1\text{eV}$,$\tau_p=1\mu\text{s}$,$D_p=12\text{cm}^2/\text{s}$,$\mu_n=1800\text{cm}^2/(\text{V}\cdot\text{s})$,$\mu_p=500\text{cm}^2/(\text{V}\cdot\text{s})$。求300K时:

(1) 热产生的电子-空穴对形成的二极管反向电流。

(2) 在光辐照下,光生载流子形成的光电流为30μA时的开路电压。

4-14　已知硅光电池在波长830 nm,强度5 mW的光照下,反射系数为15%,量子效率为100%,并且全部光生载流子能到达电极,(1) 求光生电流;(2) 当反向饱和电流为 10^{-8} A时,求室温下的开路电压。

第 5 章　集成光波导理论和集成光子器件

集成光学是由于光通信、光学信息处理的小型化、高性能、低功耗的需要，而逐步发展起来的一门学科，主要研究介质薄膜中的光学现象以及光学元件的集成化。集成光学的理论依据，主要是介质波导理论。本章以平行板波导为例，介绍了基于几何光学及麦克斯韦方程组这两种角度建立起来的波导理论，有助于深入了解波导中光学现象的物理本质。另外，还介绍了集成光学中用于处理各种模式间的耦合问题的耦合模理论、目前广泛应用的数值计算方法——光束传播法，以指导光波导、器件和光学回路的研究设计。目前已有很多对应于大块光学元件的各种薄膜波导元件出现，也实现了一些元件的集成如同一衬底上有限几种元件甚至同一种元件的集成。本章举例说明了典型的无源和有源集成光子器件，分析了集成光学所用的介质材料及其特性特点，并且从成膜和光路微加工角度，介绍了集成光学的各类重要的工艺技术。

5.1　集成光波导理论

自从 1969 年美国贝尔实验室首次提出“集成光学”以来，经过四十多年的发展，集成光学器件已进入应用阶段。目前，光波导技术及相应的集成光学器件和光电集成回路，已成为发达国家优先发展的领域。从发展的成熟程度来看，铌酸锂光波导和电光器件处于领先地位；Ⅲ－Ⅴ族化合物半导体和器件处于第二位，其中 GaAs－GaAlAs 器件及其光电集成回路超前一步；而单晶硅衬底上的器件和光电集成回路的工作，还处于发展初期。

集成光学器件和光电集成回路的应用，主要是在光纤通信、光纤传感器、光学仪器、光信息处理和光计算等方面，尤其是在光纤通信领域获得了突出的应用。光纤通信从多模系统进入单模大容量系统之后，为了优化系统而逐步采用集成光学元件和光电集成回路，其中用得最多的就是分布反馈式激光器(DFB)。光通信在原有水平上进一步扩大容量的办法是采用光学时分复用、波分复用，进而采用相干光通信系统。光集成和光电集成的器件将在这些系统中起至关重要的作用。在信息处理方面，导波光学器件可应用于很高的模拟宽带或数据速率的系统，如军用系统的电子对抗、宽频谱通信、雷达、指挥和控制。光纤传感器也是集成光学元件的应用领域之一，已开始商品化的采用集成光学元件的光纤陀螺就是一个典型例子。可以预见，这类体积小、成本低、性能可靠的光纤传感器今后会获得更多的关注和应用。目前，光计算机还处于探索阶段，但是一旦采用的功能元件、算法、体系结构等确定之后，必然会像电子计算机那样，带来极大的技术变革，在各个领域产生广泛而深远的影响。

5.1.1　平板波导的几何光学理论

如前所述，在经典的电磁理论中，电磁场满足麦克斯韦方程组和材料的本构关系。用波动方程和适当的边界条件可以描述大部分光学现象。但在很多情况下，用更简单和直观的几何光学所得到的结果与基于波动方程的结果很吻合，二者在一定程度上可视为等效。因此，我们首先借用几何光学介绍平面介质光波导理论的基本概念。

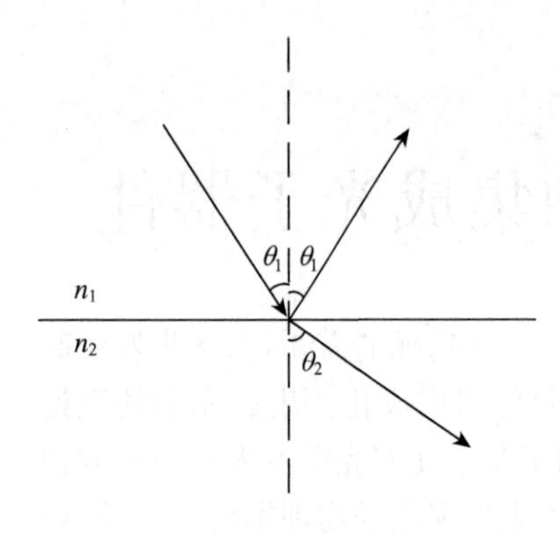

图5-1 光线在界面的反射和折射

图5-1表示的是一束光线由介质1以角度θ_1入射到半无限介质界面处的情况。设界面两边是两种均匀、各向同性的无损耗的介质,其折射率分别为n_1和n_2($n_1>n_2$)。光波在界面处发生反射和折射,入射光与法线夹角等于入射角θ_1,而折射光线则以折射角θ_2进入介质2传播,根据斯涅尔定律,θ_2由$n_1\sin\theta_1=n_2\sin\theta_2$决定。反射光的相对振幅由反射系数$R$表示,$R$依赖于入射角$\theta_1$和偏振方向,并由菲涅耳(Fresnel)公式给出。

以包含法线和入射光线的入射平面为基准,任一光线都可以分解为两个方向正交的偏振分量,其中一个偏振方向垂直于入射面(称为S分量),另一个偏振方向在入射面之内(称为P分量),则两个偏振分量的反射率分别为

$$R_S=\frac{n_1\cos\theta_1-n_2\cos\theta_2}{n_1\cos\theta_1+n_2\cos\theta_2}=\frac{n_1\cos\theta_1-\sqrt{n_2^2-n_1^2\sin^2\theta_1}}{n_1\cos\theta_1+\sqrt{n_2^2-n_1^2\sin^2\theta_1}} \tag{5-1}$$

$$R_P=\frac{n_2\cos\theta_1-n_1\cos\theta_2}{n_2\cos\theta_1+n_1\cos\theta_2}=\frac{n_2^2\cos\theta_1-n_1\sqrt{n_2^2-n_1^2\sin^2\theta_1}}{n_2^2\cos\theta_1+n_1\sqrt{n_2^2-n_1^2\sin^2\theta_1}} \tag{5-2}$$

由以上两式可以看出,当$\theta_1<\arcsin\frac{n_2}{n_1}$时,$R$为实数,即部分光反射,另一部分光被折射;当$\theta_1=\arcsin\frac{n_2}{n_1}$时,由(5-1)可知,当$\theta_2=\pi/2$时,即此时没有光进入介质2,"透射波"只能沿两种介质的界面传播(图5-2所示)。此时的入射角称为临界角,并用θ_c表示。

当入射角大于临界角θ_c时($\theta_1>\theta_c$),θ_2没有实数解,即没有透射光存在,这一现象称之为全内反射或简称为全反射。全内反射现象可视为导波现象的基础。

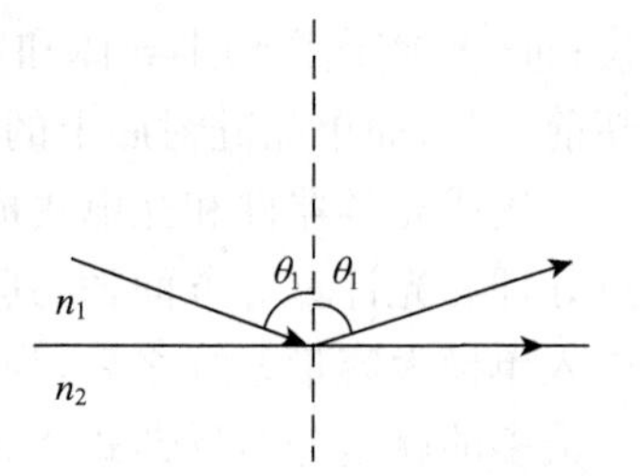

图5-2 光束全内反射示意图

当全内反射发生时,反射率R为模为1的复数,并可写为$R=e^{2j\phi}$,式中的相移角ϕ对S波和P波分别由下式给出:

$$\phi_S=\arctan\frac{\sqrt{n_1^2\sin^2\theta_1-n_2^2}}{n_1\cos\theta_1} \tag{5-3}$$

$$\phi_P=\arctan\frac{n_1^2}{n_2^2}\frac{\sqrt{n_1^2\sin^2\theta_1-n_2^2}}{n_1\cos\theta_1} \tag{5-4}$$

5.1.2 平板波导中的导行波

图5-3表示平板波导中的导行波。平板波导具有三层结构,折射率为n_1的平面介质膜涂在折射率为n_2的衬底上,介质膜上面是折射率为n_3的覆盖层或自由空间。中间的介质膜的典型厚度只有微米量级。在三层结构平板波导中,折射率$n_1>n_2\geqslant n_3$,则存在两个临界角。一个是使光线在薄膜-衬底界面发生全反射的θ_{c12},另一个是使光线在薄膜-覆盖

层界面发生全内反射的 θ_{c13}。

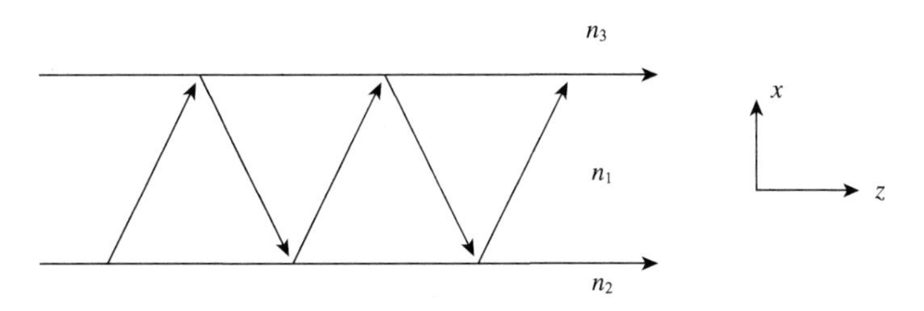

图 5-3　三层均匀平板波导及导波传播

假定导波沿 z 轴方向传播,并在 x 方向受到横向约束,而在与 $x-z$ 平面垂直的 y 方向,无论是导波结构还是电场方向都是均匀无限的。在入射角满足 $\theta_1>\theta_{c12}$,θ_{c13} 的条件下,光束沿“之”字形路径在折射率较高的介质薄膜中传播。

引进导行波沿 z 方向的传播常数(波矢)

$$\beta=k_z=k_1\sin\theta_i \tag{5-5}$$

式中,k_1 为折射率为 n_1 的均匀无限介质中光的传播常数,$k_1=n_1k_0$,n_1 表示导波薄膜(波导层)介质的折射率;$k_0=2\pi/\lambda_0$(λ_0 为真空中的波长)是真空中的光波传播常数。在分析中,假设介质是光学各向同性的,不存在双折射效应,显然 $\beta\leqslant k_1=n_1k_0$。

另一方面,由于

$$\frac{\beta}{k_1}=\sin\theta_i>\sin\theta_{c12}=\frac{n_2}{n_1}=\frac{k_2}{k_1} \tag{5-6}$$

式中,k_2 是折射率为 n_2 的衬底的材料中光波的传输常数,显然 $\beta>k_2$,于是有

$$k_2<\beta\leqslant k_1 \tag{5-7}$$

或者写为

$$n_2k_0<\beta\leqslant n_1k_0 \tag{5-8}$$

定义“导波有效折射率”为

$$n_{eff}=\beta/k_0 \tag{5-9}$$

则由式(5-8)得到导波中存在传导波的条件是

$$n_2<n_{eff}\leqslant n_1 \tag{5-10}$$

则由式(5-8)知,导波沿 z 方向传播的最大传播常数为

$$\beta_{\max}=k_1=n_1k_0 \tag{5-11}$$

即不可能存在 $\beta>n_1k_0$ 的导波,我们将这一波长或者频率范围称为“导波截止区”。类似地,可以确定仅出现衬底辐射的条件如下:

$$n_3<n_{eff}\leqslant n_2 \tag{5-12}$$

同时出现衬底辐射和覆盖层辐射的条件如下:

$$0 \leqslant n_{eff} < n_3 \tag{5-13}$$

根据式(5-8)可知,满足导行波传播条件的传播常数β可能有多个解。对应于β的每一个解,就有一个导波存在,称之为一个本征模。波导中容许一组离散的本征模存在;每一个本征模(简称为模式或模)用一个序号m表示,m是一个非负的整数。小的m值对应小的波传播常数。m较小的模式称为低阶模,m较大的模式称为高阶模。在波导的材料和结构参数(各层折射率、波导层厚度)确定的情况下,对于一个确定的光波频率(或光波在自由空间的波长),不是所有的非负整数m值对应的本征模都能存在。一般来说,序号为m的传播模式能否传播取决于m的大小。对于一定的工作波长或频率,低阶模容易满足传播条件,而高阶模往往不能。

在波导理论中,称传播常数最大(即截止波长最长)的模式为导波的主模。如果工作波长介于主模式的截止波长和次低阶模式的截止波长之间,则在此波导中只有主模才能传播,其余所有的模式都是截止的,这就是波导中的单模传输条件。单模传输是波导理论中一个极为重要的概念。光通信系统中工作波长通常为0.85μm、1.31μm和1.55μm三个波段。在工作波长确定的条件下,由式(5-8)可知传输模数量主要取决于波导层和衬底之间的折射率差。波导层与衬底之间的折射率差越大,可传播的数量就越多;为了满足单模传输条件,波导层和衬底的折射率差不能过大。

当波导与衬底之间的折射率满足$\frac{n_1-n_2}{n_1} \ll 1$(其中$n_1$为波导层折射率,$n_2$为衬底的折射率)的条件时,光波导被称为是"弱导"的。值得注意的是,所谓"弱导"条件下,光波导仍具有充分的导波作用,把光全部限制在波导层内。"弱导"的含义是指折射率差很小,因此,能传播的光波模式较少(通常为单模传输)。一般的光波导衬底和波导层采用往往一种材料,只是掺杂有不同浓度的杂质做成,其折射率差很小,其全反射的临界角很大,之字形的光传播方向与z轴的夹角很小,光波导一般满足"弱导"条件。

5.1.3 波动理论分析方法

波动理论是把平板波导模式看作满足介质平板波导边界条件的麦克斯韦方程的解。由时谐电磁场的麦克斯韦方程组

$$\begin{cases} \nabla \times \boldsymbol{E} = -\mathrm{j}\omega\mu_0 \boldsymbol{H} \\ \nabla \times \boldsymbol{H} = \mathrm{j}\omega\mu_0 \boldsymbol{E} \end{cases} \tag{5-14}$$

将矢量各分量展开,得

$$\begin{cases} \dfrac{\partial E_z}{\partial y} - \dfrac{\partial E_y}{\partial z} = -\mathrm{j}\omega\mu_0 H_x \\ \dfrac{\partial E_x}{\partial z} - \dfrac{\partial E_z}{\partial x} = -\mathrm{j}\omega\mu_0 H_y \\ \dfrac{\partial E_y}{\partial x} - \dfrac{\partial E_x}{\partial y} = -\mathrm{j}\omega\mu_0 H_z \end{cases} \tag{5-15}$$

$$\begin{cases}\dfrac{\partial H_z}{\partial y}-\dfrac{\partial H_y}{\partial z}=\mathrm{j}\omega\varepsilon E_x\\ \dfrac{\partial H_x}{\partial z}-\dfrac{\partial H_z}{\partial x}=\mathrm{j}\omega\varepsilon E_y\\ \dfrac{\partial H_y}{\partial x}-\dfrac{\partial H_x}{\partial y}=\mathrm{j}\omega\varepsilon E_z\end{cases}\tag{5-16}$$

其中，$\varepsilon=\varepsilon_0 n^2$，考虑到，$y$ 方向是均匀的，即$\dfrac{\partial}{\partial y}=0$，得到六个标量方程。

$$\begin{cases}\dfrac{\partial E_y}{\partial z}=\mathrm{j}\omega\mu_0 H_x\\ \dfrac{\partial E_x}{\partial z}-\dfrac{\partial E_z}{\partial x}=-\mathrm{j}\omega\mu_0 H_y\\ \dfrac{\partial E_y}{\partial x}=-\mathrm{j}\omega\mu_0 H_z\end{cases}\tag{5-17}$$

$$\begin{cases}\dfrac{\partial H_y}{\partial z}=-\mathrm{j}\omega\varepsilon E_x\\ \dfrac{\partial H_x}{\partial z}-\dfrac{\partial E_z}{\partial x}=\mathrm{j}\omega\varepsilon E_y\\ \dfrac{\partial H_y}{\partial x}=\mathrm{j}\omega\varepsilon E_z\end{cases}\tag{5-18}$$

假设电磁波沿着 z 方向传播，则沿 z 方向场的变化可用一个传输因子 $\exp(-\mathrm{j}\beta z)$来表示。电磁场写成如下形式：

$$E=E(x,y)\exp(-\mathrm{j}\beta z),\ H=H(x,y)\exp(-\mathrm{j}\beta z)\tag{5-19}$$

式中可用$-\mathrm{j}\beta$ 代替$\dfrac{\partial}{\partial z}$，由此可得两组自洽类型的解。其中第一组电场矢量只包含 E_y，这就是 TE 模，其方程为

$$\begin{cases}E_y=-\dfrac{\omega\mu_0}{\beta}H_x\\ \dfrac{\partial E_y}{\partial x}=-\mathrm{j}\omega\mu_0 H_z\\ -j\beta H_x-\dfrac{\partial H_z}{\partial x}=\mathrm{j}\omega\varepsilon E_y\end{cases}\tag{5-20}$$

第二组磁场矢量只包含 H_y，这就是 TM 模，其方程为

$$\begin{cases}H_y=\dfrac{\omega\varepsilon}{\beta}E_x\\ E_z=-\dfrac{\mathrm{j}}{\omega\varepsilon}\dfrac{\partial H_y}{\partial x}\\ -\mathrm{j}\beta E_x-\dfrac{\partial E_z}{\partial x}=-\mathrm{j}\omega\mu_0 H_y\end{cases}\tag{5-21}$$

1. TE模

对于TE波,由于仅有E_y分量,故得到如下波动方程(即亥姆霍兹方程):

$$\frac{\partial^2 E_y}{\partial x^2}+[k_0^2 n^2(x)-\beta^2]E_y=0 \tag{5-22}$$

对于平板波导,可以写出如下三个区域的波动方程:

$$\begin{cases}\dfrac{\partial^2 E_y}{\partial x^2}+[k_0^2 n_c^2(x)-\beta^2]E_y=0,\text{覆盖层}\\ \dfrac{\partial^2 E_y}{\partial x^2}+[k_0^2 n_f^2(x)-\beta^2]E_y=0,\text{导波层}\\ \dfrac{\partial^2 E_y}{\partial x^2}+[k_0^2 n_s^2(x)-\beta^2]E_y=0,\text{衬底层}\end{cases} \tag{5-23}$$

可以预见,在导波层内是可用余弦函数表示的驻波解,而在覆盖层、衬底层中是倏逝波,用指数函数表示衰减解。故有解为

$$E_y(x)=\begin{cases}A_c\exp[-p(x-a)],x>a,\text{覆盖层}\\ A_f\cos(hx-\varphi),\ |x|\leqslant a,\text{导波层}\\ A_s\exp[q(x+a)],x<-a,\text{衬底层}\end{cases} \tag{5-24}$$

式中,a为波导半宽度;

$$\begin{cases}p^2=\beta^2-k_0^2 n_c^2\\ q^2=\beta^2-k_0^2 n_s^2\\ h^2=k_0^2 n_f^2-\beta^2\end{cases} \tag{5-25}$$

p、q为消逝系数,因p、h和q均应为实数,故需满足

$$k_0 n_f>\beta>\max(k_0 n_s,k_0 n_c) \tag{5-26}$$

即$\max(\theta_s,\theta_c)<\theta<\pi/2$,下面根据问题的边界条件求解式中的常数$A_c$,$A_s$,$A_f$。

这里边界条件为:$x=\pm a$处切向E_y分量连续,切向分量H_z也连续,由$\partial E_y/\partial x=-\mathrm{j}\omega\mu_0 H_z$知$\partial E_y/\partial x$连续。利用此边界条件,得

(1) $x=-a$处,有,

$$A_f\cos(ha+\varphi)=A_s \tag{5-27}$$

$$-hA_f\sin(hx-\varphi)|_{x=-a}=qA_s\exp[q(x+a)]|_{x=-a} \tag{5-28}$$

即
$$hA_f\sin(ha+\varphi)=qA_s \tag{5-29}$$

(2) $x=a$处,有,

$$A_f\cos(ha-\varphi)=A_c \tag{5-30}$$

$$-hA_f\sin(hx-\varphi)|_{x=a}=-pA_c\exp[-p(x-a)]|_{x=a} \tag{5-31}$$

即
$$hA_f\sin(ha-\varphi)=pA_c \tag{5-32}$$

由式(5-27)(5-29)得,

$$\tan(ha+\varphi)=\frac{q}{h} \tag{5-33}$$

由式(5－30)(5－32)得，

$$\tan(ha-\varphi)=\frac{p}{h} \tag{5-34}$$

由于三角函数的周期性，并根据式(5－33)和式(5－34)，可得到

$$2ha=m\pi+\arctan\frac{q}{h}+\arctan\frac{p}{h} \tag{5-35}$$

式中，p，q，h 均为 β 的函数，因此式(5－35)是一个关于 β 的超越方程，即平板波导 TE 的特征方程。

2. TM 模

TM 模的求解过程和 TE 模的求解完全类似，应先求出 H_y 分量，其相应的亥姆霍兹方程为

$$\frac{\partial^2 H_y}{\partial x^2}+[k_0^2 n^2(x)-\beta^2]H_y=0 \tag{5-36}$$

类似于 TE 模，假设平板波导各层的场分布具有如下形式：

$$H_y(x)=\begin{cases}B_c\exp[-p(x-a)],x>a,\text{覆盖层}\\B_f\cos(hx-\varphi),\ |x|\leqslant a,\text{导波层}\\B_s\exp[q(x+a)],x<-a,\text{衬底层}\end{cases} \tag{5-37}$$

其对应的边界条件为 $x=\pm a$ 处切向 H_y 分量连续，切向分量 H_y 也连续，由 $E_z=-\frac{\mathrm{j}}{\omega\varepsilon}\frac{\partial H_y}{\partial x}$ 知$\frac{1}{\varepsilon_0}\frac{1}{n^2}\frac{\partial H_y}{\partial x}$ 连续。利用此边界条件，得

(1) $x=-a$ 处，有，

$$B_f\cos(ha+\varphi)=B_s \tag{5-38}$$

$$-\frac{1}{n_f^2}hB_f\sin(hx-\varphi)\big|_{x=-a}=\frac{1}{n_s^2}qB_s\exp[q(x+a)]\big|_{x=-a} \tag{5-39}$$

即
$$hB_f\sin(ha+\varphi)=\frac{n_f^2}{n_s^2}qB_s \tag{5-40}$$

(2) $x=a$ 处，有，

$$B_f\cos(ha-\varphi)=B_c \tag{5-41}$$

$$-\frac{1}{n_f^2}hB_f\sin(hx-\varphi)\big|_{x=a}=-\frac{1}{n_c^2}qB_c\exp[-p(x-a)]\big|_{x=a} \tag{5-42}$$

即
$$hB_f\sin(ha-\varphi)=\frac{n_f^2}{n_c^2}pB_c \tag{5-43}$$

由式(5－38)(5－40)得，

$$\tan(ha+\varphi)=\frac{n_f^2}{n_s^2}\frac{q}{h} \tag{5-44}$$

由式(5-41)(5-43)得,

$$\tan(ha-\varphi)=\frac{n_f^2}{n_c^2}\frac{p}{h} \tag{5-45}$$

由于三角函数的周期性,并根据式(5-44)和式(5-45),可得

$$2ha=m\pi+\arctan\left(\frac{n_f^2}{n_s^2}\frac{q}{h}\right)+\arctan\left(\frac{n_f^2}{n_c^2}\frac{p}{n}\right) \tag{5-46}$$

式中,p,q 和 h 均为 β 的函数,因此式(5-46)是一个关于 β 的超越方程,即平板波导 TM 的特征方程。

(1) 波导的归一化参数

本节引入几个常用的归一化参数,这些无量纲参数的引入,不仅有利于了解波导的特性,而且把波导参数减少到有限的几个,有助于设计波导。引入几个变量和几个定义为

$$\begin{cases}u=ha\\ \omega=qa\\ \omega'=pa\end{cases} \tag{5-47}$$

归一化频率 ν:

$$\nu^2=k_0^2a^2(n_f^2-n_s^2) \tag{5-48}$$

归一化传播常数 b:

$$b=\frac{n_{eff}^2-n_s^2}{n_f^2-n_s^2} \tag{5-49}$$

由此定义可知 $0\leqslant b\leqslant 1$。

平板波导非对称系数 γ 为

$$\gamma=\frac{n_s^2-n_c^2}{n_f^2-n_s^2} \tag{5-50}$$

则

$$\omega'=\sqrt{\gamma\omega^2+\omega^2} \tag{5-51}$$

波导 TE 模的本征方程可化简为

$$2\nu\sqrt{1-b}=m\pi+\arctan\sqrt{\frac{b}{1-b}}+\arctan\sqrt{\frac{b+\gamma}{1-b}} \tag{5-52}$$

在对称波导情况下有

$$\nu\sqrt{1-b}=\frac{m\pi}{2}+\arctan\sqrt{\frac{b}{1-b}} \tag{5-53}$$

上式也可表示成如下形式:

$$u=\frac{m\pi}{2}+\arctan\frac{\omega}{\mu} \tag{5-54}$$

即

$$\omega=u\tan\left(u-\frac{m\pi}{2}\right) \tag{5-55}$$

同样，利用归一化常量，TM 模的本征方程可化为

$$2\nu\sqrt{1-b}=m\pi+\arctan\left(\frac{n_f^2}{n_s^2}\sqrt{\frac{b}{1-b}}\right)+\arctan\left(\frac{n_f^2}{n_c^2}\sqrt{\frac{b+\gamma}{1-b}}\right) \tag{5-56}$$

5.1.4　耦合模理论

波导中的导波模代表能够激发的一种电磁波的形式。如果波导没有缺陷，导波可以沿着传播方向向前传播。如果波导材料有损耗，则传播常数变为复数，波沿传播方向的振幅呈指数衰减。一般来说，一个波导中存在多个导波模，波导中的电磁场是各个导波模电磁场的叠加。在一定激励条件下，波导中可能只有一种导波模传播并原理上始终保持这种“单模”传输状态。

然而，实际的波导总会存在材料和结构的缺陷，即微小的不均匀或不规则，原导波模的条件受到扰动，产生与局部缺陷相应的电磁场。局部场里含有多种模式的分量。即是说，局部的不均匀或缺陷可能激励出其他的导波模。于是，原来的导波模在传播过程中，一部分功率将会转移到辐射模或其他的导模中去，这就是模式耦合(简称模耦合)。转移到辐射模导致波导损耗，而转移到其他导波模，则导致多模传输或多模传输中不同模式的组分变化。由于不同模式的相速度不同将引起光波包络的畸变，即产生色散的现象。显然，这种模式耦合是有害的。需要分析研究耦合系统，以确定波导容许存在的的缺陷或偏差。但另一方面，模式耦合可以实现不同导波模之间的转换，构成多种集成光学、集成光电子学元件和器件。如果是为了利用波导模的耦合，就需要人为地引入某种材料和结构性能的变化，例如利用电光效应或声光效应改变波导内介质的折射率，实现所需要的耦合。

1. 模式耦合

设有两个电磁波传播模式存在相互间的耦合。它们可以是一个传输系统中的不同模式之间的耦合，也可以是两个不同传输系统的某两个模式之间的耦合。一个无损耗的沿 z 轴方向传播的波模式，可以写成 $E_0\exp[\mathrm{j}(\omega t-\beta z)]$的形式。振幅 E_0 作为 z 的函数应是如下方程的解：

$$\frac{\mathrm{d}E}{\mathrm{d}z}=-\mathrm{j}\beta z \tag{5-57}$$

对于标志 1 和 2 的两个波模式的振幅 E_1 和 E_2 均可以写出以上方程。为了不致混淆，将各个模不受其他模影响而单独存在时的波数记为 β_{01} 和 β_{02}。由于模式之间存在相互耦合。加上另外一个波的耦合(或影响)可写出

$$\begin{cases}\dfrac{\mathrm{d}E_1}{\mathrm{d}z}=-\mathrm{j}\beta_{01}E_1+K_{12}E_2\\[2ex]\dfrac{\mathrm{d}E_2}{\mathrm{d}z}=-\mathrm{j}\beta_{02}E_2+K_{21}E_1\end{cases} \tag{5-58}$$

式(5-58)是两个波耦合模方程的普遍形式。耦合系数K_{12}(K_{21})描述模式2(模式1)对模式1(模式2)传播模场影响的大小。当两个模式传输方向一致时,$K_{12}=K_{21}$;当两个传输方向相反时,$K_{12}=-K_{21}$。耦合系数是耦合模方程的一个关键参量,在不同的耦合过程中,由于引起耦合的机制、器件结构材料等的不同,它可能是实数,也可能是复数。对于恒定的耦合而言,其耦合系数K与坐标无关。在应用耦合模方程时,必须恰当地寻求或者推导该耦合过程的耦合系数表达式。

在集成光学中,许多光波导器件都是以两个导模之间的耦合为基础进行工作的,因此需要重点研究两个导模之间的耦合问题。

2. 同向耦合

两个平行配置的、无损耗的条形波导中的最低阶模式波之间的耦合情况如下:当两个波导相距较远时,可以认为它们之间没有模式耦合,此时两个对称模式基本上是各自独立地在它们的波导中传播。随着两个波导的逐渐靠近,一个波导的光波在另一个波导中引起极化强度的扰动,两个模便开始发生耦合,发生能量交换。如图5-4所示,两个条形波导a和b发生了耦合之后,可以视为形成了耦合器。

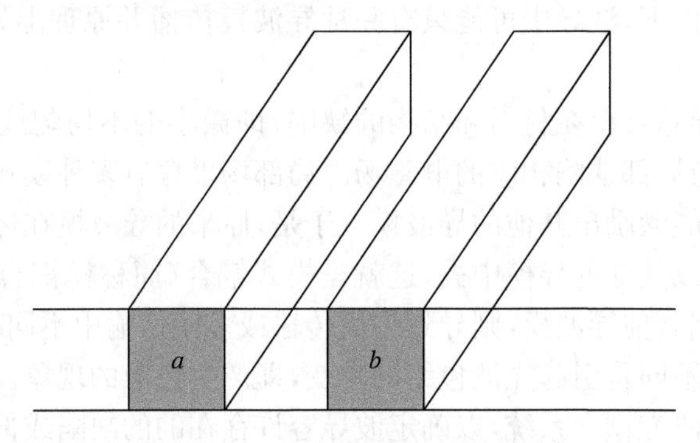

图5-4 双通道波导耦合器示意图

对于两个相互耦合的条形波导a和b,各自具有折射率n_a,n_b。如果两个波导距离足够远,没有耦合,分别有本征模a和b传播,其电场分别为$E_y^a(x)$和$E_y^b(x)$,各自的传播常数为β_a和β_b。在两个波导距离靠近出现耦合时,电场可以近似地表达为两个无扰动时电场的叠加

$$E_y=A(z)E_y^a(x)\exp(-\mathrm{j}\beta_a z)+B(z)E_y^b(x)\exp(-\mathrm{j}\beta_b z) \tag{5-59}$$

由模耦合的微扰理论,得到耦合方程

$$\frac{\mathrm{d}A}{\mathrm{d}z}=-\mathrm{j}K_{ab}B\exp[-\mathrm{j}(\beta_b-\beta_a)z]-\mathrm{j}M_aA \tag{5-60}$$

$$\frac{\mathrm{d}B}{\mathrm{d}z}=-\mathrm{j}K_{ba}A\exp[-\mathrm{j}(\beta_a-\beta_b)z]-\mathrm{j}M_bB \tag{5-61}$$

式中的耦合系数为

$$K_{ba,ab}=\frac{\omega\varepsilon_0}{4}\int_{-\infty}^{\infty}[n^2(x)-n_{a,b}^2(x)]E_y^aE_y^b\mathrm{d}x \tag{5-62}$$

式(5-60)与式(5-61)中的M代表耦合的波导中,波的传输系数相对于无耦合波导的

β_a 和β_b，将变化到β_a+M_a 和β_b+M_b。

$$M_{a,b}=\frac{\omega\varepsilon_0}{4}\int_{-\infty}^{\infty}[n^2(x)-n_{a,b}^2(x)][E_y^{(a,b)}]^2\mathrm{d}x \tag{5-63}$$

也就是说，两个波导的导波模间的传输常数相差为

$$2\delta=(\beta_b+M_b)-(\beta_a+M_a) \tag{5-64}$$

δ 又称为相位失配因子。模式耦合导致的波能量转移，只有在接近相位匹配，即 $\delta\approx 0$ 时才能实现。

假设在 $z=0$ 处只有波导 b 存在单模光传播，微扰发生在 $z>0$ 区，即

$$B(0)=B_0, A(0)=0 \tag{5-65}$$

波导 a 和 b 内光所携带的能量分别可以用 $P_a=|A(z)|^2$ 和 $P_b=|B(z)|^2$ 表示。根据能量守恒原则

$$\frac{\mathrm{d}}{\mathrm{d}z}(|A(z)|^2+|B(z)|^2)=0 \tag{5-66}$$

当两波导的尺寸、折射率等结构及材料参数相同时，耦合系数

$$K_{ab}=K_{ba}, M_a=M_b \tag{5-67}$$

根据以上条件，式(5-60)和式(5-61)的解为

$$A(z)=B_0\frac{K}{(K^2+\delta^2)^{1/2}}e^{-\mathrm{j}\delta z}\sin[(K^2+\delta^2)^{1/2}z] \tag{5-68}$$

$$B(z)=B_0e^{\mathrm{j}\delta z}\{\cos[(K^2+\delta^2)^{1/2}z]-\mathrm{j}\frac{K}{(K^2+\delta^2)^{1/2}}\sin[(K^2+\delta^2)^{1/2}z]\} \tag{5-69}$$

式中 $K^2=|K_{ab}|^2$，δ 为 k 的变化量。波导 a 和 b 所携带的能量为

$$P_a(z)=P_0\frac{K^2}{K^2+\delta^2}\sin^2[(K^2+\delta^2)^{1/2}z] \tag{5-70}$$

$$P_b(z)=P_0-P_a(z) \tag{5-71}$$

式中，$P_0=|B(0)|^2$ 为波导 b 的输入能量。

在相位匹配($\delta=0$)，即两个波导的传播常数相等的条件下，传输距离为$L=\pi/2K$ 时，能量完全从波导 b 中传输到 a 中。

在相位失配($\delta\neq 0$)的条件下，由式(5-70)可知，最大能量转换效率为

$$\frac{P_a(z)}{P_0}=\frac{K^2}{K^2+\delta^2} \tag{5-72}$$

相位失配条件下，a 和 b 之间光能量转换关系如图 5-5 所示。

如果利用强外场造成的某种效应，使 δ 足够大，以至于在波导中原应有 100%能量输出处完全没有能量输出，即波导被“截止”，从而使波导中的传输由“开”变为“关”，这是光波导开关的一种工作原理。

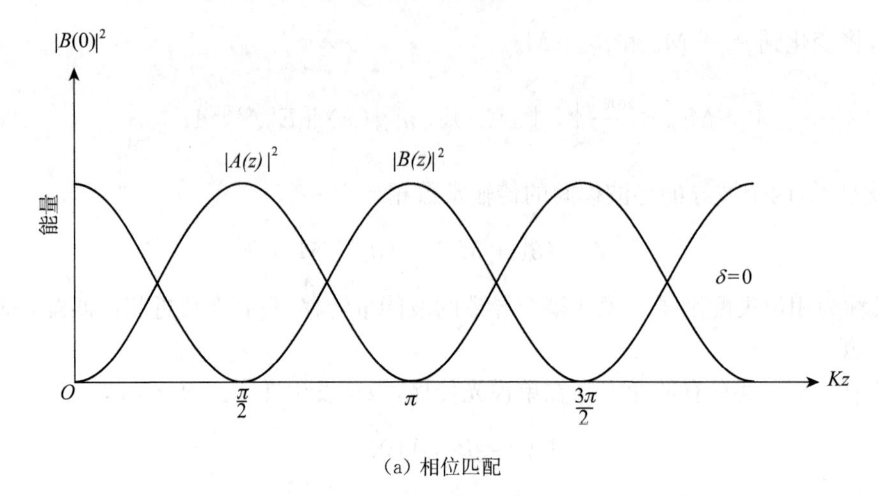

(a) 相位匹配

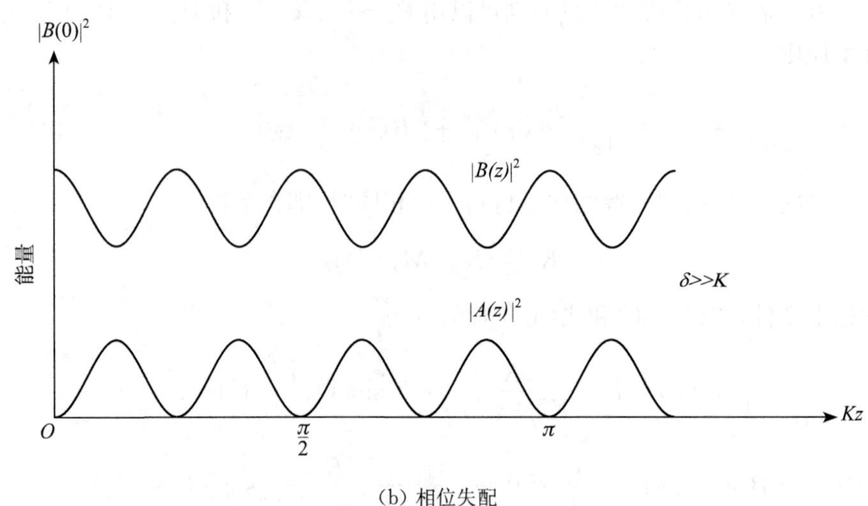

(b) 相位失配

图 5-5 同向耦合模式的能量变化

3. 反向耦合

如图 5-6 所示,为一个具有周期结构的光波导,周期长度为 Λ。波导层厚度的周期性变化导致了该段波导等效折射率的周期变化。这一周期结构可以视为一种等效折射率变化的密度光栅。在每一个厚度变化处都会产生光的反射,这些反射光之间还会产生干涉。相互干涉光之间的相位关系决定了反射性能。设两个导波模 a,b 具有相同的传播常数,其中正向波(入射波)b 沿 $+z$ 方向传输,反向波(反射波)a 沿 $-z$ 方向传输。假设波导无损耗,则模耦合振幅方程可以写为

$$\frac{\mathrm{d}A}{\mathrm{d}z}=-\mathrm{j}K^{*}Be^{-\mathrm{j}2\delta z} \tag{5-73}$$

$$\frac{\mathrm{d}B}{\mathrm{d}z}=-\mathrm{j}K^{*}Ae^{-\mathrm{j}2\delta z} \tag{5-74}$$

式中,$K=|K|=|K^{*}|$;$2\delta=|\beta_b|+|\beta_a|-l\dfrac{2\pi}{\Lambda}(l=1,2,3)$。

设在 $z=0$ 处只有入射波存在单模 b 传播,微扰发生在 $z>0$ 区,即 $B(0)=B_0$,$A(0)=0$。根据总的能量守恒原则

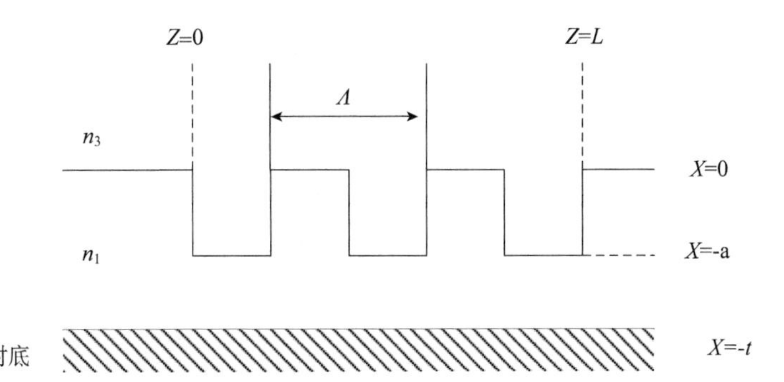

图 5-6　反向耦合

$$\frac{\mathrm{d}}{\mathrm{d}z}(|A(z)|^2-|B(z)|^2)=0 \tag{5-75}$$

当入射波与反射波相位匹配($\delta=0$)时，两波振幅的表达式为

$$A(z)=\frac{\sinh[K(z-L)]}{\cosh KL}B_0 \tag{5-76}$$

$$B(z)=\frac{\cosh[K(z-L)]}{\cosh KL}B_0 \tag{5-77}$$

表达式(5-76)和(5-77)中的 $\sinh(x)$ 和 $\cosh(x)$ 函数的因子 $x(x=K(z-L))$ 足够大时，耦合区的入射波能量接近于呈指数下降，即入射波的能量被反射成为反向传输的反射波导模 a。模耦合的相位匹配条件，决定了这种反射的特殊频率选择性能。只有工作波长与结构的周期满足 $2\delta=|\beta_b|+|\beta_a|-l\frac{2\pi}{\Lambda}$ 等于零的条件，才能有效地发生反射。这种频率选择反射广泛应用于分布反馈式和布拉格反射器半导体激光器中。

5.1.5　光束传播法

在分析波导器件的光波模式和传输特性时，需要利用电磁波理论求解波动方程。随着器件设计的复杂化，以及非均匀、非线性、各向异性等材料在光电子器件中的应用，用解析的方法精确求解 Maxwell 方程组已难以实现。即便有时在简化处理器件后，可以得到近似解析解，但这种解并不能给器件设计及性能分析提供足够的理论依据。因此，用数值方法对 Maxwell 方程组进行精确求解就变得势在必行。事实上，计算机数值模拟已正逐渐成为新型光波导器件性能分析及优化设计必不可少的一个技术环节。目前，已有很多种光波导的分析与设计方法，常用的有：有限元法(FEM)、有限差分法(FDM)、有限时域差分法(FD-TDM)、光束传播法(BPM)、有效折射率法、傅里叶展开法等。这些方法中，光束传播法是目前应用最流行的数值计算方法之一。

光束传播法(Beam Propagation Method，简称 BPM)的基本思想是在给定初始场的前提下，逐步计算出各个传播截面上的场。光束传播法最早是由 Feit 和 Fleck 等人于 1977 年模拟大气中的激光传输时提出的。最初的 BPM 是通过快速傅里叶变换(Fast Fourier Transformation，简称 FFT)实现的，但是 FFT-BPM 源于标量波动方程，只能得到标量场，不能分辨出场的不同极化(TE 模或 TM 模)以及场之间的耦合,并且 FFT-BPM 采用等间距网格,所以不是很适合处理劈形波导(Taper)或弯曲波导。为了达到一定的精度,就必须要求足够多的网格数和较小的传播步长,这就导致 FFT-BPM 计算时间长、效率低和精度差。

1989 年 D. Yevick 等人提出一种新方法即有限差分光束传输法 FD-BPM,其基本思想是:把波导沿着传播方向剖分成若干个截面,用差分的办法将波导横截面上的场离散化,根据前一个或几个截面上的已知场分布得到下一个截面上的场分布,最终求得整个波导中的场分布。在处理极化问题上,它可以分辨出 TE 和 TM 模。在处理弯曲波导时,可以用二维圆柱坐标系的标量场来分析光波的传播,因此这种方法不仅体现了在靠近介质界面处的极化特征,而且很准确地模拟了半径很小的情况下的波传播情况,可以很准确地估计散射损耗与传播损耗,优化波导结构。而且 FD-BPM 并不要求一定是等间距的网格,因此在处理劈形波导时,可以利用正投影法(Conformal Mapping Method)将弯曲波导等效成平板波导,然后再用 FD-BPM 法进行求解。由于 FD-BPM 效率高,准确性高,它很快就取代了当时的 FFT-BPM,已被成功地应用于分析 Y 型波导及 S 型弯曲波导中的光波传输,且对损耗的计算也得到了准确的结果。FFT-BPM 还被用于分析条形波导、三维弯曲波导、二阶非线性效应以及有源器件。之后人们又提出了许多的改良方法,包括半矢量光束传播法(Semi-Vector FD-BPM),全矢量光束传播法(Full-Vector FD-BPM),以及广角光束传播法(Wide-Angle FD-BPM)等等。

1990 年 Kocher 将有限元法(Finite Element,简称 FE)用于描述横向场,从而提出了一种新的 BPM 法,即有限元光束传播法(FE-BPM)。FE-BPM 在设置分析元的大小及形状时很方便,并且由于计算矩阵的维数小,所以用较少的计算时间,就可以得到很准确的结果。但由于很难得到 FE-BPM 矢量公式,用矢量 FE-BPM 来计算三维波导的人还是很少。

上述的分析方法都是针对二维波导问题的。对于三维波导,BPM 的大部分工作都是借助于有效折射率法来完成的,但实际应用中确实存在许多有效折射率法不实用的场合如多模波导。并且有效折射率法是一种近似方法,将三维问题降为二维处理,也失去了三维模场的直观性。如果有高效精确的三维波导 BPM 数字模拟法,就可以在更复杂的器件上进行数字模拟,扩大数字模拟技术的适用范围。关于三维波导 BPM 法的文献不是很多,而且给出的方法都采用显式差分格式,计算费时繁琐、效率低、局限性也很大。为了有效解决三维波导精确数字模拟的问题,1997 年严朝军等提出了一种三维有限差分波束传播法,较好地克服了上述困难,并且采用通用的隐式差分格式,有效而方便地处理了透明边界条件(Transparent Boundary Condition,简称 TBC),大大推广了 FD-BPM 法的使用范围。

1. BPM 算法简介

单色光的传播用标量亥姆霍兹方程描述:

$$\nabla^2\phi(x,y,z)+k_0^2n^2(x,y,z)\phi(x,y,z)=0 \tag{5-78}$$

则标量场可表示为:

$$E(x,y,z;t)=E(x,y,z)e^{-j\omega t} \tag{5-79}$$

对于沿$+Z$轴传播的光波函数,应用缓变振幅近似条件,波函数可以表示为:

$$\phi(x,y,z;t)=\Phi(x,y,z)e^{-j\beta t}n \tag{5-80}$$

取 $\beta=k_0 n_{eff}$，代入方程得到：

$$2\mathrm{j}\beta=\frac{\partial\Phi}{\partial z}-\frac{\partial^2\Phi}{\partial z^2}=\frac{\partial^2\Phi}{\partial x^2}+\frac{\partial^2\Phi}{\partial y^2}+k_0(n^2-n_{eff}^2)\Phi \tag{5-81}$$

若忽略 $\Phi(x,y,z)$ 关于 z 的二阶微分，则公式变为菲涅耳方程，又称近轴近似：

$$2\mathrm{j}\beta\,\frac{\partial\Phi}{\partial z}=\frac{\partial^2\Phi}{\partial x^2}+\frac{\partial^2\Phi}{\partial y^2}+k_0(n^2-n_{eff}^2)\Phi \tag{5-82}$$

这就是基本三维 BPM 方程。若忽略光场对 y 方向的依赖，得到二维 BPM 方程：

$$2\mathrm{j}\beta\,\frac{\partial\Phi}{\partial z}=\frac{\partial^2\Phi}{\partial x^2}+k_0(n^2-n_{eff}^2)\Phi \tag{5-83}$$

2. 二维波导差分 BPM 方程求解

求解波动方程的差分方法步骤如下：

(1) 利用网格将求解区域变成离散点的集合；

(2) 寻找一种合适的差分格式，可将微分方程转化为离散状态的差分方程，使得波动方程离散化。

(3) 利用差分格式把波动方程转化为差分格式的代数方程组，求解差分方程，得到由波动方程在离散点集合上近似值组成的离散解。

(4) 根据求解需要，应用插值法，可从离散解得到波动方程在整个求解区域上的近似解。

根据以上求得的二维 BPM 方程，可以得到：

$$\Phi_z=A(x,z)\Phi_{zz}+B(x,z)\Phi \tag{5-84}$$

其中，$A(x,z)=\dfrac{\mathrm{j}}{2\beta}$，$B(x,z)=\dfrac{\mathrm{j}}{2\beta}k_0^2(n-n_{eff}^2)$，$\Phi_z$ 和 Φ_{zz} 分别表示 Φ 关于 z 的一阶偏导和二阶偏导。

用 $\Phi_s^r=\Phi(x_s,z_r)$ 表示离散 $\Phi(x,z)$，横向节点位于 $x_s=a+s+\mathrm{d}x$，$s=0,1,\cdots,N$，$\mathrm{d}x=(b-a)/N$，$s=0,1,\cdots,N$，横向计算窗口取 (a,b)，$\mathrm{d}x$ 为横向节点间距，$N+1$ 为横向节点数目。纵向节点位于 $z_r=r\times\mathrm{d}x$，$r=0,1,\cdots$，$\mathrm{d}z$ 为纵向步长。

采用 Crank-Nichiolso 法对半步长($s,r+1/2$)用差分代替微分，有：

$$\Phi_z=(\Phi_s^{r+1}-\Phi_s^r)/\mathrm{d}z \tag{5-85}$$

$$A\Phi_{xx}=A_s^{r+1/2}\left[\frac{\Phi_{s-1}^r-2\Phi_s^r+\Phi_{s+1}^r}{\mathrm{d}x^2}+\frac{\Phi_{s-1}^{r+1}-2\Phi_s^{r+1}+\Phi_{s+1}^{r+1}}{\mathrm{d}x^2}\right]/2 \tag{5-86}$$

$$B\Phi=B_s^{r+1/2}(\Phi_s^{r+1}+\Phi_s^r)/2 \tag{5-87}$$

将上面三个方程代入二维 BPM 方程，得：

$$a_s\Phi_{s-1}^{r+1}+b_s\Phi_s^{r+1}+c_s\Phi_{s+1}^{r+1}=\mathrm{d}s,\ s=1,2,\cdots,N-1 \tag{5-88}$$

$$a_s=c_s=\frac{\mathrm{d}z}{\mathrm{d}x^2}A_s^{r+1/2} \tag{5-89}$$

$$b_s=2\left(1+\frac{\mathrm{d}z}{\mathrm{d}x^2}A_s^{r+1/2}\right)-\mathrm{d}zB_s^{r+1/2} \tag{5-90}$$

$$ds=\left[2\left(1-\frac{dz}{dx^2}A_s^{r+1/2}\right)+dzB_s^{r+1/2}\right]\Phi_s^r+\frac{dz}{dx^2}A_s^{r+1/2}(\Phi_{s-1}^r+\Phi_{s+1}^r) \tag{5-91}$$

此方程组对应于三对角线形方程组,可以用追赶法求解。

3. 边界条件

物理边界条件通常是场在无穷远处为零,而在数值计算中,总是选取有限的计算窗口,因此需要人为地设置计算窗口边界上场点的值即所谓的边界条件。目前常用的边界条件有吸收边界条件(Absorbing Boundary Condition,简称 ABC)、透明边界条件(TBC)以及完美匹配层(Perfectly Matched Layer,简称 TML)。各种吸收边界条件从原理上讲都是通过在计算的边界上加上一个物理吸收层,吸收层的选取是十分讲究的,既要保证实现相当好的吸收,又要保证吸收系数的梯度要足够光滑,不至于引起伪反射。

ABC 边界条件是指在计算窗口的四周人为插入损耗材料,但是要想尽量少的反射,高效吸收光场,需要非常仔细地调整吸收区域的尺寸,得到最优厚度与吸收系数。所以,应用 ABC 边界条件需要额外的计算时间与计算容量。而 TBC 边界条件则比 ABC 要高效得多,因为它不包含任何可调参数,认为场在吸收边界成指数型。最新提出的 PML 边界条件则依赖于非物理介质电导的各向异性。适当的选择电导可以使得边界反射十分小。TBC 与 PML 是目前解决边界处强损耗的最有效的方法。下面简单介绍一下透明边界条件。透明边界条件算法是在边界附近,把光场近似看成平面波,并以平面波的形式在边界处向外透射出去。假设对于窗口的一边第 $r+1$ 步有 $\Phi_N^{r+1}=\Phi_{N-1}^{r+1}e^{jk_x dx}$,$k_x$ 为假设平面波的传播波矢,可由第 r 步求得:

$$\frac{\Phi_n^{r+1}}{\Phi_{N-1}^{r+1}}=\frac{\Phi_{N-1}^r}{\Phi_{N-2}^r}=e^{jk_x dx} \tag{5-92}$$

对于窗口的另一端也有类似的关系,在计算过程中令 k_x 实部为正,以保证辐射场向外传播。如果给定第 r 步的场,则可以计算出第 $r+1$ 步的场分布。在实际结构中,辐射波在边界处被反射回到芯层中,并且与导波场相互作用。它们的相互作用会扰乱导波场并且大大降低了计算准确性。所以在数值计算光场传播时,会加入边界条件以避免辐射波在边界处被反射。可见在有限区域内应用 BPM 法来研究光的传播,关键的一点是在计算窗口边缘处引入有效的边界条件。

5.2 无源光波导器件

无源光器件包括连接器、光分路(分束)器、光波导耦合器、偏振器、滤波器、光环路器、光隔离器等。

5.2.1 光波导耦合器

光波导耦合器是一种对光信号在特殊结构中按一定分配比例进行分配,并分别输出的光器件。反之,它又可以作为合束器,将不同的光信号合束。光波导耦合器是集成光学器件中的基本原件,在光波通信、传感测量中扮演着重要角色。早期它多用于从传输干路提取出一定的光功率,用于监控光信号的传输,近年来,随着光纤 IPTV,FTTH 等的迅猛发展,光耦合器的需求越来越大,应用也越来越广泛。从功能上看,光波导耦合器可分为光功率分配器(Power Splitter)和波分复用器(Wavelength Division Multiplexer,简称 WDM);从端口形式上看,它可分为 X 形(2×2)耦合器、Y 分支(1×2)耦合器、星形($N\times N$,$N>2$)耦合器以及树形((1×N,

$N>2$) 耦合器等；从工作带宽的角度上看，它可分为单工作窗口的窄带耦合器(Standard Coupler)、单工作窗口的宽带耦合器(也称为平坦化的耦合器，Wavelength Flattened Coupler，简称 WFC)和双工作窗口的宽带耦合器(Wavelength Independent Coupler，简称 WIC)等。另外，根据传导光信号模式的不同，又有多模耦合器和单模耦合器之分。

表征耦合器性能的指标、参数有很多，其中跟其他光无源器件类似的有插入损耗、方向性、偏振相关损耗、波长相关损耗、隔离度等。而耦合器所特有的参数则包括附加损耗、分光比、均匀性等。

1. Y 分支耦合器

Y 分支耦合器(简称 Y 分支)是集成光路中最常用的一种耦合器或功率分配器。Y 分支作为集成光学中一种重要的基本光波导器件单元，被广泛用于调制器、功率复用，解复用器、光开关等集成光学器件中。以一个典型的 1×2 的 Y 分支为例，通常用以将输入光分成两路；或者反之，将两路波导的光合成到一个输出波导。

Y 分支耦合器包括输入波导、锥形波导和输出波导三个部分。在分支区域之前的锥形部分(过渡区)平滑地将单模直波导加宽，从而增大光波导本征模式的宽度以减小和输出波导之间的耦合损耗。对称型 Y 分支耦合器的两个分支臂均采用相同的材料结构和相同的波导宽度，因此具有相同的光传输特性。当光从输入端输入，功率将在两输出端均分输出，此时的 Y 分支为 3dB 耦合器。考虑到 Y 分支输出端与光纤阵列的连接需要和消除输出波导之间相互耦合的影响，Y 分支耦合器的输出波导间距一般为几十微米至数百微米。因此，需要在锥形波导和输出波导之间引入弯曲波导，如图 5-7 所示。比较常见弯曲波导一般为 S 型、Sin 型或 Cos 型。

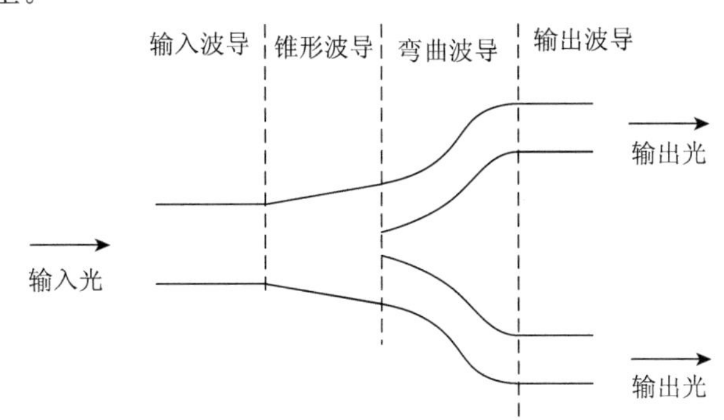

图 5-7　Y 分支耦合器结构原理图

正弦和余弦型弯曲波导可以分别用以下函数表示：

$$y=\frac{h}{l}x-\frac{h}{2\pi}\sin\left(\frac{2\pi x}{l}\right)\quad 或\quad R=\frac{l^2}{2\pi h\sin\left(\frac{2\pi x}{l}\right)} \tag{5-93}$$

$$Ry=\frac{h}{2}x-\frac{h}{2\pi}\cos\left(\frac{2\pi}{l}\right)\quad 或\quad R=\frac{2l^2}{\pi^2 h\cos\left(\frac{\pi x}{l}\right)} \tag{5-94}$$

式中，l 是弯曲波导长度，h 为高，S 为弯曲的曲率半径。弯曲波导部分会引入损耗，因此需采用足够大的弯曲半径以减小弯曲损耗。

为了实现多路功率分配,可以采用树形方式将多个Y分支级联,如图5-8(a)所示。另一种是“Sparkler方式”:下一级Y分支的输入波导与上一级的输出波导平行连接,如图5-8(b)所示。

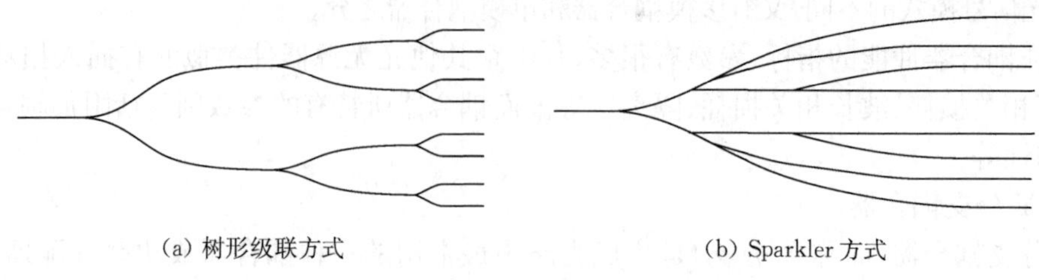

(a) 树形级联方式 (b) Sparkler方式

图5-8 两种结构的Y分支级联结构

可以预见,随着通信技术的发展,越来越多的场合需要采用分光比可调的光功率分配器。可调谐的功分器可以通过改变自身的功率分配因数,动态地分配各用户端设备所得到的光功率。这样就能提高网络配置的灵活性,充分利用光功率资源,提高网络的可靠性,节约能源。

2. 多模干涉(MMI)耦合器

MMI耦合器的基本原理是多模波导中各阶模的干涉形成的自映像效应,即在多模波导中,多个导模互相干涉,沿着波导的传播方向,在周期性的间隔处会出现输入场的一个或多个复制的映像。利用这个效应,可以将输入光分配到多个输出波导输出,起到功率分配的作用。如果改变输入光场的相位关系,可以将光场从某个特定的输出波导输出,可以实现光开关或者分光比可调的分束器等功能。一般来说$1\times N$的MMI耦合器由输入单模波导、多模干涉区以及输出单模波导三部分组成。MMI耦合器具有频带较宽,分束均匀,插入损耗低等优点,尤其适用于分支数量较大的功率分配器件。

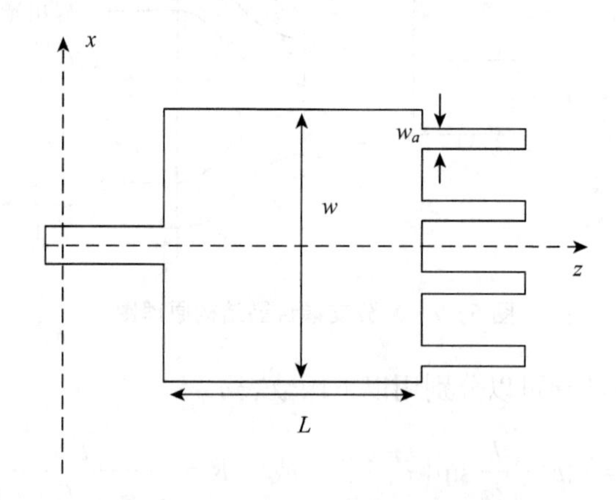

图5-9 多模干涉耦合器结构图

3. 定向耦合器

定向耦合器是构成光功率分配器的另一种重要结构,其典型结构如图5-10所示。其中,图5-10(a)所示为常见的由两条邻近的单模波导构成的定向耦合器。在图5-10(b)所示的定向耦合器中,其耦合部分是可以支持两个模式传输的双模波导。不管采用哪种结构,产生100%功率转移的耦合长度L取决于奇模与偶模之间的传播常数之差。如果耦合部分的长度

$l_c = L/2$，在输出端即有 $P_1 = P_2$，也就是功率平均分配的 3dB 耦合器，如图 5－10(c)所示。

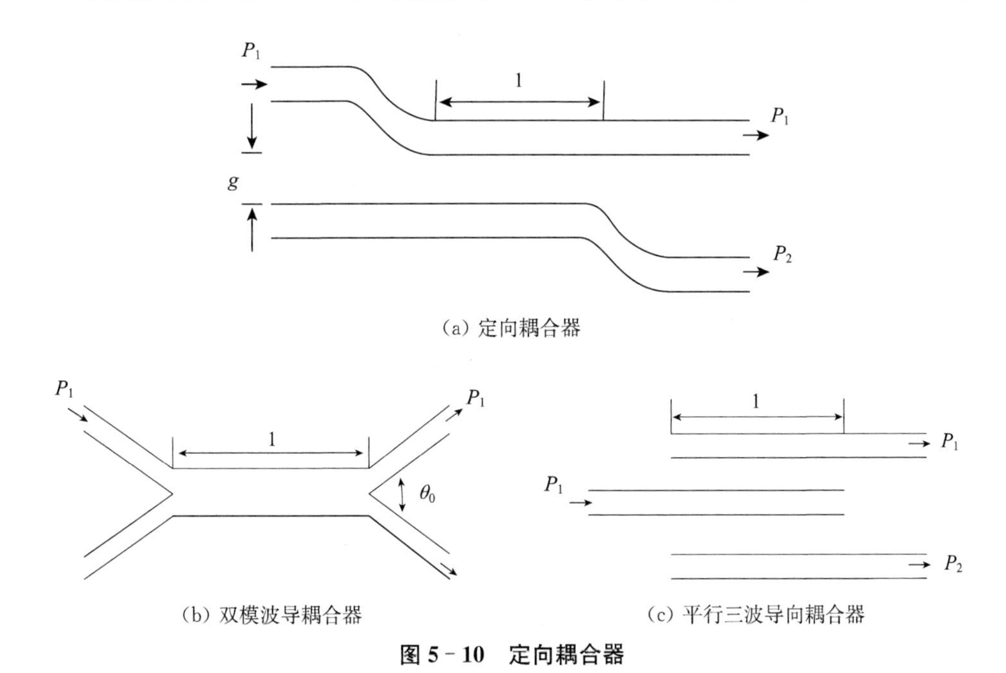

(a) 定向耦合器

(b) 双模波导耦合器　　(c) 平行三波导向耦合器

图 5－10　定向耦合器

对于非耦合区域导模的传播常数 β_1 和 β_2 相等的情况。设耦合区域中，偶对称模和奇对称模的传播常数分别为 β_e 和 β_o。在输入端由波导 1 输入光波，将会激励起电场振幅相等、相位相同的偶对称模和奇对称模。这两种模式在耦合区域传播，产生的相位差为 $L_\pi = \pi/(\beta_e - \beta_o)$。

如果设全部光功率从波导 1 转移到波导 2，称此时的耦合区域长度 L_π 为全耦合长度(Coupling Length)。根据耦合模理论，定向耦合器的输入、输出光场可以表示为

$$\begin{cases} E_i(x,y,z) = A_{i1}(z)E_{01}(x,y,z) + A_{i2}(z)E_{02}(x,y,z) \\ E_o(x,y,z) = A_{o1}(z)E_{01}(x,y,z) + A_{o2}(z)E_{02}(x,y,z) \end{cases} \tag{5-95}$$

式中，$E_i(x,y,z)$是输入光场，$E_o(x,y,z)$是输出光场，$E_{01}(x,y,z)$和 $E_{02}(x,y,z)$分别是两波导的本征模式，$A_{i1}(z)$、$A_{i2}(z)$、$A_{o1}(z)$和 $A_{o2}(z)$分别是输入输出场两本征模的振幅。

对于图 5－10 所示的定向耦合器存在传输矩阵：

$$\begin{bmatrix} A_{o1}(L) \\ A_{o2}(L) \end{bmatrix} = \begin{bmatrix} \cos\phi_t & -\mathrm{j}\sin\phi_t \\ -\mathrm{j}\sin\phi_t & \cos\phi_t \end{bmatrix} \begin{bmatrix} A_{i1}(0) \\ A_{i2}(0) \end{bmatrix} \tag{5-96}$$

式中，$\phi_t = \phi_{\text{in}} + \phi_c + \phi_{\text{out}}$，其中，$\phi_{\text{in}}$、$\phi_c$ 和 ϕ_{out} 分别是输入波导区，耦合区和输出波导区的传输相位。

对于单从波导 1 输入光的情况，即 $A_{i1}(0) = 1, A_{i2}(0) = 0$，则有 $A_{o1}(L) = \cos\phi_t$，$A_{o2}(L) = -\mathrm{j}\sin\phi_t$，则输出光场可表示为：

$$E_o(x,y,L) = \cos\phi_t E_{01}(x,y,L) - \mathrm{j}\sin\phi_t E_{02}(x,y,L) \tag{5-97}$$

由于工艺误差等原因，可能会出现定向耦合器的耦合区长度不稳定的情况。这时只要改变耦合区的长度，就能改变输出波导分配到的光功率，从而改变分光比。目前，通常采用

的方法是通过在耦合区加电极,以调整耦合区的折射率,从而调整最终的功率分配。另外,也可以对该定向耦合器的耦合区施加应力,使耦合区产生伸缩变化,即可改变耦合区的长度,进而获得分光比的变化。

5.2.2 谐振环

光波导谐振环(Ring Resonator)是集成光学领域的研究热点之一,是光学传感器、光开关、激光放大器、滤波器、波分复用器和光学延时组件等光学器件的核心组成部分。由于环形谐振腔结构简单,利于实现高度集成,对光信号的频率和相位敏感,因此广泛地应用于光通信、惯性传感、生物传感和化学传感等众多领域。

微型谐振环由于制备工艺简单,具有良好的滤波特性,被广泛应用于集成光学系统。特别是随着近些年来集成光学工艺制造技术的发展,如SOI(Silicon-on-Insulator)技术的应用,各种聚合物光波导材料的研制,人们可以利用高折射率差的光波导传输线将光束控制在很小的弯曲半径下进行长距离传输,又推动了微环器件的进一步发展和应用。利用微环和微环阵列的谐振功能,可以实现宽带滤波器、波长选择器、宽带调制器、激光谐振腔、慢光波导器件和快速光开关等多种功能器件,还可以将其应用于密集波分复用系统及光学延时系统。大尺寸(厘米数量级)光波导谐振环可以应用于制备光学传感器、窄带滤波器、光开关和光调制器等集成光学器件。近年来,光波导材料的研制有着长足的进步,大量性质优良的低损耗材料的问世,使集成光波导谐振环的研制进入了一个更加多样化的阶段,特别是超长传输距离光波导的研制成功,激发了科研机构对大尺寸光波导谐振环器件的研制热情。自上世纪90年代起,随着硅基光波导技术的成熟,美国、日本、欧洲和中国的科研机构相继报道了多种低损耗光波导谐振环器件的研制成果,并将其应用于研制以光波导陀螺为代表的光学传感器件。同时,随着集成光学工艺制造技术的成熟,光子材料科学的发展,各种具有优秀电光、热光、声光特性的光波导材料开始进入实用化阶段,大尺寸光波导谐振环的功能和应用得到了进一步拓宽。如可调谐光波导谐振环的研制成为了新的研究热点,通过光波导材料本身的特性,利用各种光学效应对谐振环进行调谐,扩大了光波导谐振环的功能和传输特性,使得各种结构新颖,功能多样的谐振环能够应用于大规模集成光路系统。如环形谐振器件因抗电磁干扰、稳定性好、灵敏度高,近年来在应力、超声波、生物以及化学传感等方面应用受到了人们的重视。

微环谐振器一般由微环和信道波导两部分组成。如图5-11所示,两信道互相平行,端口1为输入端,光信号由此端口输入,并通过信道波导与微环之间的耦合进入微环。进入微环内的光信号再通过微环与输出信道的耦合从输出信道3输出。根据信道波导与微环波导的相对位置,微环谐振器可以分为平行耦合和垂直耦合两种类型。

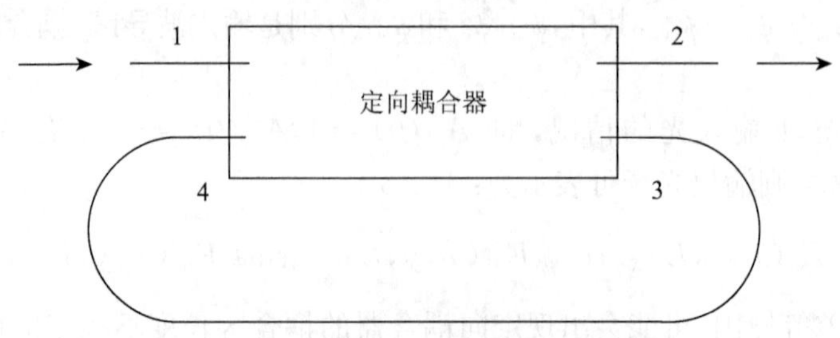

图5-11 光波导谐振环结构示意图

光信号在谐振环中传输，经过耦合器按一定比例分配到上行环路和下行环路，进行多光束干涉。设 $E_i(i=1-4)$ 为各端口信号。上行环路中，输入信号 E_i 经过耦合器传递到 2，3 端：

$$E_2=\frac{E_1[(1-\gamma)(1-K)]^{1/2}}{2}\exp(\mathrm{j}\phi_{21}) \tag{5-98}$$

$$E_3=E_1[(1-\gamma)(1-K)]^{1/2}\exp(\mathrm{j}\phi_{31}) \tag{5-99}$$

式中，γ 是信号经过耦合器的插入损耗，K 是耦合器的耦合比，ϕ_{21}，ϕ_{31} 是信号经过耦合器，在 2，3 输出端的相位变化值。光信号 E_3 在弯曲波导中传输一圈，到达耦合器的 4 端，再次进入耦合器，构成下行环路：

$$E_4=E_3\exp(-\alpha L+\mathrm{j}\beta L) \tag{5-100}$$

$$E_{21}=E_4[(1-\gamma)K]^{1/2}\exp(\mathrm{j}\phi_{24}) \tag{5-101}$$

$$E_{31}=E_4[(1-\gamma)(1-K)]^{1/2}\exp(\mathrm{j}\phi_{34}) \tag{5-102}$$

光信号在下行环路中循环传递，直到能量衰减为零，以此类推，在输出 2 端的电场为：

$$E_{2\mathrm{final}}=E_2+E_{21}+E_{22}+\cdots \tag{5-103}$$

达到一个稳定的谐振状态，输出光强为定值。L 是弯曲波导的长度。β 是弯曲波导的传输常数，α 是振幅的传输损耗，2α 是功率的传输损耗。

当系统谐振时，应同时满足相位匹配条件和幅值条件。光信号在谐振状态下，信号每次经过下行环路时，到达 3 端满足：

$$\phi_{34}=\phi_{34}+\beta L+\phi_{34}-2k\pi \tag{5-104}$$

得到相位匹配条件：

$$\beta L=2k\pi-\phi_{34} \tag{5-105}$$

$$\beta L=\frac{2\pi nLf}{c} \tag{5-106}$$

耦合器的相位传递函数 ϕ_{34} 和弯曲波导的相位传递函数 βL 共同决定谐振环的谐振频率。谐振状态的幅值条件是谐振环内光信号 $|E_3/E_2|^2$ 达到大值，输出端 $|E_2/E_1|^2$ 为 0，输入光全部用于补偿谐振环的光损耗，由此得到了满足实际设计需要的最佳谐振状态的相位和幅值条件：

$$\beta L=2k\pi-\phi_{34}\ 且\ K_r=1-(1-\gamma)e^{-2\alpha L} \tag{5-107}$$

上述分析引入了谐振环中耦合器的相位和幅值参数，在分析实际器件时，可以利用 3D-BPM 软件精确模拟方向耦合器的结构，将其相位传递参数、耦合比等关键参数带入式(5-98)—(5-103)，并设定谐振环的相关参数，将光场叠加，模拟上述光信号的传递过程，得到以下反映谐振特性的曲线。

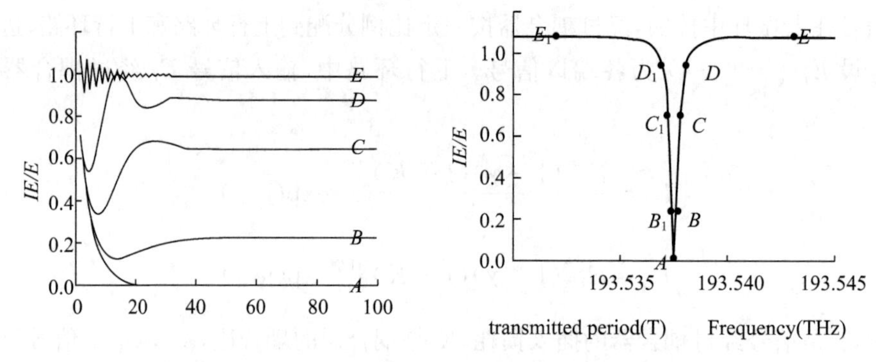

图 5-12　不同相位条件下谐振环的谐振特性曲线

令弯曲波导的长度满足:$\beta L=2k\pi-\phi_{34}+\delta\theta$,传输损耗 0.04dB/cm,插入损耗 0.5%。$A\sim E$ 分别取 $\delta\theta=0, 0.02\pi, 0.05\pi, 0.1\pi, \pi$,通过公式(5-98)—(5-103),得到谐振环输出光强在时域上的变化曲线。如图 5-12(a),其横坐标单位 $T=nL/c$,是光波在环内绕行一周的时间。可以看到,输出端的光强变化对谐振环内的相位变化非常敏感。当满足 A 条件时,输出光强在时域上表现为迅速衰减,形成最佳谐振,而当满足 E 条件时,光信号经过谐振环无法形成谐振,输出光强经过振荡,最终稳定在大值。由光波频率和传播常数的色散关系,得到图 5-12(b),即为谐振环的透射光谱。

清晰度 F 是光波导谐振环的一个重要参数,定义为自由频谱范围 f_{FSR} 和谐振峰半高宽 $\delta f_{1/2}$ 的比值,由式(5-108)表示:

$$F=\frac{f_{\mathrm{FSR}}}{\delta f_{1/2}}=\frac{\pi}{2\arcsin\dfrac{1-A^{1/2}}{\sqrt{2(1+A)}}}\tag{5-108}$$

式中,自由频谱范围 $f_{\mathrm{FSR}}=\dfrac{c}{nL}$。$A$ 则可以表示为

$$A=(1-K)(1-r_0)\exp(2-\alpha L)\tag{5-109}$$

式中,r_0 是耦合器的插入损耗,2α 是弯曲波导的传输损耗。

图 5-13 是不同传输损耗所对应的输出端 2 处信号的光强变化。令 $K=K_r$,$L=2\mathrm{cm}$,2α 分别取 0.2dB/cm,0.1dB/cm,0.05dB/cm。对于光波导谐振环而言,弯曲波导的传输损耗是影响谐振环谐振特性的主要因素。随着谐振环弯曲损耗的降低,谐振环的清晰度将明显增高。

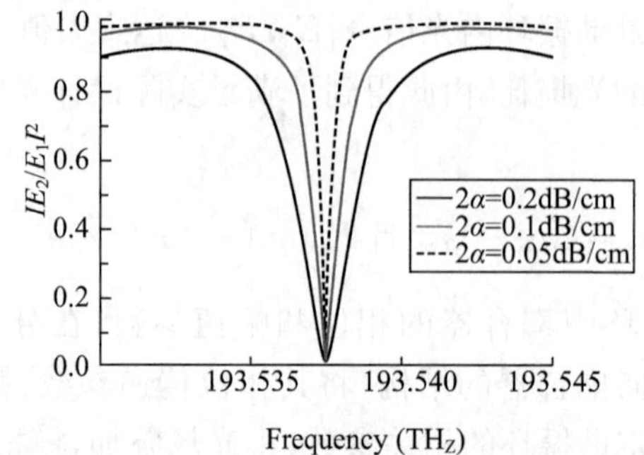

图 5-13　不同传输损耗下谐振环的谐振特性曲线

图 5－14 是谐振环满足相位匹配条件，谐振环处于谐振状态时，不同耦合比对应的谐振特性曲线。当 $K < K_r$ 时（欠耦合状态），进入谐振环内光波能量较少，在时域上反应为图 5－14(a)中曲线 A，对应的光谱特征曲线为图 5－14(b)中的曲线 A，此时，谐振环清晰度较高，谐振深度较小。当 $K = K_r$ 时（临界耦合状态），输入谐振环的能量刚好等于谐振环内能量损耗的总和，此时，谐振环具有大谐振深度，在时域上反应为图 5－14(a)中曲线 C，对应的光谱特征曲线为图 5－14(b)中曲线 C。当 $K > K_r$ 时（过耦合状态），进入谐振环中的能量较多，在光谱特性上反应为清晰度下降，谐振深度减小。从图 5－14 可以看出：当谐振环处于临界耦合状态时，能量形成稳定状态的时间短；而谐振环处于欠耦合或过耦合状态时，形成谐振状态所需时间长。因此，在检测谐振环特性时，特别是使用可调波长光源作为输入信号时，输入光源的波长稳定性和光探测器的积分时间必须足够长，以确保谐振环处于稳定的谐振状态。

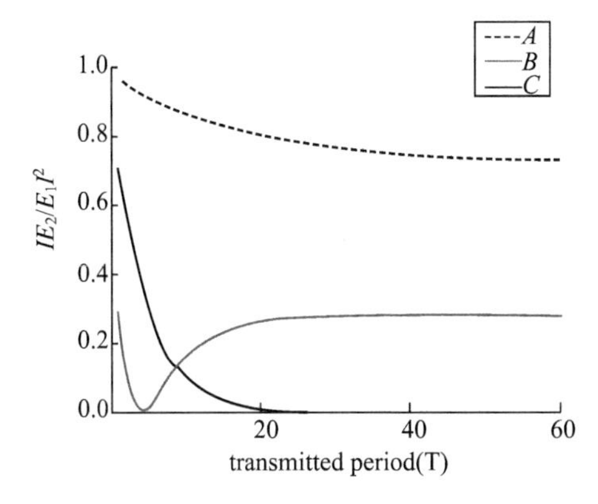

(a) 不同耦合比对应的谐振环内光波能量的时域响应

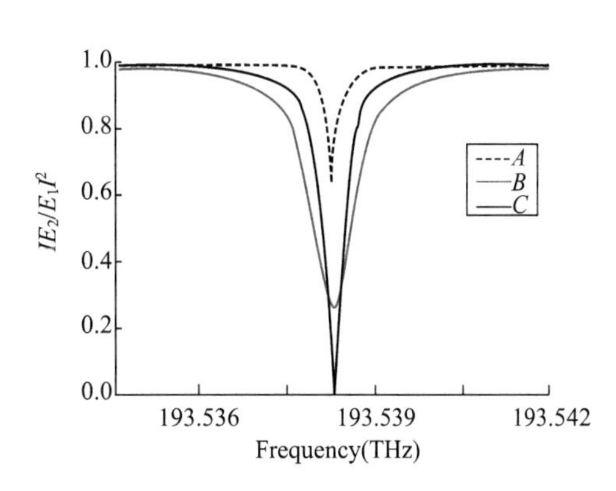

(b) 不同耦合比对应的光谱特征曲线

图 5－14　不同耦合比对应的谐振特性曲线

由式(5－107)可知，谐振环内传输相位与耦合器、弯曲波导的相位传递特性有关。对于实际制作的光波导器件，材料的热光系数、衬底的热膨胀系数对波导环路的传播常数、波导长度均有明显的影响，进而会影响到波导环的传输相位。因此，当器件工作温度改变时，谐振波长也会随之发生移动。谐振环的初始谐振波长满足关系式：

$$m\lambda_0 = n_{eff}L \qquad m = 1,2,3\cdots \tag{5-110}$$

对温度 T 求导：

$$\frac{\mathrm{d}\lambda_0}{\mathrm{d}T} = \frac{1}{m}\left(\frac{\mathrm{d}n_{eff}}{\mathrm{d}T}L + \frac{\mathrm{d}L}{\mathrm{d}T}n_{eff}\right) \tag{5-111}$$

对某一谐振波长，m 为定值，将式(5－110)代入式(5－111)，得到：

$$\frac{\mathrm{d}\lambda_0}{\mathrm{d}T} = \lambda_0\left(\frac{1}{n_{eff}} \cdot \frac{n_{eff}}{\mathrm{d}T} + \frac{\mathrm{d}L}{\mathrm{d}T} \cdot \frac{1}{L}\right) = \lambda_0\left(\frac{1}{n_{eff}} \cdot \frac{n_{eff}}{\mathrm{d}T} + \alpha_{sub}\right) \tag{5-112}$$

式中，n_{eff} 是波导的有效折射率（由波导芯、包层折射率和波导截面参数共同决定），L 是环的长度，衬底的热膨胀系数 $\alpha_{sub} = \frac{\mathrm{d}L}{\mathrm{d}T} \cdot L$，由于波导层的厚度和衬底相比非常小，所以波导物理长度随温度的变化主要由衬底的热膨胀系数决定。由式(5－112)可知，在实际器件工作时,谐振环的谐振波长移动特性和多个因素有关,如衬底材料和波导材料的热特性,波导截面设计参数等。图5-15给出温度对谐振传输光谱的影响曲线。

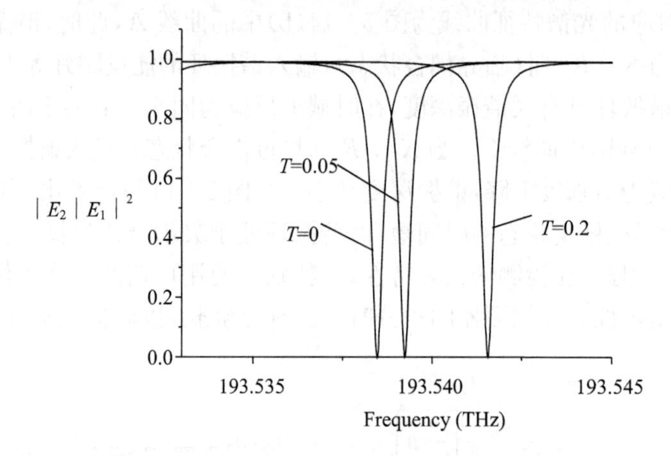

图5-15　谐振频率和温度之间的关系曲线

图5-15中波导环的长度L为2cm,衬底热膨胀系数1×10^{-5},波导有效折射率1.5,热光系数1×10^{-4}。可以看到,器件温度的轻微变化即会导致谐振峰的明显移动,因此,在测试和应用环形波导器件时,为了提高测试精度,必须确保测试系统处于恒温状态,一般地,温度波动须在±0.01℃以内。由于光波导谐振环具有对温度敏感的特性,同样可以利用波导材料的热光特性制备相应的可调谐谐振环、滤波器等器件。

5.2.3　AWG波分复用器

目前,全光通信网络中有三种并行访问方式:光空分传输和交换;光码分多址和波分复用(Wavelength Division Multiplexing, WDM)。其中,WDM技术是目前研究的前沿和热点之一。所谓WDM技术就是为了充分利用单模光纤低损耗区带来的大带宽资源,采用波分复用器(合波器),在发送端将不同波长的光载波合并起来并送入一根光纤进行传输,在接收端,再由波分解复用器(分波器)将这些不同波长承载不同信息的光载波分开的解复用方式。

基于对超大容量光子网络的迫切需求,在WDM和密集波分复用(Dense Wavelength Division Multiplexing, DWDM)系统中,以阵列波导光栅(Arrayed Waveguide Grating, AWG)为基础的波分复用器是波长复用和解复用传输光信号的一种关键元件。AWG具有多功能性、高重复性、低损耗、低串扰、高可靠性、尺寸小、低的制作成本以及易与半导体器件集成(混合和单片集成)等特点。一个$N\times N$的AWG可以提供波长复用、波长解复用、波长插分复用和互联的功能。这可为光通信系统提供诸如波长复用/解复用器、光插/分复用器、光波长路由器、光滤波器、多波长光源和色散补偿器等关键器件。AWG的发展已从SiO_2基AWG发展到InP基和聚合物基AWG,为提高AWG的性能、降低成本和拓宽应用提供更广阔前景。目前,研究开发AWG及其器件已成为当今光通信一大热点,为获得更大信道数、窄信道间隔、平坦光谱响应、偏振无关、优异热特性、极低损耗、均匀损耗周期频率和低成本的AWG,为了开发更多的AWG器件应用领域,还有很多的研究工作等待开展。AWG光子器件的不断进步和完善,必将对光子网络的结构和性能产生极大的影响。

AWG 的基本结构如图 5－16 所示，它一般由 N 个输入波导，N 个输出波导，两个平板波导和阵列波导组成。输入、输出波导都位于罗兰园的圆周上，并对称地分布于器件的两端。阵列波导中两相邻波导的长度差为常数，其作用类似于光栅，因此便将这种器件称为阵列波导光栅。按照输入、输出波导沿圆弧间距是否相等，可将 AWG 分为对称型和不对称型，若这一间距相等则称为对称型，反之则为不对称型。对称型器件除具有复用/解复用功能外，还有路由和周期特性。而不对称型器件则具有微调效应和两个频率间隔双向传输的独特功能。

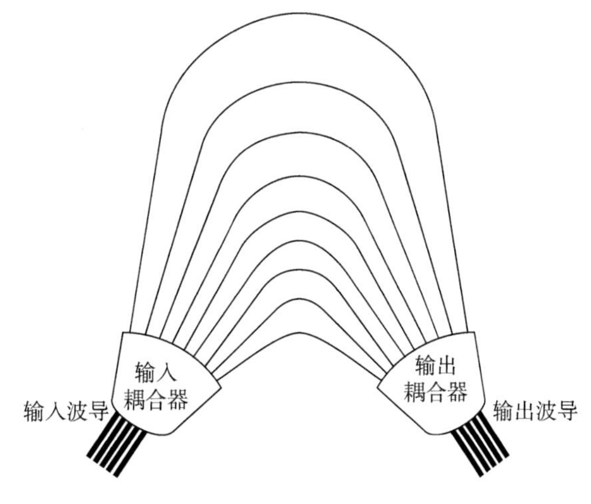

图 5－16　AWG 波分复用器结构图

AWG 波分复用器一般有如下要求：

(1) 波长的对准和稳定

AWG 复用/解复用器通常要和发射及接收模块配套使用，为了尽可能地降低功率损耗，三者波长需要匹配。将工作在不同环境下的分离的发射模块、接收模块和波分复用器保持在相同的波长并不简单，特别是 AWG 波分复用器的工作波长存在热漂移。为避免由于环境变化引起的波长漂移，一般 AWG 器件都安装在 Peltier 制冷器上，但这样导致器件体积增大。为了使无制冷器的 AWG 波分复用器对温度不敏感，可以将部分 SiO_2 波导用折射率热致变化相反的其他材料波导代替，使波导总光程的热致变化系数为零。此外，将发射模块和波分复用器单片集成、接收模块和解复用器单片集成，也是解决上述三者波长对准的有效措施。

(2) 低串扰

如果波分复用器的串扰大，WDM 系统的误码率将很高。特别是当 WDM 系统工作在多通道时，对波分复用器的串扰特性提出了更高的要求。对误码率小于 10^{-9} 的实用系统，要求器件的串扰小于－30dB。为了改善器件的串扰特性，可以使 AWG 的通道带宽变窄，同时要求可精确控制信号波长。一般通道数少的 AWG 的串扰小，可将多个小的 AWG 级联起来，来提高 AWG 的多通道串扰特性。此外，可用波长选择性的滤波器、Bragg 反射器等器件来改善 AWG 的串扰特性。

(3) 低的插入损耗

AWG 器件的插入损耗由三部分组成：芯片的传输损耗、衍射损耗和光输入、输出波导时的耦合损耗。低的插入损耗是维持相当的功率水平所必须的，特别是当系统中有多个 AWG 级联时。选择恰当的掺杂物质和用小折射率差的波导器件可以降低芯片的传输损耗，使单模波导的模场尺寸与单模光纤的模场尺寸相匹配则可以降低耦合损耗。

(4) 平坦的光谱响应

典型的 AWG 解复用器的干涉图样与输出波导的导模都具有高斯形状，所以它们的光谱响应也是高斯型的。特别在很多解复用器级联的情况下，总体的光谱响应通带带宽会减小，从而光源光谱变化的限制就很严格，这必然会增加系统的成本。设计平坦光谱响应型 AWG 解复用器则可以解决这个问题。

(5) 偏振无关

偏振色散是由非对称引起的,因信号在光纤中传输的偏振状态受到各种因素影响是不确定的,所以系统要求AWG复用/解复用器偏振无关。

(6) 可集成和级联

半导体基(InP)的AWG可以和其他的光电器件如激光器和探测器集成。硅基的AWG可以和光开关、光放大器等集成,提供更多功能的子系统或光子集成回路。集成不仅可以拓展器件的功能,而且可以提高器件的性能,降低器件的成本。

(7) 低成本和封装

实现波分复用功能的器件种类很多,如介质膜滤波器、光纤光栅和微光学的滤波器等,要使AWG复用/解复用器在波分复用系统中占重要地位,就必须使它有更好的性能/价格比。

5.2.4 其他无源光波导器件

偏振器是一种对光的偏振态进行控制的器件。在光波导中,TE模和TM模的传输特性不同,如在电光调制器中,对于TE模和TM模的调制效果就不同,需要事先对偏振态进行控制或者转换。偏振相关器件常用双折射晶体,磁光材料等构成偏振器,或者利用波导传输特性制作偏振器和模式分离器件等。

1. 光波导偏振器

在金属包层波导中,利用金属对TE模和TM模吸收的显著差异来设计波导型偏振器件。例如在采用K^+离子交换制作的单模玻璃波导上,如图5-17所示,制作5mm长的金属铝模覆盖层,它对TE模的吸收损耗约为(2~3)dB,而对于TM则为(20~30)dB。波导偏振器件也可利用对TE模和TM模截止条件波导,采用在波导上覆盖各向异性的薄膜晶体来实现。

图5-17 金属覆盖层吸收特性的波导偏振器

2. 模式分离器

模式分离器可利用波导模式干涉、模式分离效应和单偏振波导结构来实现。图5-18中为Y分叉结构模式分离器。输入波导支持TE模和TM模,通过控制扩散的浓度等方法,让Y分支上臂只支持TM模,而下臂只支持TE模,实现模式分离。

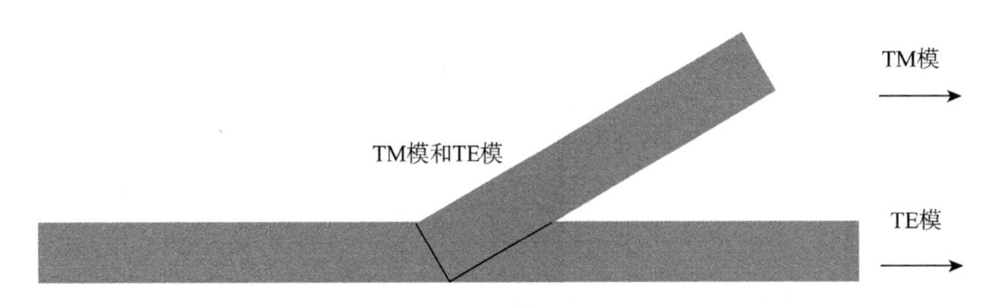

图5-18　单偏振的Y分叉结构的模式分离器

在无源光器件中，还有光连接器、光隔离器和光环路器等。光连接器起到两个光器件之间的连接作用，目前主要采用光纤同光波导器件连接，然后直接利用光纤连接器进行互连。直接用波导进行连接的只有在多单元器件集成芯片上，一般用直波导，锥形过度波导和直角反射波导来实现。光隔离器和光环路器一般采用磁光材料光路的非可逆特性来制作。

5.3　有源光波导器件

5.3.1　调制器

光调制就是将电信号加载到光波上并使得光波的相位、频率、振幅和偏振等特性参数或状态发生变化的过程。根据调制方式的不同光调制可分为：内调制与外调制。激光光源的内部直接调制是最简单直接的调制，它利用调制信号直接控制激光器的振荡参数，使输出光特性随信号而变。另一种调制方式是外调制，即需要在激光器的外部安装调制器，利用调制信号作用于调制元件时所产生的物理效应，使通过调制器的激光束的某一参量随信号变化。相比于内调制，外调制方法具有高调制速率，大带宽，无频率啁啾等诸多优点，从而成为当今大容量、长中继的WDM光纤通信系统和高速光处理系统中广泛应用的标准方法。不加说明，本章的光调制器器均指外调制器。

根据被调制的光波特性指标，光调制器对应的光调制方式可分为相位调制、振幅调制、频率调制、偏振调制。一般情况下光探测器的输出信号与入射光波的强度有着直接的联系，探测器可直接从强度调制波解调出调制信号。

1. 光调制器工作原理

根据调制器的工作原理，光调制器可分为四大类，电光调制器、声光调制器、磁光调制器、电致吸收调制器。

其中，电光调制器的工作原理是利用介质的线性电光效应，即Pockles效应。介质材料的折射率随外加电压的线性变化而变化，可以反映到光波相位、振幅或频率上，最终实现电光调制。声光调制器的物理基础是声光效应引起的布拉格衍射和拉曼－纳斯衍射。在这两种衍射方式中，声波在晶体中造成的折射率周期性的变化形成了一个光学相位光栅，布拉格方式是利用了光通过相位光栅的反射而形成的衍射；拉曼－纳斯方式则是入射光透过相位光栅形成衍射。两种衍射方式形成的衍射条纹强度均随信号变化，形成声光强度调制。磁光调制器则是基于法拉第旋光效应，入射线偏振光经过旋光晶体后其偏振面转过一定角度，其转角和外加磁场强度有关，因此出射光经过检偏器后强度随外磁场强度变化。电致吸收型调制器是量子限制Stark效应，即在外电场下激子吸收峰表现为吸收系数的变化和吸收峰的移动,器件上的调制电场在工作波长接近吸收峰时将发生明显的吸收调制作用。

综上所示,上面几种调制器的工作原理和材料使用情况见表5-1。

表5-1 光调制器中的物理现象和材料一览表

利用的物理现象		光调制原理	代表性材料
电光效应	Pockles 效应	折射率与电场成正比	$LiNbO_3$,KDP,GaAs,GaP
磁光效应	法拉第旋光效应	偏振面的旋转和磁场成正比	YIG
声光效应	布拉格衍射	由声波形成的三维光栅产生光衍射	$PbMoO_4$,TeO_2,$Bi_{12}GeO_{20}$,熔融石英
	拉曼-纳斯衍射	由声波形成的二维光栅产生光衍射	
电场吸收效应	Franz-Keldysh 效应	块状半导体的吸收端随外加电场移动且吸收系数也变化	
	量子限制 Stark 效应	量子阱内的激子吸收随外加电场变化	InGaAs/InAlAs 多量子阱 InGaAs/InGaAsP 多量子阱

在所有调制器中,电光调制器由于具有高调制速率、大带宽、无频率啁啾、高响应速率和易于集成等优点,具有一定的优势。在当今光通信系统向高速率、大容量飞速发展的时代,作为光通信系统的核心组成部分,电光调制器必将成为国内外研究的热点之一。电光调制器广泛应用于光纤通信系统与光传感领域中,其主要应用方向重点集中在以下几个方面:光载无线通信、有线电视的副载波复用、光控相控阵列雷达以及高速电光开关阵列等。

2. 电光调制器

目前,光波导电光调制器可以按使用材料的不同分为:半导体电光调制器,$LiNbO_3$ 电光调制器和聚合物电光调制器。

其中,半导体电光调制器是以 InGaAs/InAlAs 和 InGaAs/InGaAsP 多量子阱为主的电致吸收型调制器,其中 InGaAsP 电光调制器是一种已商用的半导体调制器,已经大量投产并实用化。半导体电致吸收型调制器具有体积小、易于集成、光开关特性良好、噪声低及非线性吸收率较高等诸多优势,但是由于大多数半导体材料的电光系数不高,消光比较小,且对波长依赖性较强,限制了它的进一步发展。

$LiNbO_3$ 电光调制器以 $LiNbO_3$ 铁电晶体材料为主。由于其具有电光系数较大、光学损耗较小、光学特性与稳定性良好等优点,所以目前广泛应用于高速光通信主干线长距离传输系统。但是其调制带宽不高,因为 $LiNbO_3$ 晶体材料本身的微波介电常数较大,很难实现相速匹配(微波等效折射率 n_m 与光波等效折射率 n_o 相差较大),为了实现高带宽调制特性,需设计较复杂的光波导与电极系统结构,或引入一种低介电常数材料,但这样会导致半波电压 V_π 升高,两者形成矛盾。

相比于半导体材料和 $LiNbO_3$ 晶体材料,聚合物材料具有诸多优势,因而聚合物电光调制器受到研究者的广泛关注,但是也存在不足之处如稳定性差、损耗高等问题。在研究的多种调制器中,也只有电吸收型的半导体调制器以及 Mach-Zehnder 干涉仪结构的 $LiNbO_3$ 电光调制器可商用化。随着研究与技术的进一步发展,聚合物电光调制器必将成为新一代的电光调制器,尽早实用化。

电光聚合物材料的电光效应是经过极化之后而获得的，在外部低频或直流电场的作用下，材料的折射率随外加电场的改变而变化，即$n=n(E_0)$。极化聚合物材料由基体材料和其载体-生色团分子两部分组成。生色团分子是极化聚合物中具有二阶非线性光学特性的分子。根据基体和生色团分子之间结合方式的不同，可将极化聚合物分为三类：主客体掺杂型、有机-无机杂化及主客一体型。

（1）主客体掺杂型

主客体掺杂型聚合物体系是最早研究的一类极化聚合物。主客体掺杂型就是指均匀混合非线性光学系数较高的生色团分子和无定型聚合物基体，构成极化聚合物，通过外加电场极化，促使生色团的偶极取向，形成满足宏观意义上二阶非线性光学响应标准的非中心对称非线性光学材料。

主客体掺杂型的显著优势是制备工艺和纯化较容易，但受到在主体中的溶解性的限制，客体生色团分子的含量较低，材料的非线性系数很难进一步提高，而且也导致聚合物的玻璃化温度不会很高，从而影响其取向的稳定性。另外，因存在掺杂过程，相分离的主客体迫使客体结晶过程增强，导致严重的散射，光学损耗也很大。

（2）有机/无机杂化材料

通过溶胶-凝胶技术有可能得到一种新型有机/无机杂化电光材料，其兼备无机与有机两大类材料优点，因此近年来已受到广泛的重视。在较低的温度下（包括室温），溶胶-凝胶方法通过水解、缩聚过程形成具有微孔的三维无机网络，可以将许多有机功能材料掺入其中，形成有机/无机功能材料。目前人们已成功地得到多种含有不同生色团的有机无机杂化材料，它们的光谱性质与所用的生色团单体相类似。

（3）主客一体型

为了得到更高光学性能的极化聚合物材料，可以通过化学键将生色团分子键合到聚合物骨架上形成主客一体型，主要分为三类：侧链型、主链型、交联型。由于材料成本较低、制备工艺简单，主客一体型材料在有机极化聚合物发展初期得到了广泛的重视，在近年来的器件研究中仍起着相对重要的作用。

3. 电光调制器性能指标

主要的电光调制器参数如下：

（1）半波电压

调制器的一个很重要的指标就是半波电压。低半波电压可以省去通信系统中微波驱动电路的复杂设计，减少搭建通信系统的成本。半波电压定义如下：

$$V_\pi=\frac{\lambda D}{n_o^3\gamma_{33}L\Gamma} \tag{5-113}$$

其中，D为电极间距，L为电光互作用区长度，n_o为光波有效折射率，γ_{33}为电光系数，Γ为光波与微波间的重叠因子，它代表在波导中传输的光波与调制微波之间相互作用的大小。这样，当将调制电压作用于电极上时，波导折射率会因外界电压的作用而发生变化，造成波导内导模通过电极作用区时其相位随外加电压而发生变化。可由式(5－114)表示：

$$\Gamma=\frac{G}{V}\frac{\iint E_0^2(x,y)E_y(x,y)\mathrm{d}x\,\mathrm{d}y}{\iint E_0^2(x,y)\mathrm{d}x\,\mathrm{d}y} \tag{5-114}$$

其中,$E_0^2(x,y)$是光功率分布函数,$E_y(x,y)$是微波电场与光场作用的分量,ω_x 和 ω_y 分别为 x,y 方向基模模场半径,并且积分仅限于电光互作用区域。γ_{33} 由电光材料本身性质决定,n_0 由波导结构参数决定,这两个参数对降低半波电压的作用很小。由于金属电极对 TM 模式有着强烈的吸收,因此理论上要求包层的厚度一般应该大于 3μm,导致电极间距不能进一步减小,即限制了半波电压的降低。而通过增大电光互作用区长度 L 来降低半波电压的同时减低了带宽,因此在设计中应重点优化带宽和半波电压。

(2) 特性阻抗与驱动功率

特性阻抗在调制器的优化设计中是至关重要的一个参数,因为调制器在微波系统里是一个负载,它的特性阻抗为 Z_m,而微波输入端的特性阻抗一般是 50Ω,如果两者的阻抗不匹配,将会在调制器电极的输入端引起微波反射,驱动功率并不能完全进入调制器。微波驱动功率 P_{dri} 与进入调制器的功率 P_{in} 之间的关系是:

$$P_{dri}=\frac{(50+Z_m)^2}{200Z_m}P_{\text{in}} \tag{5-115}$$

从该式可以看出,要想驱动功率无损失地完全进入调制器,必须实现阻抗匹配,因此阻抗匹配也成为优化设计中的关键衡量指标,它受限于电极尺寸和波导位置。因此需要进行大量的计算与仿真来确定电极尺寸变化对阻抗匹配的影响,最终确定调制器的尺寸。

(3) 3dB 带宽

在电光调制器的频率响应特性中,当频率响应从直流降低至其最大值的一半所对应的频率范围定义为 3dB 调制带宽。调制带宽主要受微波光波的速率失配以及损耗影响,同时还和电光互作用区长度有关:

$$FRp(f_m)=\frac{\Delta\phi(f_m,V)}{\Delta\phi(0,V)}=\left(\frac{1+e^{-2\alpha L}-2e^{-\alpha L}\cos(\beta' L)}{(\alpha^2+\beta'^2)^2L^2}\right)^{\frac{1}{2}}=\frac{1}{2} \tag{5-116}$$

其中,$\Delta\phi$ 是在一定频率和电压下调制产生的光相移量,f_m 是调制微波频率 GHz,L 是电光互作用区长度。α 是电极的分布衰减常数,$\alpha=\dfrac{\alpha_0\cdot\sqrt{f_m}\cdot 100}{8.686}$ dB/[cm(GHz)$^{1/2}$]。在不考虑介质损耗及辐射损耗的条件下,α 是欧姆损耗系数,此时调制器设计和测试中常用的是 α_0,与频率和互作用区长度 L 都无关。β' 是光波与微波之间的相对相位常数,$\beta'=\dfrac{2\pi f_m\cdot 10^9}{C}(n_m-n_o)$rad/m,它与频率和相位匹配有关;$n_o$ 是波导中光的等效折射率,n_m 是电极系统的微波等效折射率。使式(5-116)等式成立的 f_m 就是带宽。从式(5-116)可以看到,带宽是相位匹配 n_m-n_o、互作用区长度 L 以及损耗系数 α_0 的函数,优化设计需要调整这三个参数,他们同样与电极的尺寸及波导位置有关。

(4) 消光比

消光比是衡量电光调制器的一个重要参数,定义为电光调制器相对最大输出光功率和相对最小输出光功率的比值。一般情况下,由于材料的吸收、反射和散射,使得相对最大输出光功率小于 1,而由于光束的发散、材料的缺陷以及双折射等,造成相对最小输出光功率大于 0。

4. M-Z 型干涉式电光调制器

典型的 M-Z 型干涉式电光调制器结构由光波导和调制电极两部分组成,其结构如图

5－19 所示。

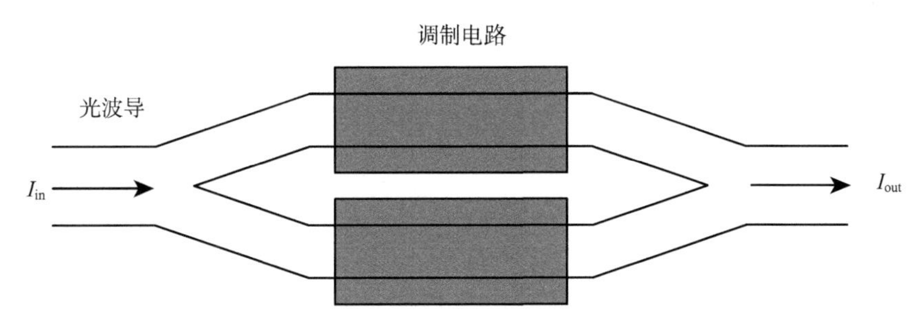

图 5－19　M－Z 型调制器示意图

从图 5－19 可知,输入光波 I_{in} 通过第一次 Y 分支处后,被分成光强相等的两部分光波,这两部分光波分别通过光波导的两个分支,然后在第二个 Y 分支处合并形成一个输出光波 I_{out}。由于两个支路不同,所以两个支路中的光波间必然存在一定的相位差。在第一个分支处,假定入射光波的表达式为

$$\phi(t)=\phi_0\exp(\mathrm{j}\omega_0 t) \tag{5-117}$$

进入两个分支后有:

$$\phi_a(t)=\phi_b(t)=\frac{\phi_0}{\sqrt{2}}\exp(\mathrm{j}\omega_0 t) \tag{5-118}$$

经过第二个 Y 分支后,光波可表示为

$$\begin{aligned}\phi(t)&=\frac{1}{\sqrt{2}}\frac{\phi_0}{\sqrt{2}}\{\exp[\mathrm{j}(\omega_0 t+\varphi_a)]+\exp[\mathrm{j}(\omega_0 t+\varphi_b)]\}\\&=\varphi_0\exp\left[\mathrm{j}\left(\omega_0 t+\frac{\varphi_a+\varphi_b}{2}\right)\right]\cos\frac{\varphi_a-\varphi_b}{2}\end{aligned} \tag{5-119}$$

其中,φ_a 和 φ_b 分别是 Y 分支的上半分支(a)和下半分支(b)的相移,同时在式(5－119)中忽略了两个分支的光学损耗,假定损耗为零。如果通过外加信号电压的方式,使一个分支的相移恰好等值异号与另一个支路的相移,即 $\varphi_a=-\varphi_b$,那么上式(5－119)便变成:

$$\phi(t)=\phi_0\exp(\mathrm{j}\omega_0 t)\cos\frac{\Delta\varphi}{2} \tag{5-120}$$

其中,$\Delta\varphi=\varphi_a-\varphi_b$,我们称 $\varphi_a=-\varphi_b$ 的结构为推挽式光波导结构,当电极上施加电压为 V 时,利用材料的电光效应引起的 M－Z 干涉仪两臂相对相位差 $\Delta\varphi$ 为:

$$\Delta\varphi=\frac{2\pi}{\lambda_0}\cdot n^3\cdot\gamma_{33}\cdot V\cdot L\cdot\Gamma \tag{5-121}$$

式中,λ_0 为入射光波波长,n 为材料的折射率,γ_{33} 为材料的电光系数,L 为 M－Z 干涉仪臂上电极的长度,Γ 为光波场与外电场间的重叠因子。

输出的光强度表达式为

$$I_{out}=I_{in}\cos^2\left(\frac{\Delta\varphi}{2}\right)=\frac{I_{in}}{2}[1+\cos(\Delta\varphi)] \tag{5-122}$$

式中，I_{in} 是输入的光波强度，式(5-122)表示刚刚通过Y分支第二分支之后的情况，因为经过一段时间的传播，存在一定的传输损耗，输出的光波强度应该小于上式(5-122)中的 I_{out} 值。

根据式(5-122)可以绘制出电光强度调制的调制曲线如图5-20所示。

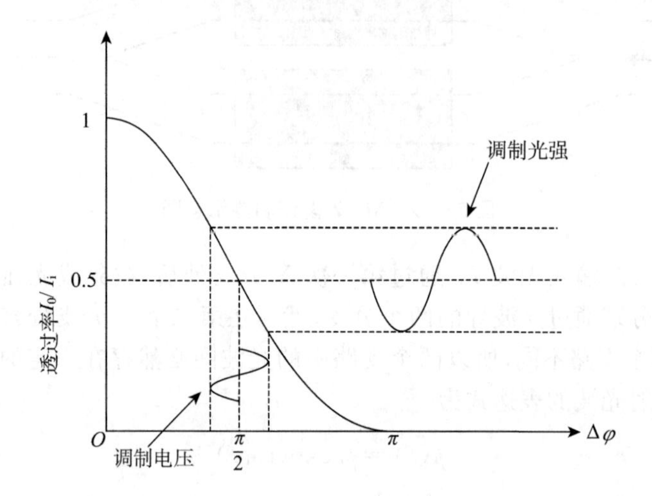

图5-20 电光强度调制的调制曲线

从式(5-121)和式(5-122)中可以看出，当外加电压 $V=0$ 时输出光强最大 $I_{out}=I_{in}$；当加上外加电压 $V=V_\pi$ 时，即使相对相位差 $\Delta\varphi=\pi$ 时，输出光强 $I_{out}=0$。因此该器件可以利用调节电极电压而获得电光调制器的功能。其中电压 V_π 为半波电压：

$$V_\pi=-\frac{\lambda_0\cdot d}{2n^3\gamma_{33}\cdot L\cdot \Gamma} \tag{5-123}$$

式中 d 为调制电极和地电极之间的距离。但在实际M-Z器件的推挽式工作方式中，由于推挽电场之间的互相影响往往不能达到理想的效果，很多情况下单臂调制也是很有效的方法，它的半波电压为：

$$V_\pi=-\frac{\lambda_0\cdot d}{n^3\gamma_{33}\cdot L\cdot \Gamma} \tag{5-124}$$

5.3.2 光开关

光开关是一种具有一个或多个传输端口可对光传输线路或集成光路中的光信号进行相互转换或逻辑操作的器件，它可以实现光束在时间、空间、波长上的切换，在光网络中有许多应用场合，是光通信、光计算机、光信息处理等光信息系统的关键器件之一。

光开关按工作介质可分为自由空间和波导型光开关两种。此外，根据光开关输入一输出端口数目的不同，又可分为 1×1、1×2、$1\times N$、2×2、$2\times N$、$M\times N$ 等，它们分别应用在不同的场合。如 1×1 光开关可用于光纤测试系统中控制光源的接通和断开；1×2 光开关可用于双光源或光探测器构成的测试系统，以及光线路中主备倒换装置；$1\times N$ 光开关主要用于光网络中的远程测试、监视及光器件、光纤光缆的测试；2×2 光开关则用于构成多通道大规模开关阵列；也可在光纤局域网中用作旁路开关。

自由空间光开关主要是指通过移动光纤或光学元件，来实现光路的通断。在空间光开关中，微机械光开关是采用微电子机械系统(MEMS)技术制作，体积小、易大规模集成，且具有低插损、低偏振敏感性和高消光比等优点，但体积大，不利于扩展端口和光开关阵列容量，也不适合应用于高速大容量的宽带光网络。液晶光开关是根据其偏振特性来完成交换的。典型的液晶器件包括无源和有源部分。液晶光开关理论上的网络重构性可能比较好，但是目前最大端口数为 80，因此液晶被认为更适合用于较小的交换系统。

波导光开关主要利用波导的热光和磁光等效应来改变波导折射率，使光路发生改变，完成开关功能。根据工作原理可分为电光、热光和机械式光开关。通常，自由空间光开关插损比波导型开关更低，电光开关则在速度上比机械开关有优势。目前比较有代表性的是硅基热光开关、高速二氧化硅波导光开关阵列、密集波导光栅阵列 AWG、有机聚合物波导光开关等类别。在波导光开关中，由于 $LiNbO_3$ 晶体具有很大的电光作用系数，$LiNbO_3$ 电光开关因此具有极快的电光响应时间，开关速度可达纳秒级，同时还具有很低的串扰和插入损耗特性。在聚合物材料中掺入生色分子，可以制备新型的聚合物电光材料，也可用于制造电光开关。

另外一种已经被大量应用的光开关是热光开关。热光开关目前主要有两种，数字光开关和干涉式光开关。干涉式光开关结构紧凑，但由于对光波长敏感，需要进行温度控制。数字光开关性能更稳定，只要加热到一定温度，光开关就保持同样的状态。最简单的器件是 1×2 开关，叫做 Y 型分路器。对 Y 型的一个分支加热时，材料的折射率就会发生改变，从而阻止光沿着这个分支传输。数字光开关可以用硅和高分子聚合物制作，后者功耗小，但插损大。热光开关和电光开关开关速度快，达毫秒和亚毫秒级，结构紧凑，但插入损耗和串音大。从总趋势看，光开关正从光机械开关向热光开关和电光开关方向发展，其开关速度也从 100ms 减少到 5ms 乃至数百微秒量级，结构变得紧凑，开关矩阵规模扩大。今后光开关研究的方向是改善其性能，并将光开关集成以便增大光开关阵列的规模。

通常光开关具有如下几个关键指标：

(1) 长期可靠性与稳定性。满足大容量通信系统要求必须保证高可靠性和非常低的故障率。

(2) 低插入损耗。考虑到网络中将使用大量的光开关，低损耗极为关键。

(3) 串扰小，消光比大。串扰直接影响信号传输质量，典型的隔离度为(40～50)dB。

(4) 低驱动电压，减少光开关的功耗。

(5) 光开关的速率。不同的应用场合，对光开关切换速率会有特别的要求。

(6) 无偏振依赖性。减小开关对信号光的偏振依赖性，可以有效改善插损和串扰等指标。

(7) 光开关工作带宽。光开关的工作带宽应对应于光纤、光滤波和放大器的 DWDM 工作窗口为(1300～1650)nm。

(8) 温度变化不敏感，可以拓宽光开关的应用环境和领域，增强其工作稳定性。

5.3.3　光波导放大器和激光器

光信号在光纤中传输时，不可避免地存在着一定的损耗和色散，损耗导致光信号能量的降低，色散致使光脉冲加宽。因此需要按照一定间隔设置中继器对信号进行放大和再生后继续传输。常规的中继器是光电中继器，其工作原理是先将接收到的微弱光信号还原为电信号,经放大、均衡、识别再生等技术,得到一个性能良好的电信号,最后再通过半导体激光器(LD)完成电光转换,成放大的光信号,再耦合进光纤传输。这种光/电/光的变换和处理方式越来越不适应现代光纤通信与网络的要求。直接放大、处理光信号就成为技术发展的必然,这样光放大器就应运而生。

目前掺铒光纤放大器(EDFA)已经实用化。它是将稀土元素铒掺杂到纤芯中,形成一种特殊的光纤,在泵浦光的作用下可直接对某一波长的光信号进行放大,EDFA可分别作为前级放大、末级放大和中继放大,被广泛应用于长距离通信、海底通信、光纤孤子通信系统和光纤复用系统中,但因其体积大,难以小型化、集成化,在短距离全光通信中存在一定的局限性。平面光波导放大器(EDWA)是克服上述缺点的一种方法。EDWA是一种紧凑、可靠、易于集成、低成本的光放大器,铒离子掺杂浓度比EDFA高100倍左右(为$10^{26}\,m^{-3}$),几厘米到十几厘米的长度就可实现10dB以上的增益。相对EDFA,EDWA具有尺寸小、成本低的优点;相对半导体光放大器(SOA),EDWA具有噪声指数低、偏振相关性低、无通道串扰的优点。EDWA产品可以单波长放大也可以多波长放大,可以单向泵浦也可以双向泵浦;可以在同一基片上集成多个EDWA,形成EDWA阵列,实现在DWDM系统中多波长增益的动态调节。

根据铒离子的掺杂机制不同,光波导放大器主要分为以下几种:

1. 掺铒无机光波导放大器

无机EDWA是将Er^{3+}离子掺杂在SiO_2、Al_2O_3、Y_2O_3、ZrO_2等氧化物陶瓷、磷酸、硅酸盐以及$LiNbO_3$晶体等无机基质材料中制备的。硅酸盐玻璃的化学稳定性好,机械强度高,但是烧结温度高,制备难度大;Al_2O_3薄膜和磷酸盐玻璃能够接受非常高的掺杂浓度,在磷酸盐玻璃上制作出的波导损耗也相对较小,但是制作设备昂贵,工艺复杂,尚未完全解决与无源器件的集成。$LiNbO_3$晶体可以将放大器、调制器与激光器方便地集成在同一芯片上,可是铒离子的掺杂浓度低,增益较小,荧光效率低。目前用无机材料制备EDWA的工艺一般采用离子交换、离子注入、射频溅射、分子束外延、物理气相淀积、火焰水解淀积以及等离子体化学气相沉积等。其中,商用化的技术只有法国Teem公司的离子交换技术和美国朗讯公司的溅射技术。离子交换技术就是利用K、Ag、Li等元素置换出玻璃基片表面附近的Na,从而使基片局部的折射率升高,通过控制在玻璃基片上的交换范围和交换深度以形成波导结构。射频溅射技术是使某种材料的原子离子化(一般使用Ar^+),用电场加速使其成为高速离子流,轰击另一种靶材料表面,撞击出游离的原子或团簇使之沉积在基片上,最终形成所需要的薄膜的技术。总体来说,无机EDWA的制备工艺复杂,制作成本高,波导芯区和包层区的折射率改变量小,且器件与硅基材料兼容性不好,在平面光子集成的应用中存在一定的困难。

2. 掺铒有机聚合物光波导放大器

同传统的无机光波导材料相比,有机聚合物光波导的加工工艺比无机光波导简单、价格低廉,只须通过室温旋涂和光刻等工艺就可以制作出功能复杂的光电集成器件,并且折射率差易于调整,制作的器件轻巧、机械性能好,因而适用于制作高密度集成器件。但由于Er^{3+}离子大都以无机盐的形式存在,将较难将它们直接掺杂在聚合物基质中。L. H. Slooff等设计了有机多齿笼状结构(Organic Cage-like Complexes),通过这种结构将Er^{3+}离子封装在内,溶解在有机聚合物中。然而,由于聚合物中存在大量C—H、O—H高能振动基团,易与Er^{3+}离子发生振动耦合,降低了Er^{3+}离子在激发态能级上的寿命,因此Er^{3+}离子在这种含有多配位基的半球形笼状配合物中的发光寿命仅为 0.8μs，但这种将 Er^{3+} 离子与有机配体形成配合物的方法为稀土掺杂的聚合物材料的研究提供了新思路。近年来，材料科研工作人员把提高 Er^{3+} 离子在配合物中的发光寿命作为研究重点，取得了一定的进展。

3. 有机-无机复合型光波导放大器

有机-无机复合型材料由于综合了无机和有机材料二者的优点，受到人们的极大关注。根据有源材料和掺杂基质的不同，有机-无机复合型材料又可分为以下三类：(1) 制备掺杂铒镱的 SiO_2 或 LaF_3 纳米颗粒，将它们填充在聚合物或有机-无机复合基质中。由于 SiO_2 和 LaF_3 具有低的声子振动能量，可有效减少铒离子激发态能级的非辐射跃迁，所以材料的发光寿命较一般聚合物基质大大提高，可达毫秒量级。(2) 采用溶胶-凝胶工艺，把铒的有机配合物掺杂到无机基质的先驱体混合溶液中，经水解-缩聚过程成膜后，用紫外光引发光聚合，在薄膜上形成有源光波导。(3) 采用有机改性硅酸盐和陶瓷做基质，有机改性基团有利于提高稀土配合物在基质中的溶解性能。

在波导放大器的基础上在波导两端制备前向、后向反射结构，如反射镜和光栅等，形成 FP 腔，可以得到光波导激光器。与体激光器和光纤激光器相比，光波导激光器将光场能量约束在非常小的波导横截面内，非常有效地提高光功率密度，从而降低激光器的阈值功率，提高输出效率。以 Er^{3+}/Yb^{3+} 共掺磷酸盐光波导激光器为例，该激光器采用 980nm 的 LD 进行泵浦，在输出镜透射出去的泵浦光用一个滤波器滤除，只输出 1540nm 左右的激光。

5.4　光波导主要工艺和材料简介

5.4.1　光波导主要工艺

1. 旋转涂覆法

有机聚合物材料光波导器件的制备工艺常包括成膜-光刻(掩模板制作)一刻蚀-电极制作，其中成膜过程的控制将直接影响光波导器件的性能。为保证光信号能以特定的模式在薄膜中传输，光波导中的高性能聚合物薄膜厚度应在(1～10)μm 范围内可选择，同时膜表面光洁度要高，以减小模式在薄膜表面的散射损耗。常见的成膜工艺为室温旋涂法。

利用旋涂法制备薄膜，首先要对衬底进行处理，其步骤包括丙酮清洗、去离子水冲洗、有机溶剂冲洗和烘干等步骤，以确保衬底的洁净程度。

针对不同的聚合物材料选取适当的有机溶剂，配制成一定浓度的溶液。在溶剂的选择上，应选择高沸点，溶解度高的有机溶剂，以便更好地控制薄膜的厚度和表面粗糙程度。配制好的溶液需要利用磁力搅拌机进行长时间搅拌，以确保聚合物材料充分溶解，得到浓度均匀、流动性好的溶液。然后将溶液密封，在避光干燥的环境下静置一段时间，去除溶液中残留的气泡。

旋涂的过程一般分为预转和高速转动两部分，预转速度一般在 500 转/分(rpm)以内，时间在 5s 左右，目的是使溶液均匀覆盖衬底表面。高速转动转速一般在(500～6000)rpm 之间，时间一般在 20s 以上。影响薄膜厚度和质量的因素包括旋转的速度、时间、提速和降速的时间间隔等，应根据具体溶液的特性加以优化。在旋涂过程中，还应注意空气湿度对薄膜成膜性的影响。

当旋涂过程结束后,需要对薄膜进行热固化处理,其目的是除去薄膜中残留的有机溶剂,并促进聚合反应,使薄膜更加致密。热固化对最终的薄膜质量影响很大,在实际操作过程中需进行反复试验,对比烘干温度和薄膜表面形貌之间的对应关系,以得到最优的热固化温度和烘干时间。

2. 金属镀膜

对金属薄膜有蒸发镀膜和磁控溅射两种方式,下面分别介绍两种工艺的基本原理及其特点:

(1) 真空蒸镀

真空蒸镀是一种常见的制备金属薄膜方法,被蒸镀的金属材料可以是金、银、铜、铝等。把基片放入真空室后抽真空,使真空度达到 10^{-2} Pa 以下,然后加热蒸镀材料,使其原子或分子从表面溢出,形成蒸气流,入射到基片表面,凝结形成固态薄膜。

(2) 磁控溅射

磁控溅射是电子在电场的加速作用下,在飞向基片的过程中与真空室中的惰性气体如氩气(Ar)、氮气(N_2)等发生碰撞,使其电离出大量的氩离子(Ar^+)和一个新的电子,其中新电子将飞向基片,而氩离子在电场的作用下加速飞向阴极靶材,并以高能量轰击靶材表面,溅射出大量的靶材原子。呈中性的靶材原子(或分子)沉积在基片上形成薄膜。而产生的二次电子会受到洛仑兹力的作用,产生由电场和磁场共同确定的漂移,简称 E×B 漂移,其运动轨迹近似于一条摆线。如果是环形磁场,电子就以近似摆线形式在靶表面做圆周运动,它们的运动路径不仅很长,而且被束缚在靠近靶表面的等离子体区域内,并在该区域中电离出大量的 Ar^+ 来轰击靶材,从而实现了高的沉积速率。随着碰撞次数的增加,二次电子能量消耗殆尽,逐渐远离靶表面,并在电场的作用下最终沉积在基片上。磁控溅射与普通的二级溅射相比,具有高速、低温、低损伤等优点。高速是指沉积速度快,低温是指基片的温升低,低损耗是指对膜层的损伤比较小。磁控溅射具有沉积的膜层均匀、致密、纯度高、附着力强、应用的靶材广等优点,并且还具有工作真空度范围广、操作电压低等特点。

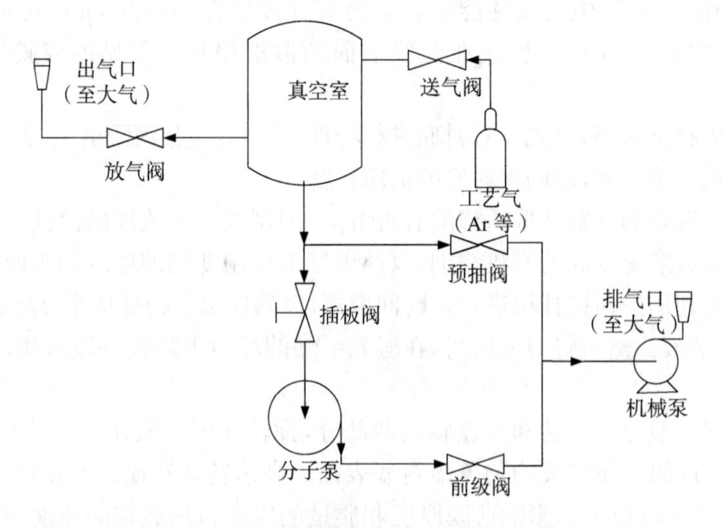

图 5-21　磁控溅射镀膜机系统组成图

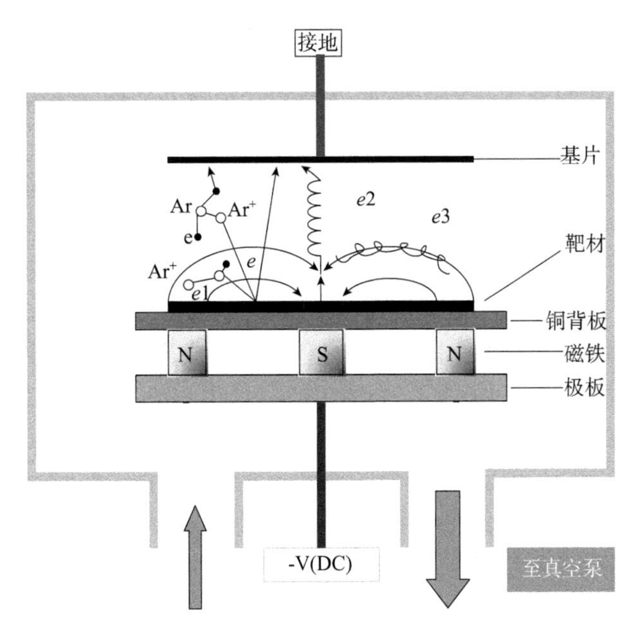

图 5-22　磁控溅射镀膜机原理图

3. 化学气相沉积

在集成光学领域中，化学气相沉积(Chemical Vapor Deposition，简称 CVD)被广泛应用于薄膜生长，即把含有构成薄膜元素的一种或几种单元气体供给基片，利用加热、等离子体、紫外光乃至激光等能源，通过在基片表面的气相化学反应生成要求的薄膜。

经常使用的 CVD 技术有大气压化学气相沉积(APCVD)、低压化学气相沉积(LPCVD)、金属有机物化学气相沉积(MOCVD)与等离子辅助化学气相沉积(PECVD)。

(1) 大气压化学气相沉积(APCVD)

APCVD 是在近于大气压的状况下进行化学气相沉积的系统。APCVD 系统具有高沉积速率、良好的薄膜均匀度，并且可以沉积较大的晶片。然而 APCVD 必须使用快速的气流，而且在大气压下，气体分子彼此碰撞机率很高，因此很容易会发生气相反应，使得所沉积的薄膜中会包含微粒。因此 APCVD 只应用于成长保护钝化层等对表面光洁度要求不高的膜层。此外，粉尘也会落在沉积室壁上，因此须要经常清洗沉积室。

(2) 低压化学气相沉积(LPCVD)

低压化学气相沉积(LPCVD) 是在低于大气压状况下进行沉积。一个典型的低压化学气相沉积系统的结构中，一般由石英管构成沉积室，石英管外设有加热装置，基片则竖立于一个特制的固定架上。在 LPCVD 系统中须要安装一个真空泵，使沉积室内维持需要的低压，并且使用压力计来监控工艺过程压力。同时通过高温泵梯度加热气体，以弥补由于气体浓度在下游处降低所可能造成的沉积速率不均匀现象。

和 APCVD 相比较，LPCVD 方法沉积的薄膜均匀，有较佳的阶梯覆盖能力，并且适用于沉积大面积的基片，因此 LPCVD 可以用来成长质量较高的薄膜。而 LPCVD 的缺点则是沉积速率较低，而且经常使用具有毒性、腐蚀性、可燃性的气体。

(3) 金属有机物化学气相沉积(MOCVD)

金属有机物化学气相沉积(MOCVD)的工作原理是控制一定流量的载气流过装有 MO

源的瓶子,由于恒温下蒸汽压恒定,携带有饱和蒸汽压 MO 源的各路气流流过一定温度的衬底,在表面或靠近表面的气体薄层内反应沉积成膜。相对于前面几种技术而言,MOCVD 方法最大的优点在于容易实现大规模生产,而且对均匀掺杂的控制非常方便,另外生长速率和温度的控制范围都很大,所以易生长出复杂组分的薄膜。MOCVD 已经成功地应用于多种化合物半导体薄膜例如 GaAs 和 GaN。但是,MOCVD 设备昂贵,需要精确控制很多工艺参数,所用有机源具有一定的毒性且在空气中容易自燃,如果用 H_2 作为载气则容易爆炸。MOCVD 在生长过程中会产生预反应,这会破坏生长产物的结晶质量。

(4) 等离子化学气相沉积(PECVD)

PECVD 是一种将射频辉光放电的物理过程和化学反应相结合的技术。气体受到紫外线等宇宙射线的辐射时,总不可避免有轻微的电离,产生一些杂散电子,因此,当反应气体引入可以维持辉光放电的反应室内并开启射频(数 kHz～1MHz)电源时,这些电子在电场的加速作用下获得能量,并且和气体中的原子或分子发生非弹性碰撞时,有可能使之电离产生二次电子,这一过程反复进行,从而产生大量的电子和正离子,并通过电子附着过程还会出现负离子,但期间正、负电荷总数却是处处相等,即反应室放电区内的气体处于所谓等离子体状态。

PECVD 通常是用来沉积 SiO_2 与 Si_3N_4 等介电薄膜。PECVD 的主要优点是具有较低的沉积温度,缺点则是产量低,容易会有微粒的污染。

4. 光刻

在集成光学工艺中,制备微细图形的光波导结构,一般通过类似于照相制版的光刻技术实现。为实现对薄膜的加工,一般需要一次光刻工艺过程,在薄膜表面形成掩模,再对薄膜进行后续加工。在光刻之前,需要在薄膜表面旋涂适当厚度的光敏性材料—光刻胶,通过光刻形成由光刻胶层构成的微细图形掩模窗口,再对薄膜进行有选择性的刻蚀加工,制成光波导结构。

光刻技术是微细加工技术中的关键工序,光刻需要高分辨率,光刻胶高光敏性,精确对准等指标来度量其质量好坏。对准在微细图形制造中非常重要,因为它限制了集成密度和集成器件性能。光刻的工艺流程为:清洗→涂胶→前烘→对准→曝光→后烘→显影→坚膜→检测。具体描述如下:

(1) 清洗

硅片的清洗是光刻的首要步骤,洁净的硅片也是光刻最终成功的前提。硅片的清洗可以除去表面的污染物(颗粒、有机物、工艺残余、可动离子);可以减少针孔和其他缺陷;可以除去水蒸汽,使基底表面由亲水性变为憎水性,增强表面的黏附性。

硅片清洗首先为湿法清洗,然后去离子水冲洗,最后脱水烘焙,脱水烘焙可以去除硅片表面的潮气,增强光刻胶与表面的粘附性。

(2) 涂胶

硅片清洗工艺完成后,要对光刻胶进行旋涂,即先将硅圆片放置在真空卡盘上,真空卡盘带动硅片高速旋转,将液态光刻胶慢慢滴在圆片中心,之后光刻胶以离心力向外扩展,将多余的光刻胶液体旋转出圆盘,最后光刻胶均匀涂覆在圆片表面。

(3) 前烘

涂胶工艺完成后,在对准曝光之前要进行前烘,目的是为了促进胶膜内有机溶剂充分挥发,使胶膜干燥;增加胶膜与 SiO_2(Al 膜等)的粘附性及耐磨性以及防止光刻胶玷污设备。

前烘的温度和时间需要严格控制，烘烤过度会降低光刻胶中感光成分的活性，前烘不足的话光刻胶中的溶剂不能完全被蒸发掉，这将阻碍光刻胶的作用并且影响到其在显影液中的溶解度。前烘温度过高会使光刻胶中的感光成分发生反应，引起聚合物的热交换，显影时会留下无法除去的底膜，或者使光刻胶在曝光时的敏感性变差，而且会产生表面抑制，细线条显影不够，甚至显影时得不到条纹，另一方面，前烘温度过低将造成光刻胶的溶剂难以彻底挥发。

(4) 对准

对准主要是通过对准标志，保证图形与硅片上已经存在的图形之间的对准。

(5) 曝光

光刻机的曝光方式分为接触式曝光光刻、接近式曝光光刻和投影式曝光光刻三种。分辨率一般在 0.5μm 左右。

① 接触式曝光(Contact Printing)。如图 5-23(a)所示，掩膜板直接与光刻胶层接触。曝光出来的图形与掩膜板上的图形分辨率相当，设备简单。缺点是光刻胶会污染掩膜板；掩膜板的磨损，寿命很低(只能使用 5～25 次)；分辨率＞0.5μm。

② 接近式曝光(Proximity Printing)。如图 5-23(b)所示，掩膜板与光刻胶层略微分开，大约为(10～50)μm。可以避免与光刻胶直接接触而引起的掩膜板损伤。但是同时引入了衍射效应，降低了分辨率，其最大分辨率仅为(2～4)μm。

③ 投影式曝光(Projection Printing)。如图 5-23(c)所示，在掩膜板与光刻胶之间使用透镜聚集光实现曝光。一般掩膜板的尺寸会以需要转移图形的 4 倍制作。其优点是提高了分辨率；掩膜板的制作更加容易；掩膜板上的缺陷影响减小。

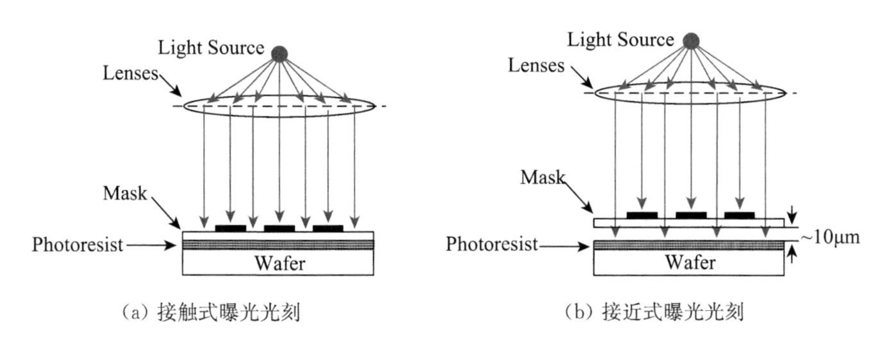

(a) 接触式曝光光刻　　(b) 接近式曝光光刻

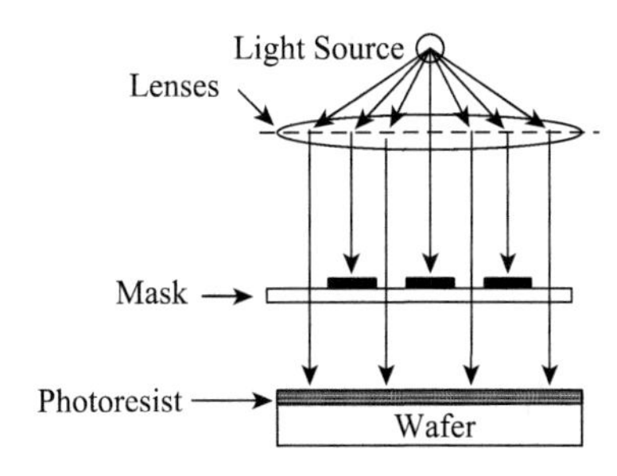

(c) 投影式曝光光刻

图 5-23　三种典型的光刻方式

(6) 后烘

曝光过后，要进行曝光后烘焙，后烘的目的是为了减少驻波效应，提高分辨率；激发化学增强光刻胶的PAG产生的酸与光刻胶上的保护基团发生反应并移除基团使之能溶解于显影液。后烘的主要机理为光刻胶分子发生热运动,过曝光和欠曝光的光刻胶分子发生重分布。

(7) 显影

后烘过后,要进行重要的一步即显影,显影液溶剂溶解掉光刻胶中软化部分,从掩膜板转移图形到光刻胶上,基本步骤包括显影、漂洗和干燥。显影的时间控制很重要,显影时间过短或过长都会导致最后图形的不精确。

(8) 坚膜

坚膜的作用在于:蒸发光刻胶及有机溶剂中的水份;提高光刻胶和表面的黏附性;使得光刻胶更加稳定;光刻胶流动填充针孔。坚膜温度通常高于前烘温度。

坚膜的控制也很重要,如果坚膜不足会造成较高的光刻胶刻蚀速率,光刻胶不能充分聚合,黏附性变差,如果过坚膜,会造成光刻胶流动造成分辨率变差。

(9) 图形检测

光刻最后一步就是图形检测,通过扫描电子显微镜(Scanning Electron Microscope,简称SEM)、光学显微镜等检测手段检测,如存在未对准问题:重叠和错位,掩膜旋转,晶圆旋转,X方向错位,Y方向错位等;临界尺寸不准确;表面不存在划痕、针孔、瑕疵和污染物等问题,就要剥去光刻胶,重新开始。因为光刻胶图形是暂时的,而刻蚀和离子注入图形是永久的,所以在检测中出现问题后,要及时解决问题,重新开始光刻步骤,通过检测之后才可进行下一步工艺步骤。

5. 刻蚀

基片经过光刻以后,余下的光刻胶构成了一种掩模图形,后续在待刻蚀材料(芯层薄膜)上通过刻蚀去掉选择的部分形成所需要的波导图形结构。刻蚀技术可分为湿法和干法刻蚀两大类。

湿法刻蚀是一种化学反应过程,即利用化学腐蚀剂去掉薄膜。它具有较高的选择性,通常不会对衬底产生损伤。当刻蚀很细的波导通道时,局部部位的溶液很快为腐蚀的生成物所饱和,这使刻蚀速度变得很慢,此时需要利用超声波或搅拌的方法更新刻蚀位置的溶液。湿法刻蚀的过程中伴随着化学反应,因此会产生新的反应生成物,形成气泡和一些固体杂质颗粒,从而影响刻蚀的质量和分辨率。

由于湿法刻蚀具有难以进行精确工艺控制、易有颗粒玷污以及缺乏各向异性等缺点,并不适合用于特征尺寸很小的结构的刻蚀。因此在多数微细加工过程均采用干法刻蚀技术。干法刻蚀主要包括以下几种:

(1) 溅射刻蚀

溅射刻蚀是利用Ar、Ne、Kr等惰性气体在电场作用下放电形成的等离子体轰击待刻蚀样品,被刻蚀材料的原子受到离子的轰击而从材料表面溅射出去,从而形成一定的图形结构。溅射刻蚀具有较好的可控性和分辨率,并且没有废液和颗粒玷污等问题,适合应用于高分辨率大规模的集成工艺。

(2) 离子束刻蚀

离子束刻蚀和离子溅射原理相同,其不同点是待刻蚀的基片不是置于等离子体中,而是处于隔离开的高真空环境。离子束由离子源产生,在离子源的放电室中形成等离子体,其中的离子经过引出和聚焦一加速系统的作用形成高能离子束,进入样品室轰击基片,进行刻蚀。由于离子束的能量、束斑和着陆位置可以利用电子光学聚焦和偏转的方法精确控制，因此这种刻蚀方法非常有利于应用在亚微米和纳米的高分辨的集成工艺中。

(3) 反应离子刻蚀

反应离子刻蚀也称为离子辅助刻蚀，是一种物理过程和化学过程相结合的技术。在这一技术中，要刻蚀的样品是暴露在具有化学活性的反应气体的等离子体中。此时，放电和等离子体的作用是形成或增强反应气体中的化学活性，反应的气体成分首先进行表面扩散并被衬底表面吸附，在吸附层里受到等离子体内的电子和离子轰击而裂解，然后与薄膜衬底材料起化学反应。气态的反应生成物分子，从样品表面解吸，然后再被真空泵抽走。通过适当的选择掩模材料和工作气体，可以做到深层刻蚀，由于气流是有方向性的，刻蚀可高度定向，最后生成物可以从基片表面抽走，从而避免了重新淀积。

5.4.2　光波导主要材料

目前，用于制备光波导的材料主要包括半导体材料、介质材料、玻璃材料和聚合物材料几大类。

1. 半导体材料

半导体光波导材料包括 Si，InGaAsP，GaN 等体系材料。其中硅基材料是应用最为广泛的半导体材料之一，具有价格低、机械性能好、热稳定性高、再现性好、便于加工、与传统的微电子工艺兼容等优点。硅基光波导包括 SOI、SiO_2/Si 和 SiGe/Si 等多种组合形式。其中使用硅衬底的 SOI 光波导是近年来较为活跃的研究方向，主要应用于大规模集成的密集波分复用系统。SOI 光波导的特点是芯包层具有大折射率差($\Delta n > 2$)，可以将光束严格束缚在芯层区域，实现大的弯曲半径传输，适合制备半径为微米数量级的波导器件。曾有利用 SOI 波导制备半径 6μm 的环形电光调制器的实验报道，因此可以预见，更多基于 SOI 光波导的微环结构功能器件将是未来集成光学领域研究的一个热点。

2. 介质材料

$LiNbO_3$，$LiTaO_3$，ZnO 等晶体材料也是制备光波导的理想材料，$LiNbO_3$ 晶体是良好的电光、声光、热光材料，常用于制备光开关和光调制器等功能器件。以 $LiNbO_3$ 为材料的光子器件具有成本较低，工艺相对简单等优点，但是由于干涉型、相位调制型器件的体积相对来说比较大，因此其集成度受到一定的限制。另外，$LiNbO_3$ 制作工艺与半导体工艺的兼容性较差使得 $LiNbO_3$ 与半导体光子器件的可集成性方面也较差。ZnO 晶体具有优秀的压电特性，同时还具备良好的电光特性和非线性光学效应，近年来针对利用 ZnO 晶体制备亚波长的纳米波导器件的研究得到了广泛的关注。

3. 玻璃材料

玻璃是各向同性的非晶态材料，也是具有代表性的光波导材料。其中最为常见的是 SiO_2，由于 SiO_2 具有良好的光学透明性和热光特性，是制备低损耗光波导器件和热光器件的主要材料之一。早在 20 世纪 90 年代，即已实现传输损耗低于 0.05dB/cm(1550nm)的长距离传输 SiO_2 光波导器件。

4. 聚合物材料

和无机材料比较，聚合物材料具有电光系数高、电光响应速度快、介电常数低、可塑性强、加工温度低等特点，此外几乎任何材料(硅、玻璃、石英和塑料等)都可作为聚合物的衬底。聚合物材料的折射率可调范围大、易控制，热光系数通常比无机材料大一到二个数量级,可利用旋转涂覆法、反应离子刻蚀、光漂白等简单的制备工艺实现,适合制备低功率、高速、宽带电光调制器,因此,具有高电光系数的聚合物电光材料和器件的研制是近年来聚合物材料研究的一个重要方向。

通常的聚合物材料均含有 C—H 键,在通信波段具有较大的光学吸收损耗,因此,通过氟化反应,降低 C—H 键含量,减小光学吸收损耗的氟化聚合物材料得到了广泛的关注。目前国际上报道的最优秀的低损耗聚合物光波导纪录由美国 Photo - X 公司保持,其传输损耗为 0.05dB/cm(1550nm)。国内清华大学、吉林大学、华中科技大学、浙江大学、东南大学、中科院等科研机构也针对低损耗有机聚合物光波导材料进行了深入而广泛的研究。

5.5 集成光波导的应用

集成光波导中以光作为信号传输和处理的介质,具有带宽大,波分复用,尺寸小,重量轻,功耗小及可靠性高等优点,且利用光与物质的相互作用还能实现新功能,在微波光子、光子计算机和传感检测等领域具有广泛的应用前景。

5.5.1 微波光子

1. 微波光子简介

随着人们对信息的需求不断增加,无线频谱资源日渐紧张,为了解决传统光通信中微波频段资源有限的问题,无线通信系统必须采用更高频率的载波。人们于 20 世纪 90 年代提出了微波光子学的概念,为高频微波信号的产生提供了新方法,同时能较好地解决高频微波信号无线接入系统所面临的一系列问题。微波光子学是指用光子学的方法来产生、分配和处理微波信号,使其在频率、带宽、动态范围、抗干扰等方面获得提升,进而提升现有微波系统的性能。经过近 30 年的发展,微波光子学的研究内容涉及了与微波技术、光纤技术相关的各个领域,也已经在无线局域网、无线城域网、高速移动通信服务、相控阵雷达等领域得到了广泛应用。

目前微波光子学的应用主要可分为光子信号传输和光子信号处理。光子信号传输方面包括光载无线电传输(ROF)技术及光正交频分复用技术等。利用微波光子传输系统,可以实现宽带低损耗的超远距离传输。光子信号处理技术包括微波光子滤波技术、微波光子信号发生技术、光子模数转换技术、光电振荡器技术及光子微波频率测量技术等。由于光子链路具有带宽优势,光子信号处理技术往往被用于高频宽带信号的处理。一个典型的微波光子链路包括:微波信号的发射,微波信号通过调制器调制到光上传输,光探测器探测到信号。在大多数应用领域(如 ROF、微波光子滤波、模数转换等),微波光子链路对于微波信号相当于一个“黑盒”,在输入端微波信号通过电光转换被加载到光上,随后在光域进行传输或处理,最终通过光电转换为微波信号输出。电光转换主要由电光调制模块完成,信号处理与传输器件主要包括光纤、光放大器、光纤光栅、光滤波器等,光电转换往往由光电探测器来完成。另一类全光类型的微波光子链路则没有输入端的电光转换过程,主要应用于微波光子信号发生等领域。

以滤波器为例介绍集成光波导在微波光子上的应用带来的优势。对于微波滤波器而言,射频信号从射频源或天线端输出,被传输至射频电路中进行滤波。而在微波光子滤波器中,射频信号首先经调制器转到光域上,然后由光纤和集成光延时器件组成的光子滤波器对其进行光学滤波,最后再通过光电转换实现电信号的输出。利用光纤对不同频率射频信号响应平坦的优势，基于光子技术的微波滤波器可以实现通带频率大范围可调谐和通带谱形可重构。微波光子滤波器的调谐范围通常在几 MHz 到几十 GHz，动态范围超过 40 dB。而现有的微波技术却很难实现这些特性，或者需要额外添加下转换、模数转换等部分。此外，微波光子器件还可利用集成光波导损耗小、抗电磁干扰能力强、体积小、重量轻等优势，进一步提升器件性能。

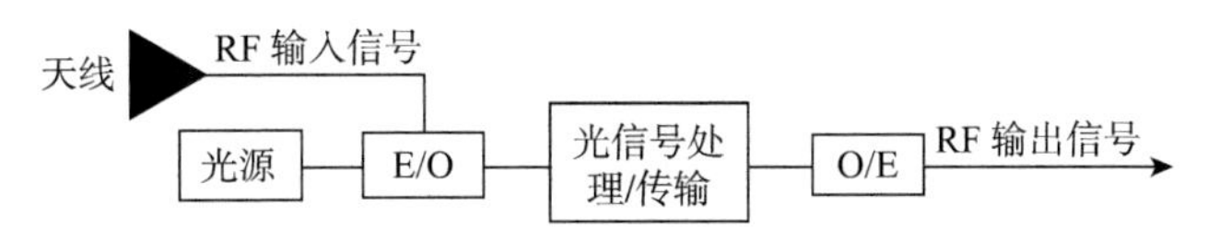

图 5-24　微波光子链路示意图

微波光子链路中有三个主要的技术指标：增益、噪声系数和无杂散动态范围。增益是指链路输出功率与输入功率之比，通过增加激光器的输出功率和减小调制器的半波电压等方式可提高链路增益。噪声系数为链路输入端信噪比与输出端信噪比的比值，用于表征信号经链路传输后噪声性能的恶化程度。无杂散动态范围主要是调制、传输、解调的线性度。针对这些关键指标，人们需要实现的目标也很明确：高速、宽带、高效的线性光调制；高速、宽带、高饱和功率光检测；高速、宽带、大动态范围光控微波。

微波光子技术在实际应用过程中还面临着以下瓶颈：一是转换效率、低噪声、大动态等方面的性能需要进一步提高。典型的微波光子系统在宽带上表现出优异的性能，但在动态范围方面的性能不足以实际取代传统的微波解决方案。二是可靠性和成本亟待优化。大多数微波光子系统由分立元器件组成，且器件间用光纤进行连接，存在以下几个问题：分立元件占用较大的体积，用光纤连接会降低系统的稳定性和可靠性；其次，由于每个元件将增加系统的包装成本；此外，分立元件的使用也会导致更高的功耗。这些问题可通过集成光学的方式解决，其核心在于通过光子集成或光电混合集成技术手段实现传统微波光子的芯片化，并产生新的微波光子功能。微波光子芯片具有体积小、重量轻、低功耗、片上可重构等优点。因此，集成微波光子是传统微波光子技术的新形态，也是系统发展的必然趋势。

2. 集成微波光子器件应用

近年来，随着光集成技术尤其是硅基光集成技术的发展，链路中各主要器件如光调制器、光电探测器、光开关等都已经初步实现集成化。按照材料和工艺区别，硅基光集成技术可分为单片集成和混合集成两类。单片集成是指在同一硅晶圆上利用半导体制造工艺实现多个光子器件的平面集成，是目前应用较广泛的一类硅基光子集成。混合集成是指将具有不同功能、不同材料的芯片用焊接或键合技术在物理上组成一个整体，而这些材料通常为不同体系的、孤立的半导体衬底，如Ⅲ-Ⅴ族半导体材料、铁电体材料、有机聚合物、液晶等。相比而言，混合集成器件制作互相独立，在工艺方面更加灵活。随着光集成技术的进一步发展和成熟，微波光子系统会逐步小型化、集成化，并与现有的集成电路相兼容，逐渐应用到实际的通信、信号处理等系统中。经过前期的发展，目前已经实现了单片全集成的光子器件。2015 年美国研究出直接用光通信的单片硅基微处理器，该处理器通过 45nmCMOS 加工工艺实现，元器件之间通过集成化的光波导实现通信。2017 年西班牙研究团队基于集成化的六边形波导网格，研究出多功能硅光子信号处理核，实现了 20 多种不同配置的光子电路的处理。同年，美国的研究团队提出一种利用光子集成技术制造的全光学人工神经网络链路，即一种可编程纳米光子处理器，该研究可用于提高计算硬件在人工智能、神经网络等方面的运算效率。

5.5.2 光子计算机

光子计算机,即光脑,是指通过光信号进行数字运算、逻辑操作、信息存贮和处理的新型计算机。它通过不同波长、频率、偏振态及相位的光信号代表不同的数据进行运算,这种运算方式远胜于电子计算机通过电子0、1状态变化进行的二进制运算,可以对计算量大、复杂度高的任务实现快速的并行处理,成为人们期待的新型计算机。因此,光子计算机的研究已成为重要的前沿课题之一,而集成化是它的重要发展方向。科学家正在试着模仿集成电路,将光存储器、光开关、光源集成到在一块芯片上,制备集成化的光子计算机。集成光波导具有制备工艺简单、尺寸小及工作稳定等优势,更是实现光互连的有效方式,因此成为未来光子计算机的重要发展方向之一。

光子计算机可以分为光模拟信号计算机(也叫光模拟机)、全数字光计算机(也叫光数字机)、模拟—数字光计算机,还可以分为全光计算机和光电混合计算机,由于全光计算机在技术上尚不成熟,还没有公认的全光数字计算机结构,目前光计算机的研究主要还集中在体系结构和关键器件的研究上。

1. 光子计算机的结构和组成器件

目前光子计算机的结构设计大多还是模仿电子计算机,由光控制器、光存储器和光运算器构成,不同的是相互之间和各自内部以光互连的方式进行通信。主要有两种典型的结构:一种参照目前成熟的电子计算机系统结构模型,用光学处理单元替换电子处理单元,以光处理器为核心,进行运算,并通过并行光互连网络实现相互连接;另一种在电子计算机系统结构的基础上稍有改进,以并行光互连网络为主体,实现主要的运算功能。

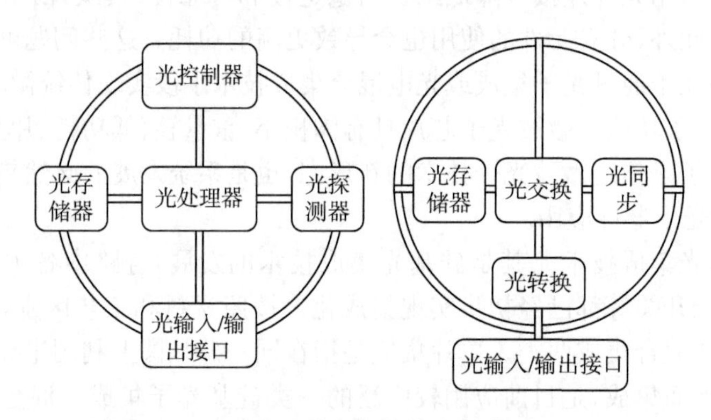

图5-25 两种典型的光子计算机系统结构示意图

组成光子计算机的元器件主要有光晶体管、光逻辑元件、光存储器件、光探测器件、光空间调制器件等功能元器件。其中,光存储器件、光探测器件、光空间调制器件会在其他章节介绍。

(1) 光晶体管

光晶体管是由双极型晶体管或场效应晶体管等器件构成的光电器件,通过一束光信号控制另一束光信号,与电子晶体管相比,在转换速度、散热等很多性能上更具优势。光晶体管的有源区吸收光子,产生光生载流子,通过内部电放大机构,增益光电流。光晶体管三端工作,故容易实现电控或电同步。

(2) 光学逻辑门

光逻辑门是实现高速光分组交换、全光地址识别、数据编码、奇偶校验、信号再生、光计算和未来高速大容量全光信号处理的关键器件。光逻辑门可以突破"电子瓶颈"的限制，提高网络容量，实现全光 3R 再生，优于电子计算机，是实现电计算向光计算跨越的桥梁。在未来的光计算机中，实现全光信号处理的核心单元是以全光逻辑门为基础工作的光交换、光计算和光传输单元。

2. 光子计算机的现状与发展趋势

光子计算机具有运算速度快、存储容量大且能耗低等优势，得到了国内外学者的深入研究，并取得了长足的进展。目前已成功制备了多种芯片级集成光波导器件，如光调制器和光学逻辑门等，但距离光计算机取代电子计算机，得到大规模运用还有很长的距离。

虽然目前我们使用的是电子计算机，但是光子计算机相对于电子计算机采用光并行传输，比电子计算机的串行传输更有效率；作为数据载体的光信号传播速度达到 3×10^{8} m/s，运算速度更快；光子的传导即使在相交的情况下，它们之间也不会产生丝毫的相互影响，其信息的密度实际上是无限的，可以拥有超大规模的信息存储容量；光子计算机的驱动，只需要同类规格的电子计算机驱动能量的一小部分，这不仅降低了电能消耗，也大大减少了机器散发的热量。因此，它的发展的潜力比电子计算机大得多，相信在不久的将来，光子计算机将会得到大规模使用。

5.5.3　光波导传感器

传感器是能够收集、测量并传递信息的器件，常见的有温度传感器、压力传感器和惯性传感器等。本部分以光波导温度传感器、光波导压力传感器、惯性传感器中的光波导加速度传感器和谐振式光波导陀螺为例，主要介绍各种传感器的结构和工作原理。

1. 光波导温度传感器

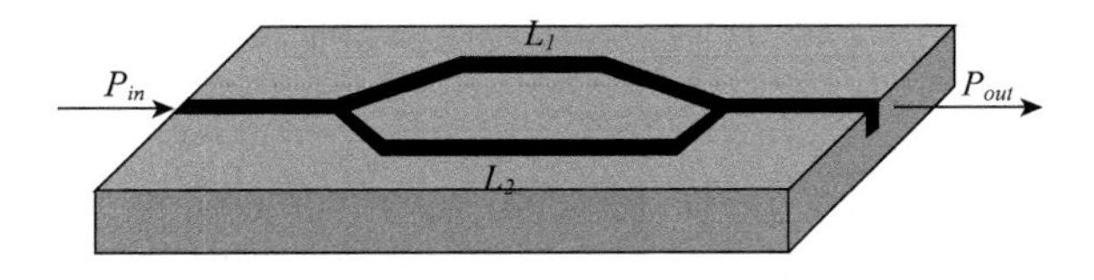

图 5-26　光波导温度传感器结构图

光波导温度传感器的基本结构为马赫-增德尔干涉仪，如图 5-26 所示。其将输入通道光波导分成不等长的两臂 L_1 和 L_2，然后再汇合形成输出光波导。光波导在环境温度影响下会发生伸缩和折射率变化，从而导致两臂间的光程差和相位差变化，通过检测传输光功率的变化来测定器件温度的变化。光程差变化为 $\Delta L=L_1-L_2$，两臂间的相位差变化为 $\Delta\varphi=\frac{2\pi N\Delta L}{\lambda}$。其中，$N$ 为波导折射率，λ 为入射光波长。传输光功率的变化为

$$\frac{P_{\text{out}}}{P_{\text{in}}}=\frac{\gamma}{2}\left[1+m\cos\left(\frac{2\pi}{\lambda}b\Delta LT+\Delta\varphi\right)\right]$$

式中，γ 和 m 分别为与插入损耗和调制深度有关的常数；b 为与 N 和 ΔL 有关的比例常数。

2. 光波导压力传感器

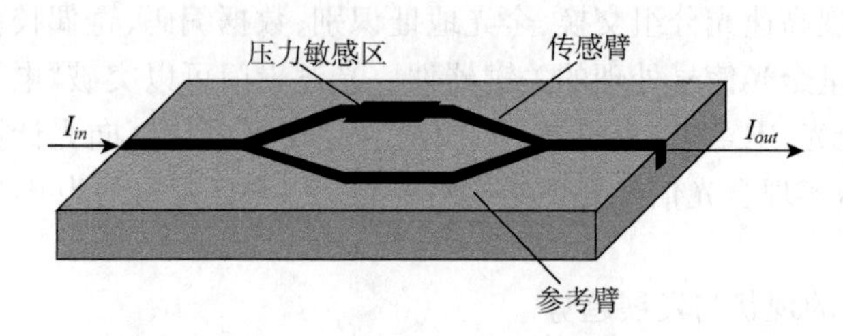

图5-27 典型光波导压力传感器结构图

光弹效应或电光效应引起折射率变化,从而导致传感臂与参考臂之间光程差的变化,进一步引起位相差δ变化,把位相差转化成强度信号,从而可以测量所加压力大小。其中光弹效应是指介质受到弹性应力或应变的作用,改变了折射率或介电常数,从而改变光传输特性。

3. 光波导加速度传感器

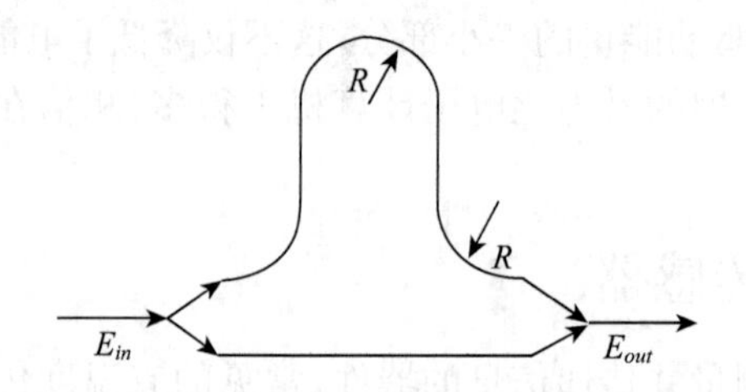

图5-28 典型光波导加速度传感器结构图

加速传感器带有一个悬臂梁,当所测量的加速度对悬臂梁施加惯性力时,测量臂波导上将产生应力,由于光弹效应及应变效应作用,测量臂上波导中光的传输相位随着悬臂梁的弯曲而发生偏移,通过检测输出光强,从而达到提取所测量加速度信号的目的。

4. 谐振式光波导陀螺

谐振式光波导陀螺是用来感受载体角速率的传感器,采用Sagnac效应实现角速率的测量。在一个任意几何形状的闭合光学环路中,从任意一点发出、沿相反方向传播的两束光波,绕行一周返回到该点时,如果闭合光路相对惯性空间沿某一方向转动,则两束光波的相位将发生变化,这种现象称为Sagnac效应。

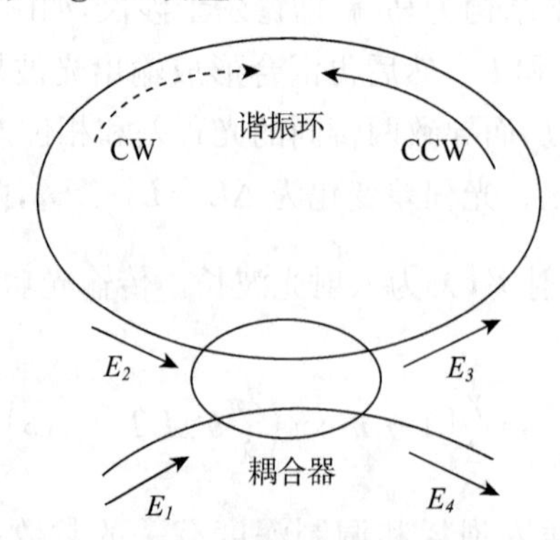

图5-29 典型谐振式光波导谐振腔结构图

谐振式光波导陀螺谐振腔基本结构如图 5－29 所示，光波导谐振环与一个光定向耦合器相连，CW 和 CCW 分别表示顺时针和逆时针方向传输的光，E_1、E_2、E_3、E_4 表示各端口的光电场。由 Sagnac 效应知，当系统相对于惯性参照系具有旋转角速度 ω 时，有

$$\Delta f = \frac{4S}{n\lambda L}\omega$$

式中，S 为谐振环所包围的面积，n 为谐振环光波导的折射率，λ 为激光波长，L 为谐振环长度。通过检测谐振峰谱线分裂后中心频率的差值，即可测出系统旋转角速度，达到角速度传感的目的。

习　题　5

5－1　什么是集成光学？研究集成光学的意义何在？

5－2　根据几何光学理论，平板波导中为实现单模传输，对各层的折射率有何要求？

5－3　什么是耦合模？利用耦合模可以实现哪些集成光学器件？

5－4　波导型电光开关与其他光开关相比，有哪些优点？

5－5　试描述条形光波导中导波模式的场分布的基本特征。

5－6　试推导非对称平板波导中 TM 波的本征值方程。

5－7　由平行的波导 A 和 B 构成的定向耦合器，其长度为 $L=\pi/2K$，为了使光从 B 波导输入，仍从 B 波导输出(直通工作状态)，则必须使波导间产生多大的 $\Delta\beta$？($\Delta\beta=\beta_B-\beta_A$)

5－8　已知波导的折射率为 $n_1=2.3$，厚度为 2μm，工作波长为 1.5μm，衬底折射率为 $n_2=2.1$，覆盖层为空气，折射率为 $n_3=1$，试问波导中最多能传输几个模式？

第6章 纳米光学

纳米技术已成为当今最富有活力、对未来经济和社会发展十分重要的研究领域。纳米科技正在推动人类社会产生巨大的变革,它不仅将促进人类认识的革命,而且将引发一系列新的科学技术涌现。纳米技术与光学的结合使得纳米光学成为新的研究热点。本章从纳米光学的本质出发,阐述了低维光波导、倏逝波和金属的色散特性等纳米光学理论。和传统的光子器件相比,纳米器件不仅尺寸小,还能突破光学衍射极限,在光信号的传输、调控和增强等方面具有独特的优势,本章重点介绍了光子晶体波导、纳米介质光波导、表面等离子激元器件等新型纳米光子学集成器件。本章还介绍了利用光和亚波长尺度的微观物质作用下产生的近场,以及突破光学衍射极限发展起来的近场显微成像技术。最后,本章以纳米光波导器件为例,介绍了纳米光学器件的制备方法及工艺过程。

6.1 纳米光学概述

6.1.1 纳米光学本质

自20世纪80年代起,纳米科技成为现代科技的重要发展方向之一,它标志着人们改造自然的能力延伸到了分子、原子水平。经过了三十余年的发展,纳米科技已对材料科学、微电子学、计算机技术、生物技术、环境与能源等领域的发展产生了深远的影响,并导致社会发生巨大变革。从20世纪90年代起,随着纳米机械加工技术、纳米材料制备技术以及近场光学表征手段的丰富和逐步完善,纳米技术在光学领域的应用研究得到了迅速发展,并成为一门新兴的学科——纳米光学。

纳米光学可以分为辐射的纳米级限制、物质的纳米级限制以及纳米级的光处理。讨论光和物质在纳米级范围内相互作用时,第一种是将光限制在远小于其波长的纳米范围内,如利用近场光学传播;第二种是将物质尺寸限制在纳米尺度范围内;第三种是对光处理(如诱导光化学反应或光诱变相变)的纳米级限制,从而可以对光子的结构与功能单元进行纳米级加工。

6.1.2 纳米光学研究范畴

在辐射的纳米级限制方面,研究主要集中在突破传统光学衍射极限情况下,光与物质的相互作用。

另外,为了制造在光子学中使用的纳米材料,对物质的纳米级限制需要限制物质尺寸,纳米材料的一个研究热点是在光学尺度上具有周期性介电结构的光子晶体。

纳米级的光处理则可用来进行纳米光刻以制备纳米结构,纳米加工的一个重要特点是光学处理能被限制在边界明确的纳米区域内,以便能在精确的几何条件与布局下制备纳米结构。

纳米光学的研究领域广泛,研究内容主要涉及纳米或亚波长尺度上的物质的相互作用机理、光场约束、纳米光子学结构及器件制作、光信号处理、放大与探测等方面。与传统的光子器件相比较，纳米光子器件在尺寸和空间距离上越来越小，甚至突破传统光学衍射极限的限制，因此在光信号的传输机制、场局域和增强特性、调控方式、非线性效应、光学作用力等方面具有显著差别，表现出众多新现象、新功能和新应用，具有极大的科学探索意义。

6.2　纳米光学基础

6.2.1　低维光波导理论

传统光学中光波的维度通过波矢 $\boldsymbol{k}$ 的实部分量个数来确定。如表 6-1 中总结，具有三个实数分量的称为三维光波，例如，光在自由空间里传输时，即为三维光波。而二维或一维光波的波矢实部分量个数则分别为 2 或 1，而波矢的所有分量均为虚数则被定义为 0 维光波。其中，二维、一维为低维光波，低维光波导则是实现纳米光子学集成器件的关键。

表 6-1　光波维度和光波矢量分量

维度	光波矢量
3	(k_x, k_y, k_z)
2	$(k_x, k_y, \mathrm{j}k_z)$
1	$(k_x, \mathrm{j}k_y, \mathrm{j}k_z)$
0	$(\mathrm{j}k_x, \mathrm{j}k_y, \mathrm{j}k_z)$

当三维平面波重叠形成光束时，在均匀电介质（折射率为 n）的平面波的波矢满足

$$k_x^2 + k_y^2 + k_z^2 = |\boldsymbol{k}|^2 = (nk_0)^2 = \varepsilon_r \mu_r (\omega/c)^2 \tag{6-1}$$

其中，k_0 为真空中波数，$k_0 = 2\pi/\lambda_0$，c 为真空中光速，$|\boldsymbol{k}|$ 为介质中波数，ε_r 和 μ_r 分别为介质的相对介电常数和磁导率。

在直角坐标系，坐标轴为 (k_x, k_y, k_z) 的"k 空间"中，根据等式(6-1)，三维光波形成一个球面。由于每个分量都是实数，且 $k_j (j = x, y, z)$ 满足 $-|\boldsymbol{k}| \leqslant k_j \leqslant |\boldsymbol{k}|$。这表示空间频率差 $\Delta k = 2|\boldsymbol{k}|$，根据测不准关系，傅里叶变换 Δk 和实空间 Δr 满足 $\Delta r \Delta k \geqslant \pi$。因此，实空间的最小不确定范围满足下面关系式：

$$\Delta r \geqslant \pi/\Delta k = \lambda_0/(4n) \tag{6-2}$$

式(6-2)表明由三维平面波重叠形成的光束最小光斑尺寸受到波长大小的限制，只要光波维度为 3，则必然存在衍射极限。由于传统介质光波导的光波都是三维的，即使在一维形状的波导中，例如光子晶体和高折射率介质波导中，光波仍是三维的。因此，这些波导中的光束宽度由于衍射作用受到波长量级的限制，从而无法实现在纳米量级结构中的传输。

低维光波则可以突破衍射极限。考虑到光波沿着负电介质传输时变为低维，如果有 $\varepsilon_r < 0$，根据式(6-1)波矢一定有分量为虚数。对于二维光波，式(6-1)变为

$$k_x^2 + k_y^2 - k_z^2 = \varepsilon_r \mu_r (\omega/c)^2 < 0 \tag{6-3}$$

其中，$k_z = \mathrm{j}k_z$，k_z 是负电介质的一个消光系数。对于一维光波，式(6-1)变为

$$k_x^2 - k_y^2 - k_z^2 = \varepsilon_r \mu_r (\omega/c)^2 < 0 \tag{6-4}$$

其中，$k_y = \mathrm{j}k_y$，k_y 是负电介质的一个消光系数。在直角坐标系的坐标轴为(k_x, k_y, k_z)的“k_2 空间”中，根据式(6-3)，二维光波的色散关系形成旋转双叶双曲面，而一维光波则形成旋转单叶双曲面。与三维光波相比，二维和一维光波的 Δk 没有任何限制，Δk 可以大于 $2|\boldsymbol{k}|$，对应 Δr 可以小于受到衍射作用限制的尺寸大小 $\lambda_0/(4n)$，从而可以突破衍射极限。

6.2.2 倏逝波概念及性质

当光被限制在波导中传输时，由于隧穿作用，光可以泄漏到波导之外的区域，即经典物理所禁止的区域。这种由光的泄漏所产生的电磁场被称为倏逝波。当光波由波导区域的边界进入低折射率介质时，其电场振幅随距离 x 成指数衰减，表达式为：

$$E_x = E_0 \exp(-x/d_p) \tag{6-5}$$

其中，E_0 为波导边界的电场，d_p 为穿透深度，定义为电场振幅降低到 E_0 的 $1/e$ 时的距离。与平面波相比，倏逝波的波矢量为虚数，且呈指数衰减。一般地，可见光的穿透深度 d_p 为(50～100)nm，可用于纳米光子相互作用。例如，这种倏逝波已用于具有较高的近表面选择性的荧光检测，此外还可以利用倏逝波进行两个波导的耦合，使得从一个波导发射的光子能穿越进入另一个波导。在光通信网络中，倏逝波的耦合波导可用作定向耦合器进行信号转换，也可用于传感器，即当倏逝波从一个波导通道传到另一个时，会在光子通道中产生感应变化。

6.2.3 金属的色散模型

在金属的内部存在可以自由移动的自由电子，在外加电磁场作用下，这些自由电子主导了金属介质表面等离子激元的特性。自由电子将沿着与外电场方向相反的方向运动并形成电流，在运动过程中这些自由电子与原子核、晶格缺陷发生碰撞，其运动状态通常可用 Drude 模型描述。

Drude 模型的假设如下：自由电子与其他电子或原子核不存在电磁场能量的交换，在外力(或外部电场)的作用时，金属自由电子符合牛顿运动定律。在电子的运动过程中有可能会与原子核、晶格缺陷或杂质发生弹性碰撞，电子可能被散射到别的方向。τ 表示发生弹性碰撞的碰撞时间或弛豫时间，定义 $1/\tau$ 为单位时间内与原子核发生碰撞的概率，其大小和电子平均自由程与费米速度的比值相近。如图 6-1 所示，假设外力 $f(t) = eE_{ex}$ 的作用下，某 t 时刻金属内自由电子的平均速度是 v。

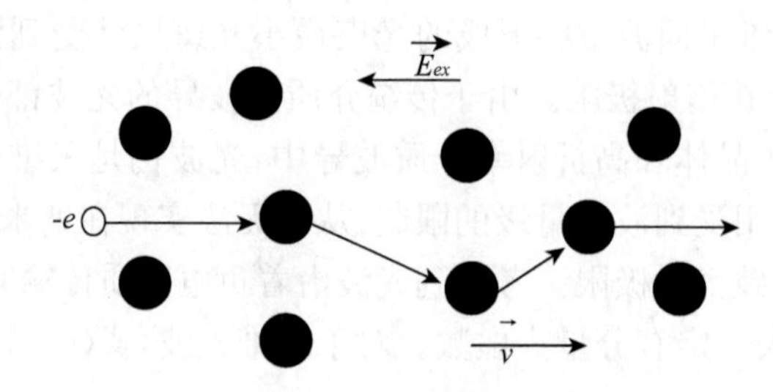

图 6-1 外电场作用下 Drude 模型的自由电子运动示意图

此时，电子受到的外力情况可由牛顿第二定律得出：

$$m^* \cdot \vec{a} = -c \cdot \vec{v} - e \cdot \vec{E} \tag{6-6}$$

其中 m^* 为电子的有效质量，$c = m^* \gamma$ 为阻尼系数，$\gamma = 1/\tau$ 是 Drude 模型中自由电子运动的碰撞频率。在 γ 很小或者外加电场的频率与电子碰撞频率比值很大时，金属随时间振荡的自由电子电极化与外加电场相位差 π，且方向相反。因此由极化产生的感生电场方向也与外电场相位差 π。当电磁波频率不太大时，式(6-12)中极化导致的感生电场与外电场的大小几乎相等，这使得金属内部的总电场将趋近于零，因此金属内部不存在电磁场，电磁场的能量被完全排斥在金属外部，即金属的屏蔽效应。$\vec{E} = E_0 \exp(-\mathrm{j}\omega t)$ 是电子所受的外电场。

假设电子在外场作用下做一维运动，则电子的运动方程可以改写为：

$$m^* \cdot \ddot{x} = -c \cdot \dot{x} - e \cdot E_0 \exp(-\mathrm{j}\omega t) \tag{6-7}$$

令 $x = x_0(\omega)\exp(-\mathrm{j}\omega t)$，求解可得：

$$x_0(\omega) = \frac{eE_0}{m^*(\omega^2 + \mathrm{j}\gamma\omega)} \tag{6-8}$$

根据式(6-8)可得，自由电子形式的电极化强度：

$$P = N(-e)x = -\frac{Ne^2}{m^*} \frac{1}{(\omega^2 + \mathrm{j}\gamma\omega)} E \tag{6-9}$$

电磁波在介质中的传播特性可通过介电常数或者折射率来表示。电磁波作用下，金属内部自由电子的介电常数形式是：

$$\varepsilon_r(\omega) = \varepsilon_\infty - \frac{\omega_p^2}{\omega^2 + \mathrm{j}\omega\gamma} \tag{6-10}$$

这就是 Drude 模型。式中，ε_∞ 是频率无穷大时的介电常数；γ 描述了自由电子运动引起的损耗，是自由电子的弛豫频率；ω_p 是金属材料本身特性决定的等离子体频率，表达式为

$$\omega_p = \sqrt{\frac{Ne^2}{m^* \varepsilon_0}} \tag{6-11}$$

其中 N 是自由载流子浓度，m^* 是电子有效质量，ε_0 是自由空间的介电常数。式(6-10)中的实部和虚部可分别表示为：

$$\varepsilon_R = \varepsilon_\infty - \frac{\omega_p^2}{\omega^2 + \gamma^2} \tag{6-12}$$

$$\varepsilon_I = \frac{\omega_p^2 \gamma}{\omega^3 + \omega\gamma^2} \tag{6-13}$$

表面等离子激元现象仅发生在金属—介质的界面处，一般地，采用 Drude 色散模型对其进行数值仿真。

6.3 纳米光学器件

6.3.1 光子晶体

1. 基本概念

在传统的晶体中,原子周期性排列从而形成了周期性的电势场,电势场对电子的布拉格散射则形成了能带,能带与能带之间可能存在带隙。半导体就是利用这种能带结构,调制电子的态密度,进而控制电子在其中的传输行为。“光子晶体”这一新概念是美国 Bell 实验室的 E. Yablonovitch 和 Princeton 大学的 S. John 于 1987 年各自提出的。所谓光子晶体是指介电常数具有空间周期性的光学介质,其空间周期与光波波长在同一数量级。

利用 Maxwell 方程求解在周期性介质中传播的光,发现在光子晶体中的光波色散曲线为带状结构,叫做光子能带结构(Photonic Band Structure)。这是因为光在光子晶体中传播时,因介电常数的周期性变化而发生布拉格散射。与半导体中电子禁带类似,如果光子晶体的结构参数设置合理,将会在能带与能带之间形成“光子禁带”(Photonic Bandgap),也称光子带隙。麦克斯韦方程在光子带隙的频率区间无解,即频率落在光子带隙中的光不论其波矢和偏振方向如何,都会被严格禁止传播;而频率落在能带中的光则可以透过光子晶体传播。

在传统光学器件中,对光的操控基于全内反射机制,即光从高折射率介质入射到其与低折射率介质的界面处,当入射角大于临界角时,会发生全反射。全内反射要求两种介质的界面相对于光波长是平滑的,这严重限制了光学器件的微型化程度。光子晶体则提供了一种完全不同的操控光子的思路:无论光的传播方向和偏振方向如何,只要频率落在光子晶体的带隙区间内,则该光在此光子晶体内均无法存在和传播。如图 6-2 所示,按照介电常数周期性变化的空间维度,可以将光子晶体分为以下三类:一维光子晶体,其折射率仅在空间一个方向上呈周期性排列,其他两个方向上均匀;二维光子晶体,其折射率在空间两个方向上呈周期性排列,第三个方向上均匀;三维光子晶体,其折射率在空间三个方向上均呈周期性排列。

图 6-2 光子晶体按维度分为一维,二维,三维光子晶体

2. 理论模型

光在光子晶体中的传输行为可以用 Maxwell 方程描述。由于光子晶体的理论研究通常涉及大规模的数值计算,因此需要寻找精确、快捷的理论方法。目前,人们已经发展了很多计算光子晶体的方法,包括平面波方法、转移矩阵方法、时域有限差分法和多重散射方法等。这些方法比电子能带计算方法更为完善,主要原因在于线性光学是个单粒子问题,即光子之间不存在库仑相互作用,而这在电子能带计算中则必须要考虑。平面波展开算法是光子晶体理论分析中应用最早和最广的一种方法。在计算光子晶体能带结构中，平面波展开法直接应用了结构的周期性，将 Maxwell 方程从实空间变换到离散傅里叶空间，将能带计算简化成代数本征问题的求解。应用超胞技术，平面波展开方法也可推广应用于分析光子晶体 Anderson 局域态和光子晶体波导本征模。

3. 光子晶体的特性

在半导体材料中，由于原子的周期性排列，电子的运动可以近似地看作是单个电子在一个等效的周期电势场中的运动，电子的波函数满足薛定谔方程：

$$\left[-\frac{h^2}{2m}\nabla^2+V(r)\right]\psi(r)=E\psi(r) \tag{6-14}$$

$$V(r)=V(r+R_n) \tag{6-15}$$

其中，h 为普朗克常数，E 为电子能量。式(6－15)表示电势场 $V(r)$ 具有周期性，其周期为半导体的晶格常数 R_n。

一束频率为 ω 的光在无损耗非均匀介质中传播时，其电场强度矢量 E 满足麦克斯韦方程组，可写为

$$-\nabla^2E(r)+\nabla(\nabla\cdot E(r))-\frac{\omega^2}{c^2}[\varepsilon_1(r)+\varepsilon_0]E(r)=0 \tag{6-16}$$

其中，常数 ε_0 为介质的平均介电常数；$\varepsilon_1(r)$是扰动介电常数，与具体位置无关。

如果扰动的介电常数呈周期性变化(设变化周期为 R'_n)，即介质为光子晶体时，则扰动介电常数可写为

$$\varepsilon_1(r)=\varepsilon_1(r+R'_n) \tag{6-17}$$

根据式(6－14)和(6－16)在形式上的相似之处，得到如下类比关系：

$$\frac{\omega^2}{c^2}\varepsilon_1(r)\Leftrightarrow V(r) \tag{6-18}$$

即光子晶体中周期变化的介电常数相当于半导体中的电势场，以及

$$\frac{\omega^2}{c^2}\varepsilon_0\Leftrightarrow E \tag{6-19}$$

即光子晶体中$\frac{\omega^2}{c^2}\varepsilon_0$ 相当于半导体中电子能量本征值。

由此知，在光子晶体中，由于介电常数的空间周期性，光子的运动规律类似于在周期性变化的电势场中电子的运动规律，也会存在布拉格散射，色散曲线为带状结构，带与带之间可能出现光子禁带。如图 6－3 所示，光子晶体的能带结构的描述方法与固体物理中的电子能带理论相同。

光局域性是光子晶体的另一个主要特性，这是由于光子晶体中介电常数在空间上的周期性，使得光子态密度受到调制，在光子带隙中光子的态密度为 0，所以当自发辐射的频率位于带隙中时，会被很强地抑制。

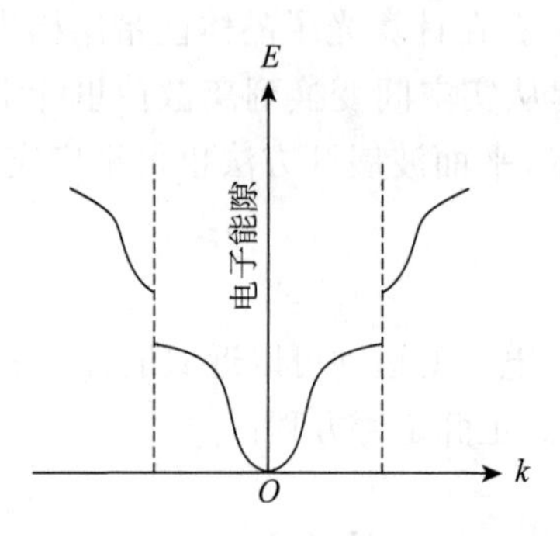

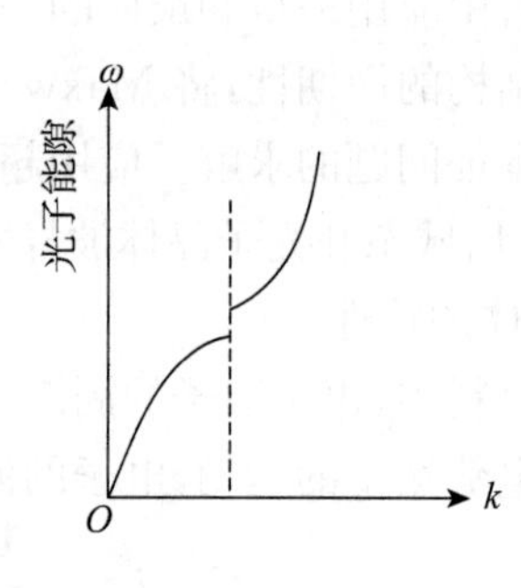

图6-3 半导体和光子晶体的带隙

正如在半导体中的"掺杂"一样,在光子晶体中也可以引入"缺陷"。所谓缺陷是指在周期性变化的光子晶体中引入非周期因素,形成点缺陷或者线缺陷。这时,光子晶体原有的对称性被破坏,在其禁带中就可能出现频率极窄的缺陷态,表现为光子局域特性。此外,光子晶体还具有异常色散特性,如超棱镜、自聚焦以及负折射率等。

4. 光子晶体波导

光子晶体波导是光子晶体研究中非常重要的一个方面。对于基于光子晶体的光集成、光通信及光传感技术,光子晶体波导都是最基本的器件,也是开发和设计其他各种器件的基础。目前三维光子晶体及波导的加工制作尚不成熟,研究主要集中在二维光子晶体波导方面。根据光波的传播方向,二维光子晶体波导又可以分为两类:一类是平面型光子晶体波导,光在光子晶体周期平面内传播;另一类是光子晶体光纤,光沿着垂直于光子晶体周期平面的方向传播。

二维光子晶体波导是在二维光子晶体中引入线缺陷形成的。对于以空气为背景的二维介质柱型光子晶体,通常用改变介质柱尺寸引入线缺陷,而对于以介质为背景的二维空气孔型光子晶体,还可以通过去掉一排或者多排空气孔引入线缺陷。这种线缺陷通常会在光子晶体禁带内产生一个或者多个局域模,其能量主要约束在线缺陷内。由于光子带隙的存在,光子晶体背景中的光波能量很快以指数形式衰减为零,这样,光便沿着线缺陷以导波模式传播。在光子晶体中,有目的地设计排布这种线缺陷波导就可以形成二维集成光路。由于光子晶体禁带的全方向性约束效果,这种线缺陷可以大角度弯曲(小于或等于90°),并且这种波导具有更强的色散特性,基于二维光子晶体的集成光路和传统集成光路相比,其集成度明显提高。

目前二维光子晶体波导的研究工作主要集中在两方面:一方面是基于光子晶体波导的各种器件的设计制作,如滤波器、分束器、耦合器以及波分复用器等,这些器件的尺寸远小于传统集成光学器件;另一方面是二维光子晶体波导的慢光、光学非线性效应及应用,此外,光子晶体多模波导中的自成像效应也受到较多关注。下面主要介绍光子晶体慢光波导和光子晶体光纤的物理机制及原理。

所谓慢光,是指光的传播速度降低。光子晶体波导存在很强的色散,在布里渊边界或者某些其他位置,导模色散曲线具有平坦的特征,因此光子晶体波导可以实现慢光传输,并且可以用光线分析的方法对其进行定性分析。光子晶体慢光波导的物理机制主要包括两种:后向散射和全方向反射。波导两侧的光子晶体结构形成布拉格光栅,对前向传播的光波产生后向散射,形成后向波。如果后向波与前向波同相且同振幅,则形成驻波,光波群速为零,相当于光波被停止,这种现象通常发生在布里渊边界区。如果前向波和后向波相位或者振幅略有偏差，则光波以缓慢的速度向前或者向后传播，从而实现慢光。由于光子晶体禁带的存在，只要光波频率在带隙内，任何方向的光波都会被反射回波导，如果波矢几乎垂直于波导方向，则形成驻波（如图6-4左），如果传播常数k接近于零，光波在波导方向上缓慢传播（如图6-4右），同样可以达到慢光传播的效果。

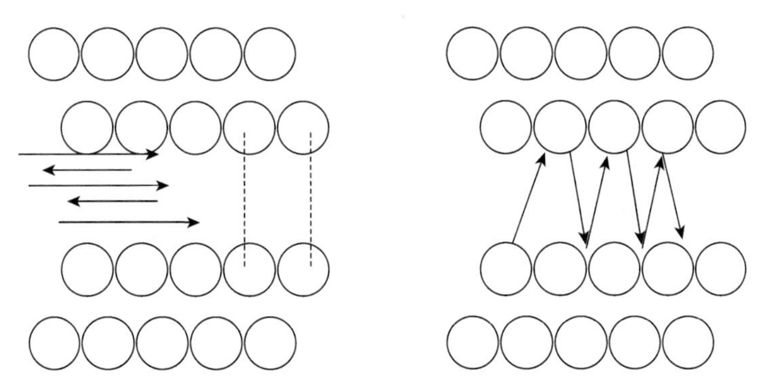

图6-4　光子晶体波导中慢光传播的两种机制

光子晶体波导的慢光效应有很多重要的应用。首先，由于传播速度的急剧降低，在空间上光场能量变得非常集中，局域场得到增强，而包括非线性效应在内的很多光与物质的相互作用都与光场强度有关，因此可以利用光子晶体波导的慢光增强光与物质的相互作用，提高非线性效应的效率。在未来高速光通讯系统中需要用到室温工作、与传统器件相匹配的光学延迟线和光缓存，光子晶体慢光波导显然具有较明显的优势。

光子晶体光纤，也叫微结构光纤（Microstructure Fiber）或多孔光纤（Holey Fiber），是另一种二维光子晶体波导，与平面二维光子晶体波导不同的是，在光子晶体光纤中用于约束和传导光波的线缺陷与介质柱（或空气孔）同方向。按照导波机理的不同，光子晶体光纤可以分为两类，一类是折射率引导型光子晶体光纤，一类是光子带隙光纤。前者利用了全内反射原理，在包层中引入了空气微孔，其平均折射率降低，如果纤芯为实芯，则包层平均折射率低于纤芯折射率，因此光波以类似于传统光纤的方式被约束在纤芯中传播。而后者则利用了光子禁带效应，二维光子晶体可以产生光子带隙，这种带隙阻止光在二维光子晶体平面内任何方向的传播，如果在二维光子晶体中沿垂直于光子晶体平面的方向引入一个缺陷，则光可以被约束在缺陷中沿着缺陷传播。由于光子带隙的约束效应，纤芯折射率可以低于包层平均折射率，甚至可以是空气，形成空心光子晶体光纤。

和传统光纤相比，光子晶体光纤在很多性能上有明显提升，并且具备某些传统光纤所不具备的优越性质，诸如无截止单模、大模场面积、高双折射等，在通讯、传感、激光及非线性光学等领域有广泛应用价值。

6.3.2　纳米介质光波导

介质光波导对于光模式的限制，主要依靠芯、包层折射率差。光纤、传统玻璃基光波导的芯、包层折射率差较小，一般在0.01左右，因此模式光斑尺寸均在数微米至数十微米之间。为显著提高介质波导对模式光的束缚能力，需要发展具有芯、包层高折射率差的纳米光波导。其中最具代表性的是使用硅衬底的SOI（Silicon on Insulator）光波导。SOI波导以硅纳米线作为芯层，空气和二氧化硅等低折射率材料作为包层，波导芯、包层具有高折射率差($\Delta n > 2$),因此可将光束严格束缚在芯层区域,实现大曲率半径(数微米量级)弯曲传输,应用于大规模集成化的密集波分复用系统。基于 SOI 波导技术的高度集成化的传输线路、分束器、高速电光调制器、激光器以及光压器件等得到了广泛研究。

此外,各种无机、有机材料的纳米线同样可用于制备纳米光波导。这些纳米线波导通常以高折射率的纳米线为芯层,以空气为包层,实现对光束的紧束缚。上世纪 90 年代末起,国际纳米研究团队开展了大量半导体纳米线的光学特性研究工作,采用晶体生长技术制备多种材料的半导体纳米线,并系统研究了其光学传输特性、发光特性和非线性特性等。半导体纳米线波导具有光学增益特性,常用于研制纳米激光器。

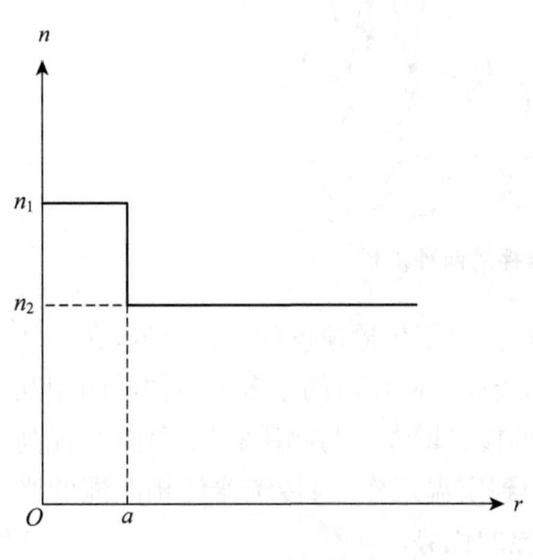

图 6-5　纳米线波导数学模型

与传统的微米光波导器件相比,具有高折射率差的纳米线光波导显著提高了光子器件的集成度。然而,纳米线光波导受光学衍射极限限制,光斑尺寸始终保持在入射波长(数百纳米至微米)量级。以 SOI 波导为例,假设此纳米线波导具有圆形横截面,包层为空气,是阶跃折射率波导。纳米线的数学模型如图 6-5 所示,纳米线和空气的折射率分别为 n_1 和 n_2,即

$$n(r)=\begin{cases} n_1, 0<r<a \\ n_2, r \geqslant a \end{cases} \tag{6-20}$$

其中,a 为纳米线半径。

在微米光学应用中,通常研究几十到几百毫米长的纳米线是非耗散且无源的,此时,可以根据麦克斯韦方程推导出纳米线波导中的电磁场满足亥姆霍兹方程:

$$(\nabla^2+n^2k^2-\beta^2)\boldsymbol{E}=0 \tag{6-21}$$

$$(\nabla^2+n^2k^2-\beta^2)\boldsymbol{H}=0 \tag{6-22}$$

其中 $k=2\pi/\lambda$,β 是传播常数。

不同模式下(6-21)、(6-22)的特征方程为

$$\left\{\frac{J'_\nu(U)}{UJ_\nu(U)}+\frac{K'_\nu(W)}{WK_\nu(W)}\right\}\left\{\frac{J'_\nu(U)}{UJ_\nu(U)}+\frac{n_2^2K'_\nu(W)}{n_1^2WK_\nu(W)}\right\}=\left(\frac{\nu\beta}{kn_1}\right)^2\left(\frac{V}{UW}\right)^4 \tag{6-23}$$

对于 TE_{0m} 模式:

$$\frac{J_1(U)}{UJ_0(U)}+\frac{K_1(W)}{WK_0(W)}=0 \tag{6-24}$$

对于 TM_{0m} 模式:

$$\frac{n_1^2J_1(U)}{UJ_0(U)}+\frac{n_2^2K_1(W)}{WK_0(W)}=0 \tag{6-25}$$

其中,J_ν 是第一类贝塞尔函数,K_ν 是第二类修正贝塞尔函数。$U=(k_0^2n_1^2-\beta^2)^{1/2}a$,$W=(\beta^2-k_0^2n_2^2)^{1/2}a$,$V=(n_1^2-n_2^2)^{1/2}a$。

对硅和二氧化硅的基模模式传播常数进行数值求解，可以得到：在一定纳米线直径范围内(约为 400nm)，由于空气和二氧化硅的高折射率差，纳米线表现很强的场局域特性，而当直径减小到更小程度(如 200nm)时，局域场将会以一定振幅延伸到较远距离，这表明大部分场已不再严格地限制在纳米线内部或其周围。因此当芯层波导的物理尺寸小于入射波长时，光模式能量将更多比例地以倏逝场形式分布，如图 6-6 所示。在这种情况下，当光波导芯层远小于入射波长时，光波导对光模式束缚能力急剧减弱，无法实现大角度的弯曲传输。

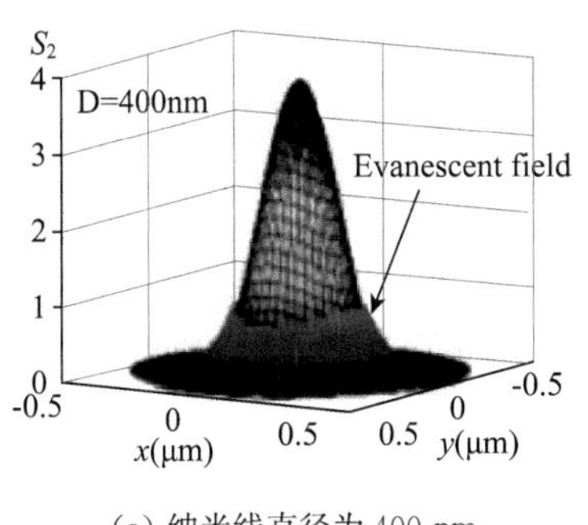

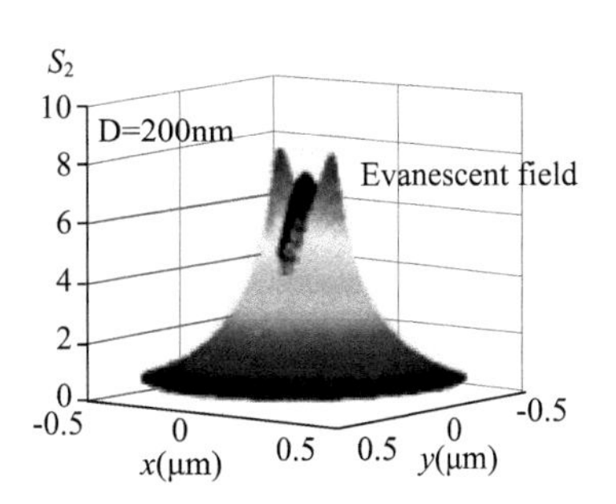

(a) 纳米线直径为 400 nm　　(b) 纳米线直径为 200 nm

图 6-6　光模式能量分布

6.3.3　表面等离子激元概念及性质

1. 表面等离子激元

表面等离子激元包括表面等离极化激元(Surface Plasmon Polariton，简称 SPP)和局域表面等离激元(Localized Surface Plasmon，简称 LSP)共振两种。SPP 是光波与可迁移的表面电荷(如金属中的自由电子)之间相互作用产生的表面电磁模式。由电磁理论知，在两种半无限大各向同性介质材料的分界面处，电位移矢量 $\boldsymbol{D}$ 的法向分量必然连续。如果界面是介电常数为正的介质材料与介电常数为负的金属材料所组成，界面的极化电荷使得电场法向分量不连续，因此可在特定结构的金属和介质材料的界面处形成传输模式。由于电磁波在金属-介质界面两侧均为倏逝场，空间衰减很快，因此其形成的模式光斑尺寸极小，远小于光学衍射极限。

表面等离子激元模式特征可以以在介质和金属的交界面一维传输的平面电磁波为例介绍。图 6-7 为最简单的可传输表面等离子激元的结构，即金属、介质交界面。在 $z>0$ 区域，为无损耗的介质材料(ε_{r2} 为正实数)，在 $z<0$ 区域，为金属材料(具有复数介电常数 $\varepsilon_{r1}(\omega)$，在光频波段具有明显的色散特性)。在该条件下，其横磁(TM)模式的波动方程可写为：

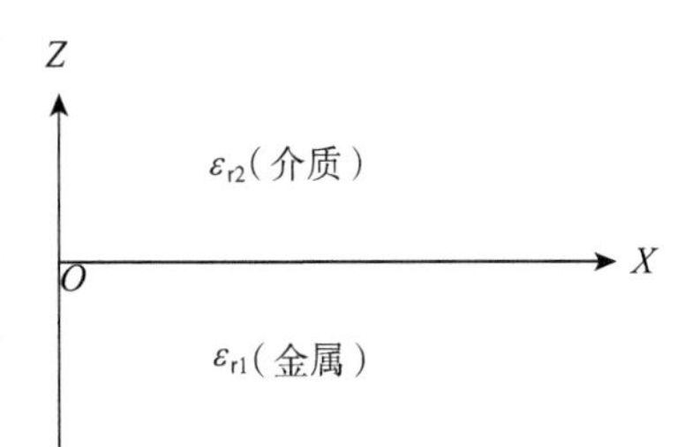

图 6-7　表面等离子激元在金属-介质交界面传输的结构示意图

$$\frac{\partial^2 H_y}{\partial z^2}+(k_0^2\varepsilon_r-\beta^2)H_y=0 \tag{6-26}$$

由式(6-26)求解得到 TM 模式特征解：

当 $z>0$ 时(介质内传播)得到：

$$H_y(z)=A_2 e^{\mathrm{j}\beta x}e^{-k_2 z} \tag{6-27}$$

$$E_x(z)=\mathrm{j}A_2\frac{1}{\omega\varepsilon_0\varepsilon_{r2}}k_2e^{\mathrm{j}\beta x}e^{-k_2z} \tag{6-28}$$

$$E_z(z)=-A_1\frac{\beta}{\omega\varepsilon_0\varepsilon_{r2}}e^{\mathrm{j}\beta x}e^{-k_2z} \tag{6-29}$$

当 $z<0$(金属内传播):

$$H_y(z)=A_1e^{\mathrm{j}\beta x}e^{k_1z} \tag{6-30}$$

$$E_x(z)=-\mathrm{j}A_1\frac{1}{\omega\varepsilon_0\varepsilon_{r1}}k_1e^{\mathrm{j}\beta x}e^{k_1z} \tag{6-31}$$

$$E_z(z)=-A_1\frac{\beta}{\omega\varepsilon_0\varepsilon_{r1}}e^{\mathrm{j}\beta x}e^{k_1z} \tag{6-32}$$

$k_i=k_{z,i}(i=1,2)$ 表示垂直于交界面的波矢分量。$z=\frac{1}{|k_z|}$ 表示垂直于界面的指数衰减距离,A_1、A_2 为常数项。由此可知,电磁模主要限制在金属和介质的界面。由边界条件可得,界面处电场和磁场切向分量连续,H_y、$\varepsilon_{ri}E_z$ 在 $z=0$ 处相等,求得:

$$\frac{k_2}{k_1}=-\frac{\varepsilon_{r2}}{\varepsilon_{r1}},A_1=A_2 \tag{6-33}$$

由此可知,为使得表面波限制在界面处,且满足式(6-33)的连续条件,当 $\varepsilon_{r2}>0$ 时,需满足条件 $\mathrm{Re}[\varepsilon_{r1}]<0$。

由于 H_y 分量满足 TM 模波动方程(6-29),且有

$$k_1^2=\beta^2-k_0^2\varepsilon_{r1} \tag{6-34}$$

$$k_2^2=\beta^2-k_0^2\varepsilon_{r2} \tag{6-35}$$

由式(6-34)~(6-35)可解得表面等离子激元在介质交界面的传播常数,即 SPP 波的色散关系:

$$\beta=k_0\sqrt{\frac{\varepsilon_{r1}\varepsilon_{r2}}{\varepsilon_{r1}+\varepsilon_{r2}}} \tag{6-36}$$

由上述各式可知,在具有相反符号的介电常数的金属和介质表面,可以激励起 TM 偏振态表面等离子激元传输模式。

当电磁波为横电(TE)模式时,同样可推导出场分量满足:

当 $z>0$ 时(介质内传播) 得到:

$$E_y(z)=A_2e^{\mathrm{j}\beta x}e^{-k_2z} \tag{6-37}$$

$$H_x(z)=-\mathrm{j}A_2\frac{1}{\omega\mu_0}k_2e^{\mathrm{j}\beta x}e^{-k_2z} \tag{6-38}$$

$$H_z(z)=A_2\frac{\beta}{\omega\mu_0}e^{\mathrm{j}\beta x}e^{-k_2z} \tag{6-39}$$

当 $z<0$ 时(金属内传播):

$$E_y(z)=A_1e^{\mathrm{j}\beta x}-e^{k_1z} \tag{6-40}$$

$$H_x(z) = \mathrm{j}A_1 \frac{1}{\omega\mu_0} k_1 e^{\mathrm{j}\beta x} e^{k_1 z} \tag{6-41}$$

$$H_z(z) = A_1 \frac{\beta}{\omega\mu_0} e^{\mathrm{j}\beta x} e^{k_1 z} \tag{6-42}$$

此时，满足边界处 E_y、H_x 连续的条件是：

$$A_1(k_1 + k_2) = 0 \tag{6-43}$$

为将电磁波限制在表面，需满足 $\mathrm{Re}[k_1] > 0$、$\mathrm{Re}[k_2] > 0$，符合该条件的唯一解是 $A_1 = 0$，且 $A_1 = A_2$，即 TE 模式无法在界面激励起表面等离子激元。以上公式推导表明了表面等离子激元波的主要特点，包括：

(1) 是在金属-介质界面处存在的表面电磁模式；

(2) 在界面两侧均为指数衰减的倏逝场分布，因此不受光学衍射极限限制；

(3) 具有偏振依赖特性。

如图 6-8 所示，表面等离子激元的色散曲线在真空中光线的色散曲线的右边，它们在同一频率下没有交点，因此它们之间不能直接耦合，表面等离子激元必须通过波矢补偿才可被光激发。

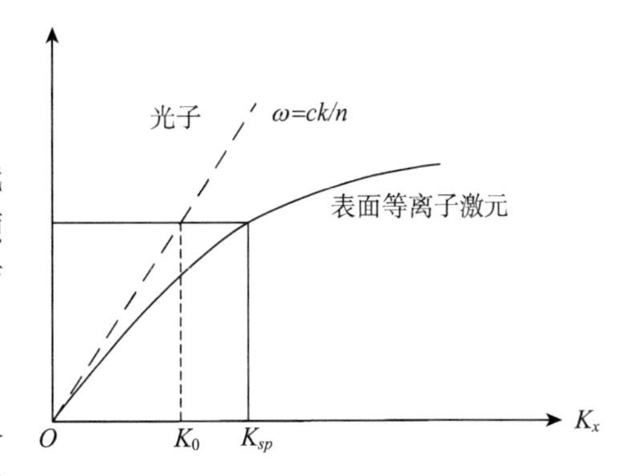

图 6-8 表面等离子激元在金属-电介质界面处的色散关系

2. 表面等离极化激元的激发

通常表面等离极化激元的色散曲线总是在介质的色散光锥线右侧(如图 6-9 所示)，在同一频率下，等离激元波矢比光波矢大，所以无法直接激励 SPP，需要引入一些特殊的结构来满足波矢匹配条件，常用的方式有以下几种：

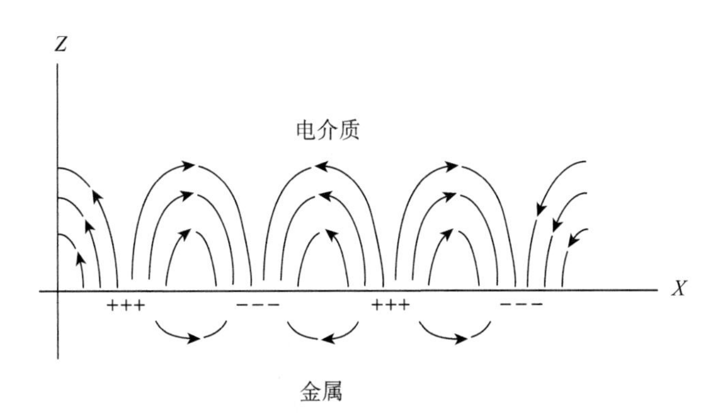

图 6-9 表面等离子激元在金属-介质交界面的电磁场分布

(1) 棱镜耦合

棱镜耦合法，也称衰减全反射(Attenuated Total Reflection, ATR)法，主要有 Kretschmann 结构和 Otto 结构两种形式。在 Kretschmann 结构中，棱镜(折射率 n_p)表面镀有一层金属薄层，当入射光波(波矢量 k_0)的入射角度(θ)大于临界角时，会在棱镜和金属界面处发生全反射，并产生倏逝波，该倏逝波的波矢量 $k_{//} = n_p k_0 \sin\theta$ 与原光波的波矢量 k_0

相比会有一个增量,使得波矢匹配条件 $k_{//}=k_{spp}$ 有可能满足,只要金属膜的厚度不是太厚就可激发出金属/空气界面上的表面等离子激元波。而在 Otto 结构中,棱镜的表面和金属之间存在一个很窄的空气缝隙,利用棱镜和空气界面处全反射的倏逝波来满足波矢匹配条件,激发金属/空气界面上的 SPP。

(2) 光栅耦合

通过在金属/介质界面引入周期性(周期为 λ_g)的表面起伏,光波入射到该界面时会产生衍射波,其波矢量会相应地加上或减去整数倍的光栅矢量 k_g($k_g=2\pi/\lambda_g$),使得波矢匹配条件有可能满足,即 $k_{//}=k_0\sin q\pm Nk_g=k_{spp}$,从而激发 SPP。此外,利用金属表面缺陷在金属面上刻蚀一个凹槽等)也能激发 SPP。

(3) 波导模耦合

在介质层中传播的波导模式在波导两侧是倏逝波。当在波导的某个位置镀上一层金属后,波导模通过这个区域时就能够将波导中的光场能量耦合到 SPP 波中,从而达到激发金属和介质界面 SPP 的目的。

(4) 聚焦光束

其基本原理与棱镜耦合中的 Kretschmann 结构相似。见图 6-10(d)所示,将高数值孔径的显微物镜通过油浸层靠近一个镀有金属薄膜的介质衬底,入射光波通过该物镜聚焦到介质衬底/金属界面。由于高数值孔径能够提供足够大的入射角,从而满足波矢量匹配,实现 SPP 的激发。

(5) 近场激发

利用亚波长尺寸的探针尖(同时要求孔径小于表面等离子激元波长 λ_{spp})在近场范围内照射金属表面,如图 6-10(e)所示。由于探针尖的尺寸小于出射光波长,从针尖出来的光会包含波矢量大于或等于 SPP 波矢量的分量,这样就能实现波矢量的匹配,从而可以局部激发 SPP。

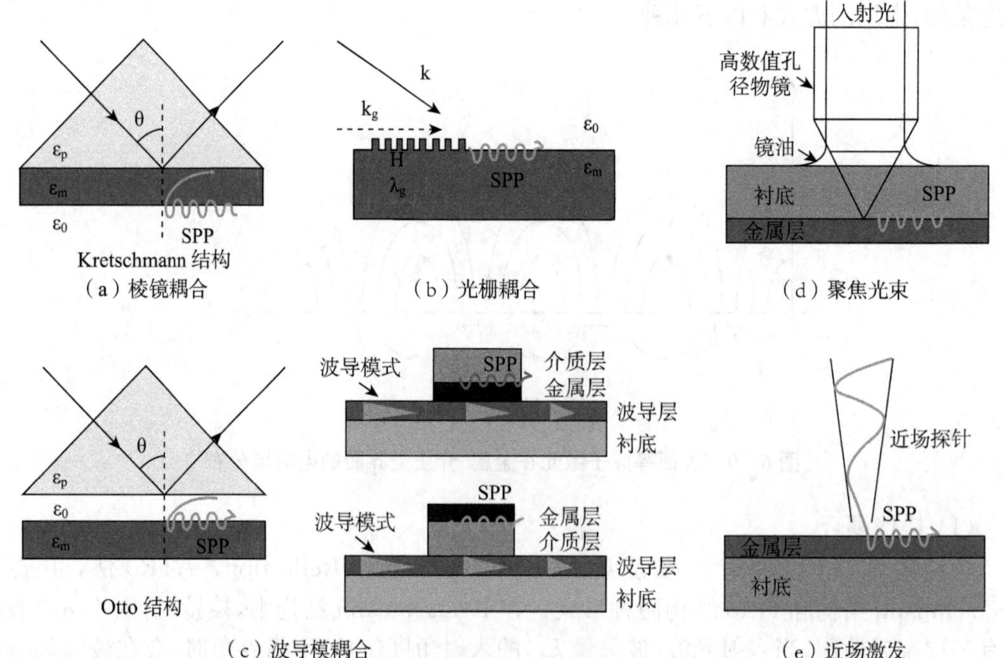

图 6-10　表面等离极化激元的激发方式

6.3.4　表面等离子激元器件及应用领域

1. 纳米尺度光波导特性

利用纳米光波导作为传输媒介，可以将光信号局域在亚波长范围内传输，从而实现极高密度的光能量传输。与传统的微米尺度的介质光波导相比，纳米光波导的光学传输机制、光局域特性、光散射效应、非线性效应以及光学作用力均有独特的优点，具体表现为：

(1) 亚波长传输及光电复用特性

纳米光波导可将光模式严格束缚在数纳米范围内长距离传输，并可组成各种纳米功能器件，进而组成纳米光学集成芯片。特别是基于金属材料的等离子激元波导，可同时传输光、电信号，因此有望成为集成光路和集成电路芯片实现互联和混合应用的重要媒质，进而在未来实现真正意义上的超高密度纳光机电集成芯片。

(2) 高光密度传输特性

纳米光波导将光信号局域在纳米范围内传输，其光强密度为传统集成光波导和光纤的数十倍甚至数百倍，这为人们研究高光强密度下光与物质之间的相互作用提供了新的技术手段。目前，已有研究报道了纳米光波导中存在显著的光压效应、光学增益效应、慢光效应和光学非线性效应等，这为未来实现新型的纳米光学调制器件、光机械器件、纳米激光器和量子器件提供了重要的发展方向。

(3) 显著的光局域和光散射特性

纳米光波导的显著光局域与光散射增强特性，可显著增大光与物质之间的相互作用。特别是基于等离子激元效应的纳米光波导，可将光局域在深度亚波长范围传输或散射，进而使得表面传输光强增强数个数量级，可被广泛应用于光伏器件增效、光学显示、纳米天线以及生物、化学传感等领域。例如，利用表面等离子激元波导的光局域、光散射增强效应可研制高效陷光结构，用于提高电池光伏材料的光吸收率和光电转换效率。金属纳米波导可实现光电复用，既可对光信号选择性增强，又可导电，因此可被同时用作透明电极和光增效层，制备光伏器件和薄膜发光器件。金属纳米波导还具有显著的偏振特性，对入射光的偏振角度敏感，可用于光信息处理，研制各种滤波器、天线和光显示器件等。

2. 深度亚波长等离子激元波导器件特性及应用

近年来，多种结构的表面等离子激元波导及相关器件得到了广泛报道。其中金属-介质-金属(MIM)波导对光信号束缚能力最强，可将光信号束缚在亚微米半径内弯曲传输，并且具有极低的弯曲辐射损耗。但MIM波导支持的模式光有很大比例分布在金属内传输，由于金属光频范围欧姆吸收损耗极大，导致MIM波导总体传输损耗过大，传输距离一般只有数微米，很难实现大范围的集成化。为了解决这一问题，Oulton等人提出深度亚波长混合模式等离子激元波导概念。这种波导，支持由表面等离子激元边界模式和光波导模式耦合形成的混合模式，可将光束缚在数纳米的介质狭缝内长距离传输，有望用于研制深度亚波长的光子集成系统。图6-11为一种基于“半导体-绝缘体-金属”条载(Semiconductor-Insulator-Metal Strip，简称SIMS)三明治结构的深度亚波长等离子激元波导示意图，波导从下至上分别包括半无限厚的银薄膜衬底(厚度大于200nm，折射率$n=0.15+j11.38$)、银条载、二氧化硅条载($n=1.44$)和硅条载($n=3.48$)，波导外面由空气($n=1$)包覆。各条载宽度均为W，高度分别为H_{Ag}、h、H_{Si}。可将光严格束缚在数纳米范围的狭缝内以极高的光强密度$(200\sim300)\mu m^{-2}$长距离传输。h设为5nm。这种沿x、y轴方向均为高折射率对比度的波导结构可将光紧束缚在波导芯层内传输。

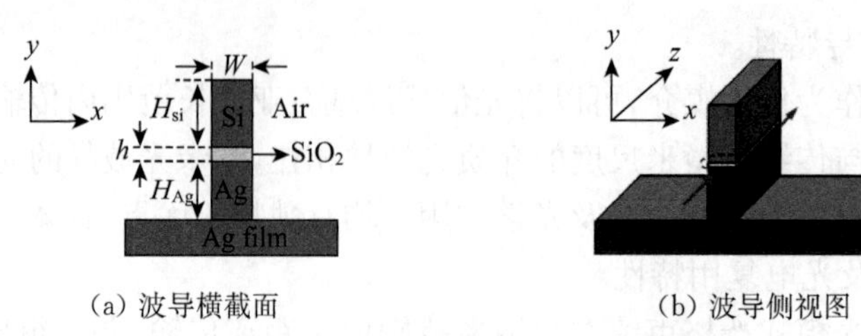

(a) 波导横截面　　(b) 波导侧视图

图 6-11　SIMS 波导结构示意图

图 6-12(见彩插)显示了不同波导结构参数对应的波导横截面模式相对电场强度$|\boldsymbol{E}|$分布特性,其中图 6-12(a)~(c)是模式光相对电场强度$|\boldsymbol{E}|$在[0,1]区间内的分布图,在各种结构参数下,二氧化硅狭缝内光强均显著高于周围介质。为进一步清晰显示出波导对模式光的限制效果,将相对电场强度$|\boldsymbol{E}|$在空间中衰减至最高强度的 1/10 时所覆盖的空间区域定义为模式光斑尺寸。将波导模式电场强度$|\boldsymbol{E}|$的取值范围限定为[1/10,1]时,即图 6-12(d)~(f)所显示的电场分布图,得到各结构波导对应的模式光斑。通过对比可知,当未加银条载时,波导对模式光束缚能力较弱,有相当比例的模式光仍分布在空气层中(如图(d)所示),当增加高度 H_{Ag} 为 200nm 的银条载时,模式光斑明显减小,空气中分布的光明显减少(如图(e)所示),当进一步将条载宽度 W 从 75nm 增加至 230nm 时,模式光斑进一步减小,光场被紧束缚在波导条载附近区域。此时,80%的模式能量被束缚在 $\lambda^2/35$ 的空间区域内,远突破光学衍射极限。

SIMS 波导有以下几方面的应用:

(1) SIMS 方向耦合器

当两根光波导彼此靠近时,由于倏逝波耦合效应,可实现光信号在传输过程中在两波导内交替耦合。利用耦合模理论将两根波导视为一个波导耦合系统加以分析,同时传递对称(In-phase)模式与反对称(Opposite-phase)模式。两种模式之间的传播常数不同,相互耦合,导致能量传递时空间分布不断变化。耦合器的耦合长度 L_c 由两模式传播常数之差共同决定,满足公式:

$$L_c = \pi/(\beta_A - \beta_B) = \lambda/2(N_{rA} - N_{rB}) \tag{6-44}$$

其中,对称模式与反对称模式传播常数 $\beta_{A,B} = 2\pi N_{rA,B}/\lambda$。$N_{rA,B}$ 分别是指对称模式与反对称模式的有效折射率实部。

图 6-13 左(a)(见彩插)是 SIMS 波导方向耦合器示意图。利用二维 FEM 算法对耦合器本征模式求解,得到对称模式与反对称模式的有效折射率实部 $N_{rA,B}$ 和虚部 $N_{iA,B}$ 随波导间距 G 变化的规律,如图 6-13(b)和(c)所示。图 6-13(d)和(e)是 G=100nm 对应的对称模和高阶反对称模的模场分布,图(f)和(g)是 G=30nm 对应的对称模和高阶反对称模的模场分布。图 6-13(b)和(c)表明,当两波导间距较大时(G>50nm),两模式实部 N_r 之间的差随着 G 的增大而减小,由式(6-32)可知,其耦合长度随之增大。在这种情况下,高阶反对称模的模式损耗仅略大于对称模。而当 G<50nm 时,随着间距 G 的进一步减小,两模式实部 N_r 之间的差反而不断减小,且高阶模的损耗显著增加,这种情况意味着耦合效率的降低,以及耦合损耗的显著增加。形成这种情况的主要原因是当两根波导过于靠近时,反对称模式被局域在两根波导之间的狭缝区域,更多的能量在金属条载之间的界面处耗散,如图

6－13(g)所示。因此，在设计 SIMS 耦合器时，G 的取值是获到较短的耦合长度，同时避免较大耦合损耗的关键因素。

根据耦合模理论，由式(6－48)可得到方向耦合器耦合长度 L_c 与波导间距 G 之间的关系，如图 6－13 右图中实线所示。图 6－13 右图中的圆点是基于三维 FEM 算法的数值仿真结果，可以看到，两种模型计算的结果高度吻合，也验证了仿真模型的准确性。图中虚线将曲线分为两个区域，分别代表不同的耦合效率和耦合损耗。在虚线右侧，光信号可在两波导之间实现高效率的耦合，同时器件插入损耗较低。当 G 较小时(虚线左侧区域)，耦合效率急剧降低，耦合长度和插入损耗同时增加。而当 G 相同时，耦合长度 L_c 随波导宽度 W 的增加而增长，原因是宽波导对光模式的束缚能力强，耦合效应较弱。当波导参数为 $W=75$nm，$G=100$nm 时，耦合器的耦合长度 L_c 仅为 1.2 μm，是对应的波导模式传播长度 L_p 的 1/18，甚至小于入射光在真空中的波长 1.55μm，这一耦合长度明显小于一般的等离子激元波导和光波导的耦合长度[(5～30) μm]，且无明显插入损耗，其功率流分布计算结果如图 6－13 内插图所示。

(2) SIMS 90°弯曲波导

直角弯曲波导是构成高密度集成光路的重要组成部分。图 6－14(见彩插) 利用三维 FEM 算法建模模拟了弯曲波导的光传输特性，入射波长 $\lambda=1.55\mu$m。弯曲波导的插入损耗包括波导本身的传输损耗、在大曲率半径弯曲处的辐射损耗以及直波导-弯曲波导交界处的模式失配引起的反射损耗。为了量化分析弯曲波导的插入损耗，定义函数 $T_b=P_{out}/P_{in}$，其中 P_{out} 和 P_{in} 分别为波导输出端和输入端端面积分后的功率流。

图 6－14(a) 表明，SIMS 90° 弯曲波导具有极低的弯曲损耗。对于与弯曲波导总长度相当(3μm) 的 SIMS 直波导，仅有传输损耗，T_b 约为 0.87，当弯曲波导的曲率半径大于 1μm 时，弯曲波导的 T_b 接近直波导，表明辐射损耗很低。在曲率半径为 200nm 时，SIMS 波导仍保持 $T_b>0.5$，远大于没有银条载($H_{Ag}=0$nm) 的混合模式波导(约为 0.1～0.3 之间)。当 $W=150$nm 时，弯曲波导的总体插入损耗最小，其原因是：W 减小，波导对模式光的束缚力减弱，而波导过宽时，直波导-弯曲波导交界处的模式失配引起弯曲处强烈的反射和光局域效应。图 6－14(b)～(f) 的电场分布形象地显示了以上规律。当将相对强度显示范围降低到[0，1/200] 时，可以清楚地看到光在波导周围的分布和辐射情况。当没有银条载时，光信号大部分在弯曲端向外侧辐射，传输效率很低，T_b 约在 0.2～0.25 左右。

(3) SIMS 环形谐振腔

光学环形谐振腔具有窄带滤波、快速光调制以及光开关等作用，也可用于研制有源激光谐振腔、非线性光器件和光压器件等，是纳米集成光学系统中不可缺少的核心器件之一。图 6－15(见彩插) 研究了基于 SIMS 波导的超小环形谐振腔(腔半径 $R=500$nm) 的传输特性。图 6－15(a) 和(b) 展示了经过结构优化后，W 分别为 230nm 和 75nm 的 SIMS 谐振腔在最佳谐振状态下的电场分布($|\mathrm{Re}E_y|^2$)。当 $W=230$nm 时，光信号被严格束缚在腔内谐振并显著增强，腔内电场强度远大于入射波导内的电场强度。当 W 减小为 75nm 时，谐振腔内电场强度明显下降，这是由于波导宽度较窄时，更多的能量从大曲率半径的谐振腔波导向外辐射耗散。图 6－15(c)更清晰地显示了这种能量的辐射损耗。

结果表明，SIMS 波导耦合端的插入损耗 r_0 仅为 1% 至 2% 之间，远远小于同尺寸的 MIM 环形谐振腔。这说明谐振腔内谐振强度与波导宽度 W 密切相关。当 $W=75$nm 时，腔内谐振能量不高，谱线清晰度较低，特别是长波段，辐射损耗明显增大。当 $W=230$nm 时，谐振腔表现出了极高清晰度陷光光谱和极强的谐振光强(是入射光光强的6倍)。

为进一步突出SIMS弯曲波导的模式束缚能力,由图6-15(f)研究了谐振腔环形波导的损耗特性。根据三维仿真结果,由解析式拟合得到α_r,并换算得出弯曲波导的损耗$Loss$,满足下式:

$$Loss = -10\ \lg(-2\alpha_r) \tag{6-45}$$

对于环形谐振腔的弯曲波导,仅包含了传输损耗和大曲率半径下的辐射损耗,没有模式失配引起的反射或局域损耗,因此,损耗随着波导的增宽而显著减小。当$W=230$nm时,环形波导损耗接近同尺寸的直波导传输损耗,表明其辐射损耗基本为零。这进一步表明增加SIMS波导宽度可显著提高光模式束缚能力,显著降低弯曲引起的辐射损耗。

由于SIMS波导由多种材料共同组成,具有极高的一阶、高阶色散系数,这一高模式色散特性在具有多光束干涉共振效应的SIMS环形谐振腔中表现更为明显。因此,SIMS谐振腔的自由谱宽范围比同等曲率半径下的MIM谐振腔窄得多。随着波导宽度W的增加,谐振腔窄带滤波性能提高,当耦合比k减小时,效果更显著。当$W=230$nm时,得到极窄半高宽$\delta\lambda_{\mathrm{FWHM}} \approx 5$nm和高品质因数$Q \approx 320$。这显示出SIMS环形谐振腔在研制高品质因数激光谐振腔和高速光开关等纳米集成光器件方面具有潜在优势。

6.4 纳米成像技术

光学成像技术是人类探索和发现未知世界奥秘的最为直观的技术手段之一。由于受到光学衍射极限限制,传统的光学成像技术分辨率在可见光波长量级(400~700)nm之间。当光照射到亚波长尺度的微观物质表面时,其散射光所携带的光学细节信息被称为近场信息,以倏逝波形式传递到自由空间。这种倏逝波的传输距离有限,无法被光学显微镜在远场范围内接收和分辨。能否突破光学衍射极限,使亚波长尺寸的微观物质所携带的信息直接被人们"看到"已成为当今光学领域公认的一个重要研究方向。

6.4.1 超分辨荧光成像

纳米科学与技术在近年来得到了迅猛发展,其中微纳表征技术不可或缺。然而,普通的光学显微镜由于受到光学衍射极限的限制,无法对小于波长的物体细节信息进行成像,因此需发展全新原理、突破衍射极限的微纳成像技术。将主要介绍光学衍射极限和点扩散函数(Point spread function, PSF)的概念,阐述提高成像分辨率的方法。此后,将着重介绍两类超分辨显微成像的方法,第一类方法基于单分子成像,包括光激活定位显微技术(Photoactivated localization microscopy, PALM)和随机光学重构显微技术(Stochastic optical reconstruction microscopy, STORM)。第二类方法将从改造光源点扩散函数的角度出发,介绍受激发射损耗(Stimulated emission depletion, STED)超分辨荧光显微技术的基本原理。

1. 光学衍射极限

为了建立物质性质与其结构的关系,常需要对其进行成像,去解析物质的结构特征。人眼极限分辨率通常为58μm左右,仅能分辨宏观的物体。1651年,虎克发展了光学显微镜技术,借助显微镜突破了人眼分辨极限,使人类获得了细胞、细菌等微米尺度结构的像。然而,光学显微镜的分辨率仍然存在极限,其分辨率由瑞利判据决定:"当一个像斑的中心落到另一个像斑的边缘时,就算这两个像刚好能被分辨",显微镜能分辨的物体上两点P、Q的

最小距离 h 为：$h=0.61\lambda/(n^{*}\sin\theta)$，其中 λ 为波长，n 为透镜折射率，θ 为孔径角，该公式即为光学显微镜的分辨率公式，或称为光学衍射极限，由于衍射极限的存在，常规的光学显微镜的分辨率受到大大的限制，限制了物体亚波长细节信息的光学成像。

2. 超分辨单分子荧光成像技术

当显微镜需分辨两个或者更多点光源时，光学衍射极限的存在导致显微镜无法对多个点光源精确定位。而当显微镜的物镜视野下仅有单个荧光分子的时候，通过特定的算法拟合，荧光分子位置精度可达纳米级。1981 年，Barak 和 Webb 首先将单分子跟踪技术引入到生命科学中，在成纤维细胞上跟踪了一个荧光标记的低密度脂蛋白受体的动力学过程。2000 年初，Thompson 等结合了理论推导和计算机模拟，综合考虑了各种因素的影响，如离散时间段检测到的发出光子数的泊松噪声、CCD 相机的背景读出噪声以及 CCD 像素点的大小等，得到了单分子在二维定位精度上的近似公式：

$$\Delta x=\sqrt{\frac{s^{2}+a^{2}/12}{N}+\frac{8\sqrt{\pi}s^{4}b^{2}}{a^{2}N^{2}}} \tag{6-46}$$

其中 x 为定位的误差，s 为点扩散函数的标准方差，a 为 CCD 像素的大小，N 为收集到的光子数，b 为背景噪声。

尽管单分子的定位精度可以达到纳米级，但它并不能提高光学显微镜在分辨两个或者多个点光源时的分辨率。2006 年，Betzig 等提出了光激活定位显微技术的概念，利用单分子定位原理实现了超分辨成像，是超分辨显微技术的里程碑式结果，Betzig 也因这一贡献共享了 2014 年诺贝尔化学奖。其基本原理是用 PA-GFP 来标记蛋白质，通过调节 405nm 激光器的能量，低能量照射细胞表面，一次仅激活出视野下稀疏分布的几个荧光分子，然后用 488nm 激光照射，通过高斯拟合来精确定位这些荧光单分子。在确定这些分子的位置后，再长时间使用 488nm 激光照射来漂白这些已经正确定位的荧光分子，使它们无法被下一轮的激光再激活。随后，分别用 405nm 和 488nm 激光来激活和漂白其他的荧光分子，进入下一次循环。这个循环持续上百次后，我们将得到细胞内所有荧光分子的精确定位。将这些分子的图像合成到一张图上，最后得到了一种比传统光学显微镜至少高 10 倍以上分辨率的显微技术。PALM 显微镜的分辨率仅仅受限于单分子成像的定位精度，理论上来说可以达到 1nm 的数量级。

PALM 的成像方法只能用来观察外源表达的蛋白质，而对于分辨细胞内源蛋白质的定位无能为力。2006 年底，美国霍华德-休斯研究所的华裔科学家庄晓薇实验组开发出来一种类似于 PALM 的方法，应用特定波长的激光来激活探针，然后应用另一个波长激光来观察、精确定位以及漂白荧光分子，此过程循环上百次后就可以得到最后的内源蛋白的高分辨率影像，被他们命名为随机光学重构显微技术。但是，STORM 方法也存在缺陷，由于用抗体来标记内源蛋白并非一对一的关系，所以 STORM 不能量化胞内蛋白质分子的数量，同时也不能用于活细胞测量。

3. 受激发射损耗超分辨荧光显微技术

上述单分子成像技术未改变光学系统的点扩散函数，且需反复激活和猝灭荧光分子，系统时间分辨率较低。2000 年，德国科学家 Stefan Hell 提出了受激发射损耗显微技术[4]，该技术可从根本上解决点扩散函数的尺寸问题，其基本原理是通过物理过程来减少激发光的光斑大小，具体采用一束激发光使荧光物质发光的同时，用另外的高能量脉冲激光器发射一束紧挨的环型激光(较长波长)将第一束光斑中大部分的荧光物质通过受激发射损耗过程猝灭,从而减少荧光光点的衍射面积,其半高宽大小从传统光学系统中的 $\frac{\lambda}{2n\sin\alpha}$ 变为 $\frac{\lambda}{2n\sin\alpha\sqrt{1+I/I_{sat}}}$,其中 I 是STED激光器的最大聚焦强度,而 I_{sat} 则是当受激荧光强度被减少到 $1/e$ 时的STED激光的强度特征值。由此公式可看出,当 I/I_{sat} 的值趋近无穷大时,STED成像的点光源的半高宽趋近于0,可突破光学衍射极限。

6.4.2 近场光学显微技术

为了提取物质表面的近场光学信号,人们提出近场光学显微技术的概念,将近场光学探针置于被检测物体表面近场范围内(一般在数纳米至数十纳米之间),用以提取物质表面的倏逝场信号,从而获取物质在亚波长范围内丰富的光学信息。

按照接收原理和器件结构,近场光学检测技术主要可分为以下三类,如图6-16所示。

第一类是近场探针激发模式,如图6-16(a)所示。将光信号通过光学探针聚焦至衍射极限附近,入射至样品表面,同时将高倍数的显微镜物镜聚焦至样品下表面。光信号在近场范围内与物质相互作用,并在近场范围内形成散射,所携带的光学信息由倒置的显微镜物镜接收并提取。这种方法的特点是激励光源的光斑尺寸远远突破光学衍射极限,能够在微区范围内实现光信号的激励。

第二类是近场探针搜集模式,如图6-16(b)所示。可通过倒置的显微镜聚焦,或通过侧面光源斜入射激励物质,近场光学探针只负责搜集物质表面的近场光信号。这种方法可获取光在物质表面的近场光学分布特性。

第三类是无孔探针激励模式,如图6-16(c)所示。选用表面包裹金或银等贵金属材料的无孔探针的天线效应,引入斜入射的光源激发近场光信号。由于金属探针表面可形成显著的等离子共振局域效应,入射光将聚焦在金属探针的尖端,得到突破光学衍射极限的纳米光斑。这种方法的特点是空间成像分辨率极高,可达到5nm量级。

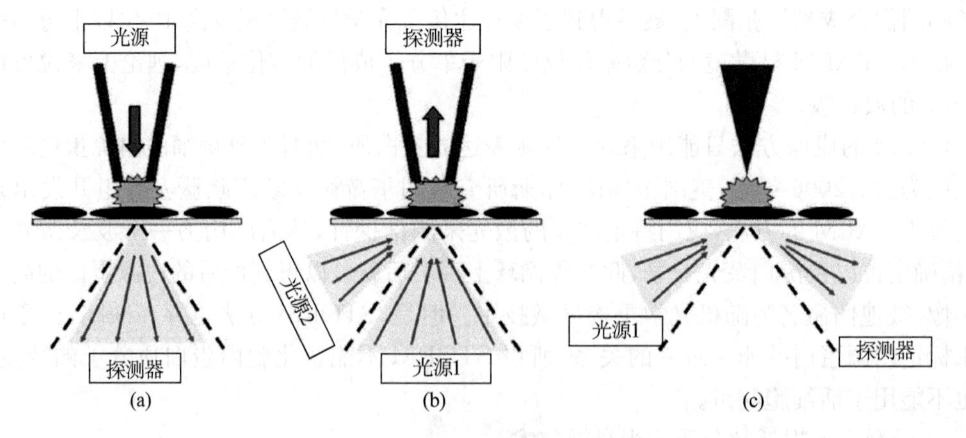

图6-16 近场光学检测技术分类

上述几种近场光学检测技术,可实现亚波长尺度物质光学特性的提取和分析。近场光学显微技术的发展,为人们获取微观世界物质信息提供了强有力的技术手段。

6.4.3　金属增强拉曼技术

在众多技术手段当中，基于表面等离子激元效应的亚波长成像技术，是超分辨率光学成像的重要研究方向。基于表面等离子激元效应的亚波长光学成像技术主要包括超透镜技术、等离子激元晶体阵列成像技术和表面增强拉曼散射(Surface Enhanced Raman Scattering，简称 SERS)光谱技术。其中，SERS 技术是目前研究最为广泛的一种亚波长光学成像和检测技术，不仅可获得亚波长物质的形貌特征，还可用于分析出物质的组成成分和分子特性，在生物化学分子检测领域具有重要的应用前景。SERS 技术是在常规拉曼光谱技术的基础上发展起来的新型光谱检测技术，由 Van Duyne 等人于 1977 年首次提出。拉曼光谱是基于物质非线性光学响应特性的一种光学检测技术，即当入射光照射到物质时，物质分子振动与光波相互作用，引起非弹性散射效应，从而在光谱上表现为一系列反应分子振动特性的特征峰，如同分子的“指纹数据”。然而，对于纳米尺度的物质，其拉曼光信号强度极为微弱，不易检测。SERS 技术则利用金属显著的亚波长光局域增强效应，可有效放大微弱的拉曼光信号，实现亚波长物质信息识别，进而获得突破光学衍射极限的高分辨率成像效果。

目前，基于等离子激元效应的 SERS 技术可分为以下三大类别：

1. 基于金属纳米颗粒表面等离子共振效应的 SERS 成像技术

金属纳米颗粒具有显著的局域表面等离子激元共振(Localized Surface Plasmon Resonance，简称 LSPR)特性。图 6－17 是金属纳米颗粒 SERS 效应示意图：当入射光与吸附在金属颗粒表面的分子相互作用时，引起非弹性散射并产生拉曼信号，由于金属纳米颗粒表面等离子激元共振效应，拉曼信号所携带的光信息强度被显著放大，其增强因子高达 10^6～10^{15} 数量级，因此可实现极低浓度的分子鉴别和检测。1997 年美国印第安纳大学 Nie 等人首次报道了利用 SERS 技术实现单分子成像的研究成果。金属纳米材料的光局域和散射增强效果与颗粒的尺寸、形状和颗粒间距等密切相关，因此通过控制纳米颗粒的上述特征，使得金属的等离子激元共振峰与入射光波长相匹配，可进一步增强其拉曼信号，显著提高 SERS 谱的成像分辨率。目前，基于金属纳米颗粒的 SERS 光谱技术已被广泛应用于生物化学检测和成像。

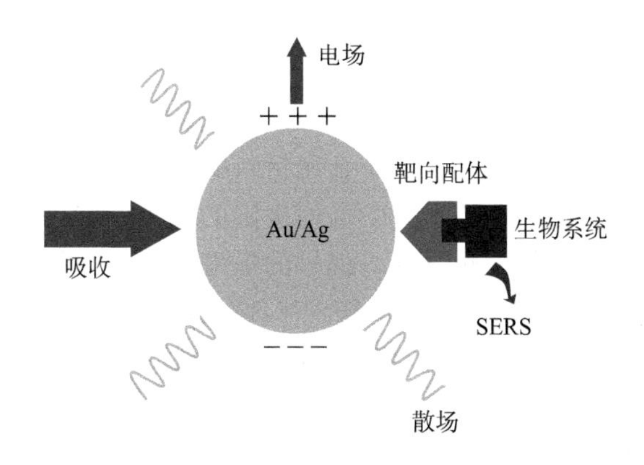

图 6－17　基于金属纳米颗粒的 SERS 检测技术示意图

2. 近场 SERS 光谱成像技术

常规的 SERS 光谱技术利用光学显微镜接收拉曼信号,而散射光信号脱离物体表面后能量呈指数衰减,其所携带的信息在远场范围内衰减迅速,成像分辨率有限。为进一步提高 SERS 成像分辨率,人们提出利用近场扫描光学显微镜(Near-field Scanning Optical Microscopy,简称 NSOM)直接提取近场范围内的 SERS 信号。NSOM 技术将光学探针置于物质表面几个纳米量级的近场范围,在散射光信号衰减前提取其光信息,进而实现突破光学衍射极限的高分辨率成像。近场 SERS 成像技术以 NSOM 显微系统为基础,结合 SERS 效应(如采用金属纳米颗粒作为 SERS 基底,或采用金属探针的尖端增强效应激发 SERS 信号),在近场范围内提取物质的拉曼增强信号,极大地提高了光学成像的分辨率。1998 年,瑞士苏黎世大学 Zenobi 等首次报道了利用近场光学检测手段实现了 100 nm 分辨率的 SERS 成像技术。随后,近场光学 SERS 成像技术得到了极大发展,并广泛应用于蛋白质和 DNA 分子检测。近场光学 SERS 成像空间分辨率与近场探针结构和测试模式等密切相关,目前实验报道的极限分辨率已突破 20 nm。图 6-18 是典型的采用无孔金属探针的近场 SERS 实验光路示意图。

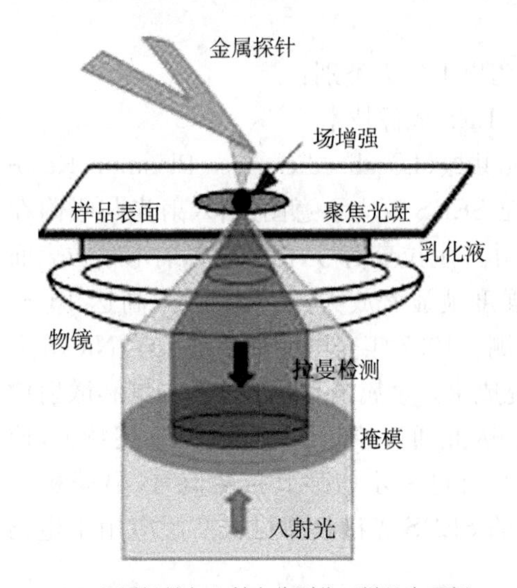

(a) 金属探针与入射光分别位于样品台两侧

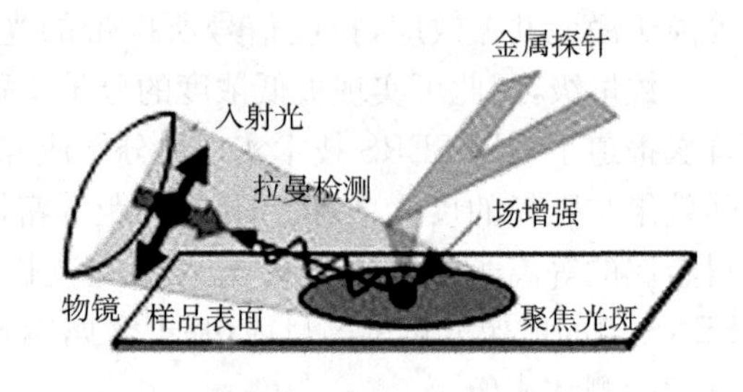

(b) 金属探针与入射光位于样品台一侧

图 6-18　采用无孔金属探针的近场 SERS 实验光路示意图

3. 基于表面等离子激元波导的远端遥感 SERS 成像技术

如前所述,表面等离子激元波导是基于金属材料的亚波长光波导金属纳米线表面即可激发并传递表面等离子激元模式,不受光学衍射极限的限制。有研究报道金属纳米线波导可以传递表面等离子激元信号,实现 SERS 信号的远端激励。即将银纳米颗粒与银纳米线靠近,通过远端激励的方法,令 SPP 模式沿银纳米线传播,并在传递过程中激发纳米线表面吸附的化学分子的 SERS 信号,并由光学显微镜在远端遥感接收,分辨率达到几个分子的水平。

图 6-19 是金属纳米线波导远端激励 SERS 信号的基本原理示意图:通过远端激励 SPP 波,利用 SPP 波在横向传输过程中激发起吸附在金属纳米线表面的分子的 SERS 信号。这些位于波导表面不同位置的分子所携带的特定 SERS 信息在空间上是可分辨的,并且可以在远离激励光斑之外的区域被接收和检测。

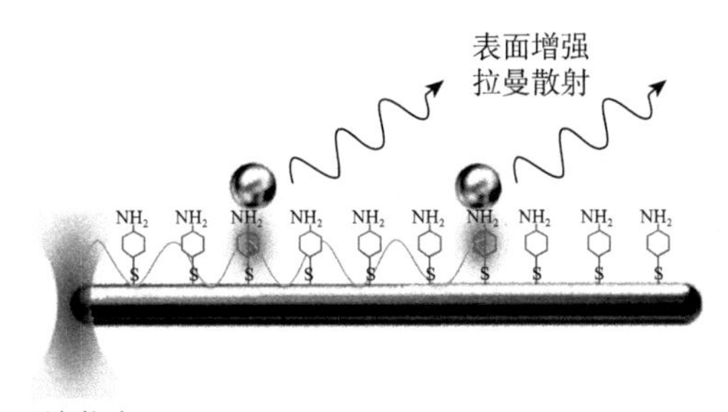

图6-19　金属纳米线波导远端激励SERS信号的基本原理示意图

6.5　纳米制造技术

6.5.1　基于"Top-down"工艺的纳米制造技术

"Top-down"技术指通过各种微纳加工手段，将块体材料"雕刻"成纳米尺度图形结构的工艺技术，如电子束光刻、深紫外光刻、双光子吸收刻写、聚焦离子束刻蚀、扫描探针刻写技术、X-射线光刻、纳米印压等，适用于加工各种精密图形化的平面纳米微结构等，在纳米光子器件研究领域一直发挥着重要作用，是实现未来集成化纳米光子系统和光子芯片的主要技术。但同时，这些纳米印刷技术普遍具有工艺成本高、成品率较低等问题，图形加工的极限精度一般在10nm左右。

电子束光刻技术(E-beam Lithography)是最为常用的纳米图形加工技术，包括直写式与投影式两种，适用于加工平面复杂精细纳米图形以及大规模周期分布的纳米结构，其图形加工精度可达10nm。

聚焦离子束(Focused Ion Beam，简称FIB)刻蚀技术适用于加工三维立体图形，常与电子束光刻技术联用，对各种材料均可实现立体加工，制备纳米图形或纳米沟槽、狭缝等，是近年来制备精细纳米光波导器件的常用方法。

基于原子力探针阳极氧化法的直写技术也适用于制备纳米光波导器件，近场光学扫描显微镜包括原子力显微镜(用于样品形貌测试)和光学近场成像系统两部分，可同步制备并表征纳米光波导的光学特性。

纳米压印光刻技术是高产出、低成本的新型光刻技术。首先利用压印将表面带有纳米结构的模具压入基底上的薄的蚀刻材料中，随后移除模具。因此，模具中的纳米结构会在蚀刻材料上形成印花，再通过反应离子刻蚀等各向异性蚀刻方法腐蚀掉压印区域的剩余蚀刻材料，从而形成厚度衬底。这种技术的分辨率不受衍射极限的限制，现在已成功被应用到纳米级光电探测器、量子线及晶体环等制备过程中。

本章之前所提出的SIMS波导和光学功能器件，最小线宽均大于50nm，其图形加工可用常规的纳米印刷技术实现，如电子束光刻、聚焦离子束刻蚀等技术。

6.5.2　基于"Bottom-up"工艺的纳米制造技术

和"Top-down"工艺相对的是Bottom-up"工艺，即按照一定的图案模板，将材料的原子、分子"堆积"成纳米图形结构的工艺技术。和"Top-down" 工艺相比，"Bottom-up"工艺成本低,制备工艺简单、灵活,在器件形貌的多样性、表面形貌构造、图形极限分辨率等方面具有明显优势,是近年来纳米光子器件制造技术领域的新兴研究方向。

基于晶体生长技术的纳米材料制备技术已广泛被研究,利用化学方法制备的纳米晶体,具有规则的晶向排布、形状易控制、表面粗糙度低、光学传输损耗小,且加工成本低,与通过传统纳米光刻、刻蚀工艺制备的光波导器件相比,在工艺和性能方面具有很大的优势。

金属、半导体或其他材料的纳米微结构,如纳米线、纳米球等,本身即是基本的纳米光波导和谐振器件。在此基础上,还可通过纳米组装技术将这些纳米基本单元加工为具有丰富功能的器件和系统。这些方法包括基于化学键或DNA分子连接的自组装技术、利用高脉冲激光辐照或化学溶液溶解实现的纳米焊接技术,以及利用探针对纳米材料加工的微操作技术等。利用自组装技术,可使得纳米颗粒之间的间距达到亚纳米数量级,极大提高了光与物质之间的相互作用。与电子束光刻技术制备的纳米微结构相比,自组装技术制备的纳米图形间距更小,结构更紧凑,一致性更好。同时,其快速、低成本、大面积等优势也是传统印刷技术无法比拟的。

图6-20(见彩插)展示了一系列具有不同颜色的银纳米板溶液和自组装得到的银纳米薄膜。这是一种以银纳米板为基本单元的化学自组装技术,可实现一系列具有不同光谱特性的大面积均匀的金属纳米薄膜,并适用于不同材料的衬底。图6-20(a)、(b)分别显示了在载玻片、硅片以及柔性塑料衬底表面均匀沉积的银纳米板薄膜样品。图6-20(c)~(e)中显示了六种不同尺寸的银纳米板样品,分别对应样品a~f。样品a~f对应的银纳米板尺寸在50nm至160nm之间,依次递增。图6-20(c)和(d)中的纳米溶液和纳米薄膜样品表现出显著的颜色变化,这些颜色是由金属纳米颗粒选择性局域和散射一定波段的可见光后得到的互补色。而在图6-20(e)中,在高倍显微镜下观测到的薄膜表面散射光变化规律与可见光光谱一致,由短波段的蓝光一直变为长波段的暗红色。表明纳米薄膜中的纳米颗粒形状均匀,分散均匀,且散射效果明显。需注意的是,图6-20(e)中六个样品均可发现的深蓝色为显微镜背景色,并非纳米颗粒散射光的颜色。

6.5.3 亚波长光刻技术

光刻技术是半导体器件制造工艺中的一个重要环节,该技术利用曝光和显影在光刻胶层上刻画几何图形结构,然后通过刻蚀工艺将光掩模上的图形转移到衬底上。由于受到衍射极限的限制,传统的光刻技术刻画的几何图形结构尺寸大小被限制在波长数量级。当光照射在亚波长尺寸结构上时,其散射的电磁波成分为近场区域的倏逝波成分,倏逝波成分在离开物体很短的距离内会以指数形式迅速衰减,无法在光刻胶上显影。能否突破衍射极限,实现亚波长尺寸的光刻技术成为了光刻技术发展的关键。

基于金属表面等离子激元的超透镜光刻技术使得亚波长光刻成为可能。这种技术以传统光刻技术为基础,将由金属材料和介质材料共同组成的超透镜置于亚波长尺寸的待刻图形和光刻胶中间,改善入射光的传输光路,提高图形成像分辨率。

超透镜中光波的传输原理如下:当光源照射到掩模板表面,由亚波长尺寸的结构所散射出的倏逝波成分传输到超透镜表面时,形成表面等离子激元模式继续传输,并在超透镜的出射端恢复为未发散的倏逝波,从而使得倏逝波所携带的精细光学信息传输到光刻胶上,形成高分辨率的显影效果。2005年,美国加州大学伯克利分校的材料物理学家张翔等人利用“PMMA-Ag-光刻胶”三层结构实现了超透镜光刻成像,其实验结构如图

6－21(a)所示：在石英衬底上沉积了一层金属铬薄膜，并在铬膜上用聚焦离子束的方法制备出线宽为数十纳米的精细图形用做掩模板，并在掩模板表面制备出 PMMA－Ag－光刻胶三层结构，形成超透镜。曝光时，365nm 的紫外光照向最下层的石英层，由下往上依次通过掩模板(图案层)、PMMA 层、银膜层以及光刻胶层。图案层中的左边为周期性狭缝结构，周期为 120nm，宽度为 60nm，右边是“NANO”字样的图形结构。作为透镜的银膜厚度为 35nm，中间的 PMMA 层厚度为 40nm，银膜上方为光刻胶，用来记录成像。图 6－21(b)中的两个结果图分别是使用了银膜和使用 PMMA 代替银膜的成像结果的比较，从图中可以看出使用了银膜的超级透镜可以分辨周期小于分辨极限的狭缝结构，而图 6－21(c)也可以看出使用了银膜的结构所成的“NANO”字样的图形比使用 PMMA 结构所成的像要更加清晰。

张翔等人的实验结果证明这种“PMMA－Ag－光刻胶”结构超透镜的分辨率可达到 λ/6，远突破光学衍射极限。通过传统光刻技术，结合超透镜结构，使得 60nm 的细节信息清晰再现，完全突破了人们对传统光学原理的认识。超透镜光刻技术极大提高了现有光刻技术的分辨率，是纳米制造技术的标志性成果。目前，超透镜成像技术已逐渐走向实用化，成为纳米科学研究成果对工业技术发展产生实质影响的一个典范。

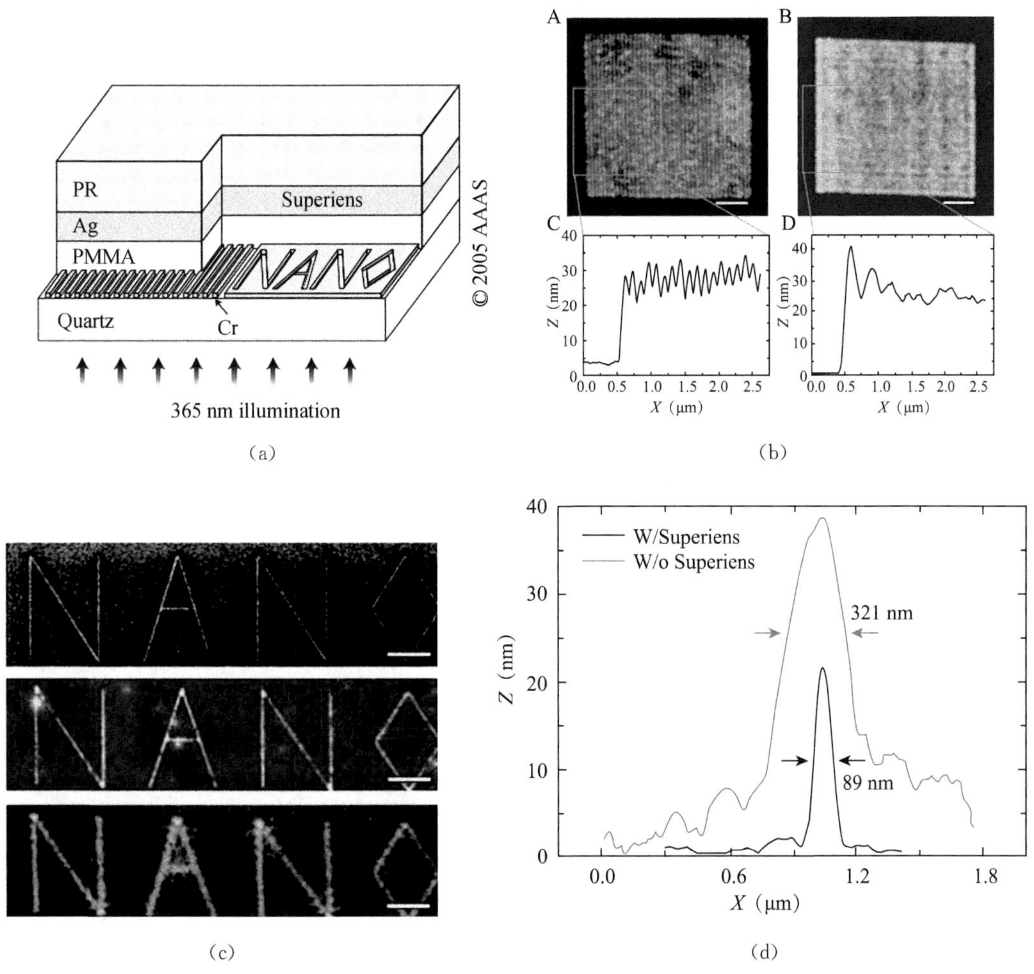

图 6－21　(a) 实验装置结构；(b)、(c)、(d) 将银膜和有机玻璃的成像结果做比较

[引用自 Fang N, Lee H, Sun C, et al. Sub-diffraction-limited optical imaging with a silver superlens. Science, 2005, 208: 534－537.]

习 题 6

6-1 什么是光学衍射极限?什么条件下可以突破光学衍射极限?

6-2 什么是倏逝波?它具有什么性质?

6-3 试结合Drude模型解释金属的屏蔽效应。

6-4 根据亥姆霍兹方程和金属—介质界面的边界条件,推导表面等离子激元波的色散关系,并结合推导过程说明为什么只有TM模式能激发金属-介质界面的表面等离子激元波?

6-5 什么是表面等离子激元共振?入射光需满足什么条件才能激励起金属与介质界面的表面等离子激元波?

6-6 SPP的激励方式有哪些?

6-7 纳米尺度光波导与传统介质光波导相比具有哪些新特性,试举例说明其在光学器件领域的应用。

6-8 阐述近场成像技术的原理,并将其与传统成像技术相比,说明其特点与优势。

6-9 列举几种目前常用的纳米结构制造工艺以及它们的特点。

第 7 章　光电子技术应用实例

在如今日新月异的信息化时代，光电子技术也获得了快速发展。光电子技术的持续向前发展是靠应用推动的，因此本章我们将重点介绍光电子技术在光电成像、平板显示、存储、光通信和能源等领域的应用。

7.1　光电成像器件

光电成像器件是指能够输出图像信息的一类器件，即能将光学图像变为电视信号的器件，把不可见光图像变为可见光图像的器件。

7.1.1　CCD 图像传感器

20 世纪 70 年代初，随着金属氧化物半导体（MOS）技术的逐渐成熟，电荷注入器件（CID）、电荷耦合器件（CCD）和光敏二极管阵列（PDA）三种固体图像传感器的发展十分迅速。经历了十多年的发展，基于这三种固体图像传感器件技术的摄像机开始在市场中投放。其中发展最为迅速的是 CCD 固体图像传感器。发展到 90 年代初期，CCD 技术已经较为成熟，市场销售的摄像机和数码相机大多基于 CCD 技术。

1. CCD 图像传感器结构

电荷耦合器件（Charge-Coupled Devices，CCD）主要由光敏元件、输入部分和输出部分组成，其中，光敏元件可以是金属-氧化物-半导体 MOS（Metal Oxide Semiconductor）电容及光电二极管，MOS 电容能存储电荷，如图 7－1 所示，其结构是在硅衬底上生长单层 SiO_2 层，再在上面沉积一层金属电极（栅极），金属常采用铝。

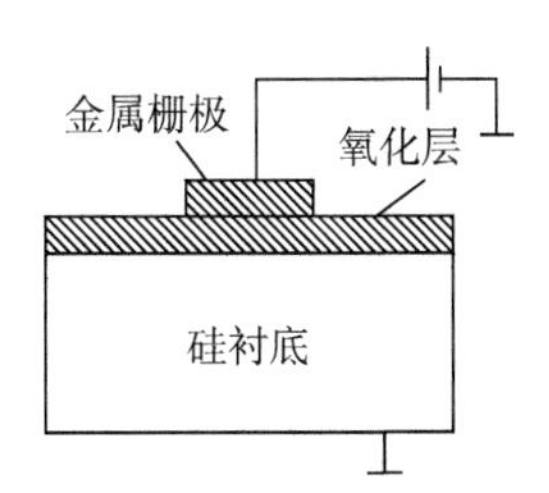

图 7－1　MOS 电容结构示意图

2. CCD 图像传感器的工作原理及分类

与其他成像器件不同，CCD 不是以电流或电压作为信号，而以电荷作为信号来进行存储和传输。当光照射到 CCD 硅片上时，光电转换产生的电荷经由 CCD 存储和转移，最后传输到计算机处理并检测。

CCD 图像传感器主要有两种基本类型，一种是表面沟道 CCD，信号电荷存储在半导体和绝缘体之间的界面且沿着界面转移；另一种是体沟道或埋沟道 CCD，信号电荷存储在距离半导体表面一定深度的半导体内部，并在体内沿着一定方向进行转移。

3. CCD图像传感器的应用

CCD图像传感器具有集成度高、体积小、重量轻、耗电少、启动快、寿命长、可靠性高等优点,常用于固体成像、信号处理、大容量存储器,例如面阵图像成功用于传真及电视摄像等领域,CCD在信号处理方面同样具有优势,在精度要求不高的雷达和通信系统中有着广泛的应用。

但是,CCD图像传感器仍有以下缺点:(1) 为了得到完整的信号,特别是阵列尺寸逐渐增加时,需要准确严格的像元间电荷转移;(2) 不能随机读取图像的信息;(3) 信号处理电路、驱动电路难以与CCD成像阵列单片集成;(4) 复杂的时钟脉冲要求有相对较高工作电压,这与深亚微米超大规模集成技术无法兼容。随着CMOS(Complementary Metal-Oxide-Semiconductor)技术的发展,CMOS图像传感器成为了最具发展潜力、最为引人注目的固体图像传感器。

7.1.2 CMOS图像传感器

1. 发展过程

COMS图像传感器的快速发展是建立在固体图像传感器技术和CMOS技术的基础上的。MOS图像传感器早在COMS和CCD图像传感器诞生之前就已经存在了。20世纪60年代,许多研究机构采用NMOS、PMOS或双极工艺技术研究固体图像传感器,并取得了不同程度的成功。

直到20世纪80年代后期,当CCD在可见光成像领域占据主导的时候,混合式红外焦平面阵列和高能物理粒子/光子极点探测器却没有使用CCD。混合式红外焦平面阵列后来多采用CMOS多路传输器作为信号读出电路。

20世纪90年代,基于成像系统消费的小型化、低损耗和低成本需求,有更多的机构投入了CMOS图像传感器的研究。苏格兰爱丁堡大学和瑞典Linkoping大学的研究人员分别进行了低成本的单芯片成像系统和高性能成像系统的研究开发,其目标是满足NASA(美国太空总署)对高度小型化、低功耗成像系统的需要。他们的研究成果也极大推动了CMOS图像传感器的快速发展。近来,CMOS图像传感器已成为固体图像传感器研究开发的热点。

2. CMOS图像传感器结构

CMOS图像传感器的总体结构可参见图7-2,一般由光敏单元阵列即像元阵列、行列驱动电路、定时和控制电路构成。更高级的CMOS图像传感器还集成有模数转换器(ADC)。该类器件采用单一的5V电源。

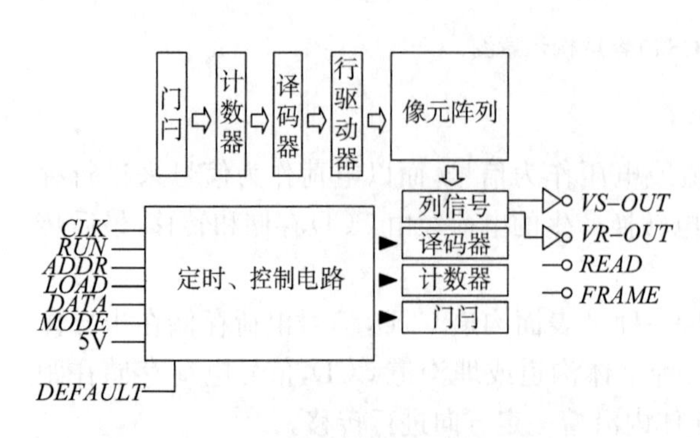

图7-2 CMOS图像传感器结构框图

行选和列选逻辑可以是移位寄存器,也可以是译码器。定时和控制电路可以限制信号读出模式、设定积分时间及控制数据输出率等。模拟信号处理器完成信号积分、放大、取样和保持、相关双取样。数字CMOS图像传感器必须要有ADC,可以是整个成像阵列有一个ADC或几个ADC(每个一种颜色),也可以是成像阵列每列各有一个ADC。光敏单元则将光信号转换为电信号,经信号处理电路处理后，以模拟或数字形式的信号输出。

CMOS图像传感器编程工作，有几种读出模式。整个阵列逐行扫描读出是一种普通的读出模式。窗口读出模式仅读出感兴趣窗口内像元的图像信息。跳跃读出模式是每隔一个(或两个或更多)像元读出一次，这种读出模式允许图像抽样，但用降低分辨率为代价以增加读出速率。将跳跃读出模式与窗口读出模式结合，可实现电子全景摄像、倾斜摄像和可变焦摄像。

3. 像元结构

CMOS图像传感器有两种基本类型，即无源像素传感器(PPS)和有源像素传感器(APS)。

(1) 无源像素结构

无源像素结构自从1967年Weckler首次提出以来，一直没有实质的变化。如图7-3所示，它由一个反向偏置的光电二极管(PD)和一个开关管(PST)构成，没有信号放大作用。当开关管开启，光敏二极管与垂直的列线连通。位于列线末端的电荷积分放大器读出电路保持列线电压为一常数，并减小复位噪声(即KTC噪声)。当光敏二极管存储的信号电荷被读取时，其电压被复位到列线电压水平，与此同时，与光信号成正比的电荷由电荷积分放大器转换为电压输出。

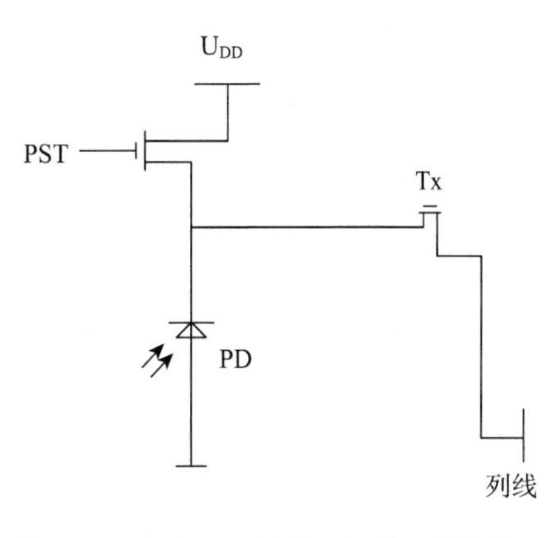

图7-3　光电二极管型无源像素结构图

上述的PPS像元结构简单，在给定的单元尺寸下，有最高的设计填充系数(有效光敏面积与单元面积之比)；或者说在给定的设计填充系数下，可以设计出最小的像元尺寸。但其缺点是读出噪声大(主要是固定图形噪声，一般有250个均方根电子)。由于多路传输线寄生电容及读出速率的限制，PPS难以向大型阵列发展。

(2) 有源像素结构

为了改善像元的性能，在像元内引入缓冲器或者有源放大器即构成了有源像素传感器。由于每个放大器仅在读出期间工作，所以CMOS有源像素传感器的功耗比CCD还小。与无源像素结构相比，有源像素结构的填充系数小，其设计填充系数典型值为20%～30%。但随着CMOS技术的发展，几何设计尺寸日益减小，填充系数不再是限制APS潜在性能的因素。

APS像元主要有光电二极管型(PD-APS)和光栅型(PG-APS)两种结构。

光电二极管型有源像素结构如图7-4所示。每个像元有三个晶体管和一个光电二极管，典型的像元间距为15×最小特征尺寸。源跟随器将电荷信号转换为电压信号，并具有放大作用。

因为光敏面没有多晶硅叠层，光敏二极管型APS量子效率较高，所以它的读出噪声受到复位噪声限制，其典型值为75～100个均方根电子。CMOS光电二极管型APS适用于大多数中低性能应用。

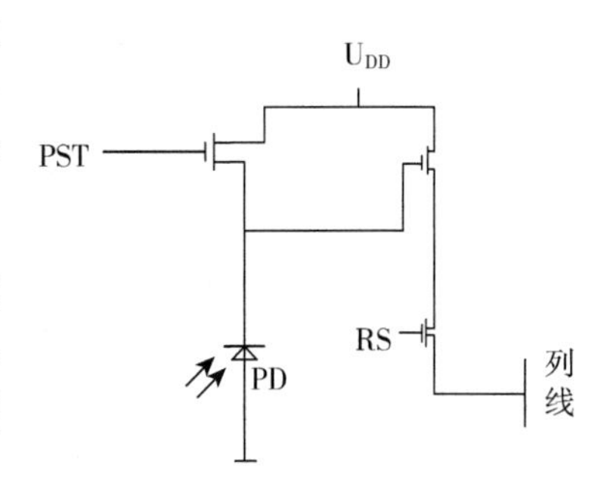

图7-4　光电二极管型有源像素结构图

光栅型有源像素传感器在1993年出现，并被用于高

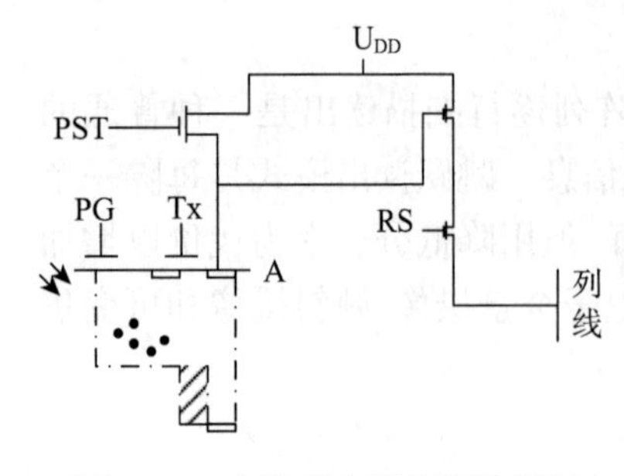

图 7-5　光栅型有源像素结构图

性能科学成像和低光照成像。光栅型有源像素传感器结合了 CCD 和 X-Y 寻址的优点，其结构图如图 7-5 所示，每个像元采用了 5 个晶体管，典型的像元间距为 20× 最小特征尺寸。

设置 T_X 管是为了采用单层多晶硅工艺。光生信号电荷积分光栅(PG)下，T_X 开启前对浮置扩散节点(A)复位(电压为 U_{DD})，然后 T_X 开启，收集在光栅下的信号电荷转移到扩散节点。传感器的输出信号电平是复位电压与信号电压之差，它由源跟随器转变为信号电压输出。

PG-APS 可以设置双△取样(DDS)电路，读出噪声小，可接近 CCD 水平，目前已达到 5 个均方根电子。

另外，APS 还有对数传输像元、平方根传输像元、钉扎光电二极管像元等结构，这些像元结构均可用于专用图像传感器。

4. CMOS 图像传感器的应用

由于 CMOS 图像传感器的独特优点，它已成为 CMOS 数码相机、摄像机、手机等消费类电子器件中的核心光电组件，在以下几个方面的应用前景广阔。

(1) 在个人消费类电子产品领域，CMOS 比 CCD 更节能及集成度更高，更适用于对功耗和小型化要求高的场合。如在手机上装一个 CMOS 数字摄像机就可实现可视通信；CMOS 数码相机摄像机已获得了广泛应用；未来在互动游戏市场也将占有一席之地。

(2) 在通信市场，对图像质量要求不是很高的视频通信如视频 E-mail、可视电话和视频会议的应用正在崛起，因此适宜采用 CMOS 摄像机；将其作为 PC 摄像机装在手提电脑、PDA 或 PC 机上，即可实现视频通信功能。

(3) CMOS 的低成本将会使生物特征识别如指纹识别仪等价格大幅下降，从而扩大其相关应用。

(4) 特别是以 CMOS 摄像机为代表的 CMOS 图像传感器仍有很大的发展空间。由于 CMOS 摄像机可做到纽扣大小，因此可用于保安监视的隐形摄像。CMOS 摄像机将像微控制器一样，在汽车上获得应用。如可设计成汽车自动防撞系统和自动防出轨系统，司机还可以利用动态摄像全方位观察车外的情况，从而大大提高汽车行驶的安全性。在医学领域，心脏外科医生可以借助 CMOS 摄像机在关键时刻监视手术效果。美光公司曾设计"药丸式摄像机"，并成功地将一个超低功耗的微型 CMOS 图像传感器放在一个特别药丸内，病人服下后可让医生清楚地观察胃里的情况，从而更好地对症治疗。

7.1.3　红外焦平面阵列

红外焦平面阵列技术已从第一代线阵列发展到了第二代二维时间延迟与积分(TDI)的扫描和大型凝视焦平面阵列，目前正在向第三代焦平面超高密度集成探测器元(焦平面上探测器像元集成度 $\geqslant 10^6$ 像元、阵列格式$\geqslant$1 K ×1 K)、小像元(25μm ×25μm～18μm ×18μm)、高性能、高可靠性、非制冷、多色工作和军民两用技术的方向发展。

红外焦平面阵列(IRFPA)通常工作在 1～3μm、3～5μm、8～12μm 的红外波段，多用于探测室温(300 K)背景中的目标。IRFPA 的组成结构如图 7-6 所示，主要由二维红外探测器像元矩阵和具有扫描功能的硅基读出电路两部分组成。

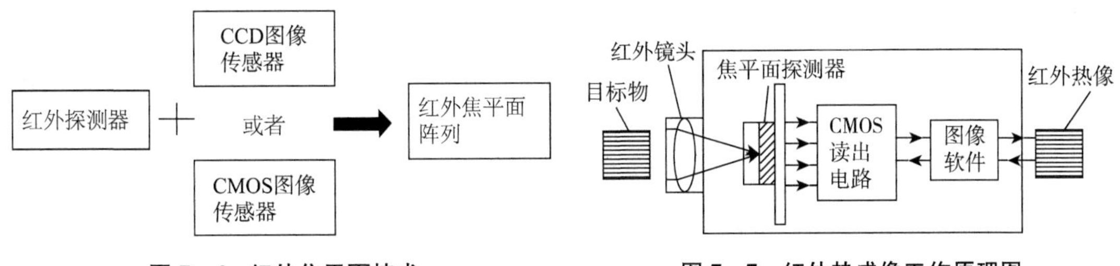

图 7-6　红外焦平面技术

图 7-7　红外热成像工作原理图

红外焦平面阵列是各种成像光谱仪、热像仪、红外相机等仪器中的核心组成部分，在红外跟踪、红外搜索等军事领域以及灾害检测等民用领域有广泛的应用。如图 7-7 是利用红外热像仪对目标隐身进行识别，工作原理为：入射光线经过光学系统成像在焦平面的感光元件上，焦平面阵列中的探测器将接收到的光子转换成电信号，然后通过硅基读出电路（包括积分放大、采样保持和多路传输系统）对电信号进行测量并将其图像输出。

7.1.4　图像增强器

图像增强器是能够把亮度很低的光学图像变为有足够亮度的图像的真空光电管。由于它常常与变像管（把不可见光图像变为可见光图像的真空光电管）一起使用，而且在结构上二者也很相似，所以统称它们为像管。

1. 像管

像管通常有三个基本组成部分，即光电阴极、电子光学系统和荧光屏，如图 7-8 所示。光电阴极使亮度很低的光学图像或不可见的光学图像转换成光电子图像，在超高真空管内，这些光电子从外部高压电源获取能量，并经电子光学透镜聚焦，高速轰击荧光屏，从而产生人眼可见的光学图像。

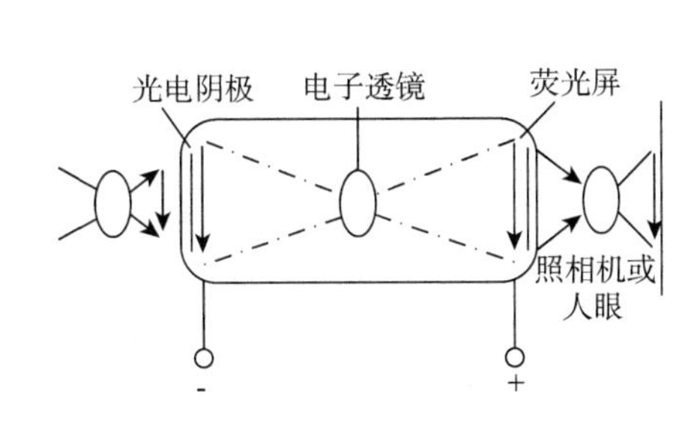

图 7-8　像管结构原理示意图

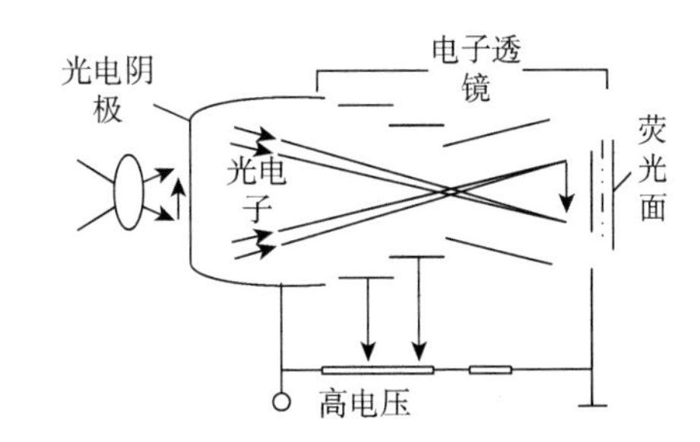

图 7-9　静电聚焦型像管结构示意图

光电阴极，即涂覆于光窗内壁的光电发射材料，其工作原理与光电倍增管和真空摄像管中的光电阴极一样。常用的光电阴极有：锑铯光电阴极、多碱光电阴极等。

电子光学系统有电聚焦和磁聚焦两种形式。图 7-9 所示为经典聚焦型像管的基本结构，其中几个椭圆形的电极形成对光电子进行聚焦和加速的电场，使电子流在荧光屏上呈倒立的像。电聚焦型系统各电极电压之比保持不变时，即使总电压稍有变化，也能保证电子轨迹基本不变，因此，多用电阻分压的方法提供各电极的电压，以减小整个装置的重量和体积。但电聚焦的球面像差较大，画面的中心和边缘的放大率不等，图像有失真。因此，光电阴极多做成曲面状，以补偿电聚焦引起的像差。但曲率大时，焦距又要变小，使边缘部分的分辨率降低。因此,为了解决像差问题,图像增强管多采用光纤面板,使其外侧为平面,内侧为球面。

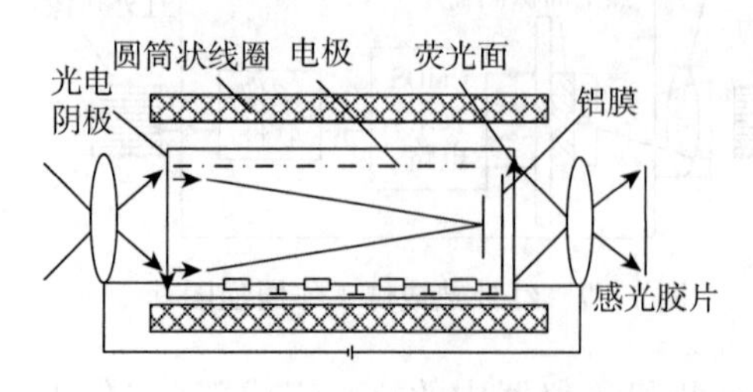

图7-10 电磁聚焦型像管结构示意图

图7-10所示为电磁聚焦型像管的基本结构示意图。其中圆筒形电极用来形成电子透镜和加速电场,管外的线圈使管内产生平行于管轴的磁场,以形成磁透镜。如果光电子偏离于管轴,磁场会使它螺旋状前进。电子每旋一圈所需要的时间与初速度无关,所以,光电面上朝任意方向发射出来的电子,都可以被汇聚到一点。

磁聚焦的优点是聚焦作用强且容易调节,容易保证边缘像差,分辨率高;缺点是管外有长螺旋线和直流激磁等,整个设备的尺寸、重量增加,结构较复杂,故目前多用静电聚焦系统。

2. 微通道板

微通道板(Microchannel Plates,简称MCP)是一种大面积微通道电子倍增器,它由二次电子发射系数较高的含铅玻璃制成。利用微通道板可实现单级高增益图像的增强,它属于第二代像增强器。

微通道板的结构如图7-11所示。微通道板是一块被加工成薄片(0.4至几毫米)的空芯玻璃纤维二维阵列,每个空芯管内经为(6～50)μm,长径比约在40∶1到80∶1之间,薄片端面法线相对于微通道轴心线的偏置角为5～10度。通道内壁覆盖一层高阻值的二次电子发射膜。在微通道板的两端加上数千伏的高直流电压后,在每个微管道内即形成极强的电场。这时,当光敏面发射的电子进入微管道内后,在强电场作用下与管壁多次碰撞。由于通道内壁的高二次电子发射特性(二次发射系数$\delta>1$),使一个输入电子轰击内壁后会产生δ个二次电子,如果这种轰击倍增次数为n,则在输出端会得到δ^n个电子,从而实现电子倍增的作用。一般直流电压为10kV的微通道板,可以得到10^5～10^6的电子增益。

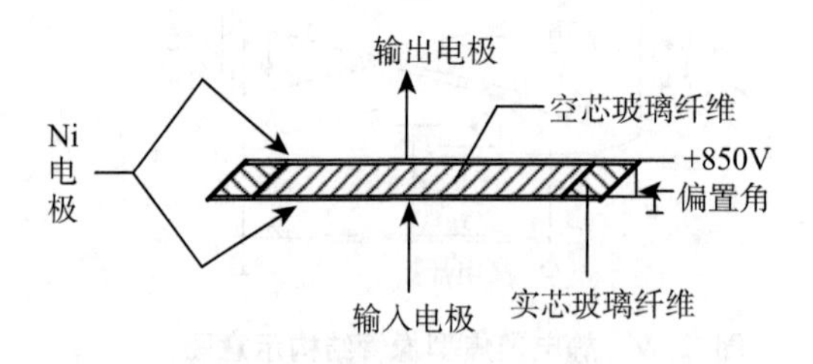

图7-11 微通道板(MCP)结构示意图

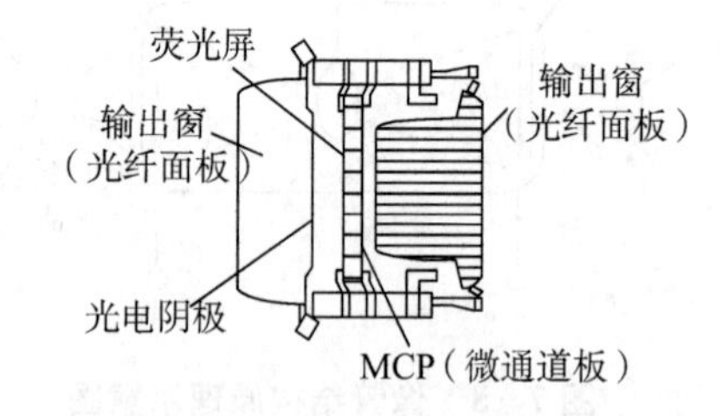

图7-12 双近贴式微通道板像增强器的结构形式

微通道板像增强器主要有两种形式:双近贴式和倒像式。双近贴式微通道板像增强器的结构如图7-12所示。其光电阴极、微通道板、荧光屏相互靠得很近,故称双近贴式。一般光电阴极与微通道板的间距不大于0.1mm,微通道板与荧光屏之间的距离小于0.5mm。由光电阴极发射的光电子在电场作用下,直接打在微通道板的输入端,电子经倍增和加速后,打到荧光屏上,输出图像。这种管子体积小、重量轻、使用方便,但成像质量和分辨率较差。

图7-13所示是倒像式微通道板像增强器的结构示意图。它与单级像增强器十分相似,只是在管内荧光屏前插入微通道板,微通道板的输出端与荧光屏之间仍采用近贴式。光纤面板上的光电阴极发射的光电子图像,经静电透镜聚焦在微通道板上,微通道板将电子图像倍增后,在均匀电场的作用下直接投射到荧光屏上。因为在荧光屏上所成的像相对于光电阴极来说是倒像,故称该管为倒像管。这种像增强器具有较高的分辨率和成像质量。

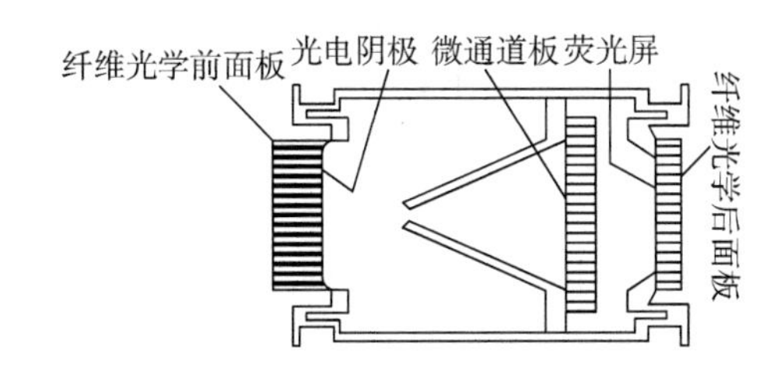

图7-13　倒像式微通道板像增强器的结构示意图

总之,微通道板像增强器的优点是体积小,重量轻,而且由于微通道板的增益与所加偏压有关,因此可以通过调整工作偏压来调整增益。另外,微通道板像增强器有自动放强光的优点,这是因为当微通道板工作在饱和状态时,输入电流在增加而输出仍保持不变,因此,可以保证荧光屏在强光作用下不至于被"灼伤"。

3. 图像增强器与摄像器件的耦合

图像增强器与摄像器件耦合得到的微光摄像机,近年来得到了广泛的应用。微光摄像机所用的图像增强管可以是级联管,也可以是倒像式或近贴式微通道板管。同图像增强管耦合的摄像器件可以是光电导摄像管,也可以是CCD摄像器件。硫化锑摄像管同图像增强器的耦合系数约为0.45,氧化铅摄像管约为0.5。CCD正逐步取代各类光电导摄像管,其峰值响应波长与普通图像增强器的荧光屏的发射光谱较匹配。

因为图像增强管的增益可达$10^4 \sim 10^5$倍,所以与之耦合的摄像器件都可以在微光下工作。但是,高的增益同时却伴随着新的附加噪声,因而使输出信噪比变差。同时,因为多次光电转换和处理,清晰度也会下降,因此不能仅追求图像增强器有过高的增益。在不是极微照度时,采用增益低一些的图像增强管进行耦合,观察效果反而会更好。

图像增强器与CCD的耦合如图7-14所示。用高灵敏度的CCD摄像机来接收图像增强器的末级输出,就组成了高灵敏度、低噪声的微光CCD摄像机。

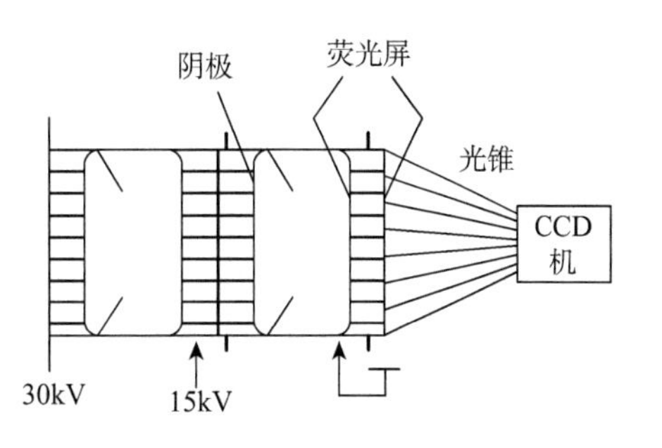

图7-14　二极管增强器用光锥与CCD耦合示意图

7.2　平板显示器件

光电子技术能够将电信号直接转换为光信号,也能在信号的处理、传输过程中将原始信号转换为光信号,如光纤通信系统中可将电信号转换为光信号,然后耦合到光纤中进行传输。能将电信号转换为光信号的器件被称为电光转换器件。下面主要介绍液晶显示器、等离子显示板及投影显示器。

7.2.1 液晶显示

1. 液晶显示(LCD)的原理和特性

(1)液晶

液晶是液态晶体的简称,是由一些特定的有机化合物在一定的温度范围内所呈现的一种中间状态。在这种状态下,该物质从外观看是具有流动性的液体,但同时又是具有光学双折射性的晶体。通常在熔融温度下,物质会从固体转变为透明的液体,但液晶物质却会在熔融温度时首先变为不透明的混浊液体,此后继续升温才会转变为通常的透明液体。

液晶分子的形状一般为细长的棒状或扁平的板状,其排列状态一般如图 7-15 所示。按分子排列方式的不同,液晶可分为层列液晶、向列液晶、胆甾相液晶等几大类。

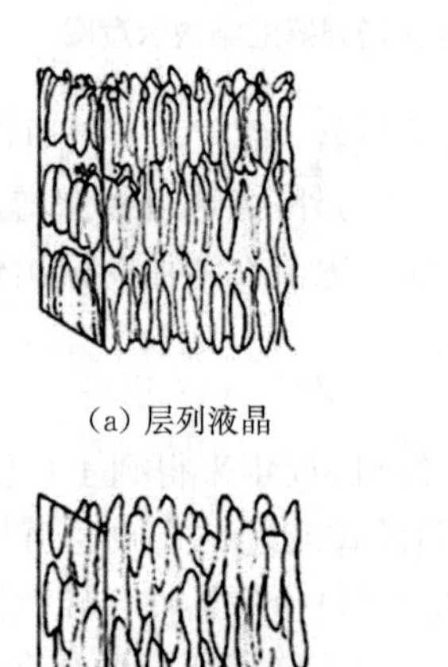

(a) 层列液晶

(b) 向列液晶

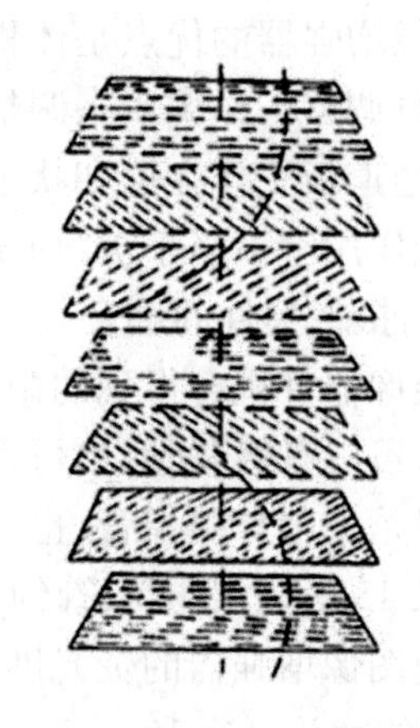

(c) 胆甾相液晶

图 7-15 三种液晶相的分子排列结构

在层列液晶中,棒状的分子并排排列成层状结构,分子相互平行排列,与层面近似垂直。这种排列方式的分子层间结合力较弱,层与层之间易于相互滑动。因此,层列液晶将特别显示出其二维液晶的性质,但与通常的液晶相比,其黏度却要高得多。

在向列液晶中,棒状分子也都是以相同的方式竖直平行排列,但是每个分子在长轴方向可以比较自由地移动,不再存在层面和层状结构。因此,这种结构的流动性较大,黏度较小。

胆甾相液晶与层列液晶同样具有层状结构,分子长轴在层面内与向列液晶相似呈平行排列,但相邻层面间分子长轴的取向方位存在着一定的差别,整个液晶形成螺旋结构。胆甾相液晶的各种光学性质,例如旋光性、选择性光散射、圆偏光二色性等都与这种螺旋结构密切相关。

(2) 液晶的物理性质和光学特征

液晶的物理性质是各向异性的,其折射率 n、介电常数 ε、磁化率 x_m、电导率 σ、黏度 η 等各种物理性质,在沿液晶相分子的长轴方向和与其垂直的方向均不相同,即存在各向异性。正是液晶各向异性的物理性质,再加上液晶分子可以通过施加电场或改变温度等物理手段重新排列,使得液晶具有众多的独特应用。

液晶分子究竟会有多大程度上的有序或单一方向的排列，这在考虑液晶物理性质的各向异性时是非常重要的。设 n 为全体液晶分子长轴择优取向方向的单位矢量，参照图 7 - 16，液晶分子排列的有序取向程度由有序化参数 S 来表征：

$$S=\frac{1}{2}\langle 3\cos^2\theta-1\rangle \tag{7-1}$$

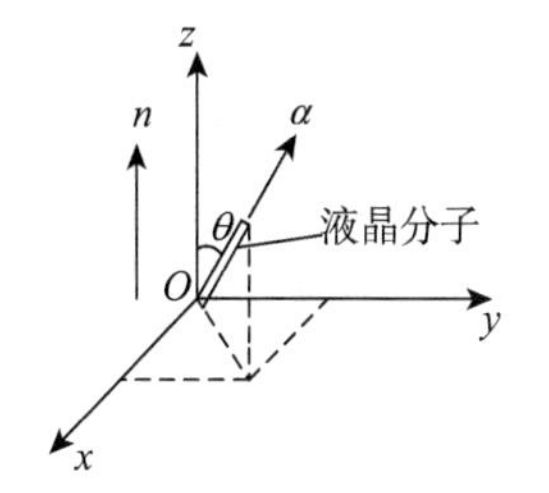

图 7 - 16　液晶取向 n 与分子取向 α 的空间关系

式中，θ 表示液晶分子长轴方向 α 与 n 偏离的角度；$\langle\ \rangle$ 表示在全空间取平均。

各向异性的液晶分子长轴取向完全无序时，$S=0$；所有分子完全平行取向的理想液晶，$S=1$。向列液晶的有序化参数 S 与温度有关，取值在 0.3 ～ 0.8 之间。

液晶具有各向异性的折射率，显示出双折射性。单轴性晶体有两个不相同的折射率 n_o 和 n_e，分别代表电场强度的振动方向相对于晶体光轴呈垂直的寻常光及呈平行的非常光的折射率。

对于向列液晶和层列液晶，液晶取向 n 的方向相当于单轴晶体的光轴，因此，对于与取向 n 分别呈垂直和呈平行关系的振动光的折射率取 $n_{\perp}$、$n_{/\!/}$，则有 $n_o=n_{\perp}$、$n_e=n_{/\!/}$。其折射率 n 的各向异性可由下式给出：

$$Vn=n_e-n_o=n_{/\!/}-n_{\perp} \tag{7-2}$$

向列液晶和层列液晶在三维空间的折射率如图 7 - 17(a)所示，在不同方向上 n_o 表现为球面，而 n_e 表现为旋转椭球面。n_o 通常比 n_e 小，仅在取向 n 的方向时二者才会一致。在通常的情况下 $n_{/\!/}>n_{\perp}$，Δn 是正的，因此，向列液晶和层列液晶都被称为光学正液晶。

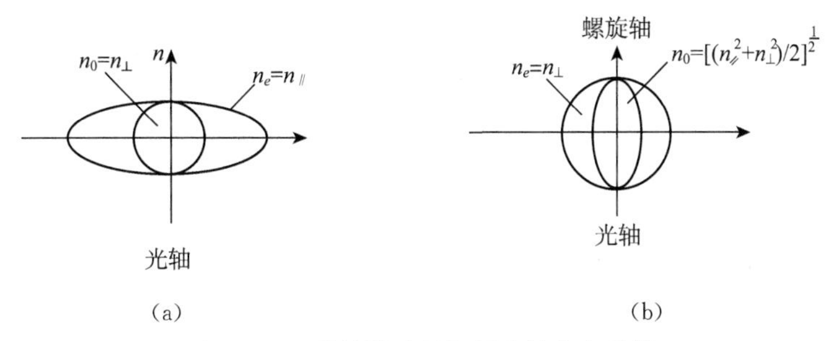

图 7 - 17　单轴性液晶折射率的各向异性

胆甾相液晶与向列液晶和层列液晶均不同，与取向 n 垂直的螺旋轴相当于光轴，其主折射率 n_o 和 n_e 分别为 $n_o=\left[\frac{1}{2}(n_{/\!/}^2+n_{\perp}^2)\right]^{1/2}$ 和 $n_e=n_{\perp}$。胆甾相液晶，也有 $n_{/\!/}>n_{\perp}$，但 $Vn=n_e-n_o<0$。所以，胆甾相液晶被称为光学负液晶。其常光和非常光折射率的空间分布如图 7 - 17(b) 所示。

基于折射率的各向异性，液晶具有以下光学性质，这也是是液晶显示器工作原理的基础。

① 光的行进方向偏向于取向 n(分子长轴) 的方向。这是由于液晶中有 $n_{/\!/}>n_{\perp}$，而光速 $v_{/\!/}$、$v_{\perp}$ 与折射率 $n_{/\!/}$、$n_{\perp}$ 成正比关系，于是，沿 n 方向的 $v_{/\!/}$ 与垂直于 n 方向的 $v_{\perp}$ 相比，

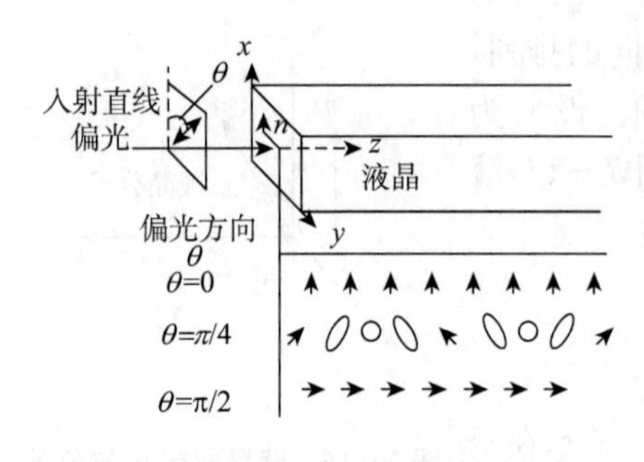

图 7-18　直线偏光入射到液晶中偏光状态及偏光方向的变化

前者更大。

② 偏光的状态及偏光的振动方向会发生变化。

③ 根据入射偏光的左旋或右旋的光学性质，可使其反射或投射。

图 7-18 描述的是，液晶取向 n 与 x 轴方向一致，直线偏光沿 z 轴入射，偏光振动方向相对于 x 轴呈θ角的情况。当$\theta=0$和$\pi/2$时，这种直线偏光的偏光状态完全不发生变化。而当θ在$0\sim\pi/2$间时(如图中的$\theta=\pi/4$)，伴随入射直线偏光向 x 方向行进，其偏光状态将按直线、椭圆、圆、椭圆、直线偏光的顺序依次变化，而直线偏光的振动方向不发生变化。

2. 液晶显示器的工作原理及其基本结构

如果在两片透明电极基板中间充入 10μm 左右厚的向列液晶，形成三明治结构，使液晶分子的长轴在基板间发生 90°连续的扭曲，就可制成扭曲向列(TN)排列的液晶盒。该液晶盒设置的螺旋距远大于可见光波长，当直线偏光垂直入射进入电极基板，在通过液晶盒的过程中其偏光方向将随液晶分子的扭曲发生 90°旋光。因此这种 TN 排列液晶盒可以将平行偏振片的光遮断，而让垂直偏振片的光透过。

对 TN 型液晶盒加电压，当电压值超过阈值电压 V_{th} 时，液晶分子的长轴开始向电场方向倾斜。当施加电压约为 $2V_{th}$ 时，大部分分子的长轴与电场平行同向排列，此时 90°的旋光性能消失。这与没有施加电压的情况正好相反，液晶盒可使平行偏振的光透过，而将垂直偏振片的光遮断。

如图 7-19 所示的 TN 显示原理图可以看到，液晶盒在不施加电压时使光透过，而施加电压时将光遮断，而且这种光的透过或遮断状态是可逆的。目前液晶显示器较多采用的模式就是基于这种 TN 方式，其重要的特点就是在白色的背景下可以显示黑色，在黑色的背景下可以显示白色。

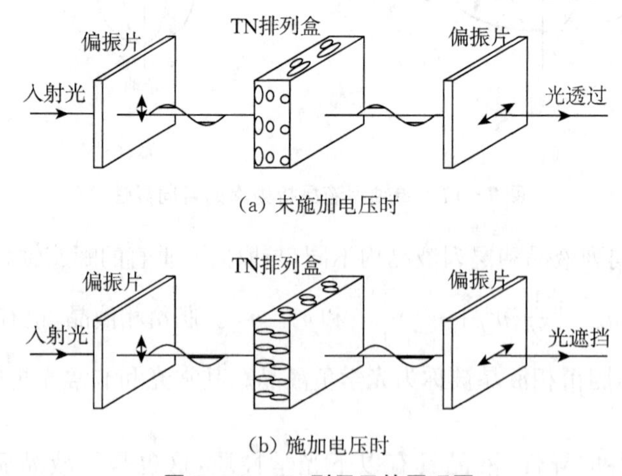

图 7-19　TN 型显示的原理图

和上述的透射式 TN 显示不同，图 7-20 所示为一典型的反射式 TN 型液晶显示器的端面结构图。液晶被灌注在两块玻璃基板构成的约 10μm 高的空间，两基板均涂覆有透明电极和分子取向层。夹层周边被封接材料密封，形成一个结构单元。在结构单元的两个面上贴附层状的偏振片，其中的一个偏振片背面附加一薄反射板。

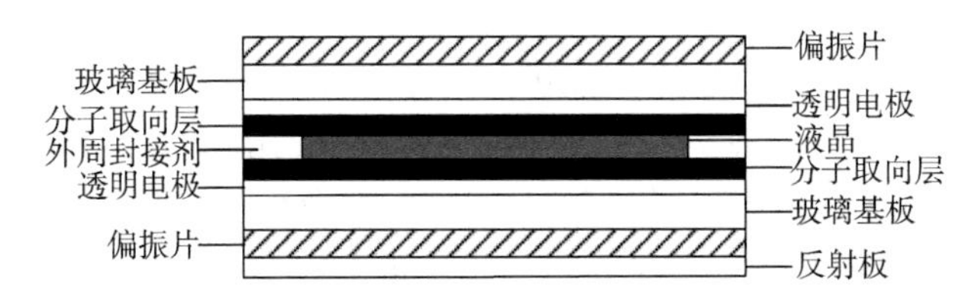

图 7-20　反射式 TN 型液晶显示器的端面结构

投射式液晶显示器需要附加背光源。彩色显示液晶显示器还需要在透明电极与玻璃基板之间增加设置多色滤波器层。

透明电极基板可以采用涂覆有氧化铟和氧化锡透明导电薄膜的玻璃板、塑料片或塑料膜。基板要求透光率在 90%以上，表面电阻从十到数百欧姆，封接材料常用环氧树脂，也可采用玻璃封接剂以提高可靠性。大部分液晶显示器所必需的偏振片多为片状，其透光率为 40%～50%，偏光度一般为 98%左右，往往与光反射板做成一体。

3. 液晶显示器的应用

液晶显示器是现有的各种平面显示板中的主角，主要具有以下优点：

(1) 能耗低，运行功率仅几至几十 $\mu W/cm^2$。它利用普通电池也可以长时间运行，因此应用十分方便。

(2) 低电压运行，可由数十伏的直流电路直接驱动，驱动电路一般较简单。

(3) 显示原件仅为几毫米的薄型结构，但是能满足大型显示(对角线长几十厘米)到小型显示(对角线长几毫米)的需求。特别是小型的显示器可用于便携式显示。

(4) 液晶显示器属于非主动发光型的显示，即使在明亮的环境，显示的信息也十分鲜明和醒目。

(5) 容易实现彩色显示，还可以进行投影显示及组合显示，因此便于显示信息的多样化和显示功能的扩展，容易实现对角线为数米的大面积大型显示。

但是液晶显示器也存在一些缺点，如在比较暗的场所，采用反射方式显示就不够鲜明；在需要鲜明显示及彩色显示的场合，需要背景光；显示对比度与观察方向有关，视角受到限制；响应时间与环境温度有关，在低于－30℃低温下工作质量不能充分保证。

液晶显示器的主要应用有如下几个方面。

(1) 字符显示。这方面的应用与发光二极管相似，可以显示数字、字符及标志等各种简单的信息符号，适用于钟表、仪器仪表及一些家用电器的显示。

(2) 平面显示。液晶显示器已经在彩色电视、计算机显示器、大屏幕显示器等方面，尤其是在便携式电脑显示器得到广泛应用。如果采用柔性的有机材料基板取代刚性的玻璃基板，可以使液晶显示器的器件变得更薄、更轻，不易破碎，可实现弯曲和折叠显示。

(3) 光开关。利用液晶器件对光特定的通过和遮断特性，可将液晶器件作为光开关来使用。在光信息处理系统中，液晶光开光应用较为广泛。在光纤通信系统的光交叉连接设备中，已开发出许多基于液晶器件的光开关矩阵。

7.2.2 等离子体显示板

1. 等离子体显示板(PDP)的工作原理

等离子体显示板是利用气体放电发光进行显示的平面显示板,简单地说可以把这种显示板看成是由大量小型荧光灯排列构成的显示器。在荧光灯的真空玻璃管中充入水银蒸气,施加电压后,发生气体放电,产生等离子体,由等离子体产生的强烈的紫外线辐射到涂覆在玻璃管内壁的荧光体,使其产生可见光。这里所说的等离子体,是指处于电中性状态的正负电荷共存的放电气体。

在等离子体显示板中,有数百万个如日光灯般的微小荧光灯,称为放电胞,其工作原理与结构如图7-21所示。放电胞先被抽成真空,再封入放电气体。放电气体一般采用的是混合的惰性气体,如氖(Ne)和氙(Xe),或氦(He)和氩(Ar)等。放电胞的内壁同样涂覆有荧光体,可以发出红、绿、蓝三原色光。施加电压后,放电胞中发生气体放电,形成等离子体,由等离子体产生的紫外线照射荧光体,产生可见光。由三原色光组合,在视觉上可产生丰富多彩的颜色。

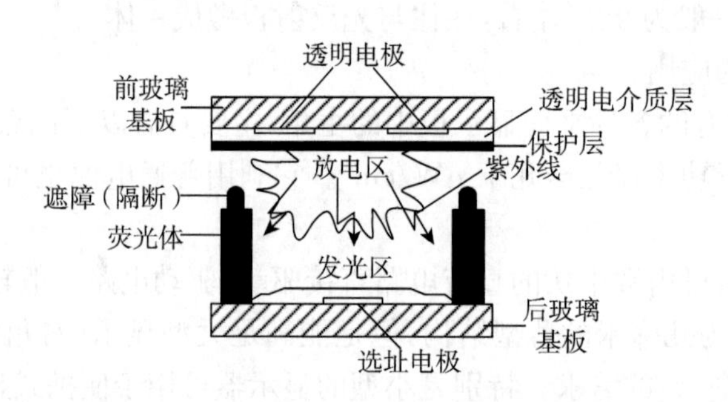

图7-21 放电胞的工作原理

图7-22为等离子体显示板整体结构示意图。用两块玻璃基板上分别形成相互正交的电极,通过在其上施加电压或定时控制,使放电胞放电,产生等离子体发光。其中行电极为扫描电极,在等离子体显示板横向施加电压;列电极为信号电极,在等离子体显示板的纵向施加电压。

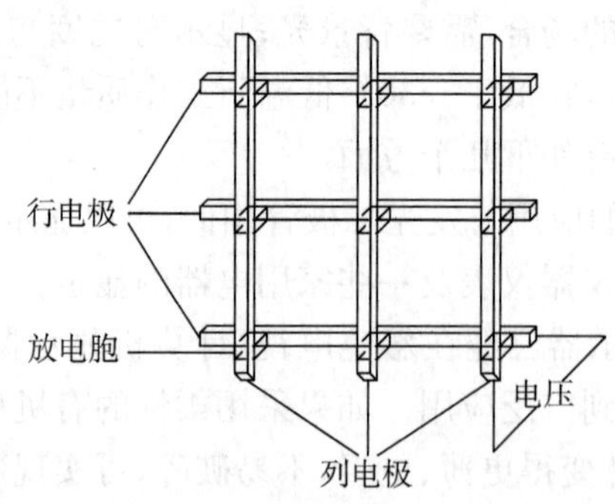

图7-22 等离子体显示板整体结构示意图

等离子体显示板的工作过程如下:设某一瞬间,一侧介电层的表面上积蓄电子,另一侧介电层的表面上积蓄正离子,当施加交变电场时,两侧所积蓄的电子和正离子交替变化。在瞬间带电粒子与放电胞中的中性Ne分子碰撞,发生电离过程,产生新的电子和被碰撞电离

的 Ne^+。这些被激发的 Ne 原子若要跃迁回稳定的低能态，就会发出波长为(570～670)nm 的可见光，并将恢复到中性 Ne 原子状态。若交变电场的周期数增加，则发光的次数增加。此时积蓄的电荷量越多，越有利于稳定电压下的放电。此外，还可以通过施加反向脉冲电场从外部对积蓄的电荷量进行控制。

2. 等离子体显示板的特性和应用

根据显示板结构，交流型等离子体显示板可分为投射型与反射性两种。在投射型结构中，荧光是从后玻璃基板侧射出来的，观者是从后玻璃基板一侧观看画面；而在反射型结构的等离子体显示板中，荧光是从前玻璃基板侧射出来的，观者从前玻璃基板一侧观看画面，这样的模式可增加荧光粉的涂敷量，在直视荧光体发光的情况下画面亮度较高，视角较大。

根据驱动电流的方式，等离子体显示板还可分为交流(AC)型与直流(DC)型两种，目前彩色电视较多使用的是交流型等离子体显示板。在交流等离子体显示板中，最典型的是三电极表面放电型结构。前玻璃基板上有供放电用的透明电极，正对着透明电极稍下方是发生气体放电的部位。为了降低透明电极的线电阻，在透明电极上设有汇流电极。电极内侧覆有透明介电层和为保护电极所覆的 MgO 保护层。

在后玻璃基板上有写入用的选址电极，在此电极上涂有白色的介电层，作隔离和反射用。再在其上设置条状障壁阵列，这个障壁的作用既可分隔放电空间，又可作防光串扰之用。为了实现可见光发光及彩色化，整个放电空间的内侧按一定规律涂上红、绿、蓝三原色荧光粉。

以低熔点玻璃作为密封材料将前玻璃基板与后玻璃基板贴合在一起，抽成真空后充入 Ne－Xe 等混合气体，再连接上驱动 IC 等模块组件，就构成三电极交流等离子体显示板，其结构示意图如图 7－23 所示。

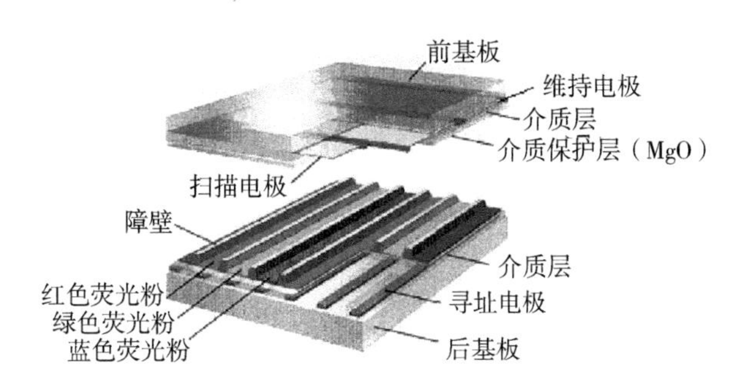

图 7－23　表面放电型彩色交流等离子体显示板结构示意图

彩色等离子体显示板是主动发光器件，其亮度与各个像素的发光时间成正比。等离子体显示板可以以刷新或存储的方式工作。刷新工作方式是在一行显示单元被按顺序点亮时前面各行已不再发光，这样显示板的平均亮度随着显示板行数增加而成比例下降，因此，刷新方式只适于扫描行数少于 100 行的中小容量显示板。当显示容量增加时，只能采用存储工作方式，这时，这一行显示单元被写入时，其他行的显示信号仍被保持，单元在一帧时间内持续发光，显示板的亮度比刷新方式高得多。由于采用行距阵平面的行顺序驱动时随着扫面线数的增加亮度会下降，在较多的情况下大都采用存储式驱动来增加实际的发光时间，以实现高亮度。

存储式驱动方式，主要由写入、发光维持及擦除三部分组成。驱动集成电路的作用是给彩色等离子体显示板施加定时的、周期的脉冲电压和电流。随着驱动电路的变化，在电极表面的介电层上会周期性地积累和释放电荷，实现对发光和存储功能的作用。

等离子体显示板放电单元具有双稳态工作特性,它只能处于点亮或熄灭两种状态之一,因此,等离子体显示板一般采用时间调制技术实现有灰度层次的图像显示。放电单元的时间调制技术通常采用"子场扫描法",如图7-24所示。为了实现有16级灰度的显示,将一帧时间分成4个子场,每个子场都由写入、维持和熄火脉冲组成,写入脉冲使放电单元发光,而4个子场的维持脉冲数各不相同,脉冲数与1、2、4、8之比成比例,如K子场的发光时间是K+1子场发光时间的一半,单元相应的平均亮度也减半。这样,当在帧周期内选用不同子场波形驱动时,单元发光时间长短有别,一帧时间内被寻址4次,由4个子场组合可得2^4即16种不同的发光时间,对应单元有16种不同的平均亮度。同样如一帧周期内包含8个子场,它们具有的维持脉冲数与1、2、4、8、16、32、64、128之比成正比,用这种波形扫描显示单元可得到256阶灰度的图像显示。

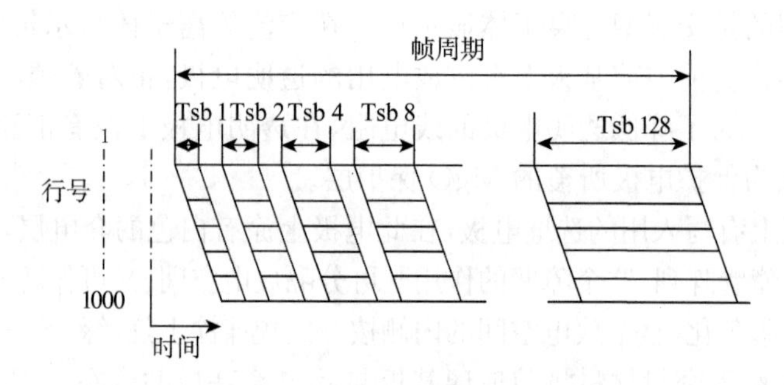

图7-24 子场扫描法实现灰度显示

与其他显示器比较,等离子体显示板有以下优点:

① 利用气体放电发光,与液晶显示器比较为自发光型,即主动发光型显示。

② 其放电间隙为(0.1～0.3)mm,与阴极射线管显像管相比便于实现薄型化。

③ 使用荧光粉可以实现彩色发光,与液晶显示器相比容易实现多色化、全色化。

④ 易实现大画面平面显示。

其缺点如下:

① 功耗大,不便于采用电池电源。

② 与液晶显示器相比,彩色发光效率低。

③ 驱动电压高。

基于上述特点,等离子体显示板适合应用于高清晰度电视、大画面电视、计算机显示器、壁挂式显示器、室外大型广告牌等方面。

3. 荫罩式彩色等离子体显示器(SMPDP)

针对表面放电结构PDP在显示质量、发光效率、成本和功耗等方面存在的问题,东南大学提出了新型荫罩式全彩色PDP方案,其结构如图7-25所示。这种结构具有生产成本低、生产效率高和显示性能好的优点。

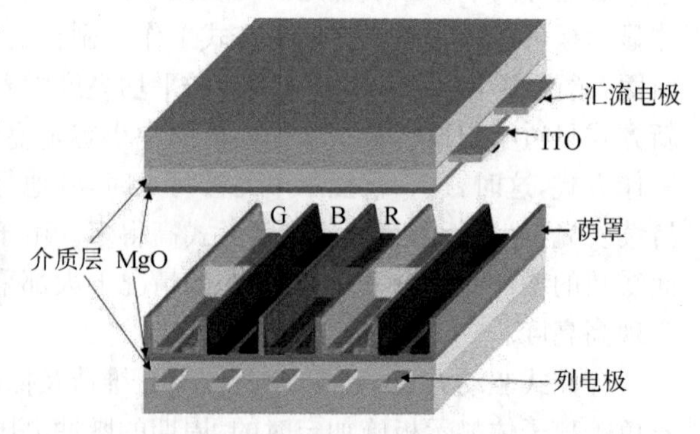

图7-25 荫罩式PDP结构示意图

荫罩式PDP由前基板、荫罩和后基板三部分组成。其中,采用CRT中的金属荫罩代替制作工艺难度高的介质障壁,降低了成本,提高了器件的均匀性。荫罩本身起到障壁结构的作用,能防止象素各方向之间的光干扰,有利于提高分辨率特别是行分辨率。荫罩的放电单元是金属的,具有尖锐的边界,有利于形成放电局部电场,因此点火电压较低。而如果是介质障壁,则无法获得局部强电场,而且介质放电单元很难做到均匀点火,因此只能用较高的点火电压才能使全屏点亮。

荫罩的网孔为碗状,与前基板的接触面积很小,这既可以保障荫罩本身的强度,还可以保证前基板的强度,还能最大限度地增加等离子显示屏的有效发光面积和视角。此外,荫罩式 PDP 采用比较简单而成熟的金属加工技术制造,适合大批量生产,从而可以大大提高生产效率和成品率,降低生产成本。由此可以看出,SMPDP 在制造工艺和工作特性等方面较传统的表面放电式 PDP 具有明显的优势。

7.3 光存储器件

随着信息时代的网络、通讯等飞速发展,大数据的快速处理和有效存储变得越来越重要。据统计,科技文献的数量大约每 7 年增加一倍,而一般的情报资料则以每(2～3)年翻一番的速度增加。大量资料的存储、分析、检索和传播,均迫切需要高密度、大容量的存储介质和管理系统。20 世纪 70 年代,以光盘为代表的光存储技术应运而生。光存储技术凝聚了现代光子技术的精华,检测、调制、跟踪、控制等各种光电方法均得到了应用。可以说光盘存储,尤其是可擦除重写光盘的出现,给信息处理和存储带来了一次新的革命。

7.3.1 光存储器概述

1. 光存储器的发展

信息时代的来临伴随着信息量的快速增长。人们需要处理的不仅包括传统的数据、文字、声音、图像,还有活动的图像和高清晰的图像。这些媒介的大信息量在数字化后更要占用巨大的存储空间,光学存储技术以其极大的存储容量和低廉的存储价格,成为信息存储界新的选择方案。光盘存储技术综合了高密度磁带的巨大存储容量和磁盘的快速随机检索的优点,并具有离线存储等一系列独特的优良性能,目前被视为是一种重要的数据存储技术。

早在 1955 年,就出现了光盘存储器的设想。由于当时技术水平的限制,特别是受到光源的限制,光学存储的研究和开发工作直到 20 世纪 60 年代激光发明之后才有了大的发展。

20 世纪 60 年代,美国、荷兰、日本开始在实验室进行电视录像盘的研究;70 年代,该技术趋于成熟,70 年代末 80 年代初,光盘存储和播放系统开始进入市场。

在开始研制电视录像盘之后不久,一些公司已着手研究如何把光学存储技术应用于声频记录。1977 年,日本三菱电机公司在光盘上记录了用脉冲编码调制(PCM)的声频信号,生产了动态范围在 90dB 以上的超高保真度声频唱片系统。1978 年,PHILIPS 公司推出了直径为 120mm 的小型数字声频唱片,之后随即成为唱片的主流;1982 年确立了直径为 120mm、厚度为 1.2mm 的小型数字唱片的标准(Compact Disk,CD)。随后,开始在市场上出售 CD 唱片和 CD 播放机。从此,CD 系列的各种新功能的光盘系统不断出现。

同时,光盘存储技术已成为计算机外部存储的一个主要选择,它向磁存储技术提出挑战,并且在许多新的应用领域展示了强大的生命力。

20 世纪 90 年代,CD 系列光盘和磁光盘大量涌现。20 世纪 90 年代中期,建立了统一的 DVD 标准,DVD 光盘迅速发展成为第二代光存储媒介并迅速普及。在 2000 年,日本启用数字卫星广播,揭开了高清晰电视时代,使得对具有更大信息存储量媒介的需求愈发迫切。而同一时期,GaN 半导体激光器技术的成熟为更高密度的存储提供了技术基础。2002 年,东芝和索尼相继推出了使用波长为 405nm 的 GaN 激光器作为读写工具的蓝光存储技术,即 HD DVD 和蓝光光盘(Blu-Ray Disk,BD),极大提高了光盘的存储密度和存储容量。

2. 光盘的类型

光学存储技术与磁存储技术一样,有一系列结构形式,以满足用户的不同要求。根据性能和用途,光盘存储器大致可以分为以下三种类型:只读式、只写一次式、可擦式。这些类型的系统结构十分相似,都是将激光聚焦在旋转的光盘表面上,通过检测从盘面反射的光的强弱,以读出记录的信息。

只读式光盘系统已实现商品化生产,LD、CD、CD-ROM、VCD、DVD-ROM 等就是最好的应用。它们是用金属母盘模压复制出来的,盘上的数据是用一系列被压制在透明塑料衬底上的凹坑来表示的。模压复制光盘的优点是生产成本很低,但是其最大的缺点是只能读不能写。由于只读式光盘的存储容量适中,制作成本低,因此它是发行多媒体节目的优选载体。目前,大量的文献资料、视听教材、教育节目、影视节目、游戏、图书、计算机软件等都通过它来发行。

只写一次式光盘是用会聚的激光束,使材料的形状发生永久性变化而记录数据的,所以是记录后不能在原址重新写入的不可逆记录系统。这种一次写入多次读出的技术,与只读式光盘的不同之处在于,可由用户将数据直接写入光盘,这就消除了母盘制造过程。

1991 年 PHILIPS 公司制定了只写一次的 CD-R 的光盘标准,满足用户自己制作 CD-ROM、CD-DA、VCD 光盘的要求。CD-R(CD Recordable)意为可记录 CD,中文简称刻录机。CD-R 的外观结构及尺寸与 CD-ROM 驱动器基本相同,在大于平常读出功率的激光作用下,就可在光盘的记录层上“写入”可用光学方法读出的结果,从而实现数据存储。因此,刻录机不仅可以刻录 CD-R 光盘,而且还可以被当作 CD-ROM 驱动器来使用。CD-R 光盘只允许写一次,因此刻好的 CD-R 光盘无法被改写,但是可以像 CD-ROM 盘片一样,在 CD-ROM 驱动器和 CD-R 刻录机上被反复读取。

CD-R 光盘由于其染料层所使用的材料不同,可显示出绿、金、蓝三种不同的颜色。人们通常将这三种 CD-R 光盘分别称为“绿盘”、“金盘”和“蓝盘”。由于制作材料与普通的 CD-ROM 盘片不同,所以 CD-R 不适合大批量制作。但在少量制作时,CD-R 可省去传统工艺中制作母盘等额外开销,成本低;可以不必一次把盘全部写满;CD-R 光盘上的数据无法被修改,具有极高的安全性,因此,CD-R 在银行、证券、保险、法律和医疗领域,以及档案馆、图书馆、出版社、政府机关和军事部门的信息存储、管理及传递中获得了极为广泛的应用。

可擦式光盘存储器是可以写入、擦除、重写的可逆型记录系统。它利用激光照射引起介质的可逆性物理变化而进行记录。目前,主要有磁光记录和相变记录两种类型。

磁光型是利用激光与磁场共同作用的结果来记录信息的,是磁技术和光技术相结合的产物。它用来记录信息的介质与软磁盘相似,但其信息记录密度和容量却比软磁盘高得多。

相变型光盘仅用光学技术来读/写,所以读/写光头比磁光盘的简单,存取时间也可以缩短。

3. 光存储的特点

与磁存储技术相比,光盘存储技术具有以下特点:

① 存储密度高。由于使用相干性好的激光作为光源,可把光聚焦成直径约 1μm 的光点进行记录,存储一位信息所需的介质面积仅约为 1μm^2,因而,记录密度可高达(10^7～

10^8)bit/cm^2，是普通磁盘的(10～100)倍，特别是道密度更远非磁盘可比，光盘因而具有更大的存储容量。

② 非接触式读/写信息。这是光盘存储器所具有的独特性能。读/写光点是用透镜将激光束聚焦而成，透镜、聚焦光点与光盘之间的相互关系如图7-26所示。光盘机中光头与光盘间距有(1～2)mm，光头不会磨损或划伤盘面，因此光盘可以自由更换；光盘外表面上的灰尘颗粒与划伤，对记录信息的影响很小。高密度的磁盘机，由于磁头飞行高度(几十nm)的限制，较难更换磁盘。

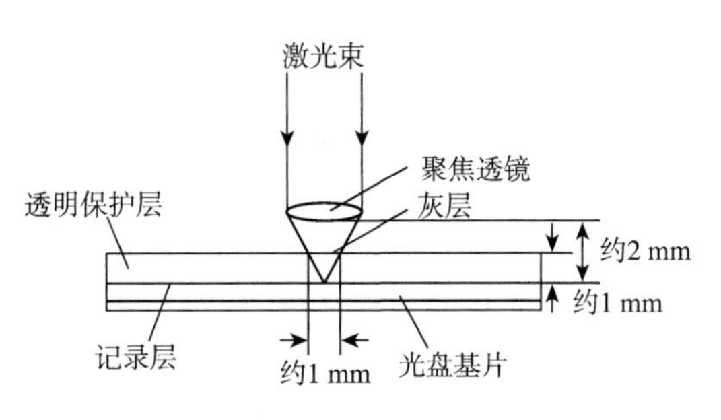

图7-26　透镜、聚焦光点与光盘的相对位置

③ 存储寿命长。只要光盘存储介质稳定，一般寿命在10年以上，而磁存储的信息一般只能保存(3～5)年。

④ 信息的信噪比高。光盘的信噪比一般可达到50dB以上，而且经过多次读/写不降低。因此，光盘多次读出的音质和图像的清晰度是磁带和磁盘无法比拟的。

⑤ 信息位价格低。由于光盘的存储密度高，而且只读式的光盘可以大量复制，所以它的信息位价格比磁记录低几十倍。

当然，光盘存储技术目前还有他的不足之处。光学读写头(也称光头)无论体积还是重量，都比磁头要大，这影响了光盘的寻址速度，从而影响其记录速度。一般地，光盘的读/写速度比磁盘的还低。光盘的记录密度较高，基本存储单元每位只占约1μm^2的面积，盘片上极小的缺陷或针孔也会引起错误，因而，光盘的原始误码率高，必须采取误码校正措施。

4. 光盘的特性参数

用来衡量光盘存储器的特征和性能的主要参数和指标有：

① 光盘类型：只读式、只写一次式、可擦式。

② 光盘直径：在一定程度上，它会相应地决定光盘机的大小、规模和用途。

③ 存储密度：指在存储介质的单位长度或单位面积内所能存储的二进制数据的位数。光盘的线密度一般可达1000bit/mm，道密度一般为600道/mm，面密度可达(10^7～10^8)bit/cm^2。

④ 存储容量：指可存储在光盘中数据的总量，通常以二进制数的位数、字节数等数据单位表示。

⑤ 数据传输速率：单位时间内从数据源传送到光盘的二进制数的位数或字节数，一般可达(20～50)Mb/s。采用多路传输时，可大大提高数据速率。

⑥ 存取时间：把信息写入光盘或从光盘上读出信息所用的时间。

⑦ 信噪比：信号电平与噪声电平之比，以dB表示。

⑧ 误码率：从光盘上读出信息时，出现差错的位数与读出的总位数之比。

⑨ 存储每位信息的价格：即价格/位，决定着一种存储器的经济效益和性能价格比，是竞争中能否取胜的一个重要因素。

从技术发展的趋势来看，信息存储正沿着磁存储向全光存储的方向发展。可以预测，今后几年内，磁存储和光盘存储仍为高密度信息存储的主要手段。

7.3.2 光盘存储器的工作原理

1. 光盘驱动器的结构

光盘驱动器将所有光学、电气和机械部件组合到一起,形成一个有机的整体,以完成与写入、读出数据有关的基本功能,并实现自检操作。图7-27为光盘数据存储系统的工作原理图。从中可以看出,系统的功能部件包括以下部分:

① 激光光源和光学系统,可实现数据写入光盘或从其中读出数据的功能。

② 检测和校正读、写光点与数据光道之间的定位误差的光电系统。通过光检测器产生聚焦伺服与跟踪伺服信号,根据这些信号控制聚焦透镜,在光盘的半径方向上移动聚焦透镜或使跟踪反射镜偏转,即可相应地实现聚焦和跟踪,把激光聚焦在光盘的记录层上,使光点中心与信道中心相吻合。

③ 检测和读出数据的光电系统。通过数据光检测器产生数据信号,在记录过程中产生对凹坑的监测信号。

④ 移动光头的机构。光头放置在平台或小车上,与直线电机连接,以便在径向读/写数据,校正光盘的偏心。

⑤ 写/读数据通道中的编/译码电路,以及误差检验与校正电路。

⑥ 光盘,即数据存储介质。

⑦ 光盘旋转机构。由直流电机转动光盘,通过旋转译码器产生伺服信号,控制光盘的转速,以便进行读/写操作。

⑧ 光盘机的电子线路,包括控制所有运动机构的伺服电路,和把数据传送到光盘以及从光盘上输出数据的通道电路。

在上述光盘驱动器的结构中,光头是最关键的部件。光盘光头相当于磁盘驱动器的磁头,是信息读出和写入的通道。根据用途和功能,对光头有不同的要求。只读式光盘所用光头追求的重点是小型化和低价格。一次写入式和可擦式光盘的光头,在用于数据存储时,要求能高速传送读取数据,因此希望光头重量轻、厚度薄。对于可擦式光盘来说,还要求能制成各种复杂且稳定的光学系统。因此有不同的实现方法,如使光学零件集成化、全息元件化,以减小零件数量;采用分离型光学系统,争取实现薄膜整体化光头等。就结构来看,光头可分为如下几种:

(1) 普通光头

如图7-27所示,光头由半导体激光器、准直物镜、分束棱镜、聚焦物镜和误差探测光学系统组成。由于光头各部件均由较大的研磨光学元件组成,体积和重量都较大,所以严重影响寻址速度。这是最初采用的且比较成熟的一种光头。

(2) 分离式光头

分离式光头中,为了减少光头可移动部分的重量,把聚焦物镜和跟踪反射镜与光头其他部分分离开来。光源、分束系统和探测光路固定不动,两者之间通过精密导轨实现光能的耦合。这样就可以使可动光头的重量减轻,提高光头的飞行速度,有利于快速存/取的实现。

(3) 光纤光头

其原理和分离式光头相同,也是设法把物镜和其他部分分离开来,但两者之间的光能耦合用光纤来实现,光纤的柔性可降低对机械精度的要求,但是光纤的光能耦合效率较低,从而,对光源的输出功率有更高的要求。

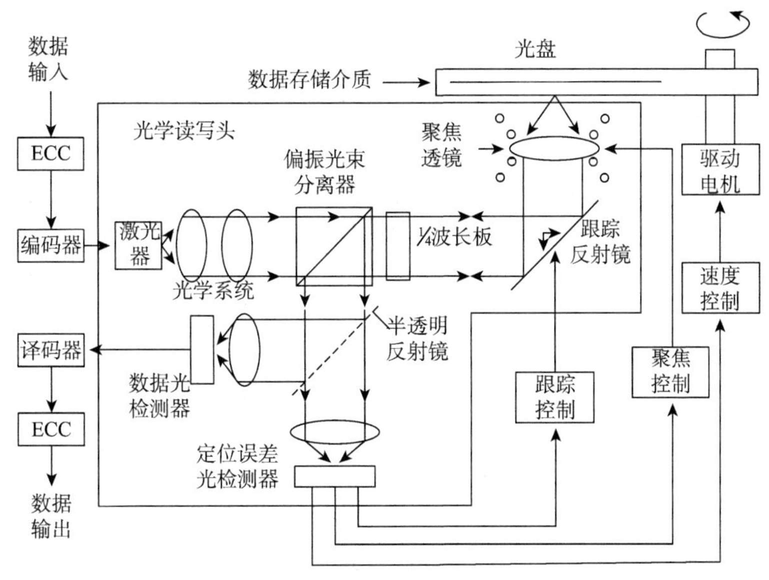

图 7－27　光盘数据存储系统工作原理图

（4）全息光头

普通光头由体积和重量较大的研磨光学元件组成，这不利于实现小型化和轻量化。而分离式光头和光纤光头都同样存在能量耦合的困难。利用全息元件制成的新型光头为全息光头。全息元件是一种集分束、焦点误差检测和跟踪误差检测三种功能于一体的复合功能元件，并且不受光源波长变化的影响。全息元件的应用大大简化了光头结构，降低了光头重量，被视为是采用传统光学元件以来的一次革命。

（5）集成光头

集成光头，是一种由分束光栅和抛物面形波导镜面组成的集成光头。它将从光源到检测、分束、会聚等功能系统都集成到一块基片上，整个光头成为一个模块，大幅度地降低了光头的重量和体积，同时提高了可靠性。

光盘存储系统数据通路如图 7－28 所示。用户数据通过接口被送进输入缓冲器，接着以子块的字符组形成进入记录格式器。每个子块要通过错误检测与校正编码器，加入奇偶校验位，以便随后读出时进行纠错保护。记录格式器将地址块编组成若干字节的面向用户的数据块，这就是读出时可随机检索的最小数据单元。

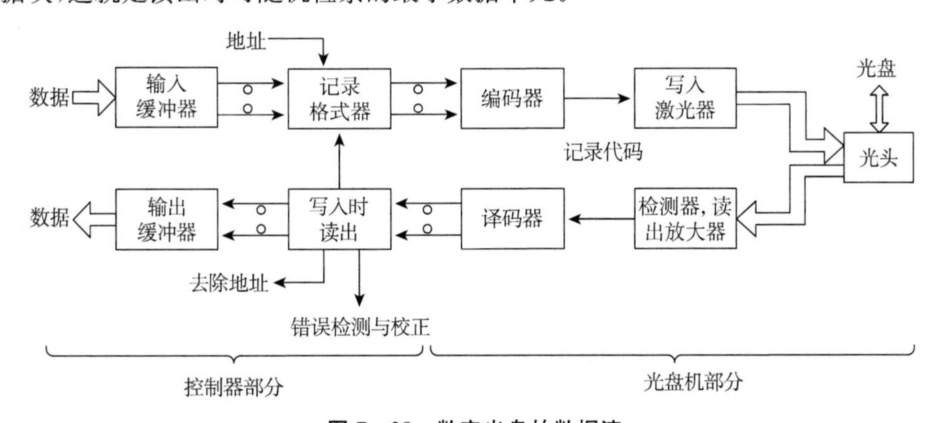

图 7－28　数字光盘的数据流

格式化数据从记录格式器被送到光盘存储器的记录电路,该电路将数据编成记录代码,并加上特殊的同步信号,以便在读出时识别子块和地址块的起始位置。经过格式化和编码的数据从记录电路被送往光头,通过光头把数据记录到光盘上或自光盘上读出数据。

读出电路检测并解调光盘的反射光,并将信号送至控制部件的读出格式器。后者校正数据中的任何错误,除去记录时所加的用于识别信道的地址信息,并重新组织位序列,使之与输入到记录格式器的序列一致。最终的读出数据被送到输出缓冲器,缓冲器按要求的数据速率将数据传送给用户。

2. 光盘的读/写原理

光盘读写原理如下:利用激光的单色性和相干性,把光束聚焦成直径为1μm左右的微小光点,使能量高度集中,在光存储介质上产生物理或化学变化以记录数据;用微小的激光光点在光存储介质上扫描,根据反射光的变化读出记录的数据。

如图7-27所示,在采用半导体激光器作为光源的情况下,为了记录输入的数据,信号首先要通过误差检测与校正电路和编码电路,直接调制半导体激光器的输出。经过调制的高强度激光束经由光学系统会聚、平行校正,通过跟踪反射镜被导向聚焦透镜。透镜被安装在音圈马达内,数值孔径在0.45~0.65之间。透镜将调制过的待记录光束聚焦成直径约为1μm的光点,且正好落在存储介质的平面上。当高强度写入光点通过存储介质时,有一定宽度和间隔的记录光脉冲就在介质上形成一连串的物理标志,它们是相对于周围的背景在光学上能显示出反差的微小区别,如表面上的黑色线状单元或凹坑。若在光盘旋转过程中,载有光头的小车做匀速直线运动,那么这些物理标志即形成等间距的螺旋线信道。在最简单的情况下,存储介质是金属薄膜介质,此时,上述物理标志就是金属薄膜上被溶化了的或烧蚀掉的微米大小的凹坑。

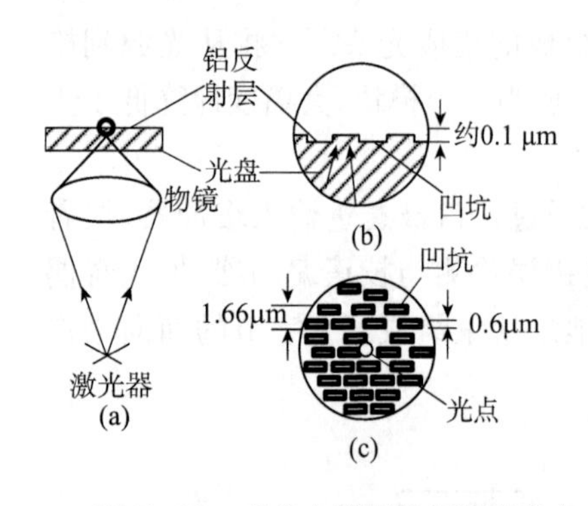

图7-29 光盘上的凹坑与读出光点

记录的凹坑如图7-29所示。“好的”凹坑具有清晰的、界限分明的边缘,其长度等于光脉冲宽度乘以介质的扫描速度。但不管凹坑的长度如何,其宽度皆均匀一致。高质量的凹坑在读出时能产生高的信噪比。而当凹坑的边沿模糊,或其长、宽明显失真时,读出信号时就会产生噪声或误码。写入时如记录光点散焦,就会产生这样的问题。如果是数字记录,凹坑的有无相应地代表1和0;如果是模拟记录,凹坑的长度和间隔则代表记录信息。凹坑的深度约为激光波长的1/4。

为了读出存储的数据,在半导体激光器上施加一较低的直流电压,产生较小功率的连续波输出。读出光束的功率必须小于存储介质的记录阈值,以免破坏盘面上原已写入的信息。读出光束同样要经过光学系统,最后在存储介质面上聚焦成微米大小的读出光点。根据光道上有无光学标志,读出的反射光强度受到相应的调制。被调制的反射光由聚焦透镜收集,经由跟踪反射镜导向1/4波长板和偏振光束分离器。由于半导体激光器的输出是平面偏振光束,因而,把1/4波长板和偏振光束分离器组合在一起,就能把反射回来的读出光束分离出来,并把它导至光检测元件。用一个半透明反射镜,可把反射的读出光束在数据光检测器和定位误差光检测器之间分离开来。如果将这两个光检测器合二为一,也就不需要用到半透明反射镜。

读出光束入射到光道上，如果没有凹坑则被反射，其中大部分返回到物镜；如有凹坑，则从凹坑反射回来的激光与从凹坑周围反射回来的激光相比，二者光路长度相差 1/2 波长，因而相互干涉相消，光检测器的输出减小到没有凹坑时的 1/10，因此反射光的强度依有无凹坑而变化，从而可以读出光盘上记录的信号。光检测器将介质上反射光的强弱变化转变为电信号，经过数据检测、译码、误差检验和校正电路，即可把读出的数据送至光盘存储系统。每当在存储媒体的光道上遇到反射率急剧变化时，数据光检测器即输出电压峰值，这就是从凹坑上读出信号的特征。

3. 光盘的格式

光盘存储数据的格式与磁盘相似。沿光盘的半径方向分为若干条光道，每条光道沿圆周方向分成若干个扇区，每个扇区又分为标题区和数据区，其中附有误差检测和校正码，用以检测与校正错误。一条光道划分为多少个扇区，一个扇区内有几个数据区，或数据区内有多少字节，均随光盘系统而异。

在光盘上存储信息，有角速度恒定和线速度恒定等方式，它们都是从最内侧信道开始记录的。

在线速度恒定的方式中，由于整个盘面上记录的数据面密度恒定，所以存储容量得到了最佳利用。这意味着，外侧半径上的光道比内侧能容纳更大的信息量。在从内侧到外侧半径扫描信息的过程中，对应光盘的旋转速度减小，以便相对于读出光点保持恒定的速率。

在角速度恒定的方式中，光盘的旋转速度保持恒定而与半径无关，每条光道所存储的信息量相同。角速度恒定方式控制简单，便于随机存取数据。

此外，还有一种改进型恒线速度方式。这种方式沿光盘径向每隔一定数量光道就改变一次光盘的转速，使每条光道包括整数个扇区，这样可以保持线速度基本恒定，既增加了容量，又可以有角速度恒定随机读写的扇区布局。

4. 光盘的制作

下面以 CD 加工为例介绍只读光盘的制作过程，其他系列只读光盘的制作流程基本相同。

CD 的加工过程可用流程图 7－30 表示：

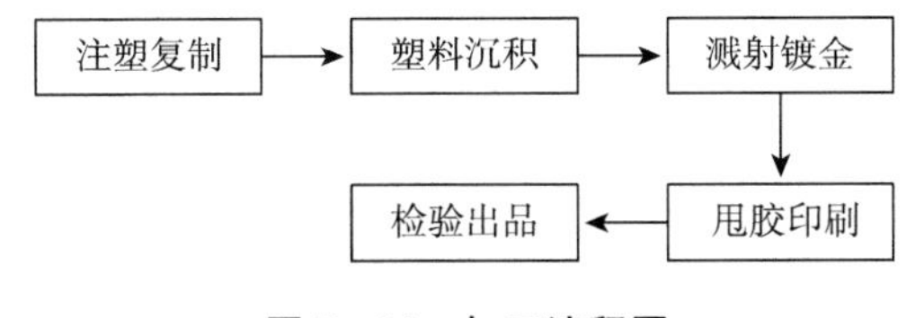

图 7－30　加工流程图

（1）主盘制备

在洁净的玻璃衬盘上均匀地甩上光刻胶，干燥后置于高精度激光刻录机上，按预定信息进行调制曝光。经过显影，曝光区域的光刻胶脱落，各光道就出现按信息调制的凹坑，凹坑的形状和分布是由所记录的信息决定的。这种具有凹凸信息结构的盘片就是正像主盘，即 Master。

（2）副盘制备

在主盘表面喷镀一层银，一方面用来提高信息结构的反射率以便检验主盘质量；另一方面用做电极,通过电解镀镍在主盘上又生长具有一定厚度的金属镍膜,经化学处理后使其从主盘剥离,就形成了一个负像副盘。用此盘又可制出若干个正像镀镍主盘,每一个主盘又可生产出若干负像副盘,每一个副盘都可用作注塑复制的印模,即 Stamper。

(3) 注塑复制

在注塑机里,干燥的聚碳酸酯颗粒被压制成带有从镍模具复制过来的信息凹坑的透明圆盘。

(4) 溅射镀铝

通过溅射的方法把铝镀在盘片的带有信息的一面以形成反射层。

(5) 甩胶印刷

镀完铝后,在铝反射层上面旋涂紫外线固化胶,这种胶在紫外线的照射下即可固化。随后在固化胶上面印刷光盘的名称、内容及商标等信息。经过检验后,合格盘片即可运出生产线。

7.3.3 光盘存储技术的发展

提高存储效率和数据传输率一直是光盘存储技术的主要发展目标,同时功能的多样化,即不仅能读出和记录,而且可擦重写,也是光盘存储技术的发展方向。

以 CD 为例,物镜将载有信息的调制激光束聚焦到光盘存储介质上进行记录,记录光点的尺寸取决于聚焦光的衍射极限,属于远场光记录。在光的衍射极限下,聚焦光点的直径(d)与光波长(λ)成正比,而与物镜的数值孔径(NA)成反比,即满足

$$d = 0.56\frac{\lambda}{NA} \tag{7-3}$$

因为存储面密度和 d^2 成反比,所以要提高存储的位密度,就要缩短激光波长和增大物镜的数值孔径;要提高存储的道密度,则要缩短光道间距。回顾光盘的发展历程也正符合这一规律,如表 7-1 和图 7-31 所示。相对于 CD 和 DVD,BD 在激光波长、数值孔径和光道间距上均得到了发展,有效地增加了光盘的存储密度和整体存储能力。BD 可获得的存储密度约为 DVD 的 5 倍,能极大地提高光盘存储的单碟容量,使一张 5 英寸光盘容量由 CD 的 450 M,DVD 的 4.7 G 最终提高到 24 G。

表 7-1 各代光盘的部分参数对比表

光盘类型	波长/nm	数值孔径	容量/byte[1]
CD	780	0.45	450 M
DVD	650	0.65	4.7 G
BD	405	0.85	24 G

1. 此处容量以 5 英寸单面光盘容量为例说明。

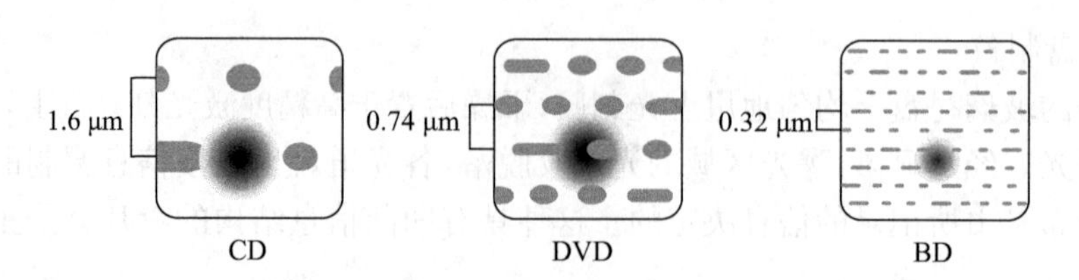

图 7-31 各代光盘的光道间距对比图

在光存储技术中，探索新的超高密度光盘存储介质仍然是关键。超高密度光盘主要用于可擦性或随机存储型存储，对超高密度光盘材料的要求如下：

① 光学参数(吸收、反射、折射率)适用于蓝绿光存储范围；

② 单波长激光记录、读出和擦除；

③ 清晰和稳定的亚微米(约200nm)的记录光点，读出次数大于10^5；

④ 适用于光学超分辨率记录和读出的多层膜结构；

⑤ 记录/擦除次数大于10^3；

⑥ 快速响应，记录/擦除时间小于200ns；

⑦ 长寿命，记录信息保存时间超过10年。

在无机、有机相变材料、磁光材料、光色材料和电光材料中，目前已有适用于高密度光存储的新型短波长材料研究取得了突破，更深入的应用基础研究也仍在开展中。

在高密度光盘存储技术中，由于记录点的尺寸小于读出光斑的尺寸，所以探测记录点的信号要用超分辨读出技术。高密度光盘采用多层膜结构，各类光盘的多层膜结构如图7-32所示。按照记录、读出和擦除的要求，合理地设计多层膜结构和选择多层膜的材料，以及精细地制备出多层膜光盘都是十分关键的。

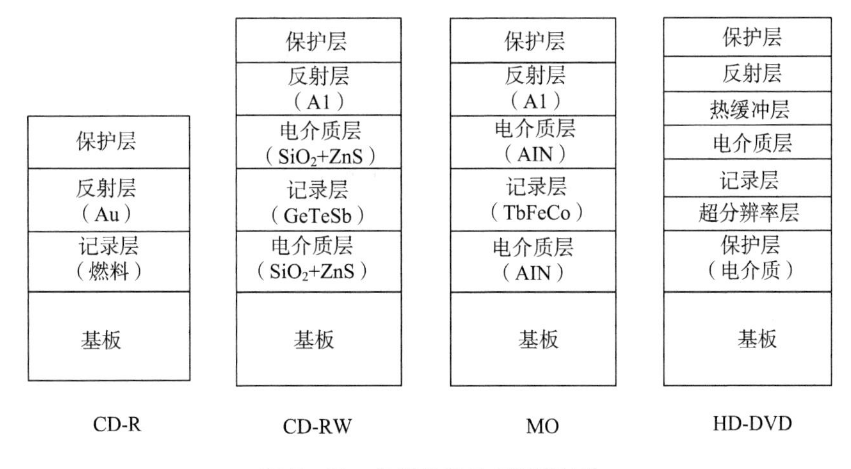

图7-32　各类光盘的多层膜结构

针对高密度及超高密度信息存储的要求，光存储技术将由远场存储到近场存储，由二维光存储到多维光存储，由光热存储到光子存储等方向发展。

(1) 近场光存储

目前的各种光盘驱动器均以包含物镜的光头进行读/写，并完成聚焦与轨迹跟踪伺服控制。由于物镜离介质较远(毫米量级)，故称为远场记录。虽然采用短波长激光器和超分辨读出等技术，光盘记录密度可以有数十倍的提高，然而，由于物镜所聚焦的光斑尺寸受激光波长制约，即使从目前的红外光转换到紫外光，光斑尺寸也只有缩小几倍。因此，突破光的衍射极限，从光的远场记录发展到近场记录是超高密度光存储技术的主要途径。

20世纪80年代发展起来的扫描探针显微技术(SPM)，给超高密度光存储带来了全新的概念和实现的可能，国外已有相关的报道。其中，扫描隧道显微镜(STM)可在介质中施加一很强的电场，使介质材料微区的物理化学性质发生变化而实现超高密度存储。目前发展起来的电光材料和电致变色材料均可采用STM技术实现超高密度存储。扫描近场光学显微镜(NSOM)技术突破了光学衍射的物理极限,其横向分辨率可达数十纳米量级,这种光学显微镜技术也可用于超高密度光存储。NSOM中没有物镜,直接用锥尖形光纤或光导管将激光引向被测物,在极近的距离内(亚微米级)形成分辨率为几十纳米的光点,用扫描方式形成显微图像来记录数据。

(2) 全息光存储

全息光存储是一种体存储技术,它用改变激光束波长或入射角的方法写入,并利用对读出光波长或角度的敏感性在同一存储体内存储多幅独立的全息图像,这种方法可使数据传输率超过125MB/s,信息写入速度也较快,因为它是一次记录整组数据,而不像光盘那样需要移动且一次只记录1 bit,因此,这种技术具有可观的传输和处理的速度以及高的存储密度。

全息存储材料研究仍然是全息存储技术的关键,存储介质必须有很高的数据保存率,而且没有缺陷。体存储常用光折变材料,这种材料曝露于激光束干涉图样时,折射率必须发生永久性变化,否则信息就会因激光束断开而擦除,因此需要寻找具有低比特错误率和近似零缺陷的光学介质。以目前常用的光致折变晶体为例,如掺铁铌酸锂($Fe:LiNbO_3$)和掺铈铌酸锶钡($Ce:SrBaNbO_3$),它们可以用于角多重全息存储和光谱多重全息存储。

(3) 光子存储

存储材料中的激活中心在光激发下,电子产生跃迁而达到光存储的目的,称为光子存储。和目前一般应用的光热存储不同,它是一种不经过材料吸收光子后产生热效应阶段而产生的光存储。

利用光色、光电和电子俘获等效应,都可以用作光子存储,这些效应对光的敏感性高,但对光和热的稳定性差。

为了增加光存储密度,在20世纪80年代中期,有人提出在同一空间的光斑上用光谱烧孔的方法,可将存储密度提高千倍以上。

“光谱烧孔”可分为单分子和双分子两类过程。但是,两类材料的光子选通烧孔都是在低温下进行的,但由于材料谱线的均匀变宽 W_H 随温度升高而迅速增大,在液氦温度下可烧1000个孔,在液氮温度下就不到100个孔。光谱烧孔是在不均匀变宽 W_T 的谱线中烧出均匀变宽的孔,即烧孔数目正比于 W_T/W_H。同时,由于目前材料的电子俘获陷阱不能很深,因此,烧孔的孔深较浅,而且在序列烧孔过程中,先烧出的孔容易出现逐渐被填充的现象,因而迫切需要寻找室温下能烧孔的材料。目前,一些稀土掺杂的玻璃态材料的非均匀变宽大;如果在室温下均匀变宽小,就有可能在室温下实现几十个孔的烧孔效应。基于微腔共振理论,超微粒子作为微腔,将有利于在室温下实现光谱烧孔。

光子存储的另一种方式为双光子三维存储。双光束以90°相交移动,实现三维存储。双光子的激发过程十分类似于上述“光谱烧孔”过程。因为是电子跃迁过程,所以记录的速度很快。光子存储材料的记录时间应在纳秒量级,记录功率低,多采用多层膜存储介质。

随着光电子领域和技术的不断发展,有更多新兴的技术被用于提高光存储密度,实现了更高维度的存储。如澳大利亚教授Min Gu提出了一种基于表面等离激元共振效应的新型五维光学存储技术,利用金纳米棒的光热形变和双光子发光检测机制来实现记录和读出。在刻录过程中,被选择的纳米棒在高能量激光脉冲的照射下,激发金纳米棒的表面等离激元共振从而产生光热效应,使纳米棒融化成为短纳米棒或者纳米球,这种方式会以一定的纵横比和方向去掉纳米棒,从而实现刻录。

除提高存储密度外，提高光存储中数据的传输速率同样是光存储技术的发展目标。在海量数据信息存储中，对信息的存入和读出速率要求越来越高。半导体内存储器的数据存/取时间希望降至纳秒量级或更短，而外存储器的数据存/取时间希望能从毫秒量级降至微秒量级。

与磁存储技术相比，光存储技术的数据传输速率偏低，目前可擦重写光盘驱动器的数据存/取时间一般都在20ms以上。数据传输速率低主要因为光头重量太大、光盘的转速较低，以及目前商品化的可擦重写光盘驱动器还不能直接重写等原因。因此，提高光盘存储的数据传输速率的主要方向为：减轻光头重量，简化结构，提高光头的光电集成度；借用硬盘磁头飞行技术采用薄膜飞行光头；实现可擦重写过程中的直接重写技术；提高光盘驱动器的转速和光盘的写入/擦除响应时间；改进数据编码和信号处理；采用多光头记录和读出技术等。但作为光盘介质本身的发展方向，就是能实现直接重写，即信息的记录和擦写是可以随机进行的。首要的就是记录和擦除时间响应要快，希望能在纳秒量级范围内进行。

总之，从CD到BD是光盘存储技术的一次重大飞跃，也展示了光盘存储技术的发展趋势。目前，以BD为代表的光盘存储技术正在向着高存储密度、大容量、高数据传输率、可多次重写等方向迅速发展。预计在不久的将来，一定会有更多种类的光盘存储系统问世。

7.4　光纤通信技术

7.4.1　光纤通信的发展过程

光纤通信是一种以光导纤维为介质传输载有信息的光波进行通信的系统。在1960年美国人Maiman发明红宝石激光器和1966年英籍华人高锟(C. K. Cao)提出利用SiO_2石英玻璃可制成低损耗的光纤后，光纤通信日益受到关注。1970年美国Corning公司研制成功损耗小于20dB/km的光纤，使光纤通信的实用化进一步成为可能，由此掀起了世界范围内的光纤通信研究热潮。

光纤通信的发展，和与之相关的关键元器件的发展是紧密相连的，除了作为传输介质的光纤之外，光源和光电探测器也是光纤通信中的关键元器件。在20世纪60年代，半导体材料和工艺技术得到了迅速的发展，PN结光电二极管、Si-PIN光电二极管以及Si-APD(硅雪崩光电二极管)的制作工艺水平已相当成熟，完全可以用作光纤通信系统中的光电探测器。然后直到20世纪70年代末，研制出了工作寿命在百万小时以上、室温下能连续运转工作的半导体激光器，光纤通信才克服了光源的限制，完全走上实用化、商用化的轨道。

半导体激光器具有调制速度高、谱线窄、强度高的特点，因此特别适合于在长距离光纤通信系统中使用。然而对于中、短距离的光纤通信系统，半导体发光二极管则是一种很好的选择，半导体发光二极管的最大优点是寿命长、价格低、线性好。在光纤通信系统中究竟使用哪种光源，要根据系统的综合技术指标来考虑，以获得最佳的性能/价格比。

光纤通信最初的工作波段是在0.85μm附近，后来发现1.3μm附近，光纤的损耗和色散都很低，特别是在1.32μm附近，是光纤的零色散点；而在1.55μm附近，是光纤的最低损耗点。因此，光纤通信自然而然地向1.3～1.55μm的长波长方向发展。同时，这也促进和推动了光源和光电探测器向该波段的长波长方向发展。

另外，各种光纤放大器的研制成功以及光纤损耗的不断降低，使光中继距离不断延长，更进一步促进了光纤通信的快速发展。

目前普遍使用的光纤通信系统，是如图7－33所示的数字编码、强度调制的直接检波通信系统。所谓强度调制，是指在发射端用信号直接去调制光源的光强，使之随信号电流呈线性变化；直接检波是指信号直接在收发机上检测为电信号。图7－33所示的光纤通信系统示意方框图中，电端机完成信号的收发和相应的处理；光发送端机将电信号变换成光信号，通常采用半导体激光器或半导体发光二极管作为光源；光接收端机的功能是将光信号变换成电信号，它通常采用的光探测器是各类光电二极管；光缆完成发送端光信号至光接收端机的传输。

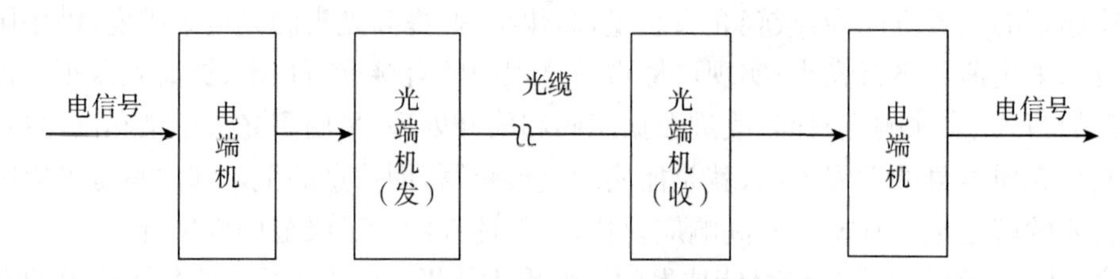

图7－33　光纤通信系统示意方框图

由于光载波的频率可达(10^5～10^6)GHz，约为微波载频的10000倍，所以光通信的容量非常大，具有非常诱人的前景。

7.4.2　光纤通信技术的特点

1. 频带极宽，通信容量大

光纤的传输带宽比铜线或电缆大得多。对单波长光纤通信系统，由于终端设备的限制往往发挥不出带宽大的优势。因此需要增加传输的容量，其中密集波分复用技术就能解决这个问题。

2. 损耗低，中继距离长

目前，在传输介质中商品石英光纤的损耗最低；如果使用非石英极低损耗传输介质，理论上传输损耗还可以降到更低。这就表明通过光纤通信系统可以减少系统的成本，带来更好的经济效益。

3. 抗电磁干扰能力强

石英绝缘性好，抗腐蚀性很强。另外，它的抗电磁干扰能力也很强，因此可以不受外部环境的影响，也不受人为架设的电缆等干扰。这一优点对于在强电领域的通讯或者在军事上应用都特别有用。

4. 无串音干扰，保密性好

在电波传输的过程中，电磁波的传播容易泄露，保密性差。而光波在光纤中传播，不会发生串扰的现象，保密性强。除以上特点之外，光纤径细、重量轻、柔软，因此易于铺设；光纤的原材料资源丰富，成本低；温度稳定性好、寿命长。正是因为光纤的这些优点，光纤的应用范围越来越广。

7.4.3　光纤通信技术的种类

1. 光纤光缆技术

光纤技术的进步可以从通信用光纤来说明。早期光纤的传输窗口只有3个，即850nm(第一窗口)、1310nm(第二窗口)以及1550nm(第三窗口)。近几年相继开发出第四窗口

(1565—1625nm,L波段)、第五窗口(1360—1460nm,E波段)以及S波段(1460—1530nm)窗口。其中特别重要的是无水峰的全波窗口。这些窗口成功开发的巨大意义就在于从1280nm到1625nm的宽波段范围内,都能实现低损耗和低色散传输,使信息传输容量几百倍、几千倍甚至上万倍的增长。

2. 光复用技术

复用技术是为了提高通信线路的利用率,而采用的在同一传输线路上同时传输多路不同信号而互不干扰的技术。光复用技术种类很多,其中最为重要的是光波分复用(WDM)技术和光时分复用(OTDM)技术。光波分复用(WDM)技术是在一芯光纤中同时传输多波长光信号的一项技术,其基本原理是在发送端将不同波长的光信号组合起来,并耦合到光缆线路上的同一根光纤中进行传输,在接收端将组合波长的光信号分开,并作进一步处理,恢复出原信号后送入不同的终端。波分复用理论极限约为15000个波长(包括光的偏振模色散复用,OPDM)。而光时分复用(OTDM)技术指利用高速光开关把多路光信号在时域里复用到一路上的技术。光时分复用(OTDM)的原理与电时分复用相同,只不过电时分复用是在电域中完成,而光时分复用是在光域中进行,即将高速的光支路数据流(例如10Gbit/s,甚至40Gbit/s)直接复用进光域,产生极高比特率的合成光数据流。

3. 光放大技术

光放大器的开发成功及其产业化是光纤通信技术中的一个非常重要的成果,它极大地促进了光复用技术、光孤子通信以及全光网络的发展。顾名思义,光放大器就是放大光信号。在此之前,传送信号的放大都是要实现光电变换及电光变换,即O/E/O变换。有了光放大器后就可直接实现光信号放大。

光放大器主要有三种:光纤放大器、拉曼放大器以及半导体光放大器。光纤放大器是在光纤中掺杂不同增益带宽的稀土离子(如铒、镨、铥等)作为激光活性物质。掺铒光纤放大器的增益带较宽,覆盖S、C、L频带;掺铥光纤放大器的增益带是S波段;掺镨光纤放大器的增益带在1310nm附近。而拉曼光放大器则是利用拉曼散射效应制作成的光放大器,即大功率的激光注入光纤后,会发生非线性效应即拉曼散射。在不断散射的过程中,把能量转交给信号光,从而使信号光得到放大。因此拉曼放大是一个分布式的放大过程,即沿整个线路逐渐放大的。理论上,拉曼光放大器的工作带宽很宽,几乎不受限制。半导体光放大器(Semiconductor Optical Amplifier, SOA)一般是指行波光放大器,其工作原理与半导体激光器相类似,其工作带宽很宽,但增益稍小一些,制造难度较大。

4. 光交换技术

光交换技术是指不经过任何光/电转换,在光域直接将输入光信号交换到不同的输出端。目前交换方式主要可以分为:空分、时分、波分、ATM、码分、自由空间和复合型光交换方式等等。其中,空分光交换的基本原理是将光交换节点组成可控的门阵列开关,通过控制交换节点的状态可实现使输入端的任一信道与输出端的任一信道连接或断开,完成光信号的交换。时分光交换方式的原理与电子学的时分交换原理基本相同,只不过它是在光域里实现时隙互换而完成交换的。在光时分复用系统中,可采用光信号时隙互换的方法实现交换。在光波分复用系统中,则可采用光波长互换(或光波长转换)的方法来实现交换。光波长互换的实现是通过从光波分复用信号中检出所需的光信号波长,并将它调制到另一光波长上去进行传输。光ATM交换是以ATM信元为交换对象的技术,它引入了分组交换的概念,即每个交换周期处理的不是单个比特的信号,而是一组信息。光ATM交换技术已用在时分交换系统中,是最有希望成为吞吐量达到特定级别量的光交换系统。码分光交换,是指对进行了直接光编码和光解码的码分复用光信号在光域内进行交换的方法。自由空间光交换可以看作是一种空分光交换,它是通过在空间无干涉地控制光的路径来实现的。由于各种光交换技术都有其独特的优点和不同的适应性,将几种光交换技术合适地复合起来进行应用能够更好地发挥各自的优势,以满足实际应用的需要。已见介绍的复合型光交换主要有:(1) 空分-时分光交换系统;(2) 波分-空分光交换系统;(3) 频分-时分光交换系统;(4) 时分-波分-空分光交换系统等。

5. 不断发展的光纤通信技术

(1) 光纤通信开始就是为传送基于电路交换的信息的,信号一般是TDM的连续码流,如PDH、SDH等。伴随着科技的进步,特别是计算机网络技术的发展,传输数据也越来越大。分组信号与连续码流的特点完全不同,它具有不确定性,因此传送这种信号,是光通信技术需要解决的难题。

(2) 不断增加的信道容量。光通信系统能从PDH发展到SDH,从155 Mb/s发展到10Gb/s,近来,40Gb/s已实现商品化。人们在研究更大容量的,如160Gb/s(单波道)甚至系统容量更大的通讯技术。

(3) 光纤传输距离不断增加。从应用上说,光纤的传输距离是越远越好,在光纤放大器投入使用后,光纤传输距离不断突破,为增大无再生中继距离创造了条件。

(4) 向城域网发展。光传输目前正从骨干网向城域网发展,光传输逐渐靠近业务节点。而人们通常认为光传输作为一种传输信息的手段还不适应城域网。作为业务节点,既接近用户,又能保证信息的安全传输,而用户还希望光传输能带来更多的便利服务。

(5) 互联网发展需求与下一代全光网络发展趋势。互联网业的迅速发展使得IP业务也飞速发展。随着软件控制的进一步开发和发展,现代的光通信正逐步向智能化发展,而且还会有更多的相关应用应运而生。

总而言之,以高速光传输技术、宽带光接入技术、节点光交换技术、智能光联网技术为核心,并面向IP互联网应用的光波技术是目前光纤传输的研究热点。从未来的应用来看,光网络将向着服务多元化和资源配置的方向发展,为了满足客户的需求,光纤通信的发展不仅要突破距离的限制,更要向智能化迈进。

7.4.4 光纤通信与光电子器件

光纤通信主要由光电子器件和光通信系统组成。

1. 光电子器件

(1) 光无源器件

由于光纤及其相关技术持续迅猛的发展和新材料、新工艺、新技术的广泛使用,光无源器件的新产品不断地推陈出新。光无源器件中传统的连接器、耦合器、波分复用器(WDM)、机械式光开关等,以及新型的光开关及其阵列、组合式光无源器件、光纤光栅类器件等将成为全网络(AON)和下一代光纤通信系统重要而有用的无源器件。

① 光纤活动连接器

光纤(缆)活动连接器是实现光纤之间活动连接的光无源器件,它还能将光纤与其他无源器件、光纤与有源器件、光纤与系统和仪表进行活动连接。其发展方向是在提高光纤活动连接器性能的基础上,使其进一步小型化、集成化。

A. 进一步提高光纤活动连接器性能指标

目前的插入损耗范围在0.1dB～0.5dB，平均值为0.3dB，相对过高且变化范围大。随着加工精度的提高，争取将平均值降到0.1dB以下，变化范围缩小至0.2dB左右。

改变插针端面的几何形状是提高回波损耗的有效手段。端面为平面形状的插针将会逐渐被淘汰，球面和斜球面的插针会同时存在，其中球面插针仍将占主要地位。

此外，改进镀膜工艺等加工技术来提高回波损耗可以降低对零件的加工精度要求，并可提高连接器的一致性和互换性。

B. 小型化

随着光纤接入网的发展，目前迫切需要使用小型化的光纤活动连接器。

光纤活动连接器小型化的一种方法是缩小单芯光纤连接器尺寸，另一种方法是开发适应带状光纤的多芯光纤连接器，即MT型系列光纤连接器。带状光缆可集成性好，是近年来迅速发展的一个光缆品种，具有以下优点：体积小、重量轻、密集度高；采用注塑成型，一致性好，适于大批量生产；具有较低的插入损耗；具有良好的稳定性。随着干线网、用户网和局域网的发展，带状光缆连接器将成为连接器发展的方向。

C. 集成化

光纤活动连接器的集成化，不但增加了连接器的功能，而且更重要的是提高其他器件的密集度和可靠性，给使用者带来极大方便。比如现在已经出现了一些集成化的多功能产品，如外形与各种变换器一样的固定衰减器；既可作为FC型转换器，又可以对光的衰减量连续可调(0～25dB)的小型可变衰减器等。

② 固定连接器

固定连接器又称固定接头或接线子，它能够把两个光纤端面结合在一起，以实现光纤与光纤之间的永久性连接。固定接头的制作方法按其工作原理有熔接法、V形槽法、毛细管法、套管法等。

随着光纤应用领域的扩大及用户不同的需要，对光纤熔接技术的要求也逐渐趋于多样化。因此，需要研制小型和超小型熔接机，同时致力于多芯光纤熔接机和保偏光纤熔接机的研究生产。

对于其他几种固定连接器而言，插入损耗和回波损耗这两个指标上都落后于光纤熔接机所制作的固定接头。为了提高这几种接头的加工精度，目前有许多单位正致力研制更适合的匹配液。此外，V形槽和毛细管结构比光纤熔接机更容易实现带状光纤与光波导阵列、光有源器件阵列的固定连接，可以从改善机械结构、光学透镜和匹配液入手，使这种连接得以实现。另外，为配合带状光缆的应用，也需要大力发展多芯化的固定连接器。

③ 光衰减器

光衰减器是光通信中发展最早的无源器件之一，目前已形成了固定式、步进可调式、连续可调式及智能型光衰减器四种系列。

由于固定光衰减器具有价格低廉、性能稳定、使用简便等优点，所以市场需求比可变光衰减器大一些。而可变光衰减器由于其灵活性，市场需求仍稳步增长。

国外的光衰减器性能已达到高性能要求，目前国外的一些光学器件公司正在不断开发各种新型光衰减器，以求获得性能更高、体积更小、价格更适宜的实用化产品。

从市场需求的角度来看，光衰减器将向着小型化、系列化、低价格的方向发展。此外，由于普通型光衰减器已相当成熟，所以今后的研究将侧重于其高性能方面。

为了避免器件的光反射引起光源的频率漂移和线路噪声,必须在相应的线路中使用高回损衰减器。因此,高回损衰减器是衰减器发展的一个重要方向。此外,光衰减器还必须有更宽的温度使用范围和频谱范围及更多优良性能。

④ 光波分复用器

光波分复用器(WDM)又称为光合波/分波器,它是对光波波长进行合成与分离的光无源器件,在解决光缆线路的扩容或复用中起着关键作用。

当前使用的光波分复用器主要是两波长的复用器,例如 1310/1550nm 主要用于通信线路,980/1550nm 和 1480/1550nm 主要用于光纤放大器。随着密集波分复用(DWDM)系统的发展,多波长复用器的需求量正在增加,复用波长之间的间隔也在逐渐缩小。当波长之间的间隔为 20nm 时,一般称为粗波分复用器;波长之间的间隔为(1—10nm)时,一般称为密集波分复用器。因此,密集化、小型化、实用化、组件化是波分复用器发展的必然趋势。

⑤ 无源光耦合器

光耦合器目前基本形成了以熔融拉锥型器件为主、波导器件逐渐发展的局面。随着光纤通信、光纤传感技术、光纤 CATV、局域网、光纤用户网以及用户接入网等的迅速发展,对光耦合器的需求会进一步增大。

当前,能进行大批量生产单模光纤耦合器的方法是熔融拉锥法。但是在这种方法中,由于光纤之间的耦合系数(即耦合比)与光传输波长有关,一般分光比随波长的变化率为 0.2%。所以宽带化是耦合器的一个重要方向。

与此同时,为了适应各种光纤网络用户数量剧增的需要,一方面需要大功率的光源,另一方面在不断增加耦合器路数的同时,进一步降低附加损耗、减少器件体积,并提高使用的可靠性。

综上所述,未来的光耦合器将是宽带的、集成化的、低损耗和易接入的器件,还应根据需要实现多路数、小型化等。

⑥ 光隔离器

隔离器是一种光单向传输的非互易器件,它对正向传输光具有较低的插入损耗,而对反向传输光有很大的衰减作用。

目前,已出现了一系列的光隔离器,如阵列光隔离器、小型化光隔离器,还有一些隔离器与 WDM、Tap、GFF 等滤波器混合的器件。到目前为止,自由空间型、偏振相关型隔离器应用较多,主要用于有源器件的封装。

从实用的角度来看,光隔离器发展的主要方向是高性能偏振开关在线型光隔离器、高性能偏振灵敏微型光隔离器以及多功能光隔离器。

随着光纤放大器、CATV 网、光信息处理、Gbit/s 级高速光纤通信及相干光通信等技术的进一步推广,光隔离器也正向着高性能、微型化、集成化、多功能、低价格方向发展,未来的光隔离器很可能是一种微型化高性价比的集成器件。

⑦ 光开关及其阵列

光开关(交换)技术在光纤通信、光网络传输与监控、纤维光学测试技术、光传感技术等领域有着广泛而重要的应用。特别是在全光通信系统和网络中,光开关可以实现路由、波长的灵活多样选择和资源的动态优化配置,光传送节点或链路的交叉连接(OXC)和分插复用(OADM),以及光路的保护与恢复等功能,是当前光通信领域研发的重点之一。光开关的输入、输出端口数一般可表示为 M×N 型(M,N=1,2,3,…),根据 M,N 的不同取值,可以分为 1×N,N×N,M×N 等几个类,分别可应用于光纤通信系统和网络的不同部分。光开关的主要技术指标有插入损耗、隔离度、消光比、开关时间、偏振敏感性、交换速度、阻塞性能、开关规模、升级能力和可靠性等。

全光开关技术和大规模 MEMS 光开关技术成为研究和开发的重点。目前已有气泡式、热光式、磁光式等全光开关,其中基于半导体和光纤材料的全光开关已成为高速光开关的研发热点,它们应用了超快光学非线性效应,开关速度可达皮秒(ps)量级。MEMS 光开关及其阵列具有损耗低、微型化、易于集成等优点,开关速度为 ms 量级,是大规模光开关交换技术的主流。MEMS 光开关有二维(2D)和三维(3D)两种结构,它们利用电磁等驱动微机械装置,带动微镜之类以实现开关功能,单片 2D 光开关最大端口数为 32,采用级联方式时可达数百端口;3D 端口数更大,但驱动机构复杂,应用 3D 技术已研制出 256×256,1152×1152 等大型光开关矩阵,市场上已有多种类型的 MEMS 光开关产品。

⑧ 组合型光无源器件

所谓的组合型光无源器件,就是将光无源器件的功能进行组合,由单功能器件变成多功能器件(如双功能、三功能等)。将多个只具有单一功能的光无源器件由一个器件替代,不仅大大减小了器件体积,也是向准集成方向前进了一大步,更重要的是在光无源器件功能组合中可能会产生新功能的器件。实际上,光分插复用器(OADM)、光交叉连接(OXC)、色散补偿(DC)等就是组合型器件的典型代表。现在的 OADM 可以用光纤布拉格光栅(FBG)、耦合器、光环行器、光开关、阵列波导光栅(AWG)等无源器件组合而构成;由光开关阵列、AWG,级联的宽调谐范围光纤光栅、光环行器、定向耦合器等无源器件的组合等可以组成光交叉连接器(OXC)。OADM 和 OXC 在全光网络中有着广泛的应用,是密集波分复用(DWDM)通信网的关键性器件之一。

根据不同的工作原理和结构,OADM 可以分成光纤光栅型、波分复用型、AWG 型、声光调谐滤波器(AOTF)型以及其他类型(如 MEMS 式 OADM、球透镜式 OADM、X 型垂直耦合滤波器式 OADM 等)几大类,而每一大类又可分为若干小类。其中因光纤光栅的波长选择性、低插损、偏振不敏感、可构成全光器件等长处而使光纤光栅型 OADM 研发最为深入,这是一种有前途的 OADM。AWG 型 OADM 具有稳定性高、可靠性好、色散低、可集成等特点,是一种有吸引力的 OADM。目前国内外许多研发单位和机构将重点放在了双向波长上下路型 OADM 和智能化动态可重构型 OADM 上,它们代表了 OADM 的发展方向。

面对未来 Tb/s 级的信息吞吐量,解决连接阻塞现象的最佳方案是采用光交叉连接(OXC)技术,这是全光网络实现高速交叉互连功能的最佳方法。OXC 有空分(CD)、时分(TD)、波分/频分(WD/FD)和混合形式等四种交换方式,其中空分形式最受人们青睐。目前已提出了光开关和波分复用器型 OXC,级联可调光纤光栅型 OXC,固态器件型($LiNbO_3$、半导体、聚合物等)OXC,微光机电系统(MOEMS)型 OXC 以及双向型 OXC 等。

光纤色散对高速、大容量、长距离光纤传输系统有重要影响,通常这些高性能的通信系统和网络都要进行色散补偿(DC)和色散管理(DM)。色散补偿分色度色散(CD)补偿和偏振模色散(PMD)补偿两大类。对于 CD,目前已提出了多种色散补偿方案,例如:色散补偿光纤(DCF)、均匀光纤光栅(UFG)或啁啾光纤光栅(CFG)、色散支持传输(DST)、光相位共轭(OPC)或中间频谱反转(MSI)、自相位调制(SPM)、预啁啾、光全通滤波器、虚成像相位阵列(VIPA)、阵列波导光栅(AWG)、光子晶体光纤(PCF)等,其中光纤光栅、光滤波器、AWG 等可看成是一类组合型器件,它们可进行动态色散、色散斜率补偿。PMD 补偿可分为光域(偏振控制器与保偏光纤、光纤光栅、晶体等组合)和电域(横向滤波器、前向纠错(FEC)等)补偿两大类,光域的 PMD 补偿实际上就是组合型器件。PMD 具有随机性和统计性,并且除了一阶补偿外,还要考虑高阶补偿。高速、远程光纤传输系统和网络的色散补偿还涉及到非线性效应的影响,色散补偿研究已成为重要的前沿课题之一。

⑨ 光纤光栅

1978 年由 K. O. Hill 等人制成世界上第一只光纤光栅以来,光纤光栅(OFG)及其相关技术已成为在纤维光学领域内发展较为迅速的一门学科。光纤光栅的研发已经对光纤通信和光传感技术等领域产生了非常重要的影响。基于光纤材料的光敏特性,用紫外光源照射光纤可以在光纤中写入光栅形成光纤光栅,根据不同的曝光条件,采用不同类型的光纤可以产生折射率分布变化各异的多种类型光纤光栅,已开发出制作均匀光纤光栅(UFG),啁啾光纤光栅(CFG)(连续啁啾、阶跃啁啾,变迹啁啾)、长周期光纤光栅(LPFG)等多种工艺和方法。光纤光栅利用周期性、变周期性和非周期性波导结构可以实现光束的多种变换功能。由于光纤光栅的光谱特性,光纤光栅除了本身可以作为多种反射器和滤波器以外,其更大、更深层次的用途是作为一类用途广泛的光纤光学"百搭"配件来使用。这几乎涉及了光纤通信和光纤传感的所有领域。在光纤通信领域,目前光纤光栅已在光反射器、滤波器、色散补偿和脉冲压缩、光分插复用器(OADM)、光交叉连接(OXC)、波分复用器(WDM)、模式转换器、波长变换器、光纤光栅激光器、光纤放大器中的波长稳定、提高泵浦效率、增益钳制和平坦化、动态功率均衡(DGE)等方面得到了广泛的应用。在传感技术领域,由于光纤光栅在传感应用中灵敏度高、可绝对测量、与光强波动无关、抗电磁干扰、耐腐蚀、重量轻、尺寸小、探头形式灵活、能远距离测量、可复用、可联网等诸多优点而倍受人们的青睐和重视。目前采用光纤光栅传感技术已经可以对温度、应变、应力、位移、加速度、磁场强度、电流、电场强度、电压、湿度、振动、水声等多种物理参量进行传感与检测。结合波分/频分(WD/FD)、时分(TD)、空分(SD)、混合等复用技术可以构建多点式、准分布式传感系统,多参量传感网络以及智能结构(Smart Structure)的光纤传感器等。现在已研发的光纤光栅种类有布拉格(Bragg)光纤光栅、线性和非线性啁啾(Chirp)光纤光栅、Taper 光纤光栅、Moire 光纤光栅、Blazed 光纤光栅、取样光纤光栅(SFG)、多芯光纤光栅(MCFG)、均匀和非均匀长周期光纤光栅(LPFG),相移光纤光栅(PSFG)、倾斜光纤光栅(FTG)、多波长光纤光栅(MWFG)和超结构光纤光栅(SSFG)等。另外,已经出现了在聚合物光纤(POF)、保偏光纤(PMF)、光子晶体光纤(PCF)等特种光纤上刻写不同光纤光栅的新方法和新技术,这将使光纤光栅的应用更加丰富多彩。

(2) 光有源器件

光有源器件是光纤通信重要的核心器件之一,受到人们普遍的重视和关注。目前光纤通信领域应用的光有源器件主要有光源(量子阱激光器(QWLD)、垂直腔面发射激光器(VCSEL)、量子点激光器(QDLD)、多波长激光器等),光探测器(光电子二极管(PD)、雪崩光电二极管(APD)等),光调制器(铌酸锂($LiNbO_3$)调制器、半导体调制器、聚合物调制器、微机械光调制器等),光放大器(半导体光放大器(SOA)、掺铒光纤放大器(EDFA)、光纤拉曼放大器(RFA)、掺铒光波导放大器(EDWA)等),波长变换器(光电光(OEO)波长变换器、全光波长变换器(AOWC)),光电收发模块,光再生器(2R,3R)等。

① 光检测器

常见的光检测器包括:PN 光电二极管、PIN 光电二极管和雪崩光电二极管(APD)。目前的光检测器基本能满足光纤传输的要求,在实际的光接收机中,光纤传来的信号极其微弱,有时只有 1mW 左右。为了得到较大的信号电流,人们希望尽可能地提高光检测器的灵敏度。

光电检测器工作时,必须将信号延迟限制在一定范围内,否则光电检测器将不能工作。随着光纤通信系统的传输速率不断提高,超高速的传输对光电检测器的响应速度的要求越来越高,对其制造技术提出了更高的要求。

光电检测器是在极其微弱的信号条件下工作的,而且它又处于光接收机的最前端,如果在光电变换过程中引入的噪声过大,则会使信噪比降低,影响重现原来的信号。因此,要求光电检测器的噪声很小。

另外,还要求检测器的主要性能受外界温度和环境变化的影响越小越好。

② 光纤激光器

光纤通信中主要应用半导体激光器作为光源,近年来随着光纤及其相关技术的深入发展,光纤激光器(FL)的研发正成为光电子技术等领域内一个热点。光纤激光器具有结构紧凑、转换效率高、设计简单、输出光束质量好、散热表面大、阈值低、高可靠性等优点。可以根据谐振腔结构、增益介质、输出波长、激光模式、掺杂元素、工作机制、光纤结构等加以分类。如果以泵浦抽运方式来分,可以分为纤芯端面泵浦(Core End Pumping)(单包层结构)、包层端面泵浦(Cladding End Pumping)(双包层结构)和包层侧面泵浦(Cladding Side Pumping)(光纤结构)光纤激光器三大类。单包层结构的光纤激光器是最早研究的一类。

光纤激光器的研究可以追溯到上世纪 60 年代。采用的增益材料有掺 Nd_2O_3 的硅酸盐系玻璃、掺钕石英光纤、掺稀土的石英光纤、氟化物玻璃光纤等,激光输出功率在毫瓦到瓦量级,激光波长在(0.48～2.7)μm 范围内。双包层结构光纤激光器(DCFL)是上世纪 80 年代末发展起来的一类光纤激光器。由于泵浦方式的改变,这类光纤激光器的激光输出功率明显提高,已能达到数瓦到近百瓦量级的输出光功率,使用的增益光纤有掺稀土元素(如 Er^{3+}、Yb^{3+}、Nd^{3+} 等)的石英光纤、掺稀土元素的氟化物(ZBLAN)玻璃光纤、光子晶体光纤(PCF)等。为了提高输出功率,设计出了对称圆形、偏心圆形、D 形、矩形、六边形、梅花形等内包层结构,其中以长方形内包层结构转换效率最高。已有铒一镱共掺双包层光纤激光器输出功率达 103W、波长为 1565nm 的报道,以及锁模掺铒光纤激光器脉冲宽度已达 3 fs 的报道,这些都为全光纤高速通信的实现打下了基础。目前该类光纤激光器从成熟的光纤通信领域向工业加工、医学、印刷业、国防等激光应用领域扩展。光纤结构光纤激光器是近年来提出的泵浦新方法,实际上它是包层端面泵浦方式的一种改进,它从包层侧面射入抽运光,从而构成了“任意形状”光纤激光器概念,使千瓦级的高功率光纤激光器得以实现。现在已有输出功率达 2000W,激射波长为 1.060μm 的掺镱(Yb)石英光纤激光器产品。包层侧面泵浦也有多种方式,如 V 型槽侧面泵浦、全拼接侧面泵浦、光纤束侧面泵浦等。采用光学相位阵列(OPA)技术可以得到高能的光纤脉冲激光,这种光纤激光器在激光武器系统、光电对抗、激光有源干扰等国防、军事领域有着十分重要的应用,美国、德国等已有相应的军用高功率光纤激光器研制计划和实施项目。现在已研发的光纤激光器的谐振腔腔形结构主要有法布里-拍罗(F-P)腔、环行腔、σ形腔、8字形腔、福克斯-史密斯(Fox-Smith)腔以及一些复合腔等。光纤激光器是一类新型的激光器,光纤激光器的研究与开发将把包括光纤通信在内的光纤及其相关技术推进到一个新高度,与半导体激光相比,至少在结构上,光纤激光器与光纤通信系统和网络耦合匹配程度更好。光纤激光器是全光纤化的光源,它将逐渐成为光纤通信领域重要的候选光源。

③ 光纤放大器

掺铒光纤放大器(EDFA)的研发成功是上世纪80～90年代光纤通信领域内一项重大的技术突破,具有十分重要的意义。近年来,随着光纤放大器技术的不断完善和发展以及与WDM技术的融合,光纤通信的长(超长)距离、(超)大容量、(超)高速、密集波分复用(DWDM)等正成为国际上长途高速光纤通信、越洋光纤通信等领域的主要技术发展方向。光纤放大器有掺杂光纤放大器(掺稀土元素,如EDFA、PDFA、YDFA等),非线性光纤放大器(拉曼光纤放大器(RFA)、布里渊光纤放大器(BFA)、光纤参量放大器(OPA)等),塑料光纤放大器(POFA),掺铒光波导放大器(EDWA)等之分。主要技术指标有带宽特性、噪声特性、增益特性等。EDFA是最早开发,目前应用最广泛并且已完全商用化的光纤放大器,具有高增益、大功率、宽频带、低噪声、增益特性与偏振无关、对数据速率与格式透明、插损小、多信道放大串扰低等特点。泵浦光波长主要是980nm(三能级系统)和1480nm(二能级系统),泵浦方式有同向、反向、双向等三种基本方式;EDFA的级联可构成多级EDFA系统。普通的石英基EDFA工作波段在(1535～1565)nm(C波段),一般增益可达30dB以上,增益带宽为(20～40)nm,输出功率为+20dBm左右,噪声系数(NF)小于5dB,EDFA可用于线路(中继)、功率、前置、LAN等形式的放大。为了进一步提高EDFA的性能,可以在硅(Si)基掺铒玻璃光纤中加入其他掺杂元素。例如掺铝(Al)、钐(Sm)、镱(Yb)、氮(N)、磷(P)、锑(Sb)等,以改善放大器的增益带宽和平坦化特性。近期用于L带的氟基掺铒光纤放大器(F-EDFA)、碲基掺铒光纤放大器(Te-EDFA)、铋基掺铒光纤放大器(Bi-EDFA)等以及在氟化物玻璃光纤、硅酸盐玻璃光纤、碲酸盐玻璃光纤中掺铥(Tm)等,用于S带的掺铥光纤放大器(TDFA)成为光纤放大器的研究热点。

掺钕光纤放大器(NDFA)和掺铒光纤放大器(PDFA)可以工作在1310nm波长,对提高和改进现有光纤通信系统的性能具有重要的现实意义。NDFA和PDFA都是以掺钕(Nd)和掺镨(Pr)氟玻璃光纤作为放大增益介质,但NDFA由于放大自发辐射(ASE)限制因素,不易做成高增益的1310nm放大器,泵浦波长795nm;PDFA放大效率低、工作不稳定,已研制出最大增益为40dB、噪声系数(NF)为5dB、输出功率为+20dBm的PDFA。NDFA和PDFA的结构性能和可靠性等还有待进一步的改善和提高,以利于完全的商用化。

拉曼光纤放大器(RFA)应用了光纤中的拉曼效应来实现光信号放大。RFA最主要的优点是噪声系数小、全波段可放大、对温度不敏感、在线放大等。RFA有分立式和分布式之分,以适应不同的需求。分立式RFA主要采用拉曼增益高的特种光纤(如高掺锗(Ge)光纤等),长度约(1～2)km,泵浦功率几瓦,泵浦波长1.06 μm激光产生的三级斯托克斯(Stakes)线可泵浦放大1.3μm波长的光信号;1.55μm波长的光纤通信系统可使用1.48μm泵浦激光。分立式RFA可产生40dB以上的小信号增益,饱和输出功率+25dBm左右,作为高增益、大功率放大,主要用在需要高增益、易于控制的通信系统中。分布式RFA直接用传输光纤作为放大增益介质，具有分布式放大、噪声系数小、利用系统升级等特点，主要作为光纤系统分布式补偿放大，可以用在远程泵浦、宽带、远距离的 1.3μm 和 1.55μm 光纤传输系统和网络中。RFA 的噪声系数(NF)比 EDFA 明显要小，分布式 RFA 的 NF 一般在(0.5～1)dB 之间。RFA 相对于 EDFA 在宽带特性、增益特性、光信噪比(QSNR)和配置灵活性方面都具有明显的优势，更适合大容量、高速率和远距离的传输系统和网络。另外，已出现 RFA 和 EDFA 相结合，构成混合式光纤放大器(HFA)的趋势，HFA 吸收了 RFA 和 EDFA 的长处，进一步提升了光纤放大器的性能。

④ 全光波长变换器

光纤通信系统和网络的密集波分复用(DWDM)是当前光纤通信技术发展的方向之一，由于光通信波长资源的有限，全光波长变换器(AOWC)在全光网络中将成为不可缺少的关键性器件之一。AOWC 技术可以解决光纤通信网络中波长竞争、路由选择、降低网络阻塞、提高网络的灵活性和利用率、扩大网络容量、改善网络的运行、管理和控制水平。AOWC 具有变换速率快(10Gbit/s 以上)、对比特率和光信号形式透明、变换范围大、偏振不敏感、有利于避免光电转换的“电子瓶颈”效应，可以实现不同光网络之间的波长匹配和优化，增强网络的可靠性和生存性等特性。目前已提出了多种 AOWC 方案，如光波导型、半导体光放大器(SOA)型、激光器(LD)型和其他类型等。AWOC 有波长变换范围、变换效率、变换速率、消光比、信噪比、偏振敏感性等多项技术指标。从目前的变换速率来看，SOA-XPM-AOWC 和 SOA-XGM-AOWC 可达 40Gbit/s，这两种 AOWC 是近期的研究热点；XAM-AOWC 的变换速率在(20～40)Gbit/s 之间；光纤型 NOLM-AOWC 具有 Tbit/s 量级的变换潜力，正受到人们的关注；而 FWM-AOWC 的速率在 100Gbit/s 以上，并且是唯一能对输入信号进行透明变换的 AOWC，具有广阔的发展前景。

2. 光纤通信系统

光纤通信系统已经历了四代变更：

第一代光纤通信系统是在 1973—1976 年研制成功的 45Mbit/s、0.85μm 多模光纤系统。其光纤损耗在 0.85μm 处为 4dB/km，在 1.06μm 处为 2dB/km，LD(Laser Diode，激光二极管)寿命达到 10^6h。此外组成系统的其他各个部分在性能上已基本满足要求。1978 年投入使用的第一代光纤通信系统的速率范围在(50～100)Mbit/s，中继距离为 10km。

第二代光纤通信系统于 1976—1982 年研制成功，它可以传送中等码速的数字信号。其工作波长为 1.30μm，损耗为 0.5dB/km，色散的最小值近似为零。

目前正处在大规模实用化的是第三代光纤通信系统。其工作波长为 1.31μm，使用 LD 可传输(140～600)Mbit/s 的高码速信号，中继距离达(30～50)km。

第四代光纤通信系统目前还处在实验室研制阶段。其主要思想是将零色散波长移到 1.55μm，这样可以使光纤损耗更低，色散为零。

目前，人们已经涉足第五代光纤通信系统的研究和开发，称之为光孤子通信系统。光孤子通信系统具有超长距离的传输能力，应用潜力巨大。但是光孤子通信系统目前尚处于研究开发阶段，离真正的实用化距离还很远。

7.5　光生伏特器件

利用光生伏特效应制造的光电敏感器件称为光生伏特器件。光生伏特效应与光电导效应同属于内光电效应，但是工作机理并不一样，光生伏特效应是少数载流子导电的光电效应,而光电导效应是多数载流子导电的光电效应。这就使得光生伏特器件在许多性能上与光电导器件有很大的区别。其中,光生伏特效应的暗电流小、噪声低、响应速度快、光电特性的线性,以及受温度的影响小等特点是光电导器件所无法比拟的,而光电导器件对微弱辐射的探测能力和光谱响应范围又是光生伏特器件所望尘莫及的。

具有光生伏特效应的半导体材料很多,如硅、锗、硒、砷化镓等半导体材料,利用这些材料能够制造出具有各种特点的光生伏特器件。其中硅光生伏特器件具有制造工艺简单、成本低等特点,已成为目前应用最广泛的光生伏特器件。下面主要讨论典型的光生伏特器件的原理、特性与偏置电路,并在此基础上介绍一些具有超常特性与功能的光生伏特器件及其应用。

7.5.1 硅光电二极管

硅光电二极管是最简单、最具有代表性的光生伏特器件。其中 PN 结硅光电二极管为最基本的光生伏特器件,其他光生伏特器件是在它的基础上发展起来的。

1. 硅光电二极管的工作原理

(1) 光电二极管的基本结构

光电二极管可分为 P 型硅为衬底与以 N 型硅为衬底两种结构形式。图 7-34(a)所示为 P 型衬底光电二极管的结构原理图。在高阻轻掺杂 P 型硅片上通过扩散或注入的方式生成很浅(约为 1μm)的 N 型层,形成 PN 结。通常,在 N 型硅上面氧化生成极薄的 SiO_2 保护膜,它既可保护光敏层,又可增加器件对光的吸收。

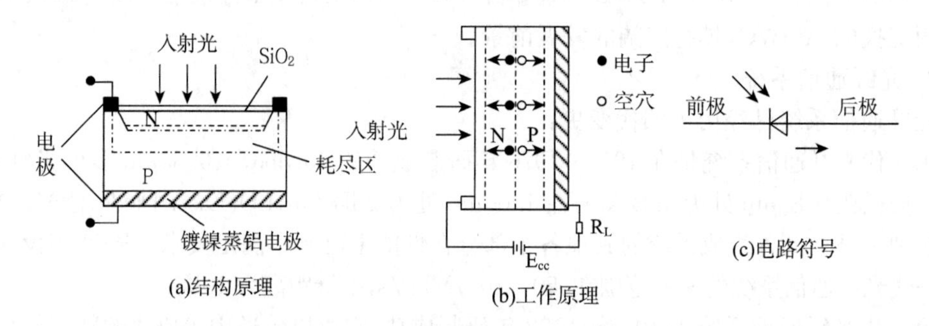

图 7-34 硅光电二极管

图 7-34(b)所示为光电二极管的工作原理图。当光子入射到 PN 结形成的耗尽层内时,PN 结中的原子吸收了光子能量,并产生本征吸收,激发出电子-空穴对,在耗尽区内建电场的作用下,空穴被拉到 P 区,电子被拉到 N 区,形成反向电流即光电流。光电流在负载电阻 R_L 上产生与入射光度量相关的信号输出。

图 7-34(c)所示为光电二极管的电路符号,其中的小箭头表示正向电流的方向,光电流的方向与之相反。图中的前极为光照面,后极为背光面。

(2) 光电二极管的电流方程

在无辐射作用的情况下,PN 结硅光电二极管的伏安特性曲线与普通 PN 结二极管的伏安特性曲线一样,如图 7-35 所示。其电流方程为

$$I = I_D(e^{\frac{qU}{kT}} - 1) \tag{7-4}$$

式中，U 为加在光电二极管两端的电压，T 为器件的温度，k 为玻尔兹曼常数，q 为电子电荷量。显然 I_D 和 U 均为负值(反向偏置时)，且 $|U|>kT/q$ 时的电流，称为反向电流或暗电流。

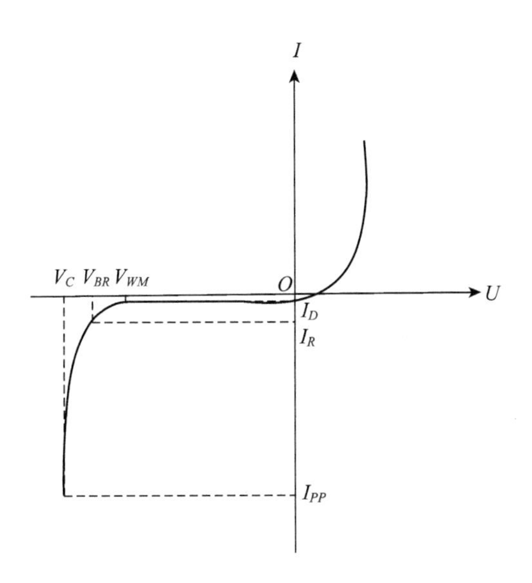

图 7－35　硅光电二极管伏安特性曲线

当光辐射作用到如图 7－34(b)所示的光电二极管上时，根据下式

$$I_{SC}=I_{\phi}=\frac{\eta q}{h\nu}(1-e^{-\alpha d})\phi_{e,\lambda} \tag{7-5}$$

可得到光生电流为

$$I_{\phi}=\frac{\eta q}{h\nu}(1-e^{-\alpha d})\phi_{e,\lambda} \tag{7-6}$$

其方向为反向。这样，光电二极管的全电流方程为

$$I=-\frac{\eta q\lambda}{hc}(1-e^{-\alpha d})\phi_{e,\lambda}+I_D(e^{\frac{qU}{kT}}-1) \tag{7-7}$$

式中，λ 是光波长，η 为光电材料的光电转换效率，α 为材料对光的吸收系数，d 为光入射的深度。

2. 光电二极管的基本特性

根据硅光电二极管全电流方程，可以得到如图 7－36 所示的在不同偏置电压下的输出特性曲线，这些曲线反映了光电二极管的基本特性。

普通二极管工作在正向电压大于 0.7V 的情况下，而光电二极管则必须工作在 0.7V 以下，否则，不会产生光电效应。即光电二极管的工作区域应在图 7－36 所示的第三象限与第四象限。为理解方便，在光电技术中常采用重新定义电流与电压正方向的方法，即把特性曲线旋转成如图 7－37 所示。其中，重新定义的电流与电压的正方向均与 PN 结内建电场的方向相同。

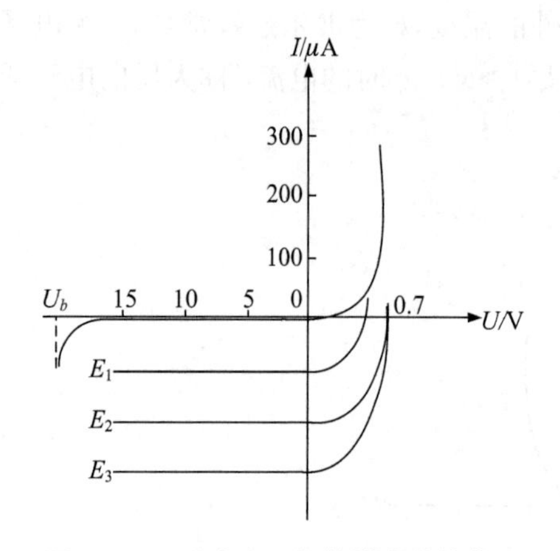

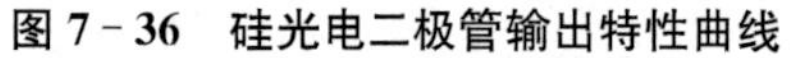

图 7-36　硅光电二极管输出特性曲线

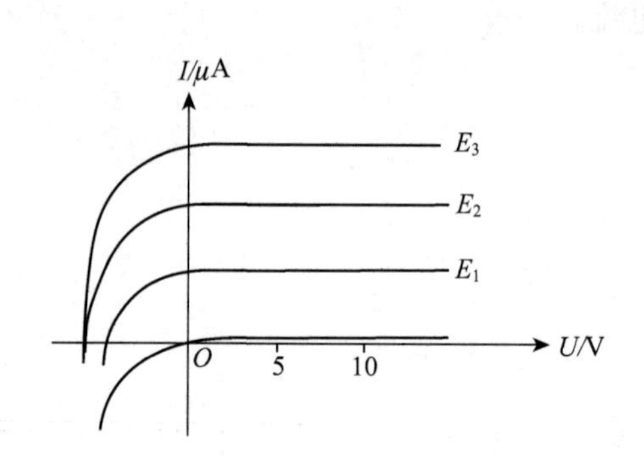

图 7-37　旋转后的硅光电二极管输出特性曲线

(1) 光电二极管的灵敏度

光电二极管的电流灵敏度是指入射到光敏面上辐射量的变化引起的电流变化与辐射量变化之比。通过对式(7-7)进行微分可以得到：

$$S_i=\frac{\mathrm{d}I}{\mathrm{d}\phi}=\frac{\eta q\lambda}{hc}(1-e^{-\alpha d})\tag{7-8}$$

显然，当某波长 λ 的辐射作用于光电二极管时，其电流灵敏度为与材料有关的常数，表明光电二极管的光电转换特性的线性关系。在定义光电二极管的电流灵敏度时，通常将其峰值响应波长的电流灵敏度作为光电二极管的电流灵敏度。在式(7-8)中，表面上看它与波长 λ 成正比，但是，材料的吸收系数 α 还隐含着与入射辐射波长的关系。因此，常把光电二极管的电流灵敏度与波长的关系曲线称为光谱响应。

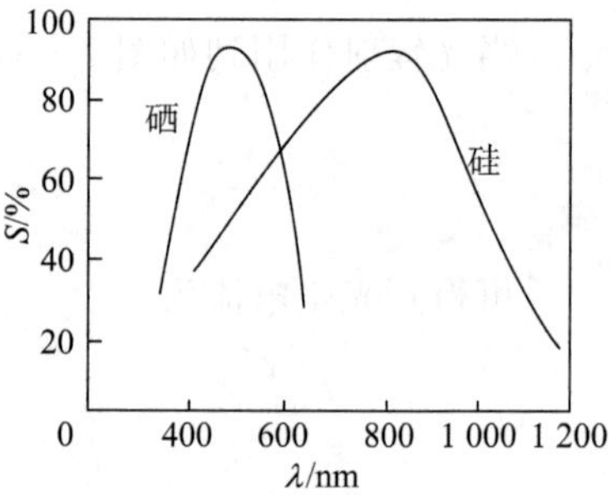

图 7-38　硒和硅的光电二极管的光谱响应曲线

(2) 光谱响应

以等功率的不同单色光作用于光电二极管时，其响应程度或电流灵敏度与波长的关系称为光电二极管的光谱响应。图 7-38 所示为硒和硅的光电二极管光谱响应曲线。由光谱响应曲线可以看出，典型硅光电二极管光谱响应长波限约为 1.1μm，短波限接近 0.4μm，峰值响应波长约为 0.9μm。硅光电二极管光谱响应长波限受硅材料的禁带宽度 E_g 的限制，短波限受材料 PN 结厚度对光吸收的影响，减薄 PN 结的厚度可提高短波限的光谱响应。

(3) 时间响应

以频率 f 调制的辐射作用于 PN 结硅光电二极管光敏面时，光电流的产生要经过三个过程：

① 在 PN 结区内产生的光生载流子渡越结区的时间 t_{dr}，称为漂移时间；

② 在 PN 结区外产生的光生载流子扩散到 PN 结区内所需要的时间 t_p，称为扩散时间；

③ 由 PN 结电容 C_j、管芯电阻 R_i 及负载电阻 R_L 构成的 RC 延迟时间 t_{RC}。

设载流子在结区内的漂移速度为 v_d，PN 结区的宽度为 W，载流子在结区内的最长漂移时间为

$$t_{dr}=W/v_d \tag{7-9}$$

一般的 PN 结硅光电二极管，内电场强度都大于 $10^5\,V/cm$，载流子的平均漂移速度要高于 $10^7\,cm/s$，PN 结区的宽度一般约为 100μm。由式(7-9)可知，漂移时间 $t_{dr}=10^{-9}s$，在 ns 数量级。

对于 PN 结硅光电二极管，入射辐射在 PN 结势垒区以外激发的光生载流子必须经过扩散运动到势垒区内，才能在内建电场的作用下向 P 区和 N 区漂移。载流子的扩散运动往往很慢，因此扩散的时间 t_p 很长，约为 100ns，它是影响 PN 结硅光电二极管时间响应的主要因素。

7.5.2　硅太阳能电池

硅太阳能电池是一种不需加偏置电压就能把光能直接转换成电能的 PN 结光电器件。它主要向负载提供电源，因此要求光电转换效率高、成本低。由于它具有结构简单、体积小、重量轻、可靠性高、寿命长、可在空间直接将太阳能转化成电能等特点，因此成为航天工业中的重要电源，而且还被广泛地应用于供电困难的场所和一些日用便携电器中。

1. 太阳能电池的结构和工作原理

最简单的太阳电池是由 PN 结构成的。如图 7-39 所示，当太阳电池受到光照时，光在 N 区、空间电荷区和 P 区被吸收，分别产生电子-空穴对。由于从太阳电池表面到体内入射光强度成指数衰减，在各处产生光生载流子的数量有差别，沿光强衰减方向将形成光生载流子的浓度梯度，从而产生载流子的扩散运动。N 区中产生的光生载流子到达 PN 结区 N 侧边界时，由于内建电场的方向是从 N 区指向 P 区，静电力立即将光生空穴拉到 P 区，光生电子阻留在 N 区。同理，从 P 区产生的光生电子到达 PN 结区 P 侧边界时，立即被内建电场拉向 N 区，空穴被阻留在 P 区。同样，空间电荷区中产生的光生电子-空穴对则自然被内建电场分别拉向 N 区和 P 区。PN 结及两边产生的光生载流子就被内建电场分离，在 P 区聚集光生空穴，在 N 区聚集光生电子，使 P 区带正电，N 区带负电，在 PN 结两边产生光生电动势。上述过程通常称作光生伏打效应或光伏效应。当太阳电池的两端接上负载，这些分离的电荷就形成电流。

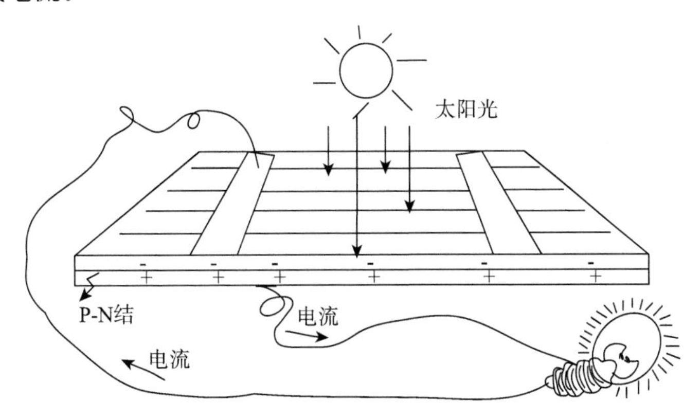

图 7-39　太阳能电池发电原理图

典型的太阳能电池结构如图 7-40 所示,其上表面有栅线形状的上电极,背面为背电极,在太阳电池表面通常还镀有一层减反射膜。

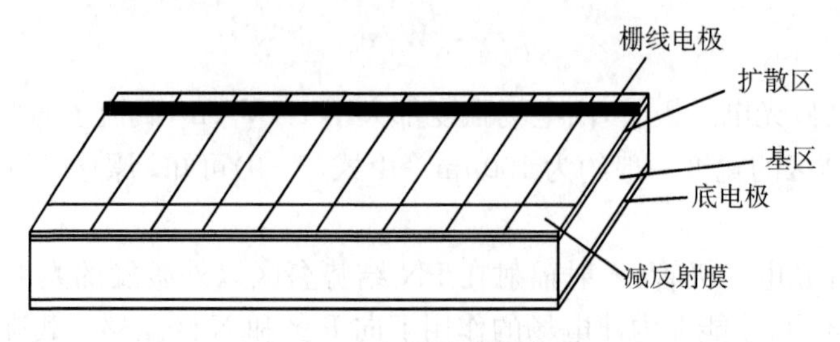

图 7-40　太阳能电池结构图

根据太阳电池的材料和结构不同,可将其分为许多种形式:P 型和 N 型材料均为相同材料的同质结太阳电池(如晶体硅太阳电池);P 型和 N 型材料为不同材料的异质结太阳电池(硫化镉/碲化镉、硫化镉/铜铟硒薄膜太阳电池);金属-绝缘体-半导体(MIS)太阳电池;绒面硅太阳电池;激光刻槽掩埋电极硅太阳电池;钝化发射结太阳电池;背面点接触太阳电池;叠层太阳电池等。

2. 太阳电池的参数

① 开路电压。受光照的太阳电池处于开路状态,光生载流子只能积累于 P-N 结两侧产生光生电动势,这时在太阳电池两端测得的电势差叫做开路电压,用符号 U_{OC} 表示。

② 短路电流把太阳电池从外部短路测得的最大电流称为短路电流,用符号 I_{SC} 表示。

③ 最大输出功率把太阳电池接上负载,负载电阻中便有电流流过,该电流称为太阳电池的工作电流,也称负载电流或输出电流。负载两端的电压称为太阳电池的工作电压。

太阳电池的工作电压和电流是随负载电阻而变化的,将不同阻值所对应的工作电压和电流值作成曲线,就得到太阳电池的伏安特性曲线。如果选择的负载电阻值能使输出电压和电流的乘积最大,即可获得最大输出功率 P_m,$P_m = U_m I_m$。此时的工作电压和工作电流称为最佳工作电压 U_m 和最佳工作电流 I_m。

④ 填充因子太阳电池的另一个重要参数是填充因子 FF,它是最大输出功率与开路电压和短路电流乘积之比:

$$FF = \frac{P_m}{U_{OC} I_{SC}} = \frac{U_m I_m}{U_{OC} I_{SC}} \tag{7-10}$$

⑤ 转换效率。太阳电池的转换效率指在外部回路上连接最佳负载电阻时的最大能量转换效率,等于太阳电池的输出功率与入射到太阳电池表面的能量之比:

$$\eta = \frac{P_m}{P_{in}} = \frac{FF \times U_{OC} \times I_{SC}}{P_{in}} \tag{7-11}$$

3. 太阳电池的伏-安特性及等效电路

太阳电池的电路图及等效电路分别见图 7-41 和图 7-42。

当电池的外负载电阻 $R_L = 0$ 时,用内阻小于 1Ω 的电流表接在太阳电池的两端,即可测得电池的短路电流 I_{SC}。I_{SC} 值与太阳电池的面积有关,面积越大,I_{SC} 值越大。一般来说,1cm^2 太阳电池的 I_{SC} 值约为(16～30)mA。同一块太阳电池的 I_{SC} 值与入射光的

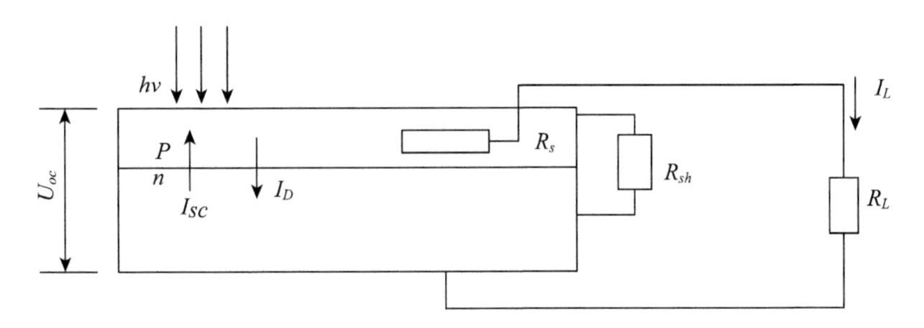

图7-41　光照时太阳电池的电路图

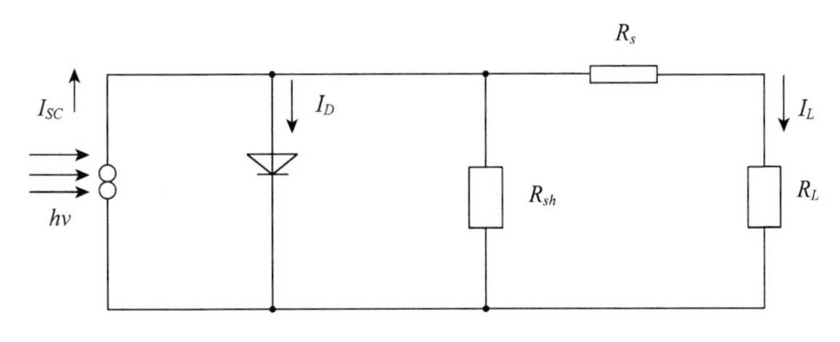

图7-42　光照时太阳电池的等效电路图

辐照度成正比；当环境温度升高时，I_{SC} 略有上升。当 R_L 为无穷大时，所测得的电压为电池的开路电压 U_{OC}。二极管电流 I_D 为通过P-N结的总扩散电流，其方向与 I_{SC} 相反。R_S 为串联电阻，它主要由电池的体电阻、表面电阻、电极导体电阻和电极与硅表面接触电阻所组成。R_{sh} 为旁路电阻，它是由硅片的边缘不清洁或体内的缺陷引起的。一个理想的太阳电池，串联电阻 R_S 很小，而并联电阻 R_{sh} 很大。由于 R_s 和 R_{sh} 分别串联和并联在电路中，所以在理想的电路计算时，可以忽略不计。

图7-43中，曲线1是二极管的暗电流—电压关系曲线，即无光照时太阳电池的 $I-U$ 曲线；曲线2是太阳电池接受光照后的 $I-U$ 曲线。经过坐标变换，最后可得到常用的光照太阳电池电流—电压特性曲线，如图7-44所示。

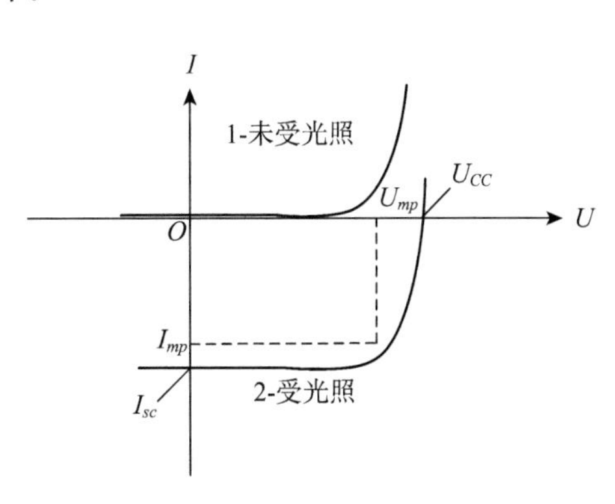

图7-43　太阳电池的电压-电流曲线

在太阳电池的电流—电压特性曲线中，I_{mp} 为最大负载电流，U_{mp} 为最大负载电压。在此负载条件下，太阳电池的输出功率最大，称为最大功率点 P_m；对应的电压为最大功率点电压 U_m，又称为最大工作电压；该点所对应电流 I_m，称为最大功率点电流，又称为最大工作电流。

太阳电池(组件)的输出功率取决于太阳辐照度、太阳光谱分布和太阳电池(组件)的工作温度，因此太阳电池的测量须在标准条件(STC)下进行。在标准条件下，太阳电池(组件)输出的最大功率称为峰值功率。

图7-45给出了入射光强为1000W/m^2 时，串、并联电阻对面积为2cm^{2}的硅太阳电池输出性能的影响。图7-45(a)表明，串联电阻增加时，开路电压没有变化，但填充因子

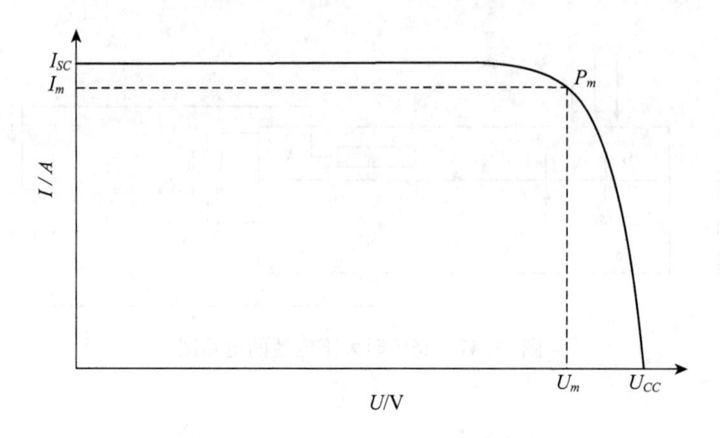

图 7-44 太阳电池电流-电压特性曲线

却大大减小。当串联电阻相当大时,还可能使短路电流降到小于最大光生电流。图7-45(b)表明,并联电阻下降时,短路电流不受影响,但填充因子和开路电压随并联电阻的降低而减小。

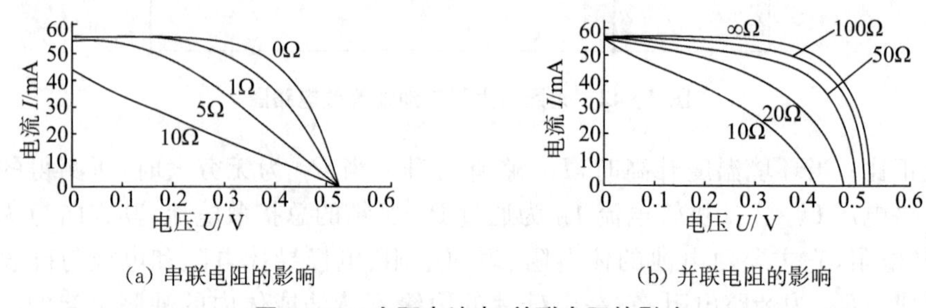

(a) 串联电阻的影响 (b) 并联电阻的影响

图 7-45 太阳电池串、并联电阻的影响

习 题 7

7-1 简述变像管和图像增强器的基本工作原理,并指出变像管和图像增强器的主要区别。

7-2 简述液晶显示的基本原理和液晶显示的特点。

7-3 等离子体显示有什么特点?

7-4 光盘存储有什么优点?

7-5 试比较光纤通信中光无源器件和光有源器件的特点。

7-6 简述光电二极管的工作原理。

7-7 什么是光电器件的光谱特性?

7-8 简述光伏效应的原理。

参考文献

[1] (德) 马科斯・玻恩，(美) 埃米尔・沃耳夫. 光学原理[M]. 杨葭荪译. 北京：电子工业出版社，2009

[2] 崔宏滨. 光学基础教程[M]. 合肥：中国科学技术大学出版社，2013

[3] 毋国光，战元龄. 光学[M]. 第二版. 北京：高等教育出版社，2009

[4] 葛德彪，魏兵. 电磁波理论[M]. 北京：科学出版社，2011

[5] 周炳坤，高以智，等. 激光原理[M]. 第六版. 北京：国防工业出版社，2009

[6] 阎吉祥，崔小虹，等. 激光原理与技术[M]. 北京：高等教育出版社，2011

[7] 彭江得. 光电子技术基础[M]. 北京：清华大学出版社，1988

[8] 陈家壁，彭润玲. 激光原理及应用[M]. 第二版. 北京：电子工业出版社，2010

[9] 陈鹤鸣，赵新彦. 激光原理及应用[M]. 第二版. 北京：电子工业出版社，2013

[10] 朱京平. 光电子技术基础[M]. 第二版. 北京：科学出版社，2009

[11] 张永林，狄红卫. 光电子技术. 第二版. 北京：高等教育出版社，2012

[12] Gyawali M, Arnott W P, Zaveri R A. Photoacoustic optical properties at UV, VIS, and near IR wavelengths for laboratory generated and winter time ambient urban aerosols[J]. Atmospheric Chemistry and Physics, 2012 (265)

[13] Hiroshi Kawamura, Huiling, et al. Hourly sea surface temperature retrieval using the Japanese Geostationary Satellite, Multi-Functional Transport Satellite (MTSAT) [J]. Journal of Oceanography, 2010 (1)

[14] Li Zhu, Xing-Guo Li, Guo-Wei Lou. Analysis On Characters of Sub-Millimeter Wave Attenuation by Rain Medium. Microwave and Optical Technology Letters, 2008

[15] J M Rileger. Refractive Indices of Light, Infrared and Radio Waves in the Atmosphere. 20027 Y. Zhang, P. Jiang, Y. Wang. Resonances in the scattering of low energy electrons from magnesium[J]. Physics Letters A, 2012 (8—9)

[16] Wang Yuan-Cheng, Zhou Ya-Jun, Cheng Yong-Jun. Coupled-Channels Optical Calculation for Electron Scattering from Metastable Helium[J]. Chinese Physics Letters, 2009(8)

[17] P. G. Burke, C. J. Noble, V. M. Burke. R-Matrix Theory of Atomic, Molecular and Optical Processes. Advances In Atomic, Molecular, and Optical Physics, 2007

[18] Tao Feng, Fei Xiong, Gang Chen. Effects of atmosphere visibility on performances of non-line-of-sight ultraviolet communication systems[J]. Optik—International Journal for Light and Electron Optics, 2007 (13)

[19] A. Engel, A. Semenov, H. W. Hubers, K. Superconducting single-photon detector for the visible and infrared spectral range[J]. Journal of Modern Optics, 2004 (9—10)

[20] Zhengyuan Xu, Gang Chen. Experimental performance evaluation of non-line-of-sight ultraviolet communication systems[J]. Proceedings of SPIE the International Society for Optical Engineering, 2007

[21] Kaiyun Cui, Gang Chen, Qunfeng He, et al. Indoor optical wireless communication by ultraviolet and visible light. Free-Space Laser Communications IX, 2009

[22] Manijeh Razeghi. Deep ultraviolet light-emitting diodes and photodetectors for UV communications. Proceedings of SPIE the International Society for Optical Engineering, 2005

[23] Peter M. Sandvik, Stanislav I. Soloviev, Alexey V. Vert, et al. SiC APDs and Arrays for UV and

Solar Blind Detection. Journal of Modern Optics, 2009

[24] Kwiat, P. G. ,Steinberg, A. M. ,Chiao, R. Y. ,Eberhard, P. H. ,Petroff, M. D. High-efficiency single-photondetectors. Physical Review, 1993

[25] He Qunfeng, Xu Zhengyuan, Sadler Brian M. Performance of short-range non-line-of-sight LED-based ultraviolet communication receivers. Optics Express, 2010

[26] O. Abraham,B. Piwakowski,G. Villain. Non-contact, automated surface wave measurements for the mechanical characterisation of concrete. Construction and Building Materials, 2012

[27] G. Boyer,C. Pailler Mattei,J. Molimard. Non contact method for in vivo assessment of skin mechanical properties for assessing effect of ageing. Medical Engineering and Physics, 2011 (2)

[28] R. Henselmans,L. A. Cacace,G. F. Y. The NANOMEFOS non-contact measurement machine for freeform optics. Precision Engineering, 2011 (4)

[29] M. Idroas,R. Abdul Rahim, M. H. Fazalul Rahiman, M. N. . Design and development of a CCD based optical tomography measuring system for particle sizing identification. Measurement, 2011 (6)

[30] R. W. Miles,K. M. Hynes, I. Forbes. Photovoltaic solar cells: An overview of state-of-the-art cell development and environmental issues. Progress in Crystal Growth and Characterization of Materials, 2005 (1)

[31] P. Spinelli, M. A. Verschuuren, A. Polman. Broadband omnidirectional antireflection coating based on subwavelength. Surface Mie resonators. Nuture Communications, 2012

[32] Chang Y C,Mei G H, Chang T W, et al. Design and fabrication of a nanostructured surface combining antireflective and enhanced-hydrophobic effects. Nanotechonology, 2007

[33] Yuan HC. Efficient black silicon solar cell with a density-graded nanoporous surface:optical properties, performance, limitations, and design rules. Applied Physics Letters, 2009

[34] Diedenhofen S L, Grzela G,Bakkers. Strong geometrical dependence of the absorption of light in arrays of semiconductor nanowires. ACS Nano, 2011

[35] Shu-feng Ren, Fu-quan Wu. Analysis of an improved Lyot depolarizer in terms of the multi-beam superposition treatment. Optoelectronics Letters, 2013 (4)

[36] A. G. Petrashen. Depolarization of radiation upon coherent excitation. Optics and Spectroscopy, 2010 (6)

[37] I Yamada, J NishiiM, Saito. Modeling, fabrication, and characterization of tungsten silicide wire-grid polarizer in infrared region. Applied Optics, 2008

[38] Peters, Thorsten, Ivanov, Svetoslav S. Variable ultrabroadband and narrowband composite polarization retarders. Applied Optics, 2012

[39] Frazao O, Araujo F M, et al. Extrinsic and intrinsic fiber optic interferometric sensors for acoustic detection in high-voltage environments. Optical Engineering, 2009

[40] Gong Y, Michael O , Hao J, et al. Extension of sensing distance in a ROTDR with an optimized fiber. Optics Communication, 2007

[41] H. H. Liu, F. F. Pang, H. R. Guo et al. In-series doublecladding fibers for simultaneous refractive index and temperature measurement. Optics Express, 2010

[42] Kaed Bey, Sun Tong, Grattan K. Sensitivity enhancement of long period gratings for temperature measurement using the long period grating pair technique. Sensors and Actuators, 2008

[43] Wu, D. , Zhu, T. , Chiang, K. -S. All single-mode fiber Mach-Zehnder interferometerbased on two peanut-shape structures. IEEE J. Lightw. Technol, 2012

[44] Bo Dong, Li Wei, Da-Peng Zhou. Core-offsetsmall-core-diameter dispersion compensation fiber interferometer and its applications in fibersensors. Applied Optics, 2009

[45] Yong Wook Lee, Ilyong Yoon, Byoungho Lee. A simple fiber-optic current sensor using a long-period

fiber grating inscribed on a polarization-maintaining fiber as a sensor demodulator. Sensors and Actuators A: Physical, 2004

[46] Guan Baiou, Tam Hwa-yaw, Liu Shun-yee. Temperature-Independent Fiber Grating Tilt Sensor. IEEE Photonics Technology Letters, 2004

[47] KIM D W, ZHANG Y, COOPER K L. In-Fiber Reflection Mode Interferometer Based on a Long-Period Grating for ExternalRefractive-Index Measurement. Applied Optics, 2005

[48] J. Liu, Y. Sun, D. J. Howard. Fabry-Perot cavity sensors for multipoint on-column micro gas chromatography detection. Analytical Biochemistry, 2010

[49] Gong. H, Chan. C. C, Chen. L, Dong. X. Strain Sensor Realized by Using Low-Birefringence Photonic-Crystal-Fiber-Based Sagnac Loop. Photonics Technology Letters, IEEE, 2010

[50] He Zonghu, Tian Fei, Zhu Yinian, et al. Long-period gratingsin photonic crystal fiber as an optofluidic label-free biosensor. Biosensors and Bioectronics, 2011

[51] Majumder Mousumi, Gangopadhyay Tarun Kumar. Fibre Bragg gratings in structural healthmonitoring-Present applications. Sensors and Actuators, 2008

[52] 王庆有. 光电技术[M]. 北京:电子工业出版社,2005

[53] 郭培源. 光电检测技术与应用[M]. 北京:北京航天航空大学出版社,2006

[54] 刘颂豪,李淳飞. 光子学技术与应用[M]. 广州:广东科技出版社,2006

[55] 雷玉堂. 光电检测技术[M]. 北京:中国计量出版社,1997

[56] 安毓英,刘继芳. 光电子技术[M]. 北京:电子工业出版社,2002

[57] 姜先申,韩焱. 光电探测器噪声分析及降低噪声的方法[J]. 现代电子技术,2005,4:3-4

[58] Smith R A, Chasmar R P, Jones F E. The detection and measurement of infrared radiation. New York Oxford University Press, 1968

[59] Hunsperger R. G. Integrated Optics: Theory and Technology. New York: Springer-Verlag, 2002

[60] Peumans P, Yakimov A, Forrest S R. Small molecular weight organic thin-film photodetectors and solar cells. Journal of Applied Physics, 2003, 93(7):3693-3723

[61] Pearton S J, Zolper J C, Shul R J, et al. Gan: Processing, Defects, And Devices. Journal of Applied Physics, 1999, 86(1):1-78

[62] Soci C, Zhang A, Xiang B, et al. ZnO nanowire UV photodetectors with high internal gain. Nano Letters, 2007, 7(4):1003-1009

[63] Poglitsch A, Waelkens C, Geis N, et al. The Photodetector Array Camera and Spectrometer (PACS) on the Herschel Space Observatory. Astronomy & Astrophysics, 2010, 518(3):1-12

[64] Fercher A F, Drexler W, Hitzenberger C K, et al. Optical coherence tomography—principles and applications. Reports on Progress in Physics, 2003, 66(2):239-303

[65] S A McDonald, G Konstantatos, S G Zhang et al, Solution-processed PbS quantum dot infrared photodetectors and photovoltaics, Nature Materials, 2005, 4:8 - 142

[66] Konstantatos G, Howard I, Fischer A, et al. Ultrasensitive Solution-Cast Quantum Dot Photodetectors. Nature, 2006, 442(7099):180-183

[67] Soref R. The Past, Present, and Future of Silicon Photonics. IEEE Journal of Selected Topics in Quantum Electronics, 2006, 12(6):1678-1687.

[68] M. Freitag, Y. Martin, J. A. Misewich, et al. Photoconductivity of Single Carbon Nanotubes. Nano Letters, 2003, 3(8):1067-1071

[69] Xue J, Uchida S, Rand B P, et al. 4.2% efficient organic photovoltaic cells with low series resistances. Applied Physics Letters, 2004, 84(16):3013-3015

[70] Rogalski, Antoni. Infrared detectors: status and trends. Progress in Quantum Electronics, 2003, 27

(2):59 - 210(152)

[71] Yan C, Singh N, Lee P S. Wide-bandgap Zn2GeO4 nanowire networks as efficient ultraviolet photodetectors with fast response and recovery time. Applied Physics Letters, 2010, 96(5):053108 - 053108 - 3

[72] Koppens F H L, Mueller T, Avouris P, et al. Photodetectors based on graphene, other two—dimensional materials and hybrid systems[J]. Nature nanotechnology, 2014, 9(10): 780

[73] Buscema M, Island J O, Groenendijk D J, et al. Photocurrent generation with two-dimensional van der Waals semiconductors[J]. Chemical Society Reviews, 2015, 44(11): 3691 - 3718

[74] Fang H, Hu W. Photogating in low dimensional photodetectors[J]. Advanced Science, 2017, 4, 1700323

[75] Island J, Blanter S, Buscema M, et al. Gate Controlled Photocurrent Generation Mechanisms in High-Gain In_2Se_3 Phototransistors [J]. Nano Lett. 2015, 15, 7853 - 7858

[76] Wu J Y, Chun Y T, Li S, et al. Broadband MoS2 Field-Effect Phototransistors: Ultrasensitive Visible-Light Photoresponse and Negative Infrared Photoresponse[J]. Advanced Materials, 2018, 30(7): 1705880.

[77] 斯奈德,洛夫. 光波导理论[M]. 周幼威等译. 北京:人民邮电出版社,1991

[78] 吴重庆等. 光波导理论[M]. 第二版. 北京:清华大学出版社,2005

[79] 王健. 导波光学[M]. 北京:清华大学出版社,2010

[80] 宋贵才,全薇,等. 光波导原理及器件[M]. 北京:清华大学出版社,2012

[81] 费恩曼,莱顿,桑兹. 费恩曼物理学讲义[M]. 新千年版. 李洪芳,王子辅,钟万蘅,等译. 上海:上海科学技术出版社,2013

[82] 邵小桃,李一玫,王国栋. 电磁场与电磁波[M]. 北京:清华大学出版社,2014

[83] 曹建章,张正阶,李景镇. 电磁场与电磁波理论基础[M]. 北京:科学出版社,2010

[84] 唐天同,王兆宏,陈时. 集成光电子学[M]. 西安:西安交通大学出版社,2005

[85] 徐国昌,凌一鸣. 光电子物理基础[M]. 南京:东南大学出版社,2000

[86] Joonoh Park, Taehyung Lee. Donghyun Lee. Widely tunable coupled-ring-reflector filter based on planar polymer waveguide. IEEE PHOTONICS TECHNOLOGY LETTERS. 2008, 20(9—12):988 - 990

[87] A. Ksendzov, Y. Lin, Integrated optics ring-resonator sensors for protein Detection. OPTICS LETTERS, 2005, 30(24):3344 - 3346

[88] Okamoto K, Takiguchi K, Ohmori Y. 16-Channel Optical Add/Drop Multiplexer Using Silica-Based Arrayed-Waveguide Gratings. Electronics Letters, 1995, 31(9):723 - 724

[89] Viens J F, Callender C L, Noad J P, et al. Polymer-based waveguide devices for WDM applications. Proceedings of SPIE—The International Society for Optical Engineering, 1999

[90] Keil N, Yao H H, Zawadzki C, et al. Athermal all-polymer arrayed-waveguide grating multiplexer. Electronics Letters, 2001, 37(9):12 - 14

[91] McGreer K. Arrayed waveguide gratings for wavelength routing. Communications Magazine, IEEE, 1998, 36(12): 62 - 68

[92] Okamoto K. Fundamentals of optical waveguides. 2nd edition. New York: Academic Press, 2010

[93] Tomlinson W J, Brackett C. Telecommunications applications of integrated optics and optoelectronics. Proceedings of the IEEE, 1987, 75(11): 1512 - 1523

[94] Alferness R C. Guided-wave devices for optical communication. IEEE Journal of Quantum Electronics, 1981, 17: 946 - 959

[95] de Ridder R M, Driessen A, Rikkers E, et al. Design and fabrication of electro-optic polymer modulators and switches. Optical Materials, 1999, 12(2): 205 - 214

[96] Schmidt B, Xu Q, Shakya J, et al. Compact electro-optic modulator on silicon-on-insulator substrates using cavities with ultra-small modal volumes. Optics Express, 2007, 15(6): 3140 - 3148
[97] Mechels S, Muller L, Morley G D, et al. 1D MEMS-based wavelength switching subsystem. Communications Magazine, IEEE, 2003, 41(3): 88 - 94
[98] Yeow T W, Law K L E, Goldenberg A. MEMS optical switches. Communications Magazine, IEEE, 2001, 39(11): 158 - 163
[99] Shankar N K, Morris J A, Yakymyshyn C P, et al. A 2 * 2 fiber optic switch using chiral liquid crystals. Photonics Technology Letters, IEEE, 1990, 2(2): 147 - 149
[100] Chen H W, Kuo Y, Bowers J E. High speed hybrid silicon evanescent Mach-Zehnder modulator and switch. Optics Express, 2008, 16(25): 20571 - 20576
[101] Etienne P, Coudray P, Porque J, et al. Active erbium-doped organic - inorganic waveguide. Optics communications, 2000, 174(5): 413 - 418
[102] Myslinski P, Nguyen D, Chrostowski J. Effects of concentration on the performance of erbium-doped fiber amplifiers. Lightwave Technology, Journal of, 1997, 15(1): 112 - 120
[103] Izawa T, Nakagome H. Optical waveguide formed by electrically induced migration of ions in glass plates. Applied Physics Letters, 1972, 21(12): 584 - 586
[104] Ramaswamy R V, Srivastava R. Ion-exchanged glass waveguides: a review. Lightwave Technology, Journal of, 1988, 6(6): 984 - 1000
[105] Li C C, Kim H K, Migliuolo M. Er-doped glass ridge-waveguide amplifiers fabricated with a collimated sputter deposition technique. Photonics Technology Letters, IEEE, 1997, 9(9): 1223 - 1225
[106] Solehmainen K, Kapulainen M, Heimala P, et al. Erbium-doped waveguides fabricated with atomic layer deposition method. Photonics Technology Letters, IEEE, 2004, 16(1): 194 - 196
[107] Slooff L H, Polman A, Wolbers M P O, et al. Optical properties of erbium-doped organic polydentate cage complexes. Journal of Applied Physics, 1998, 83(1): 497 - 503
[108] Kumar G A, Riman R E, Diaz Torres L A, et al. Chalcogenide-bound erbium complexes: Paradigm molecules for infrared fluorescence emission. Chemistry of Materials, 2005, 17(20): 5130 - 5135
[109] Qian G, Tang J, Zhang X Y, et al. Low-Loss Polymer-Based Ring Resonator for Resonant Integrated Optical Gyroscopes. Journal of Nanomaterials, 2014, 2014
[110] Ma H, Jen A K Y, Dalton L R. Polymer-based optical waveguides: materials, processing, and devices. Advanced Materials, 2002, 14(19): 1339 - 1365
[111] 帕拉斯·N.普拉萨德.纳米光子学[M].张镇西,等译.西安:西安交通大学出版社,2010
[112] Takahara J, Kobayashi T. Nano-optical waveguides breaking through diffraction limit of light. Proc. of SPIE. Bellingham, 2004: 158 - 172
[113] Tong L M. Single-mode guiding properties of subwavelength-diameter silica and silicon wire waveguides. Optics Express, 2004, 12(6):1025
[114] Maier S A. Plasmonics: fundamentals and applications. New York: Springer, 2007
[115] 王振林. 表面等离激元研究新进展[J]. 物理学进展, 2009, 29 (3): 287 - 324
[116] 陈海滨. 光子晶体波导型器件及其在太赫兹技术中的应用[D]. 杭州:浙江大学,2009
[117] 李长红,田慧平,鲁辉,等. 光子晶体耦合腔光波导慢光结构特性研究[J]. 光子学报, 2009, 38 (12): 3214 - 3219
[118] Zhang X Y, Hu A M, Zhang T, et al. Self-assembly of large-scale and ultra-thin silver nanoplate films with tunable plasmon resonance properties. ACS Nano, 2011, 5: 9082 - 9092
[119] Li Z Y. Nanophotonics in China: Overviews and highlights, Front. Phys., 2012, 7(6): 601 - 631
[120] 王健. 导波光学[M]. 北京:清华大学出版社,2010

[121] Zhang X Y, Hu A M, Wen J Z, et al. Numerical analysis of deep sub-wavelength integrated plasmonic devices based on semiconductor-insulator-metal strip waveguides. Optics Express, 2010, 18 (18): 18945 - 18959

[122] Girard C, Dujardin E. Near-field optical properties of top-down and bottom-up nanostructures. Journal of Optics A: Pure and Applied Optics, 2006, 8: S73 - S86

[123] Stewart M E, Anderton C R, Thompson L B, et al. Nanostructured plasmonic sensors. Chemical Reviews, 2008, 108: 494 - 521

[124] Kim I T, Kihm K D. Full-field and real-time surface plasmon resonance imaging thermometry. Optics Letters, 2007, 32 (23): 3456 - 3458

[125] 林开群. 表面等离子体共振传感的新现象、新方法及其温度特性研究[D]. 合肥:中国科学技术大学,2009

[126] Jain P K, Huang X H, El-Sayed I H, et al. Noble metals on the nanoscale: optical and photothermal properties and some applications in imaging, sensing, biology, and medicine. Accounts of Chemical Research, 2008, 41(12): 1578 - 1586

[127] Pettinger B. Single-molecule surface and tip-enhanced Raman spectroscopy. Molecular Physics, 2010, 108(16): 2039 - 2059

[128] Fang N, Lee H, Sun C, et al. Sub-diffraction-limited optical imaging with a silver superlens, Science, 2005, 308:534 - 537

[129] Hutchison J A, Centeno S P, Odaka H, et al. Subdiffraction limited, Remote excitation of surface enhanced Raman scattering. Nano Letters, 2009, 9 (3): 995 - 1001

[130] 周自刚,范宗学,冯杰. 光电子技术基础[M]. 北京:电子工业出版社,2015

[131] 汪贵华. 光电子器件[M]. 第二版. 北京:国防工业出版社,2014

[132] 韩晓冰,陈名松. 光电子技术基础[M]. 西安:西安电子科技大学出版社,2013

[133] 裴世鑫,崔芬萍,孙婷婷. 光电子技术原理与应用[M]. 北京:国防工业出版社,2013

[134] 谭保华. 光电子技术基础[M]. 北京:电子工业出版社,2014

[135] 侯宏录,陈海滨,刘缠牢,等. 光电子材料与器件[M]. 北京:国防工业出版社,2012

[136] 倪星元. 光电子技术入门[M]. 北京:化学工业出版社,2008

[137] 马声全,陈贻汉. 光电子理论与技术[M]. 北京:电子工业出版社,2005

[138] 安毓英,刘继芳,李庆辉. 光电子技术[M]. 第三版. 北京:电子工业出版社,2011

[139] 王庆有. 光电技术[M]. 第二版. 北京:电子工业出版社,2008

[140] 王海晏. 光电技术原理及应用[M]. 北京:国防工业出版社,2008

[141] 亢俊健. 光电子技术及应用[M]. 天津:天津大学出版社,2007

[142] 郭瑜茹,张朴,杨野平. 光电子技术及其应用[M]. 北京:化学工业出版社,2006

[143] 石东新,傅新宇,张远. CMOS 与 CCD 性能及高清应用比较[M]. 通信技术,2010, 43(12), 174 - 177

[144] 王宝泉,祁胜文. 光盘的存取原理及提高存储容量的思路[J]. 德州学院学报,2014, 30(6), 41 - 43

[145] 孙超. 几种立体显示技术的研究[J]. 计算机仿真,2008, 25(4),213 - 217

[146] 王永,孙可,孙士祥. 3D 显示技术的现状及发展[J]. 现代显示,2012,133,26 - 29

[147] Zijlstra P, Chon J W M, Gu M. Five-dimensional optical recording mediated by surface plasmons in gold nanorods[J]. Nature, 2009, 459(7245):410 - 413.

[148] 谢建,马勇刚,廖华,等. 太阳电池及其应用技术讲座[J]. 可再生能源,2007, 25(1),102 - 105

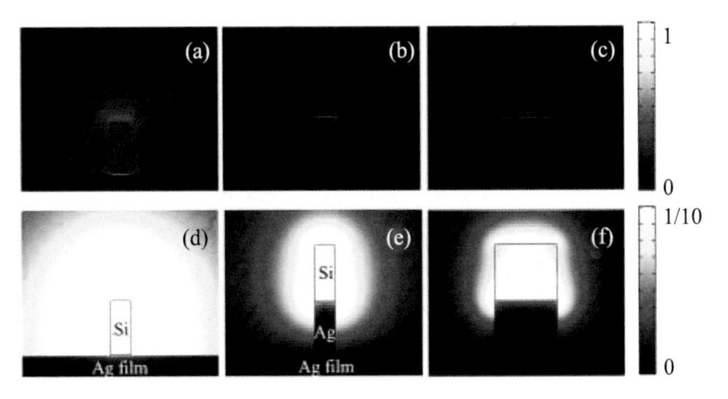

图 6-12　不同波导结构参数情况下 SIMS 波导模式电场 $|E|$ 分布图((a)～(c))和模式光斑((d)～(f))

其中，H_{Si} 和 h 分别为 200 nm 和 5 nm。(a) 和(d) 中，$W=75$ nm，$H_{Ag}=0$ nm；(b) 和(e) 中，$W=75$ nm，$H_{Ag}=200$ nm；(c) 和(f) 中，$W=230$ nm，$H_{Ag}=200$ nm。

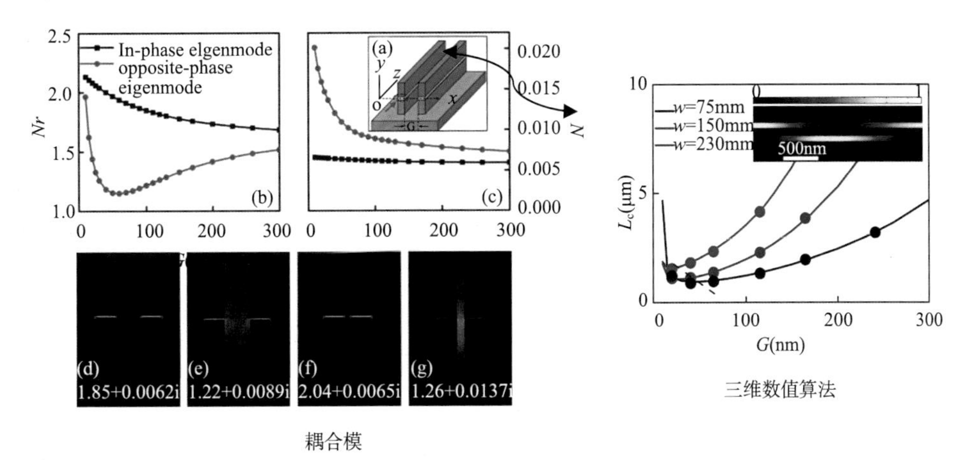

图 6-13　左图　相互靠近的两根 SIMS 波导本征模式计算结果 $h=5$ nm，$H_{Ag}=H_{Si}=200$ nm，$W=75$ nm，$\lambda=1.55$ μm。(a)是耦合器示意图，并标注了坐标轴位置，(b)和(c)分别是模式实部和虚部与波导间距 G 之间的关系曲线。$G=100$ nm 对应的对称模和反对称模模场分布图如(d)和(e)所示，$G=30$ nm 时对应的对称模和反对称模模场分布如(f)和(g)所示。图片中分别标注了有效模式折射率。右图为耦合长度 L_c 与波导间距 G 之间的关系。

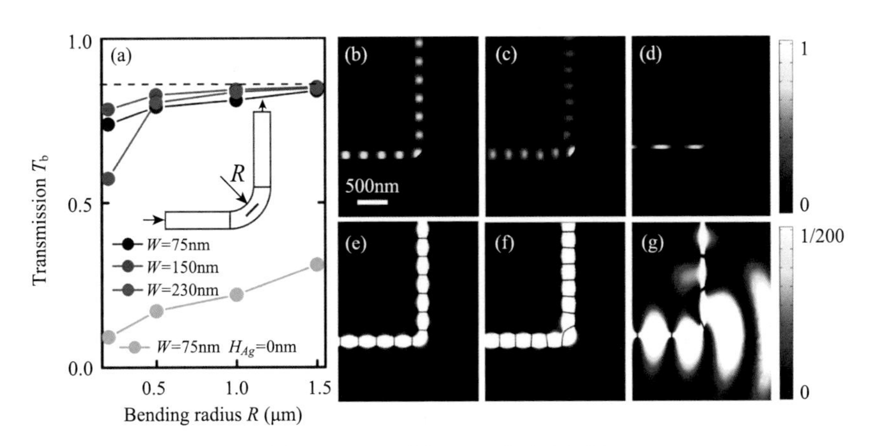

图 6-14　弯曲波导三维仿真结果

(a) 不同结构波导对应的传输函数 T_b 与波导半径 R 之间的关系，$h=5$ nm，$H_{Si}=200$ nm，红、黑、蓝线对应 $H_{Ag}=200$ nm，绿线对应 $H_{Ag}=0$ nm，虚线对应长度为 3 μm 的直波导。(b)～(g) 显示了不同结构波导中传输信号电场分量 $|\mathrm{Re}E_y|^2$ 的分布情况，$h=5$ nm，$R=200$ nm。(b) 和(e) 中，$W=150$ nm，$H_{Ag}=200$ nm。(c) 和(f) 中，$W=230$ nm，$H_{Ag}=200$ nm。(d) 和(g) 中，$W=75$ nm，$H_{Ag}=0$ nm。

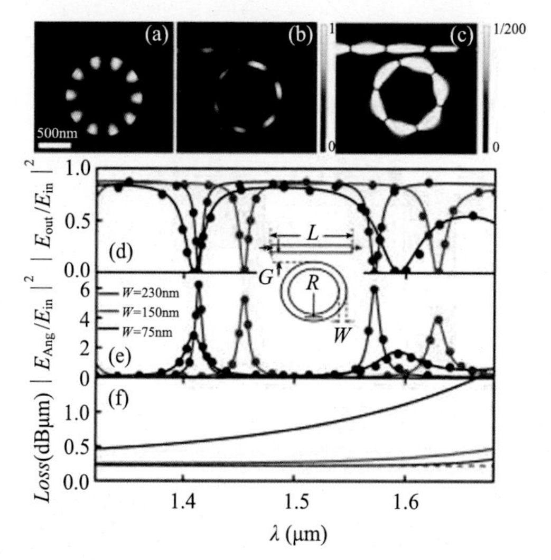

图 6-15 SIMS 环形谐振腔传输特性，$R=500$ nm，$h=5$ nm，$H_{Ag}=H_{Si}=200$ nm

(a) 对应 $W=230$ nm，$G=50$ nm 的 $|\mathrm{Re}E_y|^2$ 分布，(b) 对应 $W=75$ nm，$G=115$ nm 的 $|\mathrm{Re}E_y|^2$ 分布，(c) 是 $W=75$ nm，$G=115$ nm 时将强度显示范围降低到 1/200 时的 $|\mathrm{Re}E_y|^2$ 分布。(d)～(f) 分别为计算得出的谐振腔传输谱、谐振谱和环形波导损耗。其中圆点对应三维仿真结果。(f) 中的虚线是 $W=230$ nm 对应的直波导损耗。

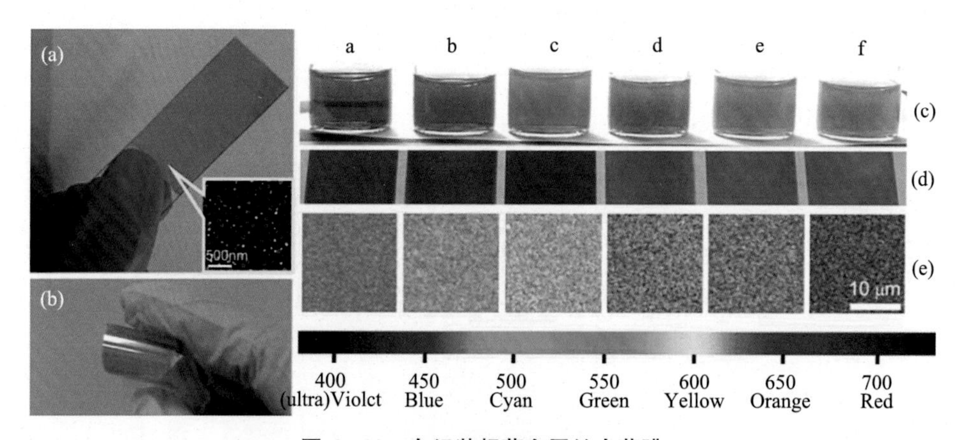

图 6-20 自组装超薄金属纳米薄膜

(a) 典型的载玻片上沉积的银纳米板自组装薄膜样品，及硅片衬底沉积的纳米板 *SEM* 图片(内插图)。(b) 柔性塑料衬底自组装薄膜样品。(c)～(e) 分别对应 a～f 六种样品。(c) 稀释后的银纳米板溶液样品照片。(d) 载玻片衬底自组装薄膜样品照片。(e) 光学显微镜下的薄膜样品图片，显微镜光源为白光。